2025학년도 수능 대비

# 수능 기출의 미래

수학영역 | 수학 I

*All New*

# 수능 기출의 미래

## 수학영역 수학 I

## 기출 풀어 유형 잡고,
## 수능 기출의 미래로 2025 수능 가자!!

매해 반복 출제되는 개념과 번갈아 출제되는 개념들을 익히기 위해서는 다년간의 기출 문제를 꼼꼼히 풀어 봐야 합니다.
다년간 수능 및 모의고사에 출제된 기출 문제를 풀다 보면 스스로 과목별, 영역별 유형을 익힐 수 있기 때문입니다.

최근 7개년의 수능, 모의평가, 학력평가 기출 문제를 엄선하여
최다 문제를 실은 EBS **수능 기출의 미래로 2025학년도 수능을 준비**하세요.

수능 준비의 시작과 마무리! **수능 기출의 미래**가 책임집니다.

### 수능 유형별 기출 문제

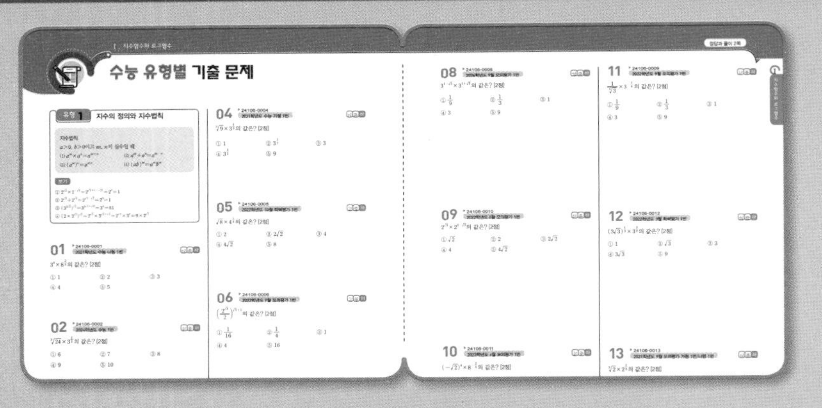

최근 7개년 간 기출 문제로 단원별 유형을 확인하고 수능을 준비할 수 있도록 구성하였습니다. 매해 반복 출제되는 유형과 개념을 심화 학습할 수 있습니다.

### 도전 1등급 문제

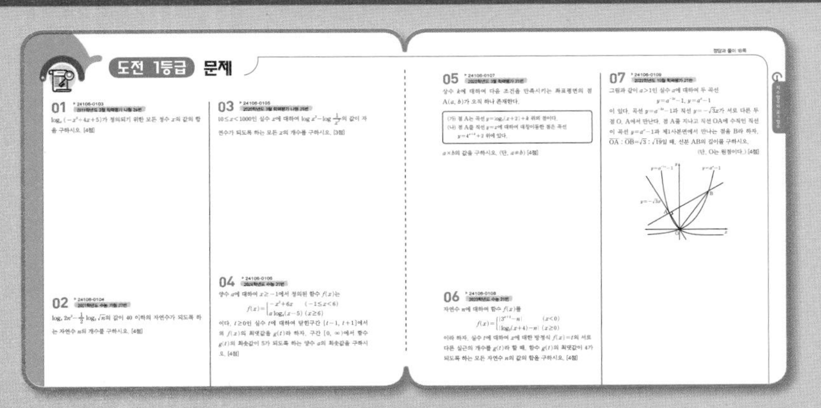

난도 있는 문제를 집중 심화 연습하면서 1등급을 완성합니다. 개념이 확장된 문제, 복합 유형을 다룬 문제를 수록하였습니다.

## 부록 경찰대학, 사관학교 기출 문제

경찰대학, 사관학교 최근 기출 문제를 부록으로 실었습니다.

## 정답과 풀이

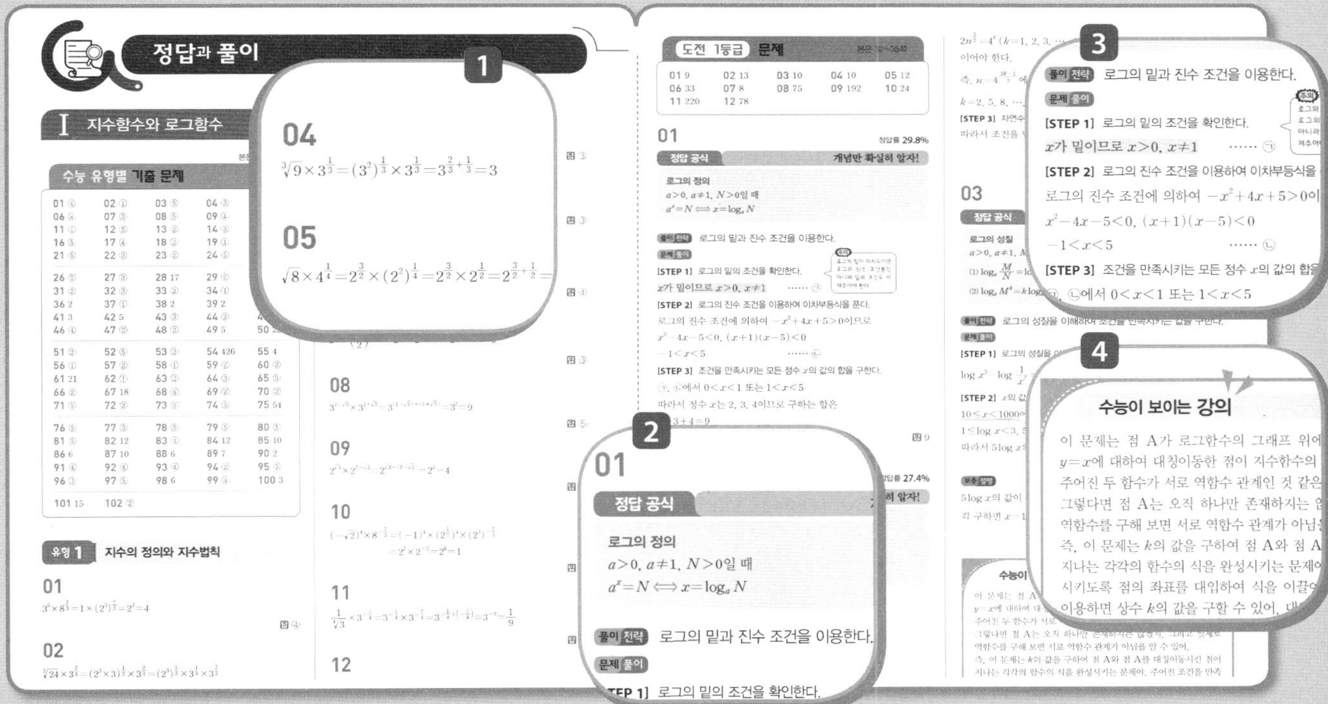

**1 군더더기 없이 꼭 필요한 풀이만!**
유형별 기출 문제 풀이는 복잡하지 않고 꼭 필요한 핵심 내용의 풀이만 담았습니다. 더욱 쉽고 빠르게 풀이를 이해할 수 있도록 하였습니다.

**2 정답 공식**
문제를 푸는 데 핵심이 되는 개념과 관련된 공식을 정리하여, 문제 풀이에 적용할 수 있도록 하였습니다.

**3 1등급 문제 풀이의 단계별 전략과 첨삭 설명!**
풀이 전략을 통해 문제를 한 번 더 점검한 후, 단계별로 제시된 친절한 풀이와 첨삭 지도를 통해 이해가 어려운 부분을 보충 설명하였습니다.

**4 수능이 보이는 강의**
문제와 풀이에 관련된 기본 개념과 이전에 배웠던 개념을 다시 체크하고 다질 수 있도록 정리하였습니다.

# 수능 기출의 미래

## 수학영역 수학 I

## Ⅰ 지수함수와 로그함수



## Ⅱ 삼각함수

## Ⅲ 수열

## 경찰대학, 사관학교 기출 문제

## 별책 정답과 풀이

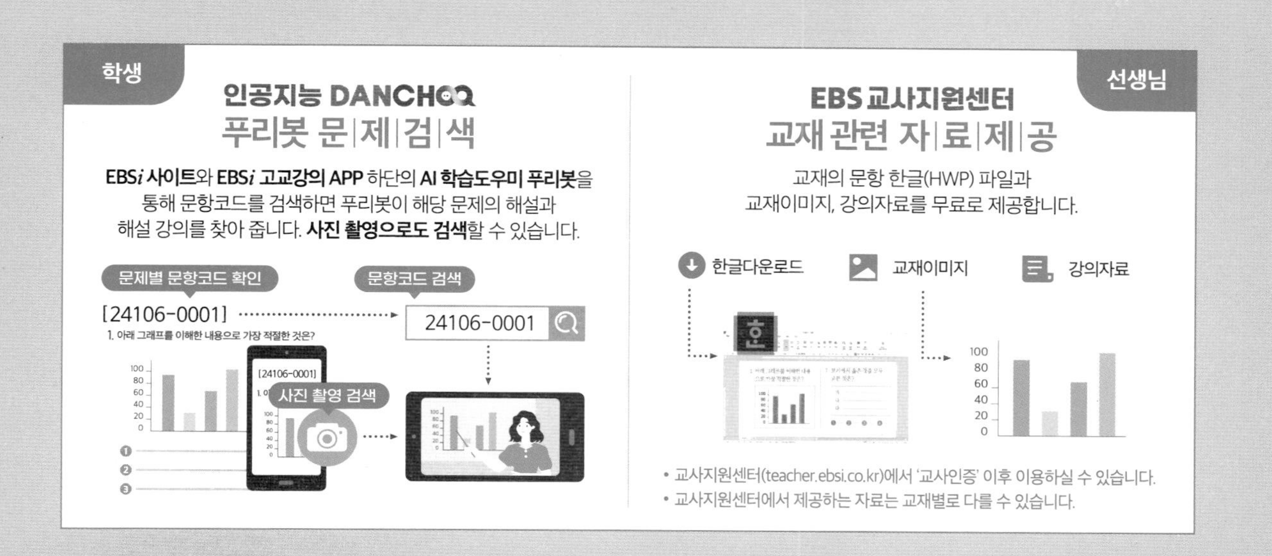

# 지수함수와 로그함수

- 유형 1 지수의 정의와 지수법칙
- 유형 2 로그의 정의와 성질
- 유형 3 지수, 로그를 활용한 실생활 문제
- 유형 4 지수함수의 뜻과 그래프
- 유형 5 로그함수의 뜻과 그래프
- 유형 6 방정식에의 활용
- 유형 7 부등식에의 활용
- 유형 8 지수함수와 로그함수를 활용한 외적문제

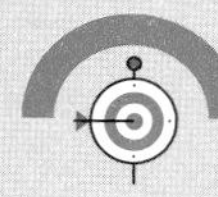

## 2024 수능 출제 분석

- 지수법칙을 이용하여 식의 값을 구하는 문제가 출제되었다.
- 로그의 정의와 성질을 이용하여 미지수의 값을 구하는 문제가 출제되었다.
- 로그함수의 그래프를 이해하고 제시된 함수가 최솟값을 갖도록 하는 미지수의 값의 범위를 구하는 문제가 출제되었다.
- 지수에 미지수가 포함된 방정식의 해를 구하는 문제가 출제되었다.

## 2025 수능 예측

1. 로그의 정의와 성질을 이용하여 식을 정리하여 그 값을 구하는 문제가 출제될 수 있으므로 로그에 대한 공식을 정리해 두는 것이 좋다.
2. 2024 수능에서는 내분점 개념을 적용한 문제가 출제되었으므로 2025 수능에서도 마찬가지로 고1 개념을 적용하여 푸는 문제가 출제될 수 있다. 고1 수학 개념이 수능에서도 중요해진다고 보여지므로 고1 개념 정리를 다시 한번 정확하게 하여 확실하게 이해하고 있어야 한다.
3. 구간이 나누어진 지수함수 또는 로그함수의 그래프를 해석하는 문제가 출제될 수 있고, 이때에는 구간에 주의하며 그래프를 정확하게 그리다 보면 의외로 쉽게 풀리는 경우가 있으므로 주어진 함수의 그래프를 조건에 맞도록 정교하게 그리는 연습을 하도록 한다.

## 한눈에 보는 출제 빈도

| 연도 \ 핵심 주제 | | 유형 1 지수의 정의와 지수법칙 | 유형 2 로그의 정의와 성질 | 유형 3 지수, 로그를 활용한 실생활 문제 | 유형 4 지수함수의 뜻과 그래프 | 유형 5 로그함수의 뜻과 그래프 | 유형 6 방정식에의 활용 | 유형 7 부등식에의 활용 | 유형 8 지수함수와 로그함수를 활용한 외적문제 |
|---|---|---|---|---|---|---|---|---|---|
| 2024 학년도 | 수능 | 1 | 1 | | | 1 | 1 | | |
| | 9월모평 | 1 | 1 | | 1 | | 1 | | |
| | 6월모평 | 1 | | | | 2 | | 1 | |
| 2023 학년도 | 수능 | 1 | | | | 1 | 1 | | |
| | 9월모평 | 2 | | | 1 | | 1 | | |
| | 6월모평 | 1 | 1 | | | | 1 | | |
| 2022 학년도 | 수능 | 1 | 2 | | | | 1 | | |
| | 9월모평 | 1 | 1 | | | 1 | | | |
| | 6월모평 | 2 | 1 | | | 1 | | | |
| 2021 학년도 | 수능 | 2 | 1 | | | 1 | | 1 | |
| | 9월모평 | 1 | 3 | | | | 2 | | |
| | 6월모평 | 2 | 2 | | 2 | 1 | | | |
| 2020 학년도 | 수능 | 1 | | | | | 1 | | |
| | 9월모평 | 1 | 1 | | | | | | |
| | 6월모평 | 1 | 1 | | | | | 1 | |

# 수능 유형별 기출 문제

## 유형 1 지수의 정의와 지수법칙

지수법칙

$a>0$, $b>0$이고 $m$, $n$이 실수일 때

(1) $a^m \times a^n = a^{m+n}$　(2) $a^m \div a^n = a^{m-n}$

(3) $(a^m)^n = a^{mn}$　(4) $(ab)^m = a^m b^m$

보기

① $2^{\sqrt{2}} \times 2^{-\sqrt{2}} = 2^{\sqrt{2}+(-\sqrt{2})} = 2^0 = 1$

② $2^{\sqrt{2}} \div 2^{\sqrt{2}} = 2^{\sqrt{2}-\sqrt{2}} = 2^0 = 1$

③ $(3^{2\sqrt{2}})^{\sqrt{2}} = 3^{2\sqrt{2}\times\sqrt{2}} = 3^4 = 81$

④ $(2\times 3^{\sqrt{2}})^{\sqrt{2}} = 2^{\sqrt{2}} \times 3^{\sqrt{2}\times\sqrt{2}} = 2^{\sqrt{2}} \times 3^2 = 9\times 2^{\sqrt{2}}$

### 01

▸ 24106-0001

2021학년도 수능 나형 1번

상중하

$3^0 \times 8^{\frac{2}{3}}$의 값은? [2점]

① 1　② 2　③ 3　④ 4　⑤ 5

### 02

▸ 24106-0002

2024학년도 수능 1번

상중하

$\sqrt[3]{24} \times 3^{\frac{2}{3}}$ 의 값은? [2점]

① 6　② 7　③ 8　④ 9　⑤ 10

### 03

▸ 24106-0003

2024학년도 6월 모의평가 1번

상중하

$\sqrt[3]{27} \times 4^{-\frac{1}{2}}$의 값은? [2점]

① $\frac{1}{2}$　② $\frac{3}{4}$　③ 1　④ $\frac{5}{4}$　⑤ $\frac{3}{2}$

### 04

▸ 24106-0004

2021학년도 수능 가형 1번

상중하

$\sqrt[3]{9} \times 3^{\frac{1}{3}}$의 값은? [2점]

① 1　② $3^{\frac{1}{2}}$　③ 3　④ $3^{\frac{3}{2}}$　⑤ 9

### 05

▸ 24106-0005

2022학년도 10월 학력평가 1번

상중하

$\sqrt{8} \times 4^{\frac{1}{4}}$의 값은? [2점]

① 2　② $2\sqrt{2}$　③ 4　④ $4\sqrt{2}$　⑤ 8

### 06

▸ 24106-0006

2023학년도 9월 모의평가 1번

상중하

$\left(\frac{2^{\sqrt{3}}}{2}\right)^{\sqrt{3}+1}$의 값은? [2점]

① $\frac{1}{16}$　② $\frac{1}{4}$　③ 1　④ 4　⑤ 16

### 07

▸ 24106-0007

2023학년도 10월 학력평가 1번

상중하

$2^{\sqrt{2}} \times \left(\frac{1}{2}\right)^{\sqrt{2}-1}$의 값은? [2점]

① 1　② $\sqrt{2}$　③ 2　④ $2\sqrt{2}$　⑤ 4

## 08

▸ 24106-0008
2024학년도 9월 모의평가 1번

상중하

$3^{1-\sqrt{5}} \times 3^{1+\sqrt{5}}$의 값은? [2점]

① $\frac{1}{9}$ ② $\frac{1}{3}$ ③ 1
④ 3 ⑤ 9

## 09

▸ 24106-0009
2022학년도 6월 모의평가 1번

상중하

$2^{\sqrt{3}} \times 2^{2-\sqrt{3}}$의 값은? [2점]

① $\sqrt{2}$ ② 2 ③ $2\sqrt{2}$
④ 4 ⑤ $4\sqrt{2}$

## 10

▸ 24106-0010
2023학년도 6월 모의평가 1번

상중하

$(-\sqrt{2})^4 \times 8^{-\frac{2}{3}}$의 값은? [2점]

① 1 ② 2 ③ 3
④ 4 ⑤ 5

## 11

▸ 24106-0011
2022학년도 9월 모의평가 1번

상중하

$\frac{1}{\sqrt[4]{3}} \times 3^{-\frac{7}{4}}$의 값은? [2점]

① $\frac{1}{9}$ ② $\frac{1}{3}$ ③ 1
④ 3 ⑤ 9

## 12

▸ 24106-0012
2022학년도 3월 학력평가 1번

상중하

$(3\sqrt{3})^{\frac{1}{3}} \times 3^{\frac{3}{2}}$의 값은? [2점]

① 1 ② $\sqrt{3}$ ③ 3
④ $3\sqrt{3}$ ⑤ 9

## 13

▸ 24106-0013
2021학년도 9월 모의평가 가형 1번/나형 1번

상중하

$\sqrt[3]{2} \times 2^{\frac{2}{3}}$의 값은? [2점]

① 1 ② 2 ③ 4
④ 8 ⑤ 16

## 14

▸ 24106-0014
2020학년도 9월 모의평가 나형 1번

상중하

$3^3 \div 81^{\frac{1}{2}}$의 값은? [2점]

① 1 ② 2 ③ 3
④ 4 ⑤ 5

## 15

▸ 24106-0015
2021학년도 6월 모의평가 가형 1번/나형 1번

상중하

$\sqrt[3]{8} \times 4^{\frac{3}{2}}$의 값은? [2점]

① 1 ② 2 ③ 4
④ 8 ⑤ 16

## 16

▸ 24106-0016
2020학년도 6월 모의평가 나형 1번

상중하

$5^0 \times 25^{\frac{1}{2}}$의 값은? [2점]

① 1 ② 2 ③ 3
④ 4 ⑤ 5

## 17

▸ 24106-0017
2020학년도 3월 학력평가 가형 1번

상중하

$8^{\frac{4}{3}} \times 2^{-2}$의 값은? [2점]

① 1 ② 2 ③ 3
④ 4 ⑤ 5

## 18

▸ 24106-0018
2020학년도 수능 나형 1번

상중하

$16 \times 2^{-3}$의 값은? [2점]

① 1 ② 2 ③ 4
④ 8 ⑤ 16

## 19

▸ 24106-0019
2023학년도 3월 학력평가 1번

상중하

$\sqrt[3]{8} \times \frac{2^{\sqrt{2}}}{2^{1+\sqrt{2}}}$의 값은? [2점]

① 1 ② 2 ③ 4
④ 8 ⑤ 16

## 20
▸ 24106-0020
2022학년도 수능 1번
상중하

$(2^{\sqrt{3}}\times 4)^{\sqrt{3}-2}$의 값은? [2점]

① $\frac{1}{4}$ ② $\frac{1}{2}$ ③ 1
④ 2 ⑤ 4

## 21
▸ 24106-0021
2023학년도 수능 1번
상중하

$\left(\frac{4}{2^{\sqrt{2}}}\right)^{2+\sqrt{2}}$의 값은? [2점]

① $\frac{1}{4}$ ② $\frac{1}{2}$ ③ 1
④ 2 ⑤ 4

## 22
▸ 24106-0022
2019학년도 3월 학력평가 나형 7번
상중하

10 이하의 자연수 $a$에 대하여 $\left(a^{\frac{2}{3}}\right)^{\frac{1}{2}}$의 값이 자연수가 되도록 하는 모든 $a$의 값의 합은? [3점]

① 5 ② 7 ③ 9
④ 11 ⑤ 13

## 23
▸ 24106-0023
2020학년도 3월 학력평가 가형 18번
상중하

다음은 $1\le|m|<n\le 10$을 만족시키는 두 정수 $m$, $n$에 대하여 $m$의 $n$제곱근 중에서 실수인 것이 존재하도록 하는 순서쌍 $(m, n)$의 개수를 구하는 과정이다.

(i) $m>0$인 경우
$n$의 값에 관계없이 $m$의 $n$제곱근 중에서 실수인 것이 존재한다. 그러므로 $m>0$인 순서쌍 $(m, n)$의 개수는 (가) 이다.
(ii) $m<0$인 경우
$n$이 홀수이면 $m$의 $n$제곱근 중에서 실수인 것이 항상 존재한다. 한편, $n$이 짝수이면 $m$의 $n$제곱근 중에서 실수인 것은 존재하지 않는다. 그러므로 $m<0$인 순서쌍 $(m, n)$의 개수는 (나) 이다.
(i), (ii)에 의하여 $m$의 $n$제곱근 중에서 실수인 것이 존재하도록 하는 순서쌍 $(m, n)$의 개수는 (가) + (나) 이다.

위의 (가), (나)에 알맞은 수를 각각 $p$, $q$라 할 때, $p+q$의 값은? [4점]

① 70 ② 65 ③ 60
④ 55 ⑤ 50

## 24
▸ 24106-0024
2019학년도 10월 학력평가 나형 8번
상중하

$m\le 135$, $n\le 9$인 두 자연수 $m$, $n$에 대하여 $\sqrt[3]{2m}\times\sqrt{n^3}$의 값이 자연수일 때, $m+n$의 최댓값은? [3점]

① 97 ② 102 ③ 107
④ 112 ⑤ 117

## 25

▸ 24106-0025

2021학년도 6월 모의평가 가형 12번

상중하

자연수 $n$이 $2\le n\le 11$일 때, $-n^2+9n-18$의 $n$제곱근 중에서 음의 실수가 존재하도록 하는 모든 $n$의 값의 합은? [3점]

① 31　② 33　③ 35　④ 37　⑤ 39

## 26

▸ 24106-0026

2023학년도 9월 모의평가 11번

상중하

함수 $f(x)=-(x-2)^2+k$에 대하여 다음 조건을 만족시키는 자연수 $n$의 개수가 2일 때, 상수 $k$의 값은? [4점]

> $\sqrt{3}^{f(n)}$의 네제곱근 중 실수인 것을 모두 곱한 것이 $-9$이다.

① 8　② 9　③ 10　④ 11　⑤ 12

## 27

▸ 24106-0027

2019학년도 3월 학력평가 나형 15번

상중하

자연수 $n$에 대하여 $n(n-4)$의 세제곱근 중 실수인 것의 개수를 $f(n)$이라 하고, $n(n-4)$의 네제곱근 중 실수인 것의 개수를 $g(n)$이라 하자. $f(n)>g(n)$을 만족시키는 모든 $n$의 값의 합은? [4점]

① 4　② 5　③ 6　④ 7　⑤ 8

## 28

▸ 24106-0028

2018학년도 3월 학력평가 나형 25번

상중하

두 실수 $a$, $b$에 대하여

$$2^a+2^b=2,\ 2^{-a}+2^{-b}=\frac{9}{4}$$

일 때, $2^{a+b}$의 값은 $\frac{q}{p}$이다. $p+q$의 값을 구하시오.

(단, $p$와 $q$는 서로소인 자연수이다.) [3점]

## 유형 2 로그의 정의와 성질

로그의 성질

$a>0$, $a\neq1$, $M>0$, $N>0$일 때

(1) $\log_a 1=0$, $\log_a a=1$

(2) $\log_a MN=\log_a M+\log_a N$

(3) $\log_a \frac{M}{N}=\log_a M-\log_a N$

(4) $\log_a M^k=k\log_a M$ (단, $k$는 실수)

보기

① $\log_2 1=0$, $\log_2 2=1$

② $\log_2 6=\log_2 (2\times3)=\log_2 2+\log_2 3=1+\log_2 3$

③ $\log_2 \frac{3}{2}=\log_2 3-\log_2 2=\log_2 3-1$

④ $\log_2 8=\log_2 2^3=3\times\log_2 2=3\times1=3$

### 29
▸ 24106-0029
2021학년도 3월 학력평가 1번 상중하

$\log_8 16$의 값은? [2점]

① $\frac{7}{6}$ ② $\frac{4}{3}$ ③ $\frac{3}{2}$
④ $\frac{5}{3}$ ⑤ $\frac{11}{6}$

### 30
▸ 24106-0030
2021학년도 10월 학력평가 1번 상중하

$\log_3 x=3$일 때, $x$의 값은? [2점]

① 1 ② 3 ③ 9
④ 27 ⑤ 81

### 31
▸ 24106-0031
2020학년도 10월 학력평가 가형 2번 상중하

$\log_3 54+\log_9 \frac{1}{36}$의 값은? [2점]

① 1 ② 2 ③ 3
④ 4 ⑤ 5

### 32
▸ 24106-0032
2019학년도 10월 학력평가 나형 1번 상중하

$\log_2 24-\log_2 3$의 값은? [2점]

① 1 ② 2 ③ 3
④ 4 ⑤ 5

### 33
▸ 24106-0033
2020학년도 10월 학력평가 나형 1번 상중하

$\log_2 \sqrt{8}$의 값은? [2점]

① 1 ② $\frac{3}{2}$ ③ 2
④ $\frac{5}{2}$ ⑤ 3

## 34
▸ 24106-0034
2021학년도 9월 모의평가 가형 11번
상중하

1보다 큰 세 실수 $a$, $b$, $c$가

$$\log_a b = \frac{\log_b c}{2} = \frac{\log_c a}{4}$$

를 만족시킬 때, $\log_a b + \log_b c + \log_c a$의 값은? [3점]

① $\frac{7}{2}$ ② 4 ③ $\frac{9}{2}$
④ 5 ⑤ $\frac{11}{2}$

## 35
▸ 24106-0035
2022학년도 6월 모의평가 16번
상중하

$\log_4 \frac{2}{3} + \log_4 24$의 값을 구하시오. [3점]

## 36
▸ 24106-0036
2022학년도 9월 모의평가 16번
상중하

$\log_2 100 - 2\log_2 5$의 값을 구하시오. [3점]

## 37
▸ 24106-0037
2019학년도 3월 학력평가 나형 1번
상중하

$\log_6 2 + \log_6 3$의 값은? [2점]

① 1 ② 2 ③ 3
④ 4 ⑤ 5

## 38
▸ 24106-0038
2021학년도 수능 나형 24번
상중하

$\log_3 72 - \log_3 8$의 값을 구하시오. [3점]

## 39
▸ 24106-0039
2021학년도 9월 모의평가 나형 24번
상중하

$\log_5 40 + \log_5 \frac{5}{8}$의 값을 구하시오. [3점]

**40** ▸ 24106-0040
2023학년도 3월 학력평가 16번 상중하

$\log_2 96 - \dfrac{1}{\log_6 2}$의 값을 구하시오. [3점]

**41** ▸ 24106-0041
2022학년도 수능 16번 상중하

$\log_2 120 - \dfrac{1}{\log_{15} 2}$의 값을 구하시오. [3점]

**42** ▸ 24106-0042
2022학년도 10월 학력평가 16번 상중하

$\log_2 96 + \log_{\frac{1}{4}} 9$의 값을 구하시오. [3점]

**43** ▸ 24106-0043
2021학년도 6월 모의평가 가형 6번 상중하

두 양수 $a$, $b$에 대하여 좌표평면 위의 두 점 $(2, \log_4 a)$, $(3, \log_2 b)$를 지나는 직선이 원점을 지날 때, $\log_a b$의 값은? (단, $a \neq 1$) [3점]

① $\dfrac{1}{4}$ ② $\dfrac{1}{2}$ ③ $\dfrac{3}{4}$
④ $1$ ⑤ $\dfrac{5}{4}$

**44** ▸ 24106-0044
2020학년도 6월 모의평가 나형 8번 상중하

$\log_2 5 = a$, $\log_5 3 = b$일 때, $\log_5 12$를 $a$, $b$로 옳게 나타낸 것은? [3점]

① $\dfrac{1}{a} + b$ ② $\dfrac{2}{a} + b$ ③ $\dfrac{1}{a} + 2b$
④ $a + \dfrac{1}{b}$ ⑤ $2a + \dfrac{1}{b}$

## 45

▸ 24106-0045

2024학년도 9월 모의평가 7번

상 중 하

두 실수 $a$, $b$가

$$3a+2b=\log_3 32,\ ab=\log_9 2$$

를 만족시킬 때, $\frac{1}{3a}+\frac{1}{2b}$의 값은? [3점]

① $\frac{1}{12}$ ② $\frac{5}{6}$ ③ $\frac{5}{4}$

④ $\frac{5}{3}$ ⑤ $\frac{25}{12}$

## 46

▸ 24106-0046

2024학년도 수능 9번

상 중 하

수직선 위의 두 점 $\mathrm{P}(\log_5 3)$, $\mathrm{Q}(\log_5 12)$에 대하여 선분 PQ를 $m:(1-m)$으로 내분하는 점의 좌표가 1일 때, $4^m$의 값은? (단, $m$은 $0<m<1$인 상수이다.) [4점]

① $\frac{7}{6}$ ② $\frac{4}{3}$ ③ $\frac{3}{2}$

④ $\frac{5}{3}$ ⑤ $\frac{11}{6}$

## 47

▸ 24106-0047

2019학년도 3월 학력평가 나형 10번

상 중 하

$\log 1.44=a$일 때, $2\log 12$를 $a$로 나타낸 것은? [3점]

① $a+1$ ② $a+2$ ③ $a+3$

④ $a+4$ ⑤ $a+5$

## 48

▸ 24106-0048

2021학년도 6월 모의평가 나형 11번

상 중 하

좌표평면 위의 두 점 $(2,\ \log_4 2)$, $(4,\ \log_2 a)$를 지나는 직선이 원점을 지날 때, 양수 $a$의 값은? [3점]

① 1 ② 2 ③ 3

④ 4 ⑤ 5

## 49
▸ 24106-0049
2022학년도 3월 학력평가 16번
상중하

$\dfrac{\log_5 72}{\log_5 2} - 4\log_2 \dfrac{\sqrt{6}}{2}$의 값을 구하시오. [3점]

## 50
▸ 24106-0050
2019학년도 3월 학력평가 나형 22번
상중하

$a=9^{11}$일 때, $\dfrac{1}{\log_a 3}$의 값을 구하시오. [3점]

## 51
▸ 24106-0051
2022학년도 수능 13번
상중하

두 상수 $a$, $b(1<a<b)$에 대하여 좌표평면 위의 두 점 $(a, \log_2 a)$, $(b, \log_2 b)$를 지나는 직선의 $y$절편과 두 점 $(a, \log_4 a)$, $(b, \log_4 b)$를 지나는 직선의 $y$절편이 같다. 함수 $f(x)=a^{bx}+b^{ax}$에 대하여 $f(1)=40$일 때, $f(2)$의 값은? [4점]

① 760 ② 800 ③ 840 ④ 880 ⑤ 920

## 52
▸ 24106-0052
2020학년도 3월 학력평가 나형 8번
상중하

$a>1$인 실수 $a$에 대하여 직선 $y=-x$가 곡선 $y=a^x$과 만나는 점의 좌표를 $(p, -p)$, 곡선 $y=a^{2x}$과 만나는 점의 좌표를 $(q, -q)$라 할 때, $\log_a pq=-8$이다. $p+2q$의 값은? [3점]

① 0 ② $-2$ ③ $-4$ ④ $-6$ ⑤ $-8$

## 53

▶ 24106-0053

2018학년도 3월 학력평가 나형 12번

상 중 하

$\frac{1}{\log_4 18}+\frac{2}{\log_9 18}$의 값은? [3점]

① 1 ② 2 ③ 3

④ 4 ⑤ 5

## 54

▶ 24106-0054

2023학년도 6월 모의평가 21번

상 중 하

자연수 $n$에 대하여 $4\log_{64}\left(\frac{3}{4n+16}\right)$의 값이 정수가 되도록 하는 1000 이하의 모든 $n$의 값의 합을 구하시오. [4점]

## 55

▶ 24106-0055

2019학년도 10월 학력평가 나형 23번

상 중 하

1이 아닌 두 양수 $a$, $b$가 $\log_a b=3$을 만족시킬 때, $\log\frac{b}{a}\times\log_a 100$의 값을 구하시오. [3점]

## 56

▶ 24106-0056

2021학년도 9월 모의평가 나형 17번

상 중 하

$\angle A=90^\circ$이고 $\overline{AB}=2\log_2 x$, $\overline{AC}=\log_4\frac{16}{x}$인 삼각형 ABC의 넓이를 $S(x)$라 하자. $S(x)$가 $x=a$에서 최댓값 $M$을 가질 때, $a+M$의 값은? (단, $1<x<16$) [4점]

① 6 ② 7 ③ 8

④ 9 ⑤ 10

## 유형 3 지수, 로그를 활용한 실생활 문제

**상용로그의 실생활에의 활용**

상용로그와 관련된 실생활 문제는 다음의 순서로 해결한다.

(1) 문제의 상황을 수학적 언어로 표현한다.

(2) 상용로그표 및 상용로그의 성질을 이용하여 해결한다.

**보기**

외부 자극의 세기 $I$에 따른 감각의 세기 $S$가 $S=\frac{1}{5}\log I$일 때, 외부 자극의 세기를 10에서 1000으로 올리면 감각의 세기는 몇 배가 되는지 알아보자.

$I=10$일 때, 감각의 세기를 $S_1$이라 하면

$S_1=\frac{1}{5}\log 10=\frac{1}{5}$

$I=1000$일 때, 감각의 세기를 $S_2$라 하면

$S_2=\frac{1}{5}\log 1000=\frac{3}{5}$

따라서 외부 자극의 세기를 10에서 1000으로 올리면 감각의 세기는 $\frac{1}{5}$에서 $\frac{3}{5}$으로 3배가 된다.

## 57

▸ 24106-0057

2016학년도 9월 모의평가 A형 16번

상중하

고속철도의 최고소음도 $L$(dB)을 예측하는 모형에 따르면 한 지점에서 가까운 선로 중앙 지점까지의 거리를 $d$(m), 열차가 가까운 선로 중앙 지점을 통과할 때의 속력을 $v$(km/h)라 할 때, 다음과 같은 관계식이 성립한다고 한다.

$$L=80+28\log\frac{v}{100}-14\log\frac{d}{25}$$

가까운 선로 중앙 지점 P까지의 거리가 75 m인 한 지점에서 속력이 서로 다른 두 열차 $A$, $B$의 최고소음도를 예측하고자 한다. 열차 $A$가 지점 P를 통과할 때의 속력이 열차 $B$가 지점 P를 통과할 때의 속력의 0.9배일 때, 두 열차 $A$, $B$의 예측 최고소음도를 각각 $L_A$, $L_B$라 하자. $L_B-L_A$의 값은? [4점]

① $14-28\log 3$　② $28-56\log 3$　③ $28-28\log 3$　④ $56-84\log 3$　⑤ $56-56\log 3$

## 유형 4 지수함수의 뜻과 그래프

**지수함수의 그래프**

지수함수 $y=a^x$ $(a>0,\ a\neq1)$에서

(1) $a>1$일 때, $x_1<x_2 \Rightarrow a^{x_1}<a^{x_2}$ ← 증가하는 함수

(2) $0<a<1$일 때, $x_1<x_2 \Rightarrow a^{x_1}>a^{x_2}$ ← 감소하는 함수

(3) $x_1\neq x_2 \Rightarrow a^{x_1}\neq a^{x_2}$ ← 일대일함수

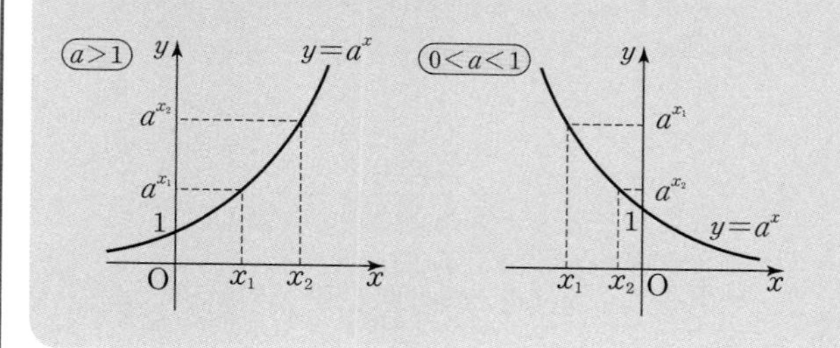


**보기**

두 수 $\sqrt{8}$, $\sqrt[3]{16}$의 크기를 비교해 보자.

$\sqrt{8}=\sqrt{2^3}=2^{\frac{3}{2}}$, $\sqrt[3]{16}=\sqrt[3]{2^4}=2^{\frac{4}{3}}$

함수 $y=2^x$에서 밑이 1보다 크므로 $x$의 값이 증가하면 $y$의 값도 증가한다.

따라서 $\frac{4}{3}<\frac{3}{2}$에서 $2^{\frac{4}{3}}<2^{\frac{3}{2}}$이므로

$\sqrt[3]{16}<\sqrt{8}$

## 58

▸ 24106-0058

2021학년도 10월 학력평가 6번

상중하

곡선 $y=6^{-x}$ 위의 두 점 $\mathrm{A}(a,\ 6^{-a})$, $\mathrm{B}(a+1,\ 6^{-a-1})$에 대하여 선분 AB는 한 변의 길이가 1인 정사각형의 대각선이다. $6^{-a}$의 값은? [3점]

① $\frac{6}{5}$　② $\frac{7}{5}$　③ $\frac{8}{5}$　④ $\frac{9}{5}$　⑤ 2

## 59
▸ 24106-0059
2018학년도 3월 학력평가 가형 11번
상중하

닫힌구간 $[-1, 2]$에서 함수 $f(x)=\left(\frac{3}{a}\right)^x$의 최댓값이 4가 되도록 하는 모든 양수 $a$의 값의 곱은? [3점]

① 16 ② 18 ③ 20
④ 22 ⑤ 24

## 60
▸ 24106-0060
2021학년도 6월 모의평가 나형 9번
상중하

닫힌구간 $[-1, 3]$에서 함수 $f(x)=2^{|x|}$의 최댓값과 최솟값의 합은? [3점]

① 5 ② 7 ③ 9
④ 11 ⑤ 13

## 61
▸ 24106-0061
2019학년도 3월 학력평가 가형 25번
상중하

닫힌구간 $[2, 3]$에서 함수 $f(x)=\left(\frac{1}{3}\right)^{2x-a}$의 최댓값은 27, 최솟값은 $m$이다. $a\times m$의 값을 구하시오. (단, $a$는 상수이다.) [3점]

## 62
▸ 24106-0062
2020학년도 10월 학력평가 나형 13번
상중하

실수 $t$에 대하여 직선 $x=t$가 곡선 $y=3^{2-x}+8$과 만나는 점을 A, $x$축과 만나는 점을 B라 하자. 직선 $x=t+1$이 $x$축과 만나는 점을 C, 곡선 $y=3^{x-1}$과 만나는 점을 D라 하자. 사각형 ABCD가 직사각형일 때, 이 사각형의 넓이는? [3점]

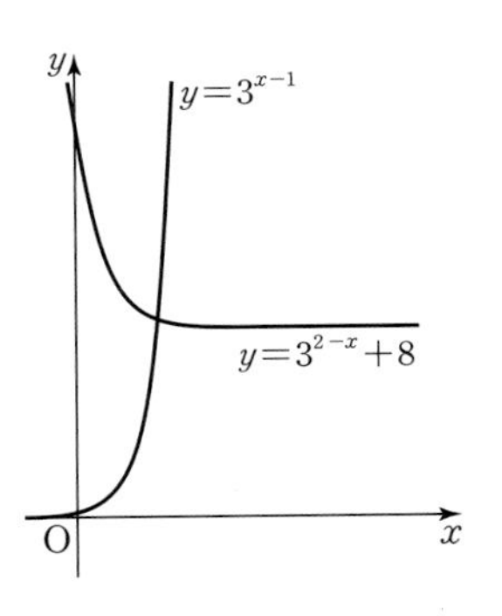


① 9 ② 10 ③ 11
④ 12 ⑤ 13

## 63
▸ 24106-0063
2024학년도 9월 모의평가 14번
상중하

두 자연수 $a$, $b$에 대하여 함수

$$f(x)=\begin{cases} 2^{x+a}+b & (x\le -8) \\ -3^{x-3}+8 & (x>-8) \end{cases}$$

이 다음 조건을 만족시킬 때, $a+b$의 값은? [4점]

> 집합 $\{f(x) \mid x\le k\}$의 원소 중 정수인 것의 개수가 2가 되도록 하는 모든 실수 $k$의 값의 범위는 $3\le k<4$이다.

① 11 ② 13 ③ 15
④ 17 ⑤ 19

## 64
▸ 24106-0064
2021학년도 3월 학력평가 13번
상중하

함수

$$f(x)=\begin{cases} 2^x & (x<3) \\ \left(\frac{1}{4}\right)^{x+a}-\left(\frac{1}{4}\right)^{3+a}+8 & (x\geq 3) \end{cases}$$

에 대하여 곡선 $y=f(x)$ 위의 점 중에서 $y$좌표가 정수인 점의 개수가 23일 때, 정수 $a$의 값은? [4점]

① $-7$ ② $-6$ ③ $-5$
④ $-4$ ⑤ $-3$

## 65
▸ 24106-0065
2021학년도 6월 모의평가 가형 18번/나형 21번
상중하

두 곡선 $y=2^x$과 $y=-2x^2+2$가 만나는 두 점을 $(x_1, y_1)$, $(x_2, y_2)$라 하자. $x_1<x_2$일 때, 〈보기〉에서 옳은 것만을 있는 대로 고른 것은? [4점]

**보기**

ㄱ. $x_2>\frac{1}{2}$

ㄴ. $y_2-y_1<x_2-x_1$

ㄷ. $\frac{\sqrt{2}}{2}<y_1y_2<1$

① ㄱ ② ㄱ, ㄴ ③ ㄱ, ㄷ
④ ㄴ, ㄷ ⑤ ㄱ, ㄴ, ㄷ

## 66
▸ 24106-0066
2023학년도 10월 학력평가 13번
상중하

그림과 같이 두 상수 $a$ $(a>1)$, $k$에 대하여 두 함수

$$y=a^{x+1}+1,\ y=a^{x-3}-\frac{7}{4}$$

의 그래프와 직선 $y=-2x+k$가 만나는 점을 각각 P, Q라 하자. 점 Q를 지나고 $x$축에 평행한 직선이 함수 $y=-a^{x+4}+\frac{3}{2}$의 그래프와 점 R에서 만나고 $\overline{PR}=\overline{QR}=5$일 때, $a+k$의 값은? [4점]

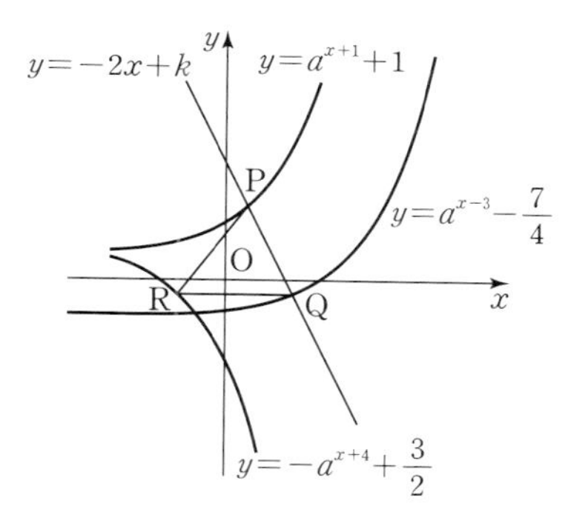


① $\frac{13}{2}$ ② $\frac{27}{4}$ ③ $7$
④ $\frac{29}{4}$ ⑤ $\frac{15}{2}$

## 67
▸ 24106-0067
2021학년도 10월 학력평가 18번
상중하

그림과 같이 3 이상의 자연수 $n$에 대하여 두 곡선 $y=n^x$, $y=2^x$이 직선 $x=1$과 만나는 점을 각각 A, B라 하고, 두 곡선 $y=n^x$, $y=2^x$이 직선 $x=2$와 만나는 점을 각각 C, D라 하자. 사다리꼴 ABDC의 넓이가 18 이하가 되도록 하는 모든 자연수 $n$의 값의 합을 구하시오. [3점]

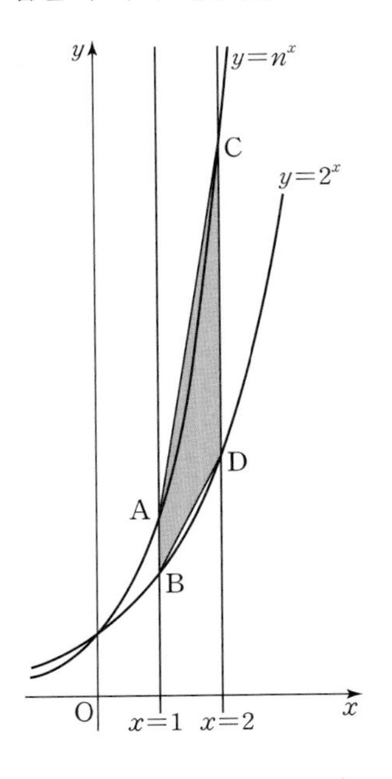


## 유형 5 로그함수의 뜻과 그래프

**로그함수의 그래프**

로그함수 $y=\log_a x$ $(a>0,\ a\neq1)$에서

(1) $a>1$일 때,

$0<x_1<x_2 \Rightarrow \log_a x_1<\log_a x_2$ ← 증가하는 함수

(2) $0<a<1$일 때,

$0<x_1<x_2 \Rightarrow \log_a x_1>\log_a x_2$ ← 감소하는 함수

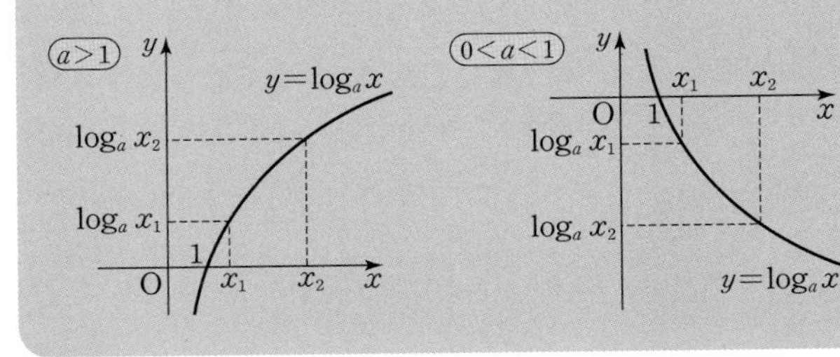


**보기**

두 수 $\log_2 6$, $\frac{1}{2}\log_2 25$의 크기를 비교해 보자.

$\frac{1}{2}\log_2 25=\frac{1}{2}\log_2 5^2=\log_2 5$

함수 $y=\log_2 x$에서 밑이 1보다 크므로 $x$의 값이 증가하면 $y$의 값도 증가한다.

따라서 $6>5$에서 $\log_2 6>\log_2 5$이므로

$\log_2 6>\frac{1}{2}\log_2 25$

## 68
▸ 24106-0068
2021학년도 6월 모의평가 가형 9번
상중하

함수

$$f(x)=2\log_{\frac{1}{2}}(x+k)$$

가 닫힌구간 $[0,\ 12]$에서 최댓값 $-4$, 최솟값 $m$을 갖는다. $k+m$의 값은? (단, $k$는 상수이다.) [3점]

① $-1$　　② $-2$　　③ $-3$　　④ $-4$　　⑤ $-5$

## 69

▸ 24106-0069

2022학년도 6월 모의평가 10번 상중하

$n\geq2$인 자연수 $n$에 대하여 두 곡선

$$y=\log_n x,\ y=-\log_n(x+3)+1$$

이 만나는 점의 $x$좌표가 1보다 크고 2보다 작도록 하는 모든 $n$의 값의 합은? [4점]

① 30 ② 35 ③ 40 ④ 45 ⑤ 50

## 70

▸ 24106-0070

2024학년도 6월 모의평가 7번 상중하

상수 $a$ $(a>2)$에 대하여 함수 $y=\log_2(x-a)$의 그래프의 점근선이 두 곡선 $y=\log_2\dfrac{x}{4}$, $y=\log_{\frac{1}{2}}x$와 만나는 점을 각각 A, B라 하자. $\overline{\text{AB}}=4$일 때, $a$의 값은? [3점]

① 4 ② 6 ③ 8 ④ 10 ⑤ 12

## 71

▸ 24106-0071

2023학년도 3월 학력평가 8번 상중하

두 점 $\text{A}(m,\ m+3)$, $\text{B}(m+3,\ m-3)$에 대하여 선분 AB를 $2:1$로 내분하는 점이 곡선 $y=\log_4(x+8)+m-3$ 위에 있을 때, 상수 $m$의 값은? [3점]

① 4 ② $\dfrac{9}{2}$ ③ 5 ④ $\dfrac{11}{2}$ ⑤ 6

## 72

▸ 24106-0072

2021학년도 10월 학력평가 8번 상중하

2보다 큰 상수 $k$에 대하여 두 곡선 $y=|\log_2(-x+k)|$, $y=|\log_2 x|$가 만나는 세 점 P, Q, R의 $x$좌표를 각각 $x_1$, $x_2$, $x_3$이라 하자. $x_3-x_1=2\sqrt{3}$일 때, $x_1+x_3$의 값은?

(단, $x_1<x_2<x_3$) [3점]

① $\dfrac{7}{2}$ ② $\dfrac{15}{4}$ ③ 4 ④ $\dfrac{17}{4}$ ⑤ $\dfrac{9}{2}$

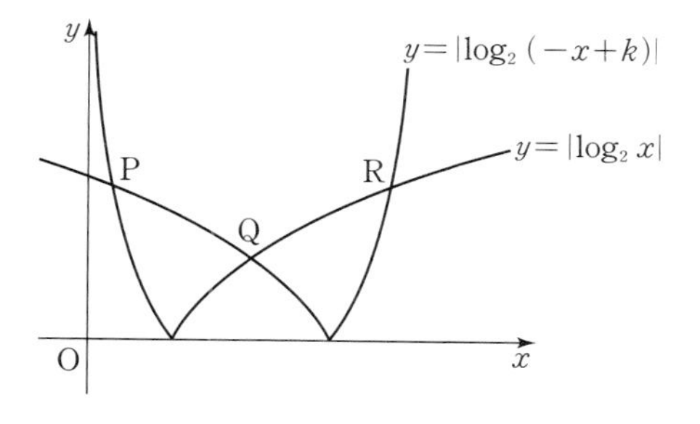

## 73
▶ 24106-0073
2019학년도 10월 학력평가 가형 14번

상중하

곡선 $y=\log_{\sqrt{2}}(x-a)$와 직선 $y=\frac{1}{2}x$가 만나는 점 중 한 점을 A라 하고, 점 A를 지나고 기울기가 $-1$인 직선이 곡선 $y=(\sqrt{2})^{x}+a$와 만나는 점을 B라 하자. 삼각형 OAB의 넓이가 6일 때, 상수 $a$의 값은?

(단, $0<a<4$이고, O는 원점이다.) [4점]

① $\frac{1}{2}$　② 1　③ $\frac{3}{2}$

④ 2　⑤ $\frac{5}{2}$

## 74
▶ 24106-0074
2020학년도 3월 학력평가 가형 14번

상중하

함수 $y=\log_3|2x|$의 그래프와 함수 $y=\log_3(x+3)$의 그래프가 만나는 서로 다른 두 점을 각각 A, B라 하자. 점 A를 지나고 직선 AB와 수직인 직선이 $y$축과 만나는 점을 C라 할 때, 삼각형 ABC의 넓이는?

(단, 점 A의 $x$좌표는 점 B의 $x$좌표보다 작다.) [4점]

① $\frac{13}{2}$　② 7　③ $\frac{15}{2}$

④ 8　⑤ $\frac{17}{2}$

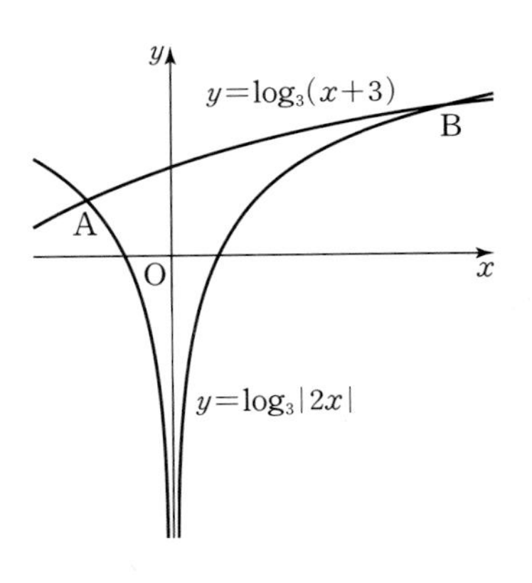


## 75
▶ 24106-0075
2019학년도 3월 학력평가 가형 27번

상중하

그림과 같이 직선 $y=2$가 두 곡선 $y=\log_2 4x$, $y=\log_2 x$와 만나는 점을 각각 A, B라 하고, 직선 $y=k\,(k>2)$가 두 곡선 $y=\log_2 4x$, $y=\log_2 x$와 만나는 점을 각각 C, D라 하자. 점 B를 지나고 $y$축과 평행한 직선이 직선 CD와 만나는 점을 E라 하면 점 E는 선분 CD를 $1:2$로 내분한다. 사각형 ABDC의 넓이를 $S$라 할 때, $12S$의 값을 구하시오. [4점]

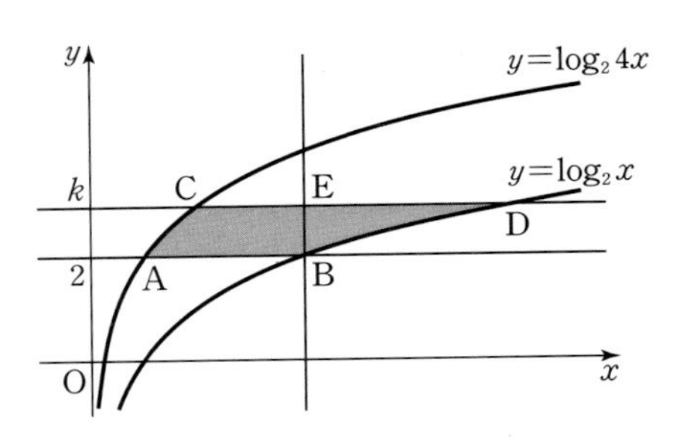


## 76
▶ 24106-0076
2020학년도 10월 학력평가 가형 15번

상중하

그림과 같이 좌표평면에서 곡선 $y=a^{x}\ (0<a<1)$ 위의 점 P가 제2사분면에 있다. 점 P를 직선 $y=x$에 대하여 대칭이동시킨 점 Q와 곡선 $y=-\log_a x$ 위의 점 R에 대하여 $\angle PQR=45°$이다. $\overline{PR}=\frac{5\sqrt{2}}{2}$이고 직선 PR의 기울기가 $\frac{1}{7}$일 때, 상수 $a$의 값은? [4점]

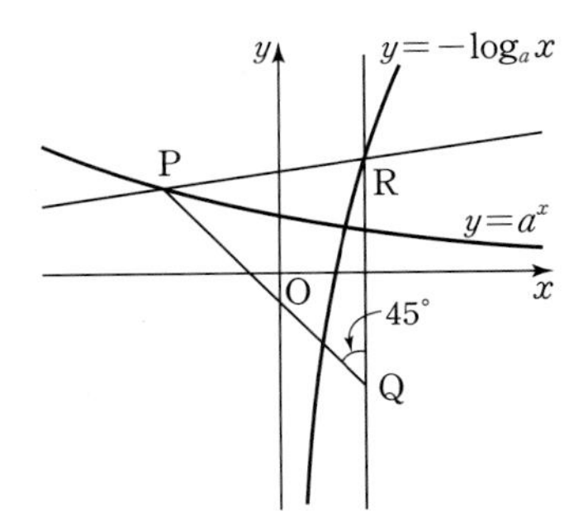


① $\frac{\sqrt{2}}{3}$　② $\frac{\sqrt{3}}{3}$　③ $\frac{2}{3}$

④ $\frac{\sqrt{5}}{3}$　⑤ $\frac{\sqrt{6}}{3}$

## 77

▸ 24106-0077

2021학년도 수능 가형 13번/나형 18번 상중하

$\frac{1}{4}<a<1$인 실수 $a$에 대하여 직선 $y=1$이 두 곡선 $y=\log_a x$, $y=\log_{4a} x$와 만나는 점을 각각 A, B라 하고, 직선 $y=-1$이 두 곡선 $y=\log_a x$, $y=\log_{4a} x$와 만나는 점을 각각 C, D라 하자. 〈보기〉에서 옳은 것만을 있는 대로 고른 것은? [3점]

**보기**

ㄱ. 선분 AB를 1 : 4로 외분하는 점의 좌표는 (0, 1)이다.

ㄴ. 사각형 ABCD가 직사각형이면 $a=\frac{1}{2}$이다.

ㄷ. $\overline{AB}<\overline{CD}$이면 $\frac{1}{2}<a<1$이다.

① ㄱ ② ㄷ ③ ㄱ, ㄴ
④ ㄴ, ㄷ ⑤ ㄱ, ㄴ, ㄷ

## 78

▸ 24106-0078

2020학년도 10월 학력평가 나형 21번 상중하

두 곡선 $y=2^{-x}$과 $y=|\log_2 x|$가 만나는 두 점을 $(x_1, y_1)$, $(x_2, y_2)$라 하자. $x_1<x_2$일 때, 〈보기〉에서 옳은 것만을 있는 대로 고른 것은? [4점]

**보기**

ㄱ. $\frac{1}{2}<x_1<\frac{\sqrt{2}}{2}$

ㄴ. $\sqrt[3]{2}<x_2<\sqrt{2}$

ㄷ. $y_1-y_2<\frac{3\sqrt{2}-2}{6}$

① ㄱ ② ㄱ, ㄴ ③ ㄱ, ㄷ
④ ㄴ, ㄷ ⑤ ㄱ, ㄴ, ㄷ

## 79

▸ 24106-0079

2022학년도 10월 학력평가 10번 상중하

$a>1$인 실수 $a$에 대하여 두 곡선

$$y=-\log_2(-x),\ y=\log_2(x+2a)$$

가 만나는 두 점을 A, B라 하자. 선분 AB의 중점이 직선 $4x+3y+5=0$ 위에 있을 때, 선분 AB의 길이는? [4점]

① $\frac{3}{2}$ ② $\frac{7}{4}$ ③ 2
④ $\frac{9}{4}$ ⑤ $\frac{5}{2}$

## 80

▸ 24106-0080

2022학년도 3월 학력평가 11번 상중하

그림과 같이 두 상수 $a$, $k$에 대하여 직선 $x=k$가 두 곡선 $y=2^{x-1}+1$, $y=\log_2(x-a)$와 만나는 점을 각각 A, B라 하고, 점 B를 지나고 기울기가 $-1$인 직선이 곡선 $y=2^{x-1}+1$과 만나는 점을 C라 하자. $\overline{AB}=8$, $\overline{BC}=2\sqrt{2}$일 때, 곡선 $y=\log_2(x-a)$가 $x$축과 만나는 점 D에 대하여 사각형 ACDB의 넓이는? (단, $0<a<k$) [4점]

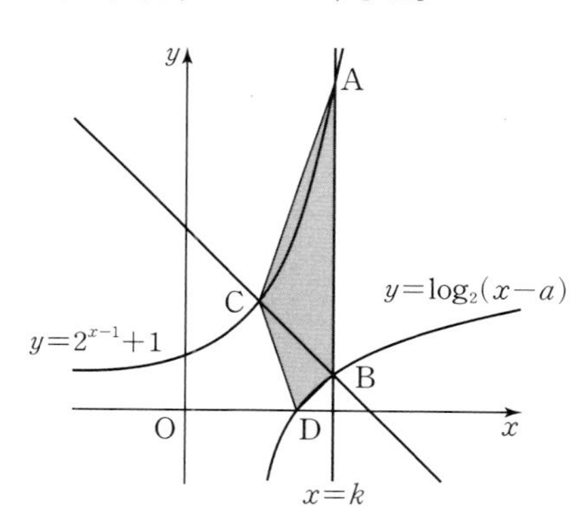


① 14 ② 13 ③ 12
④ 11 ⑤ 10

## 81

▶ 24106-0081

2020학년도 3월 학력평가 나형 16번

상 중 하

그림과 같이 자연수 $m$에 대하여 두 함수 $y=3^x$, $y=\log_2 x$의 그래프와 직선 $y=m$이 만나는 점을 각각 $A_m$, $B_m$이라 하자. 선분 $A_mB_m$의 길이 중 자연수인 것을 작은 수부터 크기순으로 나열하여 $a_1$, $a_2$, $a_3$, $\cdots$이라 할 때, $a_3$의 값은? [4점]

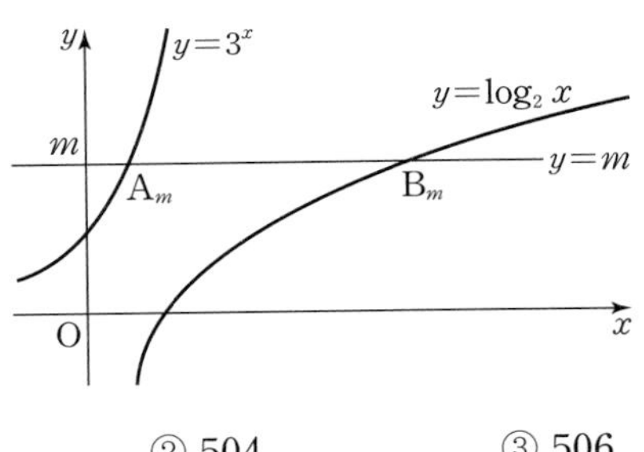


① 502 ② 504 ③ 506 ④ 508 ⑤ 510

## 82

▶ 24106-0082

2023학년도 3월 학력평가 21번

상 중 하

그림과 같이 1보다 큰 두 실수 $a$, $k$에 대하여 직선 $y=k$가 두 곡선 $y=2\log_a x+k$, $y=a^{x-k}$과 만나는 점을 각각 A, B라 하고, 직선 $x=k$가 두 곡선 $y=2\log_a x+k$, $y=a^{x-k}$과 만나는 점을 각각 C, D라 하자. $\overline{AB}\times\overline{CD}=85$이고 삼각형 CAD의 넓이가 35일 때, $a+k$의 값을 구하시오. [4점]

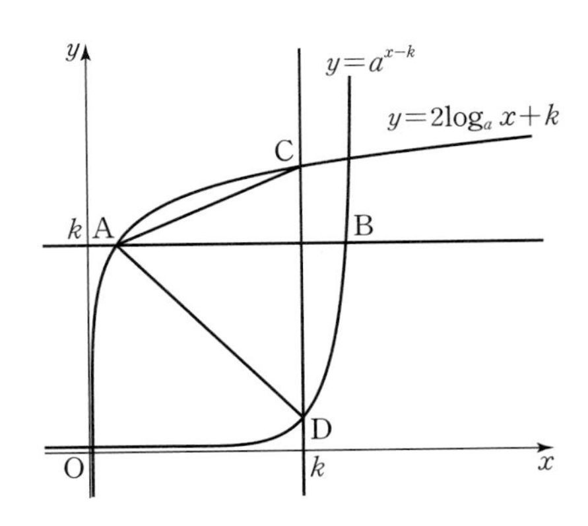

## 유형 6 방정식에의 활용

1. 지수가 포함된 방정식의 풀이
   (1) $a^{f(x)}=a^{g(x)}$의 꼴 : 방정식 $f(x)=g(x)$를 푼다.
   (2) $a^{f(x)}=b^{f(x)}$의 꼴 : $a=b$ 또는 $f(x)=0$을 푼다.
   (3) $a^x$ 꼴이 반복되는 지수방정식 : $a^x=t$로 치환하여 $t$에 대한 방정식을 푼다.
2. 로그가 포함된 방정식의 풀이
   (1) $\log f(x)=\log g(x)$의 꼴 : 방정식 $f(x)=g(x)$, $f(x)>0$, $g(x)>0$을 푼다.
   (2) $\log_a f(x)=b$의 꼴 : 방정식 $f(x)=a^b$을 푼다.
   (3) 밑이 같지 않은 로그방정식 : 로그의 밑의 변환 공식을 이용하여 밑을 통일한 다음에 푼다.
   (4) $\log_a x$ 꼴이 반복되는 로그방정식 : $\log_a x=t$로 치환하여 푼다.

**보기**

① 지수가 포함된 방정식 $(2x+1)^{x-1}=5^{x-1}$을 풀어 보자.
지수가 같은 경우이므로 $2x+1=5$ 또는 $x-1=0$
따라서 $x=2$ 또는 $x=1$

② 로그가 포함된 방정식 $\log_2(x^2-3)=\log_2 2x$를 풀어 보자.
로그의 밑이 같은 경우이므로 $x^2-3=2x$
$x^2-2x-3=0$, $(x+1)(x-3)=0$
$x=-1$ 또는 $x=3$
이때 진수의 조건에서 $x^2-3>0$이고 $2x>0$이므로 $x>\sqrt{3}$
따라서 구하는 해는 $x=3$

### 83
▸ 24106-0083
2019학년도 10월 학력평가 가형 6번 상중**하**

$x$에 대한 방정식

$$4^x-k\times2^{x+1}+16=0$$

이 오직 하나의 실근 $\alpha$를 가질 때, $k+\alpha$의 값은?
(단, $k$는 상수이다.) [3점]

① 3　② 4　③ 5　④ 6　⑤ 7

### 84
▸ 24106-0084
2021학년도 9월 모의평가 가형 24번 상중**하**

방정식

$$\log_2 x=1+\log_4(2x-3)$$

을 만족시키는 모든 실수 $x$의 값의 곱을 구하시오. [3점]

### 85
▸ 24106-0085
2023학년도 수능 16번 상**중**하

방정식

$$\log_2(3x+2)=2+\log_2(x-2)$$

를 만족시키는 실수 $x$의 값을 구하시오. [3점]

### 86
▸ 24106-0086
2024학년도 9월 모의평가 16번 상**중**하

방정식 $\log_2(x-1)=\log_4(13+2x)$를 만족시키는 실수 $x$의 값을 구하시오. [3점]

### 87
▸ 24106-0087
2023학년도 10월 학력평가 16번 상**중**하

방정식

$$\log_2(x-2)=1+\log_4(x+6)$$

을 만족시키는 실수 $x$의 값을 구하시오. [3점]

## 88
▸ 24106-0088
2023학년도 6월 모의평가 16번
상중하

방정식 $\log_2(x+2)+\log_2(x-2)=5$를 만족시키는 실수 $x$의 값을 구하시오. [3점]

## 89
▸ 24106-0089
2023학년도 9월 모의평가 16번
상중하

방정식 $\log_3(x-4)=\log_9(x+2)$를 만족시키는 실수 $x$의 값을 구하시오. [3점]

## 90
▸ 24106-0090
2024학년도 수능 16번
상중하

방정식 $3^{x-8}=\left(\frac{1}{27}\right)^x$을 만족시키는 실수 $x$의 값을 구하시오. [3점]

## 91
▸ 24106-0091
2020학년도 3월 학력평가 나형 2번
상중하

방정식 $\left(\frac{1}{4}\right)^{-x}=64$를 만족시키는 실수 $x$의 값은? [2점]

① $-3$ ② $-\frac{1}{3}$ ③ $\frac{1}{3}$ ④ $3$ ⑤ $9$

## 92
▸ 24106-0092
2021학년도 9월 모의평가 가형 13번/나형 15번
상중하

곡선 $y=2^{ax+b}$과 직선 $y=x$가 서로 다른 두 점 A, B에서 만날 때, 두 점 A, B에서 $x$축에 내린 수선의 발을 각각 C, D라 하자. $\overline{AB}=6\sqrt{2}$이고 사각형 ACDB의 넓이가 30일 때, $a+b$의 값은? (단, $a$, $b$는 상수이다.) [3점]

① $\frac{1}{6}$ ② $\frac{1}{3}$ ③ $\frac{1}{2}$ ④ $\frac{2}{3}$ ⑤ $\frac{5}{6}$

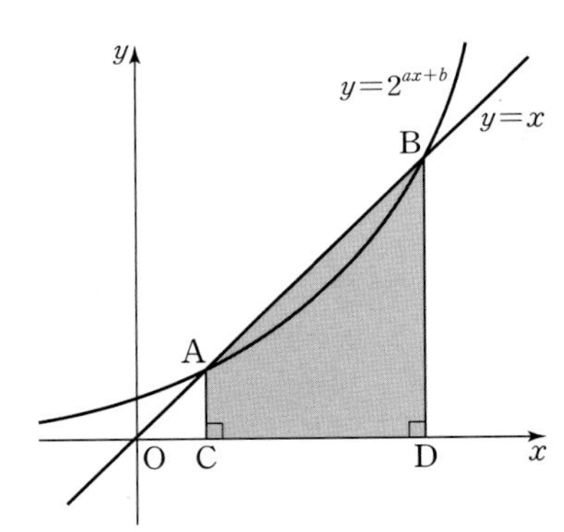

## 93 ▸ 24106-0093
2022학년도 수능 9번 상중하

직선 $y=2x+k$가 두 함수

$$y=\left(\frac{2}{3}\right)^{x+3}+1,\ y=\left(\frac{2}{3}\right)^{x+1}+\frac{8}{3}$$

의 그래프와 만나는 점을 각각 P, Q라 하자. $\overline{PQ}=\sqrt{5}$일 때, 상수 $k$의 값은? [4점]

① $\frac{31}{6}$ ② $\frac{16}{3}$ ③ $\frac{11}{2}$
④ $\frac{17}{3}$ ⑤ $\frac{35}{6}$

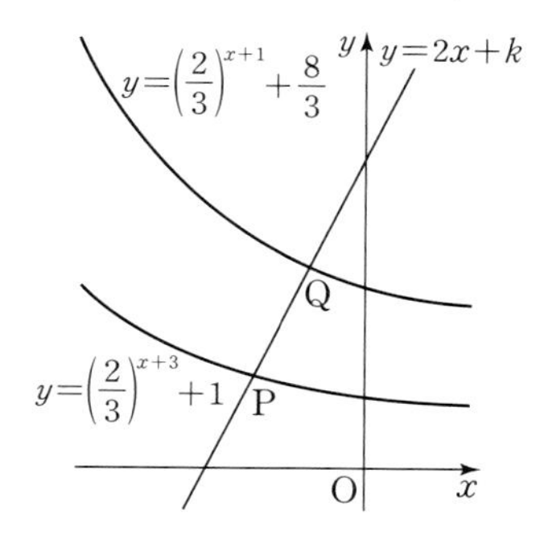


## 유형 7 부등식에의 활용

1. 지수가 포함된 부등식의 풀이
   (1) 밑을 같게 할 수 있는 경우
   주어진 부등식을 $a^{f(x)}>a^{g(x)}$ 꼴로 변형한 후
   ① $a>1$일 때, 부등식 $f(x)>g(x)$를 푼다.
   ② $0<a<1$일 때, 부등식 $f(x)<g(x)$를 푼다.
   (2) $a^x$ 꼴이 반복되는 경우
   $a^x=t$로 치환하여 $t$에 대한 부등식을 푼다.
   이때 $a^x>0$이므로 $t>0$임에 주의한다.
2. 로그가 포함된 부등식 $\log_a f(x)<\log_a g(x)$
   (1) $a>1$일 때, 부등식 $0<f(x)<g(x)$를 푼다.
   (2) $0<a<1$일 때, 부등식 $0<g(x)<f(x)$를 푼다.
   (3) $\log_a x$ 꼴이 반복되는 로그부등식: $\log_a x=t$로 치환하여 푼다.

**보기**

① 지수가 포함된 부등식 $\left(\frac{1}{5}\right)^{x-1}\le 25$를 풀어 보자.
$\left(\frac{1}{5}\right)^{x-1}\le 25$에서 $5^{1-x}\le 5^2$
이때 밑이 1보다 크므로 $1-x\le 2$에서 $x\ge -1$

② 로그가 포함된 부등식 $\log_{0.3} x\ge 2$를 풀어 보자.
$\log_{0.3} x\ge 2$에서 $\log_{0.3} x\ge \log_{0.3} 0.3^2$
이때 밑이 0보다 크고 1보다 작으므로 $x\le 0.09$
진수의 조건에서 $x>0$이므로 구하는 부등식의 해는
$0<x\le 0.09$

## 94 ▸ 24106-0094
2020학년도 수능 가형 15번 상중하

지수함수 $y=a^x\ (a>1)$의 그래프와 직선 $y=\sqrt{3}$이 만나는 점을 A라 하자. 점 B(4, 0)에 대하여 직선 OA와 직선 AB가 서로 수직이 되도록 하는 모든 $a$의 값의 곱은?

(단, O는 원점이다.) [4점]

① $3^{\frac{1}{3}}$ ② $3^{\frac{2}{3}}$ ③ 3
④ $3^{\frac{4}{3}}$ ⑤ $3^{\frac{5}{3}}$

## 95 ▸ 24106-0095
2021학년도 수능 가형 5번/나형 7번 상중하

부등식 $\left(\frac{1}{9}\right)^x<3^{21-4x}$을 만족시키는 자연수 $x$의 개수는? [3점]

① 6 ② 7 ③ 8
④ 9 ⑤ 10

## 96

▶ 24106-0096

2020학년도 10월 학력평가 가형 8번

상중하

부등식 $\log_2(x^2-7x)-\log_2(x+5)\le 1$을 만족시키는 모든 정수 $x$의 값의 합은? [3점]

① 22　② 24　③ 26　④ 28　⑤ 30

## 97

▶ 24106-0097

2020학년도 3월 학력평가 가형 6번

상중하

부등식 $\log_{18}(n^2-9n+18)<1$을 만족시키는 모든 자연수 $n$의 값의 합은? [3점]

① 14　② 15　③ 16　④ 17　⑤ 18

## 98

▶ 24106-0098

2021학년도 3월 학력평가 17번

상중하

모든 실수 $x$에 대하여 이차부등식

$$3x^2-2(\log_2 n)x+\log_2 n>0$$

이 성립하도록 하는 자연수 $n$의 개수를 구하시오. [3점]

## 99

▶ 24106-0099

2019학년도 3월 학력평가 가형 10번

상중하

부등식

$$\log_2(x^2-1)+\log_2 3\le 5$$

를 만족시키는 정수 $x$의 개수는? [3점]

① 1　② 2　③ 3　④ 4　⑤ 5

**100** ▸ 24106-0100
2024학년도 6월 모의평가 16번 상중하

부등식 $2^{x-6} \le \left(\frac{1}{4}\right)^{x}$을 만족시키는 모든 자연수 $x$의 값의 합을 구하시오. [3점]

**101** ▸ 24106-0101
2020학년도 6월 모의평가 가형 24번 상중하

이차함수 $y=f(x)$의 그래프와 직선 $y=x-1$이 그림과 같을 때, 부등식

$$\log_{3} f(x)+\log_{\frac{1}{3}}(x-1) \le 0$$

을 만족시키는 모든 자연수 $x$의 값의 합을 구하시오.

(단, $f(0)=f(7)=0$, $f(4)=3$) [3점]

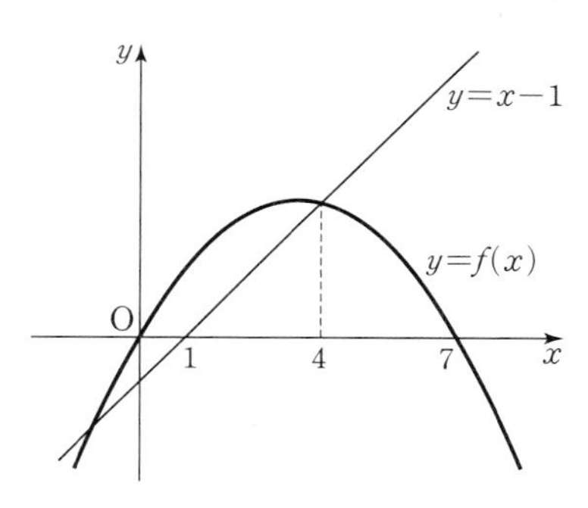


## 유형 8 지수함수와 로그함수를 활용한 외적문제

지수함수와 로그함수를 활용한 외적문제는 지수가 포함된 방정식, 부등식과 로그가 포함된 방정식, 부등식의 풀이 방법을 정확히 알고 있어야 풀 수 있는 문제가 대부분이다. 또한 지수함수와 로그함수의 그래프 위의 점을 활용하여 관계식을 끌어내는 문제가 출제되므로 그래프의 성질을 확실히 알아야 한다.

**보기**

어느 실험실에서 유전자 연구를 위하여 100마리의 대장균을 배양했을 때, $x$시간 후 대장균의 수 $N(x)$는 $N(x)=100\times 2^{x}$이다.
이 실험실에서 배양한 대장균의 수가 1600이 되었을 때는 몇 시간 후인지 구해 보자.
$x$시간 후 대장균의 수가 1600이 되었으므로
$1600=100\times 2^{x}$, $16=2^{x}$, $x=4$
따라서 4시간 후 대장균의 수가 1600이 된다.

**102** ▸ 24106-0102
2018학년도 3월 학력평가 가형 8번 상중하

최대 충전 용량이 $Q_0$ $(Q_0>0)$인 어떤 배터리를 완전히 방전시킨 후 $t$시간 동안 충전한 배터리의 충전 용량을 $Q(t)$라 할 때, 다음 식이 성립한다고 한다.

$$Q(t)=Q_0\left(1-2^{-\frac{t}{a}}\right)$$

(단, $a$는 양의 상수이다.)

$\dfrac{Q(4)}{Q(2)}=\dfrac{3}{2}$일 때, $a$의 값은?

(단, 배터리의 충전 용량의 단위는 mAh이다.) [3점]

① $\frac{3}{2}$　② 2　③ $\frac{5}{2}$
④ 3　⑤ $\frac{7}{2}$

# 도전 1등급 문제

## 01

▸ 24106-0103

2019학년도 3월 학력평가 나형 26번

$\log_x(-x^2+4x+5)$가 정의되기 위한 모든 정수 $x$의 값의 합을 구하시오. [4점]

## 02

▸ 24106-0104

2021학년도 수능 가형 27번

$\log_4 2n^2-\frac{1}{2}\log_2\sqrt{n}$의 값이 40 이하의 자연수가 되도록 하는 자연수 $n$의 개수를 구하시오. [4점]

## 03

▸ 24106-0105

2020학년도 3월 학력평가 나형 25번

$10\le x<1000$인 실수 $x$에 대하여 $\log x^3-\log\frac{1}{x^2}$의 값이 자연수가 되도록 하는 모든 $x$의 개수를 구하시오. [3점]

## 04

▸ 24106-0106

2024학년도 수능 21번

양수 $a$에 대하여 $x\ge-1$에서 정의된 함수 $f(x)$는

$$f(x)=\begin{cases}-x^2+6x & (-1\le x<6)\\ a\log_4(x-5) & (x\ge6)\end{cases}$$

이다. $t\ge0$인 실수 $t$에 대하여 닫힌구간 $[t-1,\ t+1]$에서의 $f(x)$의 최댓값을 $g(t)$라 하자. 구간 $[0,\ \infty)$에서 함수 $g(t)$의 최솟값이 5가 되도록 하는 양수 $a$의 최솟값을 구하시오. [4점]

## 05

▸ 24106-0107
**2022학년도 3월 학력평가 21번**

상수 $k$에 대하여 다음 조건을 만족시키는 좌표평면의 점 $\mathrm{A}(a, b)$가 오직 하나 존재한다.

(가) 점 A는 곡선 $y=\log_2(x+2)+k$ 위의 점이다.
(나) 점 A를 직선 $y=x$에 대하여 대칭이동한 점은 곡선 $y=4^{x+k}+2$ 위에 있다.

$a\times b$의 값을 구하시오. (단, $a\neq b$) [4점]

## 06

▸ 24106-0108
**2023학년도 수능 21번**

자연수 $n$에 대하여 함수 $f(x)$를

$$f(x)=\begin{cases} |3^{x+2}-n| & (x<0) \\ |\log_2(x+4)-n| & (x\geq 0) \end{cases}$$

이라 하자. 실수 $t$에 대하여 $x$에 대한 방정식 $f(x)=t$의 서로 다른 실근의 개수를 $g(t)$라 할 때, 함수 $g(t)$의 최댓값이 4가 되도록 하는 모든 자연수 $n$의 값의 합을 구하시오. [4점]

## 07

▸ 24106-0109
**2022학년도 10월 학력평가 21번**

그림과 같이 $a>1$인 실수 $a$에 대하여 두 곡선

$$y=a^{-2x}-1,\ y=a^{x}-1$$

이 있다. 곡선 $y=a^{-2x}-1$과 직선 $y=-\sqrt{3}x$가 서로 다른 두 점 O, A에서 만난다. 점 A를 지나고 직선 OA에 수직인 직선이 곡선 $y=a^{x}-1$과 제1사분면에서 만나는 점을 B라 하자. $\overline{\mathrm{OA}}:\overline{\mathrm{OB}}=\sqrt{3}:\sqrt{19}$일 때, 선분 AB의 길이를 구하시오.

(단, O는 원점이다.) [4점]

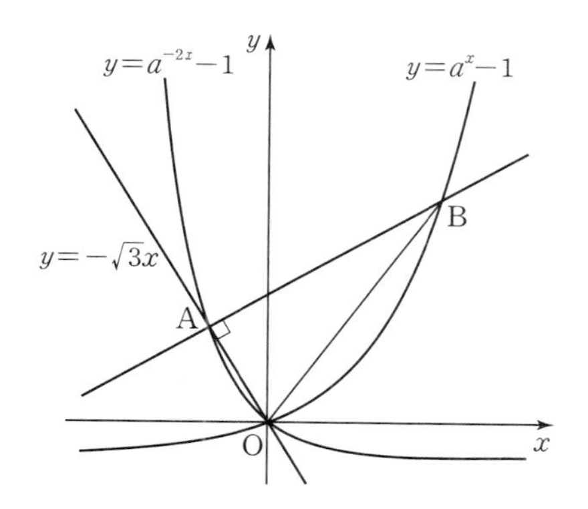

## 08

▸ 24106-0110

2020학년도 9월 모의평가 나형 28번

네 양수 $a$, $b$, $c$, $k$가 다음 조건을 만족시킬 때, $k^2$의 값을 구하시오. [4점]

> (가) $3^a=5^b=k^c$
> (나) $\log c=\log(2ab)-\log(2a+b)$

## 09

▸ 24106-0111

2022학년도 9월 모의평가 21번

$a>1$인 실수 $a$에 대하여 직선 $y=-x+4$가 두 곡선

$$y=a^{x-1},\ y=\log_a(x-1)$$

과 만나는 점을 각각 A, B라 하고, 곡선 $y=a^{x-1}$이 $y$축과 만나는 점을 C라 하자. $\overline{AB}=2\sqrt{2}$일 때, 삼각형 ABC의 넓이는 $S$이다. $50\times S$의 값을 구하시오. [4점]

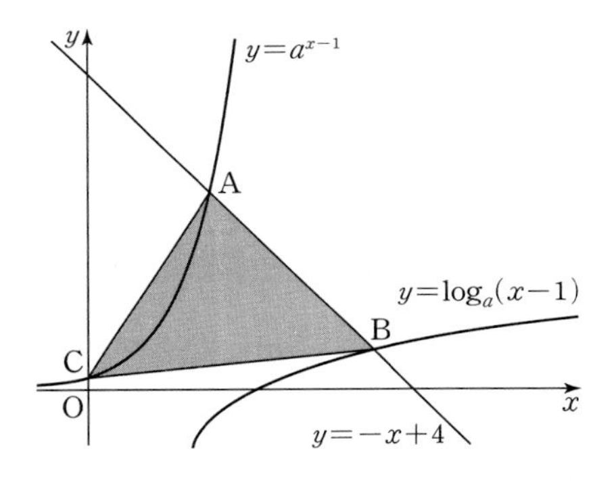


## 10

▸ 24106-0112

2022학년도 6월 모의평가 21번

다음 조건을 만족시키는 최고차항의 계수가 1인 이차함수 $f(x)$가 존재하도록 하는 모든 자연수 $n$의 값의 합을 구하시오. [4점]

> (가) $x$에 대한 방정식 $(x^n-64)f(x)=0$은 서로 다른 두 실근을 갖고, 각각의 실근은 중근이다.
> (나) 함수 $f(x)$의 최솟값은 음의 정수이다.

## 11

▸ 24106-0113

2023학년도 9월 모의평가 21번

그림과 같이 곡선 $y=2^x$ 위에 두 점 $\mathrm{P}(a,\ 2^a)$, $\mathrm{Q}(b,\ 2^b)$이 있다. 직선 PQ의 기울기를 $m$이라 할 때, 점 P를 지나며 기울기가 $-m$인 직선이 $x$축, $y$축과 만나는 점을 각각 A, B라 하고, 점 Q를 지나며 기울기가 $-m$인 직선이 $x$축과 만나는 점을 C라 하자.

$$\overline{\mathrm{AB}}=4\,\overline{\mathrm{PB}},\ \overline{\mathrm{CQ}}=3\overline{\mathrm{AB}}$$

일 때, $90\times(a+b)$의 값을 구하시오. (단, $0<a<b$) [4점]

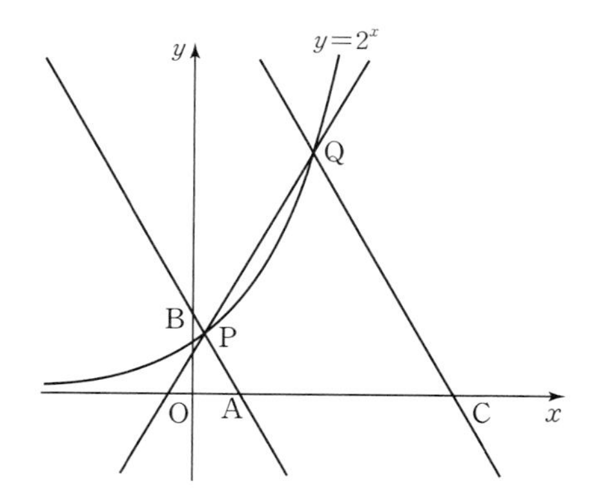


## 12

▸ 24106-0114

2017학년도 6월 모의평가 나형 30번

다음 조건을 만족시키는 20 이하의 모든 자연수 $n$의 값의 합을 구하시오. [4점]

> $\log_2(na-a^2)$과 $\log_2(nb-b^2)$은 같은 자연수이고
> $0<b-a\le\frac{n}{2}$인 두 실수 $a$, $b$가 존재한다.

# 삼각함수

## 2024 수능 출제 분석

- 삼각함수의 성질을 이용하여 삼각함수의 값을 구하는 문제가 출제되었다.
- 삼각함수가 포함된 부등식을 해결할 수 있는지를 묻는 문제가 출제되었다.
- 사인법칙, 코사인법칙 및 삼각형의 넓이를 활용하여 외접원의 반지름의 길이를 구하는 문제가 출제되었다.

## 2025 수능 예측

1. 삼각함수의 관계를 이용하여 삼각함수의 값을 구하는 문제가 자주 출제된다. 이때 주어진 각의 범위를 잘 파악해서 구하고자 하는 삼각함수의 값의 부호에 주의하여 풀도록 한다.
2. 도형을 활용한 문제가 출제될 수 있으므로 제시된 조건을 잘 살펴보도록 한다. 조건이 직접적으로 사용되도록 주어지지 않더라도 조건 사이의 관계 및 제시 이유를 잘 파악하면 비교적 쉽게 문제를 해결할 수 있다.
3. 사인법칙과 코사인법칙을 적절히 사용하여 도형에서의 길이 및 넓이 등을 구하는 다양한 형태의 문제가 출제될 수 있다.

## 한눈에 보는 출제 빈도

| 연도 \ 핵심 주제 | | 유형 1 삼각함수의 정의 | 유형 2 삼각함수의 그래프 | 유형 3 삼각함수의 방정식, 부등식에의 활용 | 유형 4 사인법칙과 코사인법칙 |
|---|---|---|---|---|---|
| 2024 학년도 | 수능 | 1 | | 1 | 1 |
| | 9월 모평 | 1 | | 1 | 1 |
| | 6월 모평 | | 2 | | 1 |
| 2023 학년도 | 수능 | 1 | 1 | | 1 |
| | 9월 모평 | 1 | 1 | | 1 |
| | 6월 모평 | 1 | 1 | | 1 |
| 2022 학년도 | 수능 | 1 | 1 | | 1 |
| | 9월 모평 | 1 | 1 | | 1 |
| | 6월 모평 | 1 | | 1 | 1 |
| 2021 학년도 | 수능 | 1 | 1 | 1 | 1 |
| | 9월 모평 | 1 | 1 | | 2 |
| | 6월 모평 | | 1 | 1 | 1 |
| 2020 학년도 | 수능 | | | 1 | |
| | 9월 모평 | | | | |
| | 6월 모평 | | | | |

# 수능 유형별 기출 문제

## 유형 1 삼각함수의 정의

동경 OP가 나타내는 일반각의 크기 $\theta$에 대하여 삼각함수를 다음과 같이 정의한다.

$\sin\theta=\dfrac{y}{r}$,

$\cos\theta=\dfrac{x}{r}$,

$\tan\theta=\dfrac{y}{x}\,(x\neq 0)$

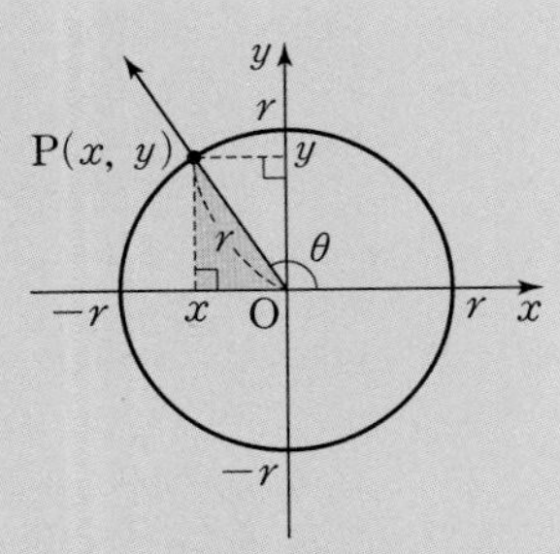


**보기**

원점 O와 점 P$(-1,\ 2)$를 지나는 동경 OP가 나타내는 각의 크기를 $\theta$라 할 때,

$\sin\theta=\dfrac{2}{\sqrt{5}}=\dfrac{2\sqrt{5}}{5}$,

$\cos\theta=-\dfrac{1}{\sqrt{5}}=-\dfrac{\sqrt{5}}{5}$,

$\tan\theta=-2$

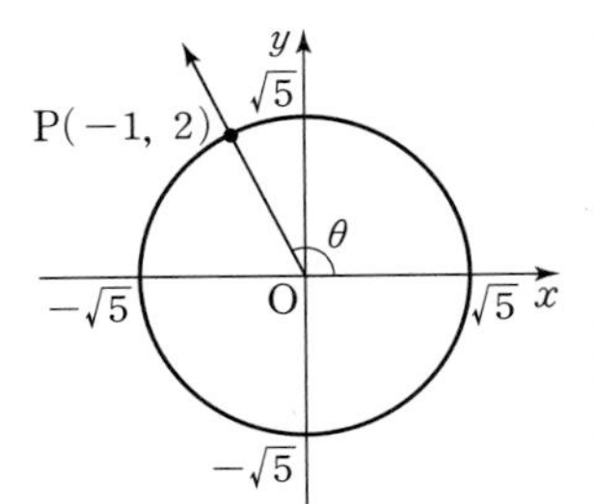


### 01

▸ 24106-0115

2021학년도 수능 가형 3번

상중하

$\dfrac{\pi}{2}<\theta<\pi$인 $\theta$에 대하여 $\sin\theta=\dfrac{\sqrt{21}}{7}$일 때, $\tan\theta$의 값은? [2점]

① $-\dfrac{\sqrt{3}}{2}$ ② $-\dfrac{\sqrt{3}}{4}$ ③ $0$

④ $\dfrac{\sqrt{3}}{4}$ ⑤ $\dfrac{\sqrt{3}}{2}$

### 02

▸ 24106-0116

2023학년도 6월 모의평가 3번

상중하

$\dfrac{\pi}{2}<\theta<\pi$인 $\theta$에 대하여 $\cos^2\theta=\dfrac{4}{9}$일 때, $\sin^2\theta+\cos\theta$의 값은? [3점]

① $-\dfrac{4}{9}$ ② $-\dfrac{1}{3}$ ③ $-\dfrac{2}{9}$

④ $-\dfrac{1}{9}$ ⑤ $0$

### 03

▸ 24106-0117

2022학년도 6월 모의평가 3번

상중하

$\pi<\theta<\dfrac{3}{2}\pi$인 $\theta$에 대하여 $\tan\theta=\dfrac{12}{5}$일 때, $\sin\theta+\cos\theta$의 값은? [3점]

① $-\dfrac{17}{13}$ ② $-\dfrac{7}{13}$ ③ $0$

④ $\dfrac{7}{13}$ ⑤ $\dfrac{17}{13}$

### 04

▸ 24106-0118

2024학년도 수능 3번

상중하

$\dfrac{3}{2}\pi<\theta<2\pi$인 $\theta$에 대하여 $\sin(-\theta)=\dfrac{1}{3}$일 때, $\tan\theta$의 값은? [3점]

① $-\dfrac{\sqrt{2}}{2}$ ② $-\dfrac{\sqrt{2}}{4}$ ③ $-\dfrac{1}{4}$

④ $\dfrac{1}{4}$ ⑤ $\dfrac{\sqrt{2}}{4}$

## 05
▶ 24106-0119
2024학년도 9월 모의평가 3번

상중하

$\frac{3}{2}\pi<\theta<2\pi$인 $\theta$에 대하여 $\cos\theta=\frac{\sqrt{6}}{3}$일 때, $\tan\theta$의 값은? [3점]

① $-\sqrt{2}$ ② $-\frac{\sqrt{2}}{2}$ ③ $0$
④ $\frac{\sqrt{2}}{2}$ ⑤ $\sqrt{2}$

## 06
▶ 24106-0120
2023학년도 수능 5번

상중하

$\tan\theta<0$이고 $\cos\left(\frac{\pi}{2}+\theta\right)=\frac{\sqrt{5}}{5}$일 때, $\cos\theta$의 값은? [3점]

① $-\frac{2\sqrt{5}}{5}$ ② $-\frac{\sqrt{5}}{5}$ ③ $0$
④ $\frac{\sqrt{5}}{5}$ ⑤ $\frac{2\sqrt{5}}{5}$

## 07
▶ 24106-0121
2023학년도 9월 모의평가 3번

상중하

$\sin(\pi-\theta)=\frac{5}{13}$이고 $\cos\theta<0$일 때, $\tan\theta$의 값은? [3점]

① $-\frac{12}{13}$ ② $-\frac{5}{12}$ ③ $0$
④ $\frac{5}{12}$ ⑤ $\frac{12}{13}$

## 08
▶ 24106-0122
2021학년도 9월 모의평가 나형 3번

상중하

$\cos^2\left(\frac{\pi}{6}\right)+\tan^2\left(\frac{2\pi}{3}\right)$의 값은? [2점]

① $\frac{3}{2}$ ② $\frac{9}{4}$ ③ $3$
④ $\frac{15}{4}$ ⑤ $\frac{9}{2}$

## 09
▶ 24106-0123
2020학년도 10월 학력평가 가형 24번

상중하

$\sin\left(\frac{\pi}{2}+\theta\right)\tan(\pi-\theta)=\frac{3}{5}$일 때, $30(1-\sin\theta)$의 값을 구하시오. [3점]

## 10
▶ 24106-0124
2022학년도 3월 학력평가 5번

상중하

$\frac{\pi}{2}<\theta<\pi$인 $\theta$에 대하여 $\cos\theta\tan\theta=\frac{1}{2}$일 때, $\cos\theta+\tan\theta$의 값은? [3점]

① $-\frac{5\sqrt{3}}{6}$ ② $-\frac{2\sqrt{3}}{3}$ ③ $-\frac{\sqrt{3}}{2}$
④ $-\frac{\sqrt{3}}{3}$ ⑤ $-\frac{\sqrt{3}}{6}$

## 11

▸ 24106-0125

2022학년도 10월 학력평가 5번

상중하

$\frac{\pi}{2}<\theta<\pi$인 $\theta$에 대하여 $\sin\theta=2\cos(\pi-\theta)$일 때, $\cos\theta\tan\theta$의 값은? [3점]

① $-\frac{2\sqrt{5}}{5}$ ② $-\frac{\sqrt{5}}{5}$ ③ $\frac{1}{5}$

④ $\frac{\sqrt{5}}{5}$ ⑤ $\frac{2\sqrt{5}}{5}$

## 12

▸ 24106-0126

2020학년도 3월 학력평가 나형 3번

상중하

$\theta$가 제3사분면의 각이고 $\cos\theta=-\frac{4}{5}$일 때, $\tan\theta$의 값은? [2점]

① $-\frac{4}{3}$ ② $-\frac{3}{4}$ ③ 0

④ $\frac{3}{4}$ ⑤ $\frac{4}{3}$

## 13

▸ 24106-0127

2022학년도 수능 7번

상중하

$\pi<\theta<\frac{3}{2}\pi$인 $\theta$에 대하여 $\tan\theta-\frac{6}{\tan\theta}=1$일 때, $\sin\theta+\cos\theta$의 값은? [3점]

① $-\frac{2\sqrt{10}}{5}$ ② $-\frac{\sqrt{10}}{5}$ ③ 0

④ $\frac{\sqrt{10}}{5}$ ⑤ $\frac{2\sqrt{10}}{5}$

## 14

▸ 24106-0128

2023학년도 10월 학력평가 5번

상중하

$\pi<\theta<\frac{3}{2}\pi$인 $\theta$에 대하여

$$\frac{1}{1-\cos\theta}+\frac{1}{1+\cos\theta}=18$$

일 때, $\sin\theta$의 값은? [3점]

① $-\frac{2}{3}$ ② $-\frac{1}{3}$ ③ 0

④ $\frac{1}{3}$ ⑤ $\frac{2}{3}$

## 15

▸ 24106-0129

2023학년도 3월 학력평가 5번

상중하

$\cos(\pi+\theta)=\frac{1}{3}$이고 $\sin(\pi+\theta)>0$일 때, $\tan\theta$의 값은? [3점]

① $-2\sqrt{2}$ ② $-\frac{\sqrt{2}}{4}$ ③ 1

④ $\frac{\sqrt{2}}{4}$ ⑤ $2\sqrt{2}$

## 16

▸ 24106-0130

2022학년도 9월 모의평가 6번

상중하

$\frac{\pi}{2}<\theta<\pi$인 $\theta$에 대하여 $\frac{\sin\theta}{1-\sin\theta}-\frac{\sin\theta}{1+\sin\theta}=4$일 때, $\cos\theta$의 값은? [3점]

① $-\frac{\sqrt{3}}{3}$ ② $-\frac{1}{3}$ ③ $0$

④ $\frac{1}{3}$ ⑤ $\frac{\sqrt{3}}{3}$

## 17

▸ 24106-0131

2020학년도 3월 학력평가 가형 23번

상중하

중심각의 크기가 1라디안이고 둘레의 길이가 24인 부채꼴의 넓이를 구하시오. [3점]

## 18

▸ 24106-0132

2021학년도 3월 학력평가 11번

상중하

그림과 같이 두 점 O, O′을 각각 중심으로 하고 반지름의 길이가 3인 두 원 $O$, $O'$이 한 평면 위에 있다. 두 원 $O$, $O'$이 만나는 점을 각각 A, B라 할 때, $\angle\text{AOB}=\frac{5}{6}\pi$이다.

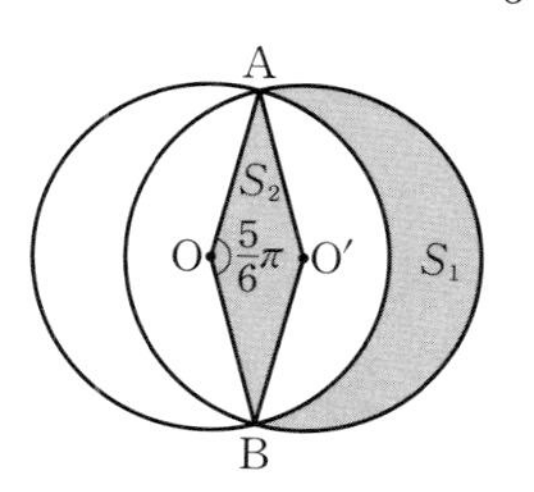


원 $O$의 외부와 원 $O'$의 내부의 공통부분의 넓이를 $S_1$, 마름모 AOBO′의 넓이를 $S_2$라 할 때, $S_1-S_2$의 값은? [4점]

① $\frac{5}{4}\pi$ ② $\frac{4}{3}\pi$ ③ $\frac{17}{12}\pi$

④ $\frac{3}{2}\pi$ ⑤ $\frac{19}{12}\pi$

## 19

▸ 24106-0133

2020학년도 3월 학력평가 가형 26번

상중하

좌표평면에서 제1사분면에 점 P가 있다. 점 P를 직선 $y=x$에 대하여 대칭이동한 점을 Q라 하고, 점 Q를 원점에 대하여 대칭이동한 점을 R라 할 때, 세 동경 OP, OQ, OR가 나타내는 각을 각각 $\alpha$, $\beta$, $\gamma$라 하자. $\sin\alpha=\frac{1}{3}$일 때, $9(\sin^2\beta+\tan^2\gamma)$의 값을 구하시오.

(단, O는 원점이고, 시초선은 $x$축의 양의 방향이다.) [4점]

## 유형 2 삼각함수의 그래프

1. $y=\sin x$의 그래프

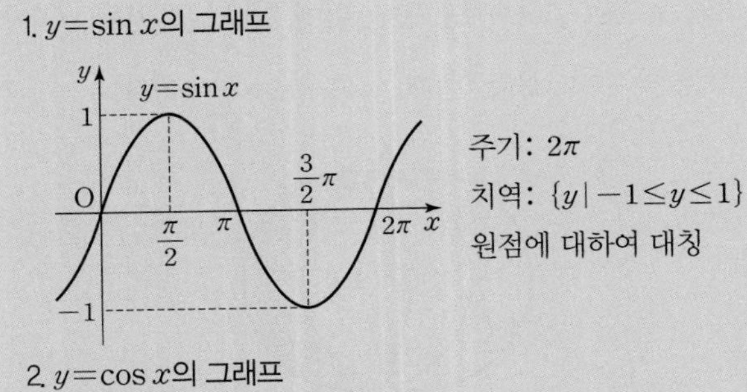


주기: $2\pi$
치역: $\{y\mid -1\le y\le 1\}$
원점에 대하여 대칭

2. $y=\cos x$의 그래프

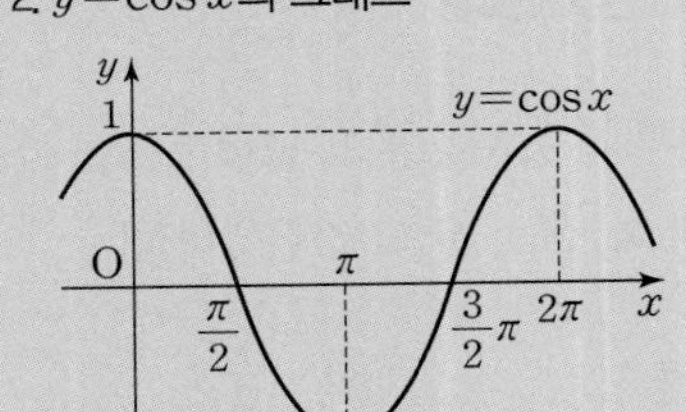


주기: $2\pi$
치역: $\{y\mid -1\le y\le 1\}$
$y$축에 대하여 대칭

3. $y=\tan x$의 그래프

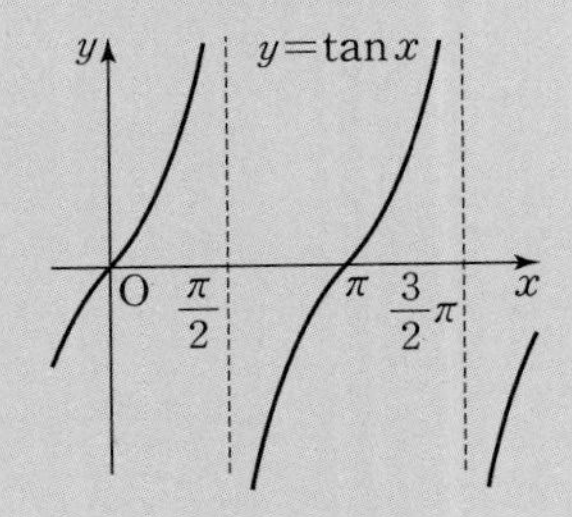


주기: $\pi$
점근선: $y=n\pi+\frac{\pi}{2}$
($n$은 정수)
원점에 대하여 대칭

**보기**

삼각함수 $y=2\sin 2x$의 그래프의 주기와 치역을 구해 보자.
$f(x)=2\sin 2x$라 하면
$f(x)=2\sin(2x+2\pi)=2\sin 2(x+\pi)=f(x+\pi)$
이므로 주기는 $\pi$이고, $-1\le\sin 2x\le 1$에서
$-2\le 2\sin 2x\le 2$이므로 치역은 $\{y\mid -2\le y\le 2\}$이다.

### 20

▸ 24106-0134
2021학년도 수능 나형 4번

상중하

함수 $f(x)=4\cos x+3$의 최댓값은? [3점]

① 6 ② 7 ③ 8
④ 9 ⑤ 10

### 21

▸ 24106-0135
2021학년도 10월 학력평가 3번

상중하

함수 $y=\tan\left(\pi x+\frac{\pi}{2}\right)$의 주기는? [3점]

① $\frac{1}{2}$ ② $\frac{\pi}{4}$ ③ 1
④ $\frac{3}{2}$ ⑤ $\frac{\pi}{2}$

### 22

▸ 24106-0136
2021학년도 6월 모의평가 나형 22번

상중하

함수 $f(x)=5\sin x+1$의 최댓값을 구하시오. [3점]

## 23
▸ 24106-0137
2023학년도 6월 모의평가 7번
상중하

닫힌구간 $[0, \pi]$에서 정의된 함수 $f(x)=-\sin 2x$가 $x=a$에서 최댓값을 갖고 $x=b$에서 최솟값을 갖는다. 곡선 $y=f(x)$ 위의 두 점 $(a, f(a))$, $(b, f(b))$를 지나는 직선의 기울기는? [3점]

① $\frac{1}{\pi}$　② $\frac{2}{\pi}$　③ $\frac{3}{\pi}$　④ $\frac{4}{\pi}$　⑤ $\frac{5}{\pi}$

## 24
▸ 24106-0138
2024학년도 6월 모의평가 6번
상중하

$\cos\theta<0$이고 $\sin(-\theta)=\frac{1}{7}\cos\theta$일 때, $\sin\theta$의 값은? [3점]

① $-\frac{3\sqrt{2}}{10}$　② $-\frac{\sqrt{2}}{10}$　③ $0$　④ $\frac{\sqrt{2}}{10}$　⑤ $\frac{3\sqrt{2}}{10}$

## 25
▸ 24106-0139
2023학년도 수능 9번
상중하

함수

$$f(x)=a-\sqrt{3}\tan 2x$$

가 닫힌구간 $\left[-\frac{\pi}{6}, b\right]$에서 최댓값 7, 최솟값 3을 가질 때, $a\times b$의 값은? (단, $a$, $b$는 상수이다.) [4점]

① $\frac{\pi}{2}$　② $\frac{5\pi}{12}$　③ $\frac{\pi}{3}$　④ $\frac{\pi}{4}$　⑤ $\frac{\pi}{6}$

## 26
▸ 24106-0140
2022학년도 3월 학력평가 8번
상중하

그림과 같이 양의 실수 $a$에 대하여 곡선

$y=2\cos ax\left(0\le x\le\frac{2\pi}{a}\right)$와 직선 $y=1$이 만나는 두 점을 각각 A, B라 하자. $\overline{\text{AB}}=\frac{8}{3}$일 때, $a$의 값은? [3점]

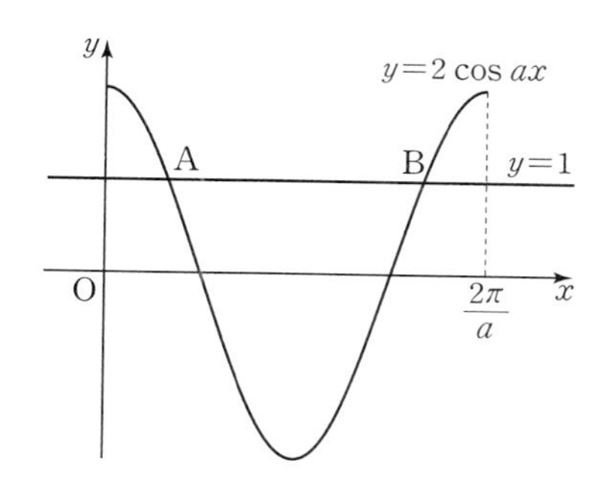


① $\frac{\pi}{3}$　② $\frac{5\pi}{12}$　③ $\frac{\pi}{2}$　④ $\frac{7\pi}{12}$　⑤ $\frac{2\pi}{3}$

## 27
▸ 24106-0141
2020학년도 10월 학력평가 나형 7번
상중하

$0\le x<2\pi$일 때, 두 함수 $y=\sin x$와 $y=\cos\left(x+\frac{\pi}{2}\right)+1$의 그래프가 만나는 모든 점의 $x$좌표의 합은? [3점]

① $\frac{\pi}{2}$　② $\pi$　③ $\frac{3}{2}\pi$　④ $2\pi$　⑤ $\frac{5}{2}\pi$

## 28
▸ 24106-0142
2023학년도 9월 모의평가 9번
상중하

닫힌구간 [0, 12]에서 정의된 두 함수

$$f(x)=\cos\frac{\pi x}{6},\ g(x)=-3\cos\frac{\pi x}{6}-1$$

이 있다. 곡선 $y=f(x)$와 직선 $y=k$가 만나는 두 점의 $x$좌표를 $\alpha_1$, $\alpha_2$라 할 때, $|\alpha_1-\alpha_2|=8$이다. 곡선 $y=g(x)$와 직선 $y=k$가 만나는 두 점의 $x$좌표를 $\beta_1$, $\beta_2$라 할 때, $|\beta_1-\beta_2|$의 값은? (단, $k$는 $-1<k<1$인 상수이다.) [4점]

① 3　② $\frac{7}{2}$　③ 4　④ $\frac{9}{2}$　⑤ 5

## 29
▸ 24106-0143
2022학년도 9월 모의평가 10번
상중하

두 양수 $a$, $b$에 대하여 곡선 $y=a\sin b\pi x\left(0\le x\le\frac{3}{b}\right)$이 직선 $y=a$와 만나는 서로 다른 두 점을 A, B라 하자.
삼각형 OAB의 넓이가 5이고 직선 OA의 기울기와 직선 OB의 기울기의 곱이 $\frac{5}{4}$일 때, $a+b$의 값은? (단, O는 원점이다.)

[4점]

① 1　② 2　③ 3　④ 4　⑤ 5

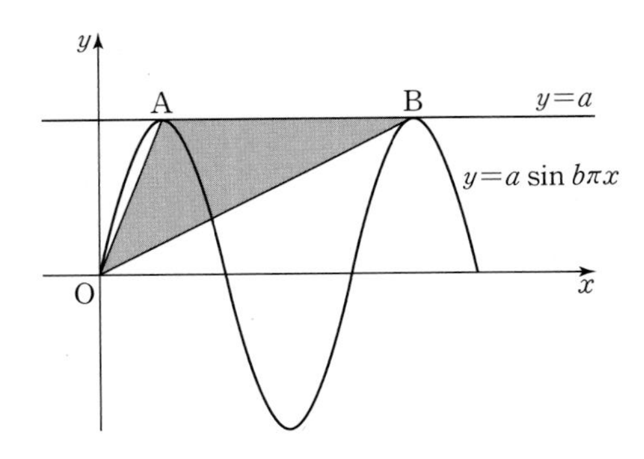


## 30
▸ 24106-0144
2022학년도 수능 11번
상중하

양수 $a$에 대하여 집합 $\left\{x\,\middle|\,-\frac{a}{2}<x\le a,\ x\ne\frac{a}{2}\right\}$에서 정의된 함수

$$f(x)=\tan\frac{\pi x}{a}$$

가 있다. 그림과 같이 함수 $y=f(x)$의 그래프 위의 세 점 O, A, B를 지나는 직선이 있다. 점 A를 지나고 $x$축에 평행한 직선이 함수 $y=f(x)$의 그래프와 만나는 점 중 A가 아닌 점을 C라 하자. 삼각형 ABC가 정삼각형일 때, 삼각형 ABC의 넓이는? (단, O는 원점이다.) [4점]

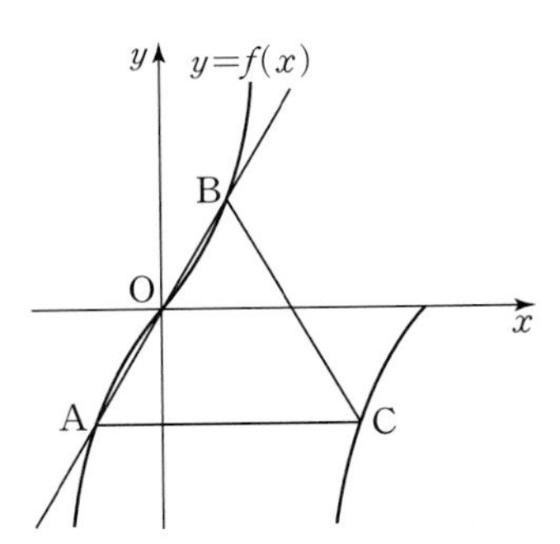


① $\frac{3\sqrt{3}}{2}$　② $\frac{17\sqrt{3}}{12}$　③ $\frac{4\sqrt{3}}{3}$　④ $\frac{5\sqrt{3}}{4}$　⑤ $\frac{7\sqrt{3}}{6}$

## 31
▸ 24106-0145
2023학년도 3월 학력평가 13번
상중하

두 함수

$$f(x)=x^2+ax+b,\ g(x)=\sin x$$

가 다음 조건을 만족시킬 때, $f(2)$의 값은?

(단, $a$, $b$는 상수이고, $0\le a\le 2$이다.) [4점]

> (가) $\{g(a\pi)\}^2=1$
> (나) $0\le x\le 2\pi$일 때, 방정식 $f(g(x))=0$의 모든 해의 합은 $\frac{5}{2}\pi$이다.

① 3　② $\frac{7}{2}$　③ 4　④ $\frac{9}{2}$　⑤ 5

## 32
▸ 24106-0146
2023학년도 10월 학력평가 11번
상 중 하

그림과 같이 두 상수 $a$, $b$에 대하여 함수

$$f(x)=a\sin\frac{\pi x}{b}+1\left(0\le x\le\frac{5}{2}b\right)$$

의 그래프와 직선 $y=5$가 만나는 점을 $x$좌표가 작은 것부터 차례로 A, B, C라 하자.

$\overline{\mathrm{BC}}=\overline{\mathrm{AB}}+6$이고 삼각형 AOB의 넓이가 $\frac{15}{2}$일 때, $a^2+b^2$의 값은? (단, $a>4$, $b>0$이고, O는 원점이다.) [4점]

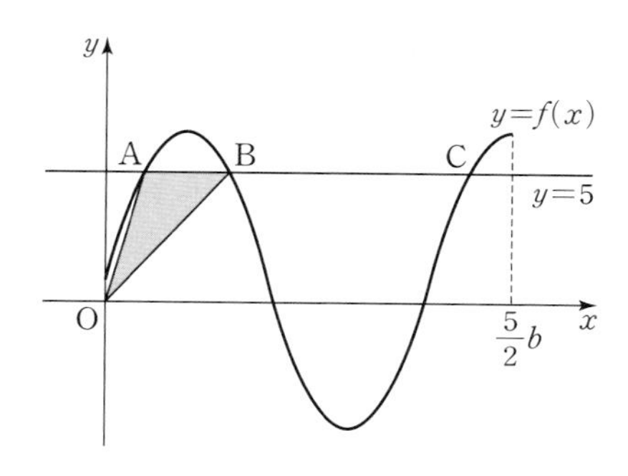


① 68 ② 70 ③ 72 ④ 74 ⑤ 76

## 33
▸ 24106-0147
2020학년도 3월 학력평가 나형 7번
상 중 하

$0\le x<2\pi$일 때, 두 곡선 $y=\cos\left(x-\frac{\pi}{2}\right)$와 $y=\sin 4x$가 만나는 점의 개수는? [3점]

① 2 ② 4 ③ 6 ④ 8 ⑤ 10

## 34
▸ 24106-0148
2021학년도 10월 학력평가 11번
상 중 하

닫힌구간 $[0, 2\pi]$에서 정의된 함수 $f(x)$는

$$f(x)=\begin{cases}\sin x & \left(0\le x\le\frac{k}{6}\pi\right)\\ 2\sin\left(\frac{k}{6}\pi\right)-\sin x & \left(\frac{k}{6}\pi<x\le 2\pi\right)\end{cases}$$

이다. 곡선 $y=f(x)$와 직선 $y=\sin\left(\frac{k}{6}\pi\right)$의 교점의 개수를 $a_k$라 할 때, $a_1+a_2+a_3+a_4+a_5$의 값은? [4점]

① 6 ② 7 ③ 8 ④ 9 ⑤ 10

## 35

▶ 24106-0149
2022학년도 10월 학력평가 12번

상 중 하

양수 $a$에 대하여 함수

$$f(x)=\left|4\sin\left(ax-\frac{\pi}{3}\right)+2\right| \left(0\le x<\frac{4\pi}{a}\right)$$

의 그래프가 직선 $y=2$와 만나는 서로 다른 점의 개수는 $n$이다. 이 $n$개의 점의 $x$좌표의 합이 39일 때, $n\times a$의 값은? [4점]

① $\frac{\pi}{2}$　② $\pi$　③ $\frac{3\pi}{2}$　④ $2\pi$　⑤ $\frac{5\pi}{2}$

## 36

▶ 24106-0150
2024학년도 6월 모의평가 19번

상 중 하

두 자연수 $a$, $b$에 대하여 함수

$$f(x)=a\sin bx+8-a$$

가 다음 조건을 만족시킬 때, $a+b$의 값을 구하시오. [3점]

(가) 모든 실수 $x$에 대하여 $f(x)\ge 0$이다.
(나) $0\le x<2\pi$일 때, $x$에 대한 방정식 $f(x)=0$의 서로 다른 실근의 개수는 4이다.

## 유형 3 삼각함수의 방정식, 부등식에의 활용

1. 삼각함수를 포함한 방정식의 풀이
   (1) 방정식 $\sin x=a$ $(0\le x<2\pi)$의 해 구하기
   $0\le x<2\pi$에서 함수 $y=\sin x$의 그래프와 직선 $y=a$의 교점의 $x$좌표를 구한다.
   (2) 방정식에 코사인함수, 탄젠트함수가 주어진 경우에도 같은 방법으로 푼다.
2. 삼각함수를 포함한 부등식의 풀이
   (1) $\sin x>k$ 꼴의 부등식
   함수 $y=\sin x$의 그래프와 직선 $y=k$의 교점의 $x$좌표를 이용하여 삼각함수의 그래프가 직선 $y=k$보다 위쪽에 있는 $x$의 값의 범위를 구한다.
   (2) $\sin x<k$ 꼴의 부등식
   함수 $y=\sin x$의 그래프와 직선 $y=k$의 교점의 $x$좌표를 이용하여 삼각함수의 그래프가 직선 $y=k$보다 아래쪽에 있는 $x$의 값의 범위를 구한다.
   (3) 부등식에 코사인함수, 탄젠트함수가 주어진 경우에도 같은 방법으로 푼다.

**보기**

$0\le x<2\pi$에서 방정식 $\cos x=\frac{\sqrt{2}}{2}$의 해를 구해 보자.

$y=\cos x$의 그래프와 직선 $y=\frac{\sqrt{2}}{2}$의 교점의 $x$좌표를 각각 $\alpha$, $\beta$라 하자.

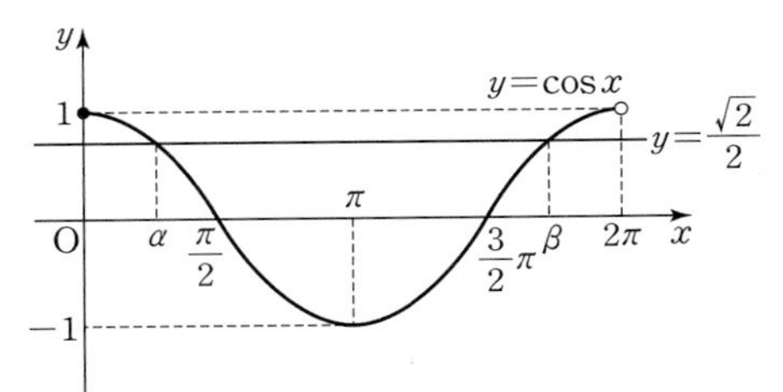


$0\le x<\frac{\pi}{2}$에서 $\cos\frac{\pi}{4}=\frac{\sqrt{2}}{2}$이므로 $\alpha=\frac{\pi}{4}$

이때 $y=\cos x$의 그래프가 직선 $x=\pi$에 대칭이므로

$\beta=2\pi-\frac{\pi}{4}=\frac{7}{4}\pi$

## 37
▸ 24106-0151

2021학년도 3월 학력평가 3번

상 중 하

$0 \le x < 2\pi$일 때, 방정식 $\sin 4x = \frac{1}{2}$의 서로 다른 실근의 개수는? [3점]

① 2　② 4　③ 6　④ 8　⑤ 10

## 38
▸ 24106-0152

2019학년도 수능 가형 11번

상 중 하

$0 \le \theta < 2\pi$일 때, $x$에 대한 이차방정식

$$6x^2 + (4\cos\theta)x + \sin\theta = 0$$

이 실근을 갖지 않도록 하는 모든 $\theta$의 값의 범위는 $\alpha < \theta < \beta$이다. $3\alpha + \beta$의 값은? [3점]

① $\frac{5}{6}\pi$　② $\pi$　③ $\frac{7}{6}\pi$　④ $\frac{4}{3}\pi$　⑤ $\frac{3}{2}\pi$

## 39
▸ 24106-0153

2021학년도 수능 나형 16번

상 중 하

$0 \le x < 4\pi$일 때, 방정식

$$4\sin^2 x - 4\cos\left(\frac{\pi}{2} + x\right) - 3 = 0$$

의 모든 해의 합은? [4점]

① $5\pi$　② $6\pi$　③ $7\pi$　④ $8\pi$　⑤ $9\pi$

## 40
▸ 24106-0154

2020학년도 10월 학력평가 가형 11번

상 중 하

$0 \le x < 2\pi$일 때, 방정식

$$\sin x = \sqrt{3}(1 + \cos x)$$

의 모든 해의 합은? [3점]

① $\frac{\pi}{3}$　② $\frac{2}{3}\pi$　③ $\pi$　④ $\frac{4}{3}\pi$　⑤ $\frac{5}{3}\pi$

## 41
▸ 24106-0155

2020학년도 수능 가형 7번

상 중 하

$0 < x < 2\pi$일 때, 방정식 $4\cos^2 x - 1 = 0$과 부등식 $\sin x \cos x < 0$을 동시에 만족시키는 모든 $x$의 값의 합은? [3점]

① $2\pi$　② $\frac{7}{3}\pi$　③ $\frac{8}{3}\pi$　④ $3\pi$　⑤ $\frac{10}{3}\pi$

## 42
▸ 24106-0156

2021학년도 6월 모의평가 가형 14번

상 중 하

$0 \le \theta < 2\pi$일 때, $x$에 대한 이차방정식

$$x^2 - (2\sin\theta)x - 3\cos^2\theta - 5\sin\theta + 5 = 0$$

이 실근을 갖도록 하는 $\theta$의 최솟값과 최댓값을 각각 $\alpha$, $\beta$라 하자. $4\beta - 2\alpha$의 값은? [4점]

① $3\pi$　② $4\pi$　③ $5\pi$　④ $6\pi$　⑤ $7\pi$

## 43

▸ 24106-0157

2024학년도 9월 모의평가 9번

상중하

$0 \le x \le 2\pi$일 때, 부등식

$$\cos x \le \sin \frac{\pi}{7}$$

를 만족시키는 모든 $x$의 값의 범위는 $\alpha \le x \le \beta$이다. $\beta - \alpha$의 값은? [4점]

① $\frac{8}{7}\pi$ ② $\frac{17}{14}\pi$ ③ $\frac{9}{7}\pi$ ④ $\frac{19}{14}\pi$ ⑤ $\frac{10}{7}\pi$

## 44

▸ 24106-0158

2024학년도 수능 19번

상중하

함수 $f(x) = \sin \frac{\pi}{4}x$라 할 때, $0 < x < 16$에서 부등식

$$f(2+x)f(2-x) < \frac{1}{4}$$

을 만족시키는 모든 자연수 $x$의 값의 합을 구하시오. [3점]

## 45

▸ 24106-0159

2022학년도 6월 모의평가 15번

상중하

$-1 \le t \le 1$인 실수 $t$에 대하여 $x$에 대한 방정식

$$\left(\sin \frac{\pi x}{2} - t\right)\left(\cos \frac{\pi x}{2} - t\right) = 0$$

의 실근 중에서 집합 $\{x \mid 0 \le x < 4\}$에 속하는 가장 작은 값을 $\alpha(t)$, 가장 큰 값을 $\beta(t)$라 하자. 〈보기〉에서 옳은 것만을 있는 대로 고른 것은? [4점]

보기

ㄱ. $-1 \le t < 0$인 모든 실수 $t$에 대하여 $\alpha(t) + \beta(t) = 5$이다.

ㄴ. $\{t \mid \beta(t) - \alpha(t) = \beta(0) - \alpha(0)\} = \left\{t \,\middle|\, 0 \le t \le \frac{\sqrt{2}}{2}\right\}$

ㄷ. $\alpha(t_1) = \alpha(t_2)$인 두 실수 $t_1$, $t_2$에 대하여 $t_2 - t_1 = \frac{1}{2}$이면 $t_1 \times t_2 = \frac{1}{3}$이다.

① ㄱ ② ㄱ, ㄴ ③ ㄱ, ㄷ ④ ㄴ, ㄷ ⑤ ㄱ, ㄴ, ㄷ

## 유형 4 사인법칙과 코사인법칙

**1. 사인법칙**

삼각형 ABC의 외접원의 반지름의 길이를 $R$라 하면

$$\frac{a}{\sin A}=\frac{b}{\sin B}=\frac{c}{\sin C}=2R$$

**2. 코사인법칙**

삼각형 ABC에서

(1) $a^2=b^2+c^2-2bc\cos A$

(2) $b^2=c^2+a^2-2ca\cos B$

(3) $c^2=a^2+b^2-2ab\cos C$

**보기**

삼각형 ABC에서 $A=60°$이고 $a=2$일 때, 이 삼각형의 외접원의 반지름의 길이를 구해 보자.

삼각형 ABC의 외접원의 반지름의 길이를 $R$라 하면 사인법칙에 의하여

$\frac{2}{\sin 60°}=2R$에서 $R=\frac{2}{\sqrt{3}}=\frac{2\sqrt{3}}{3}$

### 46

▸ 24106-0160

2021학년도 수능 가형 10번/나형 28번 상중하

$\angle A=\frac{\pi}{3}$이고 $\overline{AB}:\overline{AC}=3:1$인 삼각형 ABC가 있다. 삼각형 ABC의 외접원의 반지름의 길이가 7일 때, 선분 AC의 길이는? [3점]

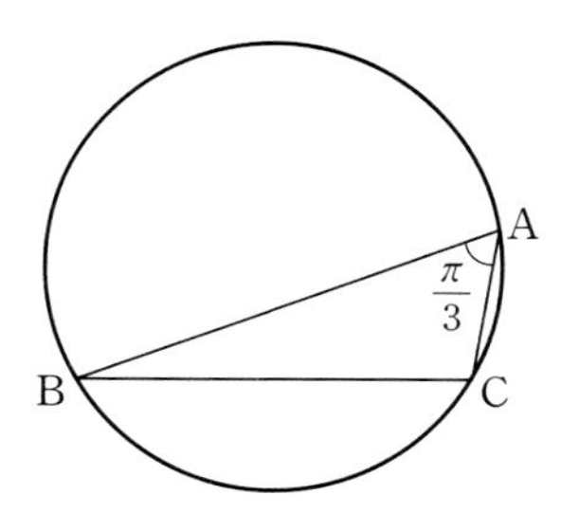


① $2\sqrt{5}$ ② $\sqrt{21}$ ③ $\sqrt{22}$

④ $\sqrt{23}$ ⑤ $2\sqrt{6}$

### 47

▸ 24106-0161

2021학년도 9월 모의평가 가형 12번/나형 25번 상중하

$\overline{AB}=6$, $\overline{AC}=10$인 삼각형 ABC가 있다. 선분 AC 위에 점 D를 $\overline{AB}=\overline{AD}$가 되도록 잡는다. $\overline{BD}=\sqrt{15}$일 때, 선분 BC의 길이는? [3점]

① $\sqrt{37}$ ② $\sqrt{38}$ ③ $\sqrt{39}$

④ $2\sqrt{10}$ ⑤ $\sqrt{41}$

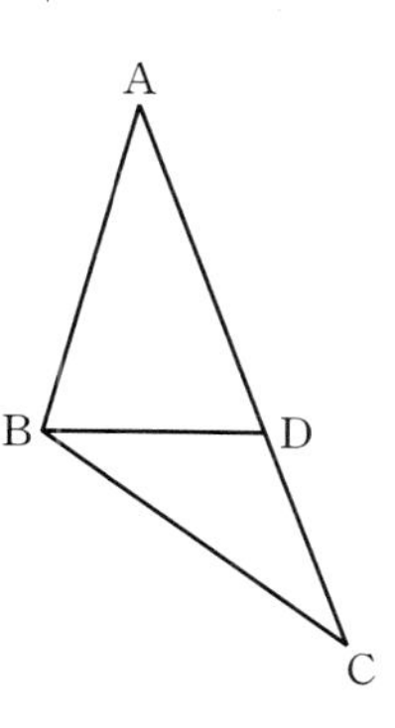


### 48

▸ 24106-0162

2023학년도 3월 학력평가 11번 상중하

그림과 같이 $\angle BAC=60°$, $\overline{AB}=2\sqrt{2}$, $\overline{BC}=2\sqrt{3}$인 삼각형 ABC가 있다. 삼각형 ABC의 내부의 점 P에 대하여 $\angle PBC=30°$, $\angle PCB=15°$일 때, 삼각형 APC의 넓이는? [4점]

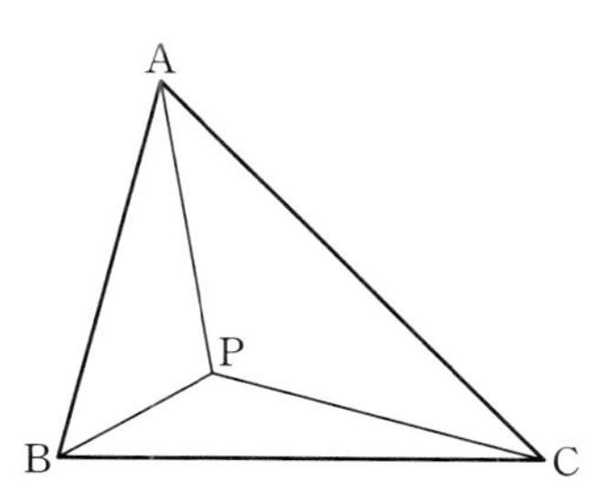


① $\frac{3+\sqrt{3}}{4}$ ② $\frac{3+2\sqrt{3}}{4}$ ③ $\frac{3+\sqrt{3}}{2}$

④ $\frac{3+2\sqrt{3}}{2}$ ⑤ $2+\sqrt{3}$

## 49
▸ 24106-0163
2021학년도 6월 모의평가 가형 23번/나형 5번
상 중 하

반지름의 길이가 15인 원에 내접하는 삼각형 ABC에서 $\sin B=\frac{7}{10}$일 때, 선분 AC의 길이를 구하시오. [3점]

## 50
▸ 24106-0164
2021학년도 9월 모의평가 나형 9번
상 중 하

$\overline{AB}=8$이고 $\angle A=45^\circ$, $\angle B=15^\circ$인 삼각형 ABC에서 선분 BC의 길이는? [3점]

① $2\sqrt{6}$  ② $\frac{7\sqrt{6}}{3}$  ③ $\frac{8\sqrt{6}}{3}$
④ $3\sqrt{6}$  ⑤ $\frac{10\sqrt{6}}{3}$

## 51
▸ 24106-0165
2020학년도 10월 학력평가 가형 17번
상 중 하

그림과 같이 $\angle ABC=\frac{\pi}{2}$인 삼각형 ABC에 내접하고 반지름의 길이가 3인 원의 중심을 O라 하자. 직선 AO가 선분 BC와 만나는 점을 D라 할 때, $\overline{DB}=4$이다. 삼각형 ADC의 외접원의 넓이는? [4점]

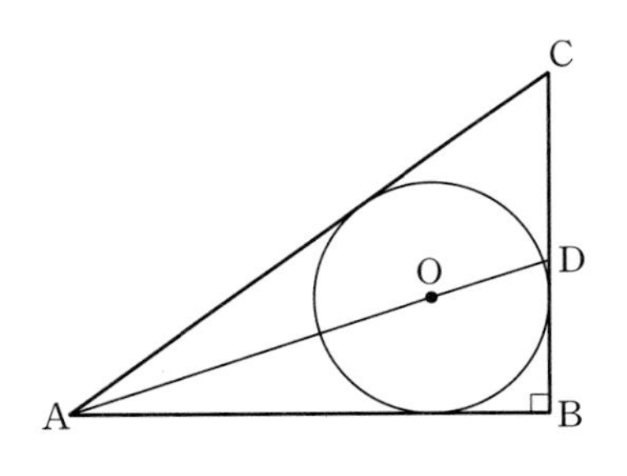


① $\frac{125}{2}\pi$  ② $63\pi$  ③ $\frac{127}{2}\pi$
④ $64\pi$  ⑤ $\frac{129}{2}\pi$

## 52
▸ 24106-0166
2022학년도 6월 모의평가 12번
상 중 하

그림과 같이 $\overline{AB}=4$, $\overline{AC}=5$이고 $\cos(\angle BAC)=\frac{1}{8}$인 삼각형 ABC가 있다. 선분 AC 위의 점 D와 선분 BC 위의 점 E에 대하여

$$\angle BAC=\angle BDA=\angle BED$$

일 때, 선분 DE의 길이는? [4점]

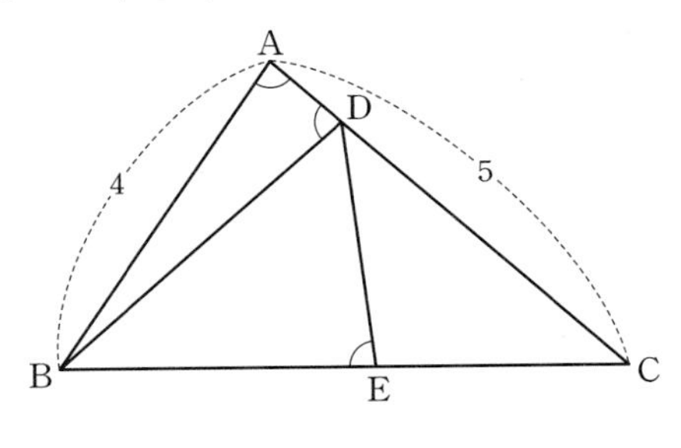


① $\frac{7}{3}$  ② $\frac{5}{2}$  ③ $\frac{8}{3}$
④ $\frac{17}{6}$  ⑤ 3

## 53
▸ 24106-0167
2022학년도 9월 모의평가 12번
상 중 하

반지름의 길이가 $2\sqrt{7}$인 원에 내접하고 $\angle A=\frac{\pi}{3}$인 삼각형 ABC가 있다. 점 A를 포함하지 않는 호 BC 위의 점 D에 대하여 $\sin(\angle BCD)=\frac{2\sqrt{7}}{7}$일 때, $\overline{BD}+\overline{CD}$의 값은? [4점]

① $\frac{19}{2}$  ② 10  ③ $\frac{21}{2}$
④ 11  ⑤ $\frac{23}{2}$

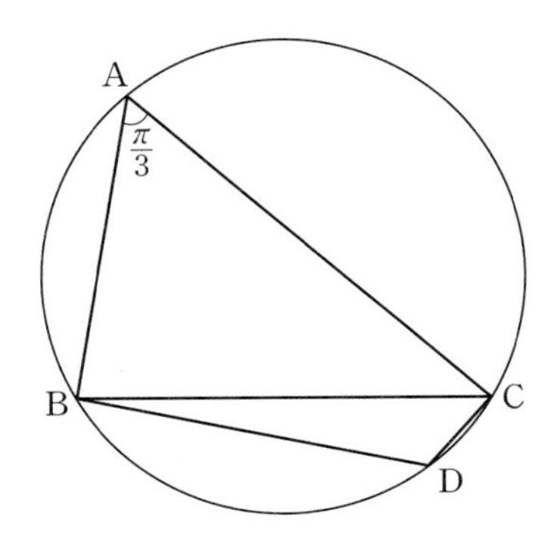

## 54
▸ 24106-0168
2023학년도 수능 11번
상중하

그림과 같이 사각형 ABCD가 한 원에 내접하고

$\overline{AB}=5$, $\overline{AC}=3\sqrt{5}$, $\overline{AD}=7$, $\angle BAC=\angle CAD$

일 때, 이 원의 반지름의 길이는? [4점]

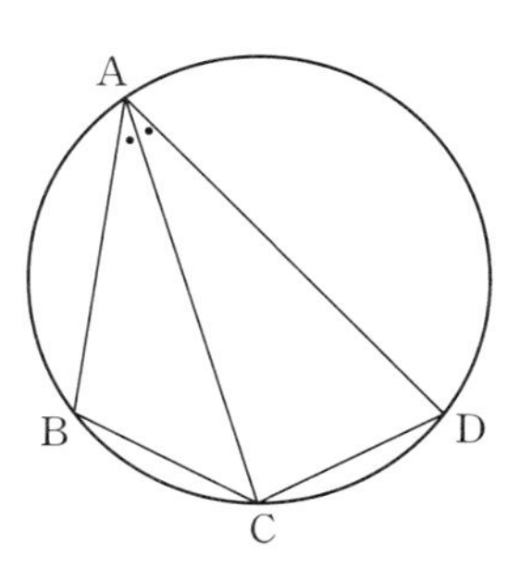


① $\frac{5\sqrt{2}}{2}$ ② $\frac{8\sqrt{5}}{5}$ ③ $\frac{5\sqrt{5}}{3}$
④ $\frac{8\sqrt{2}}{3}$ ⑤ $\frac{9\sqrt{3}}{4}$

## 55
▸ 24106-0169
2023학년도 6월 모의평가 10번
상중하

그림과 같이 $\overline{AB}=3$, $\overline{BC}=2$, $\overline{AC}>3$이고 $\cos(\angle BAC)=\frac{7}{8}$인 삼각형 ABC가 있다. 선분 AC의 중점을 M, 삼각형 ABC의 외접원이 직선 BM과 만나는 점 중 B가 아닌 점을 D라 할 때, 선분 MD의 길이는? [4점]

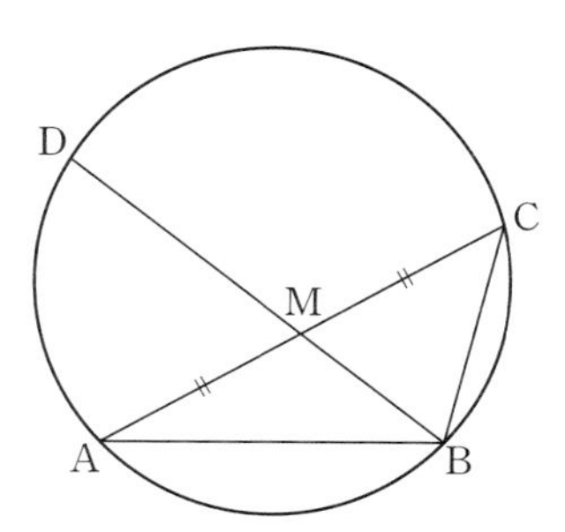


① $\frac{3\sqrt{10}}{5}$ ② $\frac{7\sqrt{10}}{10}$ ③ $\frac{4\sqrt{10}}{5}$
④ $\frac{9\sqrt{10}}{10}$ ⑤ $\sqrt{10}$

## 56
▸ 24106-0170
2020학년도 3월 학력평가 가형 19번
상중하

그림과 같이 중심이 O이고 반지름의 길이가 $\sqrt{10}$인 원에 내접하는 예각삼각형 ABC에 대하여 두 삼각형 OAB, OCA의 넓이를 각각 $S_1$, $S_2$라 하자. $3S_1=4S_2$이고 $\overline{BC}=2\sqrt{5}$일 때, 선분 AB의 길이는? [4점]

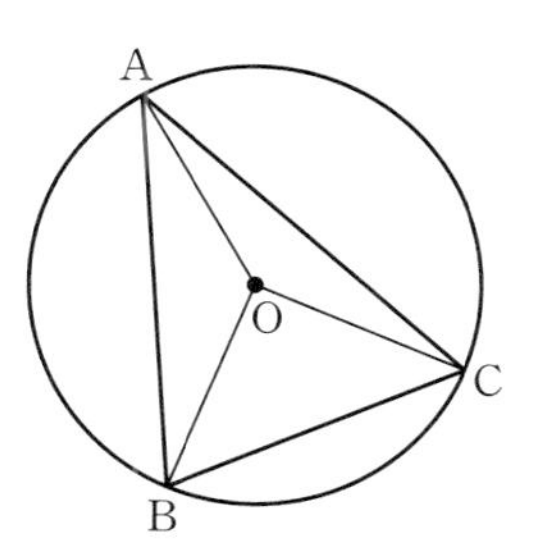


① $2\sqrt{7}$ ② $\sqrt{30}$ ③ $4\sqrt{2}$
④ $\sqrt{34}$ ⑤ 6

## 57
▸ 24106-0171
2021학년도 3월 학력평가 15번
상중하

그림과 같이 $\overline{AB}=5$, $\overline{BC}=4$, $\cos(\angle ABC)=\frac{1}{8}$인 삼각형 ABC가 있다. $\angle ABC$의 이등분선과 $\angle CAB$의 이등분선이 만나는 점을 D, 선분 BD의 연장선과 삼각형 ABC의 외접원이 만나는 점을 E라 할 때, 〈보기〉에서 옳은 것만을 있는 대로 고른 것은? [4점]

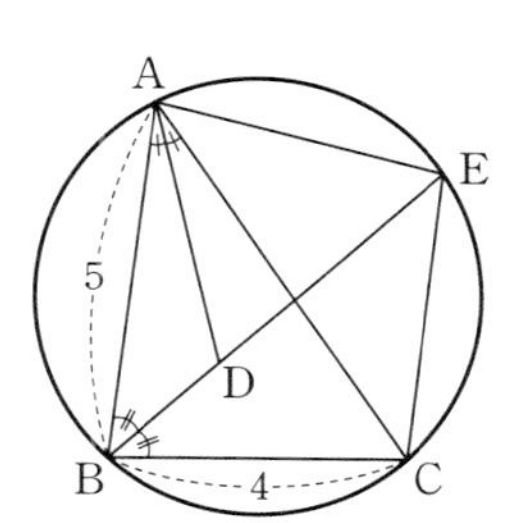


**보기**

ㄱ. $\overline{AC}=6$
ㄴ. $\overline{EA}=\overline{EC}$
ㄷ. $\overline{ED}=\frac{31}{8}$

① ㄱ ② ㄱ, ㄴ ③ ㄱ, ㄷ
④ ㄴ, ㄷ ⑤ ㄱ, ㄴ, ㄷ

## 58
▸24106-0172
2024학년도 수능 13번
상중하

그림과 같이

$$\overline{AB}=3,\ \overline{BC}=\sqrt{13},\ \overline{AD}\times\overline{CD}=9,\ \angle BAC=\frac{\pi}{3}$$

인 사각형 ABCD가 있다. 삼각형 ABC의 넓이를 $S_1$, 삼각형 ACD의 넓이를 $S_2$라 하고, 삼각형 ACD의 외접원의 반지름의 길이를 $R$이라 하자.

$S_2=\frac{5}{6}S_1$일 때, $\frac{R}{\sin(\angle ADC)}$의 값은? [4점]

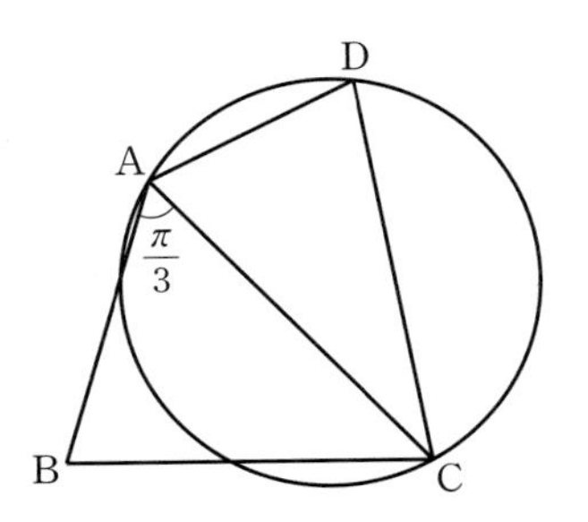


① $\frac{54}{25}$ ② $\frac{117}{50}$ ③ $\frac{63}{25}$
④ $\frac{27}{10}$ ⑤ $\frac{72}{25}$

## 59
▸24106-0173
2024학년도 9월 모의평가 20번
상중하

그림과 같이

$$\overline{AB}=2,\ \overline{AD}=1,\ \angle DAB=\frac{2}{3}\pi,\ \angle BCD=\frac{3}{4}\pi$$

인 사각형 ABCD가 있다. 삼각형 BCD의 외접원의 반지름의 길이를 $R_1$, 삼각형 ABD의 외접원의 반지름의 길이를 $R_2$라 하자.

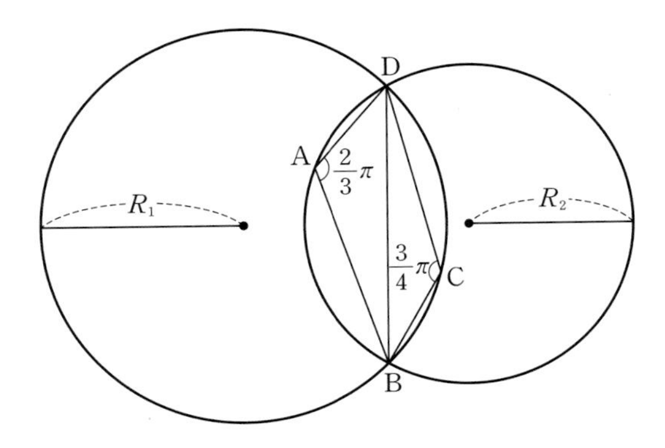


다음은 $R_1\times R_2$의 값을 구하는 과정이다.

> 삼각형 BCD에서 사인법칙에 의하여
> $R_1=\frac{\sqrt{2}}{2}\times\overline{BD}$
> 이고, 삼각형 ABD에서 사인법칙에 의하여
> $R_2=$ (가) $\times\overline{BD}$
> 이다. 삼각형 ABD에서 코사인법칙에 의하여
> $\overline{BD}^2=2^2+1^2-($ (나) $)$
> 이므로
> $R_1\times R_2=$ (다)
> 이다.

위의 (가), (나), (다)에 알맞은 수를 각각 $p$, $q$, $r$이라 할 때, $9\times(p\times q\times r)^2$의 값을 구하시오. [4점]

## 60
▸ 24106-0174
2022학년도 3월 학력평가 15번
상 중 하

그림과 같이 원에 내접하는 사각형 ABCD에 대하여

$$\overline{AB}=\overline{BC}=2,\ \overline{AD}=3,\ \angle BAD=\frac{\pi}{3}$$

이다. 두 직선 AD, BC의 교점을 E라 하자.

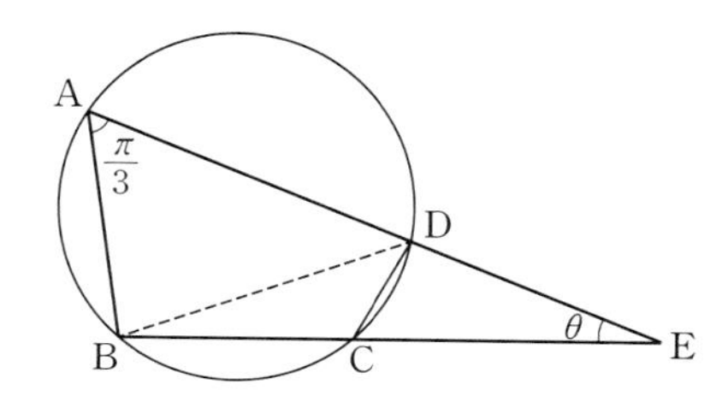


다음은 $\angle AEB=\theta$일 때, $\sin\theta$의 값을 구하는 과정이다.

> 삼각형 ABD와 삼각형 BCD에서 코사인법칙을 이용하면
> $\overline{CD}=$ (가)
> 이다. 삼각형 EAB와 삼각형 ECD에서
> $\angle AEB$는 공통, $\angle EAB=\angle ECD$
> 이므로 삼각형 EAB와 삼각형 ECD는 닮음이다.
> 이를 이용하면
> $\overline{ED}=$ (나)
> 이다. 삼각형 ECD에서 사인법칙을 이용하면
> $\sin\theta=$ (다)
> 이다.

위의 (가), (나), (다)에 알맞은 수를 각각 $p$, $q$, $r$라 할 때, $(p+q)\times r$의 값은? [4점]

① $\frac{\sqrt{3}}{2}$　② $\frac{4\sqrt{3}}{7}$　③ $\frac{9\sqrt{3}}{14}$　④ $\frac{5\sqrt{3}}{7}$　⑤ $\frac{11\sqrt{3}}{14}$

## 61
▸ 24106-0175
2022학년도 10월 학력평가 13번
상 중 하

그림과 같이 $\overline{AB}=2$, $\overline{BC}=3\sqrt{3}$, $\overline{CA}=\sqrt{13}$인 삼각형 ABC가 있다. 선분 BC 위에 점 B가 아닌 점 D를 $\overline{AD}=2$가 되도록 잡고, 선분 AC 위에 양 끝점 A, C가 아닌 점 E를 사각형 ABDE가 원에 내접하도록 잡는다.

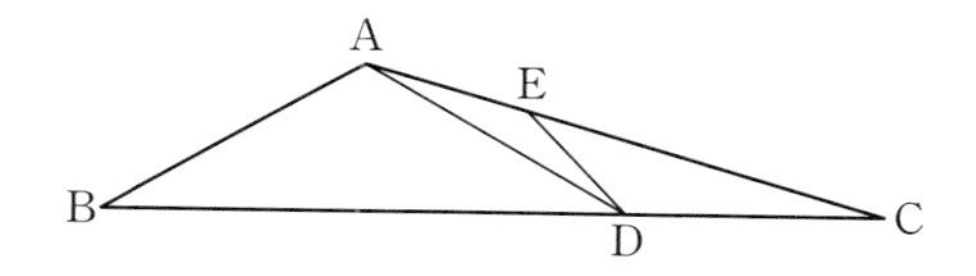


다음은 선분 DE의 길이를 구하는 과정이다.

> 삼각형 ABC에서 코사인법칙에 의하여
> $\cos(\angle ABC)=$ (가)
> 이다. 삼각형 ABD에서
> $\sin(\angle ABD)=\sqrt{1-(\text{(가)})^2}$
> 이므로 사인법칙에 의하여 삼각형 ABD의 외접원의 반지름의 길이는 (나) 이다.
> 삼각형 ADC에서 사인법칙에 의하여
> $$\frac{\overline{CD}}{\sin(\angle CAD)}=\frac{\overline{AD}}{\sin(\angle ACD)}$$
> 이므로 $\sin(\angle CAD)=\frac{\overline{CD}}{\overline{AD}}\times\sin(\angle ACD)$이다.
> 삼각형 ADE에서 사인법칙에 의하여
> $\overline{DE}=$ (다)
> 이다.

위의 (가), (나), (다)에 알맞은 수를 각각 $p$, $q$, $r$라 할 때, $p\times q\times r$의 값은? [4점]

① $\frac{6\sqrt{13}}{13}$　② $\frac{7\sqrt{13}}{13}$　③ $\frac{8\sqrt{13}}{13}$　④ $\frac{9\sqrt{13}}{13}$　⑤ $\frac{10\sqrt{13}}{13}$

## 62 ▸24106-0176

2022학년도 수능 15번 상중하

두 점 $O_1$, $O_2$를 각각 중심으로 하고 반지름의 길이가 $\overline{O_1O_2}$인 두 원 $C_1$, $C_2$가 있다. 그림과 같이 원 $C_1$ 위의 서로 다른 세 점 A, B, C와 원 $C_2$ 위의 점 D가 주어져 있고, 세 점 A, $O_1$, $O_2$와 세 점 C, $O_2$, D가 각각 한 직선 위에 있다.

이때 $\angle BO_1A=\theta_1$, $\angle O_2O_1C=\theta_2$, $\angle O_1O_2D=\theta_3$이라 하자.

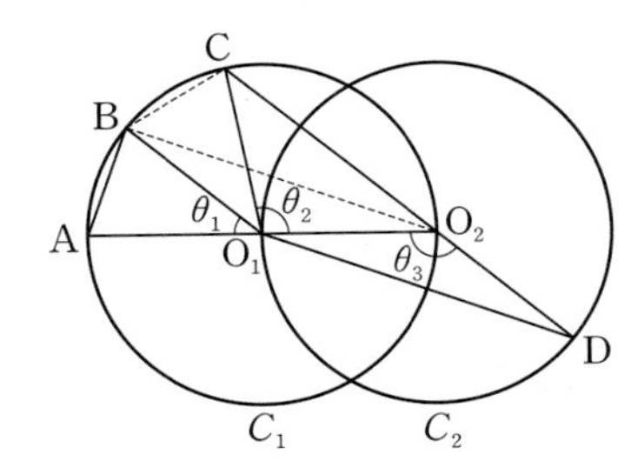


다음은 $\overline{AB}:\overline{O_1D}=1:2\sqrt{2}$이고 $\theta_3=\theta_1+\theta_2$일 때, 선분 AB와 선분 CD의 길이의 비를 구하는 과정이다.

> $\angle CO_2O_1+\angle O_1O_2D=\pi$이므로 $\theta_3=\frac{\pi}{2}+\frac{\theta_2}{2}$이고
> $\theta_3=\theta_1+\theta_2$에서 $2\theta_1+\theta_2=\pi$이므로 $\angle CO_1B=\theta_1$이다.
> 이때 $\angle O_2O_1B=\theta_1+\theta_2=\theta_3$이므로
> 삼각형 $O_1O_2B$와 삼각형 $O_2O_1D$는 합동이다.
> $\overline{AB}=k$라 할 때
> $\overline{BO_2}=\overline{O_1D}=2\sqrt{2}k$이므로 $\overline{AO_2}=$ (가) 이고,
> $\angle BO_2A=\frac{\theta_1}{2}$이므로 $\cos\frac{\theta_1}{2}=$ (나) 이다.
> 삼각형 $O_2BC$에서
> $\overline{BC}=k$, $\overline{BO_2}=2\sqrt{2}k$, $\angle CO_2B=\frac{\theta_1}{2}$이므로
> 코사인법칙에 의하여 $\overline{O_2C}=$ (다) 이다.
> $\overline{CD}=\overline{O_2D}+\overline{O_2C}=\overline{O_1O_2}+\overline{O_2C}$이므로
> $\overline{AB}:\overline{CD}=k:\left(\frac{\boxed{(가)}}{2}+\boxed{(다)}\right)$이다.

위의 (가), (다)에 알맞은 식을 각각 $f(k)$, $g(k)$라 하고, (나)에 알맞은 수를 $p$라 할 때, $f(p)\times g(p)$의 값은? [4점]

① $\frac{169}{27}$ ② $\frac{56}{9}$ ③ $\frac{167}{27}$
④ $\frac{166}{27}$ ⑤ $\frac{55}{9}$

## 63 ▸24106-0177

2024학년도 6월 모의평가 13번 상중하

그림과 같이

$$\overline{BC}=3,\ \overline{CD}=2,\ \cos(\angle BCD)=-\frac{1}{3},\ \angle DAB>\frac{\pi}{2}$$

인 사각형 ABCD에서 두 삼각형 ABC와 ACD는 모두 예각삼각형이다. 선분 AC를 1:2로 내분하는 점 E에 대하여 선분 AE를 지름으로 하는 원이 두 선분 AB, AD와 만나는 점 중 A가 아닌 점을 각각 $P_1$, $P_2$라 하고, 선분 CE를 지름으로 하는 원이 두 선분 BC, CD와 만나는 점 중 C가 아닌 점을 각각 $Q_1$, $Q_2$라 하자. $\overline{P_1P_2}:\overline{Q_1Q_2}=3:5\sqrt{2}$이고 삼각형 ABD의 넓이가 2일 때, $\overline{AB}+\overline{AD}$의 값은? (단, $\overline{AB}>\overline{AD}$) [4점]

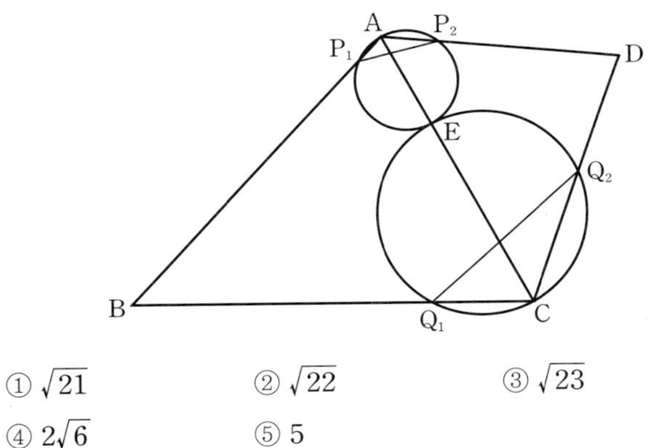


① $\sqrt{21}$ ② $\sqrt{22}$ ③ $\sqrt{23}$
④ $2\sqrt{6}$ ⑤ 5

## 64

▸ 24106-0178

2023학년도 9월 모의평가 13번 상중하

그림과 같이 선분 AB를 지름으로 하는 반원의 호 AB 위에 두 점 C, D가 있다. 선분 AB의 중점 O에 대하여 두 선분 AD, CO가 점 E에서 만나고,

$$\overline{CE}=4,\ \overline{ED}=3\sqrt{2},\ \angle CEA=\frac{3}{4}\pi$$

이다. $\overline{AC}\times\overline{CD}$의 값은? [4점]

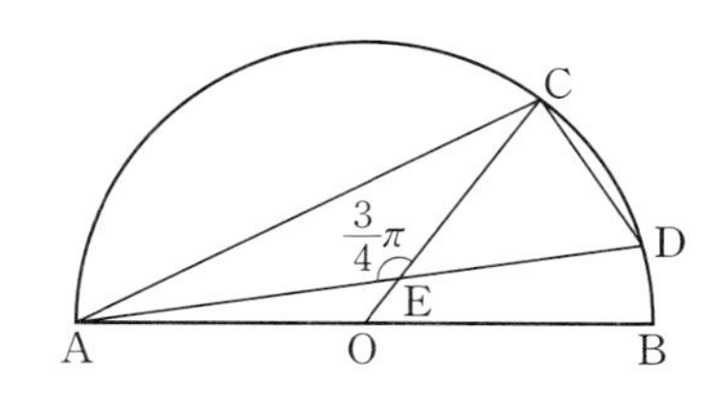


① $6\sqrt{10}$ ② $10\sqrt{5}$ ③ $16\sqrt{2}$
④ $12\sqrt{5}$ ⑤ $20\sqrt{2}$

## 65

▸ 24106-0179

2020학년도 3월 학력평가 나형 19번 상중하

길이가 각각 10, $a$, $b$인 세 선분 AB, BC, CA를 각 변으로 하는 예각삼각형 ABC가 있다. 삼각형 ABC의 세 꼭짓점을 지나는 원의 반지름의 길이가 $3\sqrt{5}$이고

$\frac{a^2+b^2-ab\cos C}{ab}=\frac{4}{3}$일 때, $ab$의 값은? [4점]

① 140 ② 150 ③ 160
④ 170 ⑤ 180

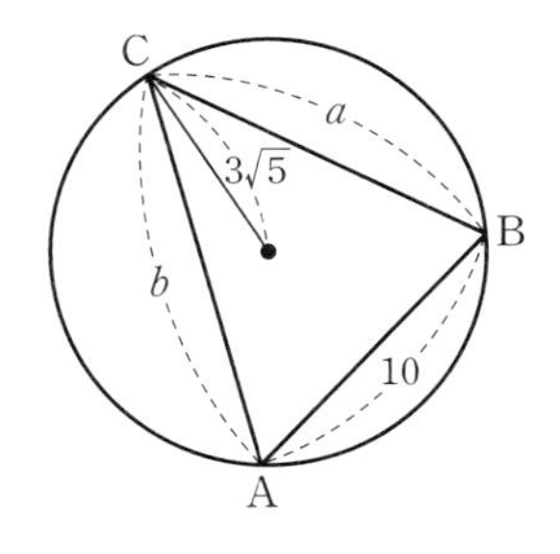


## 66

▸ 24106-0180

2020학년도 10월 학력평가 나형 19번 상중하

정삼각형 ABC가 반지름의 길이가 $r$인 원에 내접하고 있다. 선분 AC와 선분 BD가 만나고 $\overline{BD}=\sqrt{2}$가 되도록 원 위에서 점 D를 잡는다. $\angle DBC=\theta$라 할 때, $\sin\theta=\frac{\sqrt{3}}{3}$이다. 반지름의 길이 $r$의 값은? [4점]

① $\frac{6-\sqrt{6}}{5}$ ② $\frac{6-\sqrt{5}}{5}$ ③ $\frac{4}{5}$
④ $\frac{6-\sqrt{3}}{5}$ ⑤ $\frac{6-\sqrt{2}}{5}$

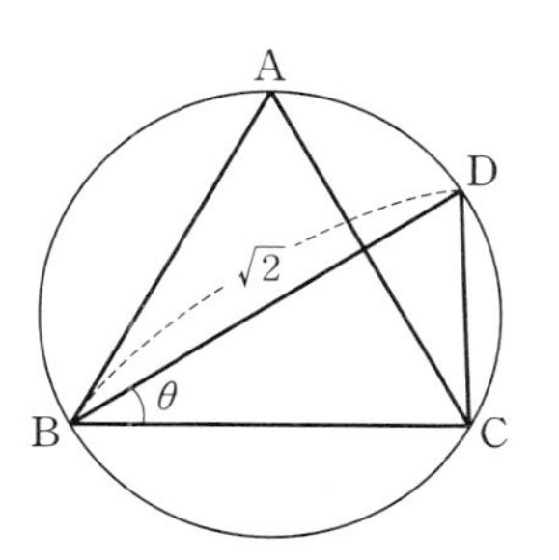

# 도전 1등급 문제

**01** ▸ 24106-0181
2021학년도 9월 모의평가 가형 21번

닫힌구간 $[-2\pi, 2\pi]$에서 정의된 두 함수

$$f(x)=\sin kx+2,\ g(x)=3\cos 12x$$

에 대하여 다음 조건을 만족시키는 자연수 $k$의 개수는? [4점]

> 실수 $a$가 두 곡선 $y=f(x)$, $y=g(x)$의 교점의 $y$좌표이면
> $\{x \mid f(x)=a\} \subset \{x \mid g(x)=a\}$
> 이다.

① 3　② 4　③ 5　④ 6　⑤ 7

**02** ▸ 24106-0182
2020학년도 10월 학력평가 나형 26번

함수 $y=\tan\left(nx-\frac{\pi}{2}\right)$의 그래프가 직선 $y=-x$와 만나는 점의 $x$좌표가 구간 $(-\pi, \pi)$에 속하는 점의 개수를 $a_n$이라 할 때, $a_2+a_3$의 값을 구하시오. [4점]

**03** ▸ 24106-0183
2020학년도 3월 학력평가 가형 28번

$0<a<\frac{4}{7}$인 실수 $a$와 유리수 $b$에 대하여 닫힌구간 $\left[-\frac{\pi}{a}, \frac{2\pi}{a}\right]$에서 정의된 함수 $f(x)=2\sin(ax)+b$가 있다. 함수 $y=f(x)$의 그래프가 두 점 $\mathrm{A}\left(-\frac{\pi}{2}, 0\right)$, $\mathrm{B}\left(\frac{7}{2}\pi, 0\right)$을 지날 때, $30(a+b)$의 값을 구하시오. [4점]

**04** ▸ 24106-0184
2021학년도 10월 학력평가 21번

$\overline{\mathrm{AB}}=6$, $\overline{\mathrm{AC}}=8$인 예각삼각형 ABC에서 $\angle$A의 이등분선과 삼각형 ABC의 외접원이 만나는 점을 D, 점 D에서 선분 AC에 내린 수선의 발을 E라 하자. 선분 AE의 길이를 $k$라 할 때, $12k$의 값을 구하시오. [4점]

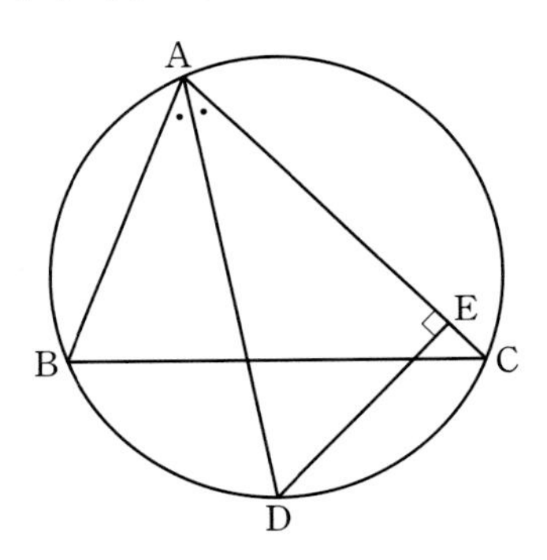

## 05

▸ 24106-0185
2023학년도 10월 학력평가 21번

그림과 같이 선분 BC를 지름으로 하는 원에 두 삼각형 ABC와 ADE가 모두 내접한다. 두 선분 AD와 BC가 점 F에서 만나고

$$\overline{BC}=\overline{DE}=4,\ \overline{BF}=\overline{CE},\ \sin(\angle CAE)=\frac{1}{4}$$

이다. $\overline{AF}=k$일 때, $k^2$의 값을 구하시오. [4점]

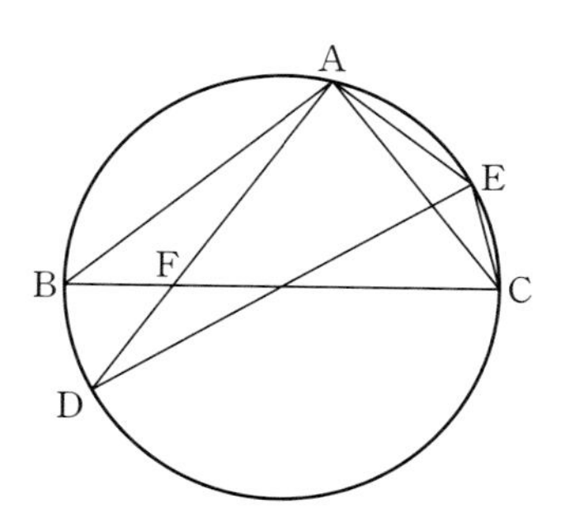


## 06

▸ 24106-0186
2021학년도 3월 학력평가 21번

그림과 같이 $\overline{AB}=2$, $\overline{AC}/\!/\overline{BD}$, $\overline{AC}:\overline{BD}=1:2$인 두 삼각형 ABC, ABD가 있다. 점 C에서 선분 AB에 내린 수선의 발 H는 선분 AB를 $1:3$으로 내분한다.

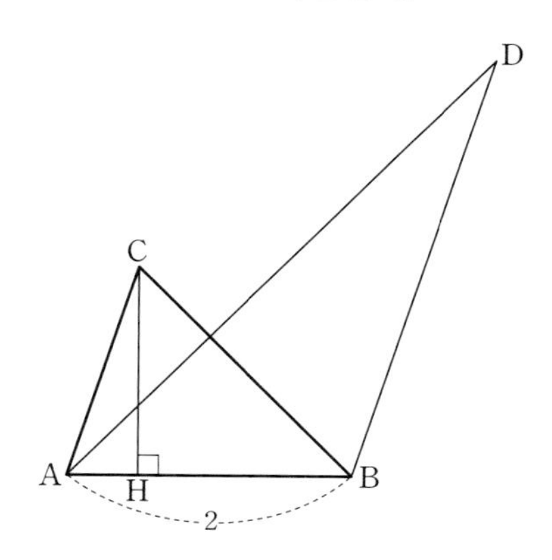


두 삼각형 ABC, ABD의 외접원의 반지름의 길이를 각각 $r$, $R$라 할 때, $4(R^2-r^2)\times\sin^2(\angle CAB)=51$이다. $\overline{AC}^2$의 값을 구하시오. $\left(\text{단, } \angle CAB<\frac{\pi}{2}\right)$ [4점]

## 07

▸ 24106-0187
2020학년도 3월 학력평가 나형 29번

그림과 같이 예각삼각형 ABC가 한 원에 내접하고 있다. $\overline{AB}=6$이고, $\angle ABC=\alpha$라 할 때 $\cos\alpha=\frac{3}{4}$이다. 점 A를 지나지 않는 호 BC 위의 점 D에 대하여 $\overline{CD}=4$이다. 두 삼각형 ABD, CBD의 넓이를 각각 $S_1$, $S_2$라 할 때, $S_1:S_2=9:5$이다. 삼각형 ADC의 넓이를 $S$라 할 때, $S^2$의 값을 구하시오. [4점]

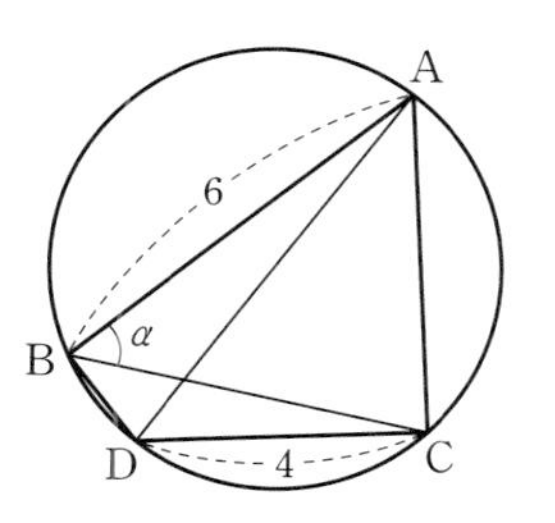

# 수열

## 2024 수능 출제 분석

- 등차수열의 합을 구할 수 있는지를 묻는 문제가 출제되었다.
- 등비수열의 합에 대한 식이 주어지고 조건을 만족시키는 등비수열의 항을 구하는 문제가 출제되었다.
- 수열의 귀납적 정의를 이용하여 수열의 첫째항의 값을 구할 수 있는지를 묻는 문제가 출제되었다.
- 수열의 합의 기호의 성질을 이용하여 수열의 합을 구할 수 있는지를 묻는 문제가 출제되었다.

## 2025 수능 예측

1. 등차수열이나 등비수열의 일반항을 구하면 간단히 해결되는 문제가 출제될 수 있으므로 주어진 조건으로부터 일반항을 이끌어내는 연습을 평소에 많이 하도록 한다.
2. $\sum$의 정의와 성질을 이용하여 수열의 특정한 항을 구하거나 일반항을 추론하는 문제가 출제될 수 있다. 이때에는 무작정 공식을 사용하여 식을 풀려고 하지 말고 주어진 조건을 잘 활용하거나 변형하여 해결하도록 평소에 문제를 많이 다루어보도록 한다.
3. 조건이 다른 귀납적으로 정의된 수열에서 두 항 사이의 관계를 이용하여 특정한 항의 값을 구하는 문제가 출제될 수 있다. 구하려고 하는 항의 값이 경우에 따라 많을 수 있으므로 주어진 조건을 활용하여 역추적하는 방법으로 구하고자 하는 항까지 차근차근 접근하는 방법을 사용하도록 한다.

## 한눈에 보는 출제 빈도

| 연도 \ 핵심 주제 | | 유형 1 등차수열의 일반항과 합 | 유형 2 등비수열의 일반항과 합 | 유형 3 수열의 합과 일반항의 관계 | 유형 4 $\sum$의 성질과 여러 가지 수열의 합 | 유형 5 수열의 귀납적 정의 | 유형 6 수학적 귀납법 |
|---|---|---|---|---|---|---|---|
| 2024 학년도 | 수능 | | | 1 | 2 | 1 | |
| | 9월 모평 | | 1 | | 2 | 1 | |
| | 6월 모평 | 1 | | | 2 | 1 | |
| 2023 학년도 | 수능 | | 1 | | 3 | 1 | |
| | 9월 모평 | 1 | | | 2 | 1 | |
| | 6월 모평 | | 2 | | 2 | 1 | |
| 2022 학년도 | 수능 | 1 | 1 | | 1 | 1 | |
| | 9월 모평 | | 1 | | 3 | 1 | |
| | 6월 모평 | | 1 | 1 | 1 | 1 | |
| 2021 학년도 | 수능 | 1 | 1 | | 2 | 1 | |
| | 9월 모평 | 1 | | | 2 | 1 | |
| | 6월 모평 | 1 | | | 1 | 2 | |
| 2020 학년도 | 수능 | 1 | 1 | | 2 | 1 | |
| | 9월 모평 | 1 | | | 2 | 1 | |
| | 6월 모평 | 1 | | | 1 | 2 | |

# 수능 유형별 기출 문제

## 유형 1 등차수열의 일반항과 합

1. 등차수열의 일반항
 첫째항이 $a$, 공차가 $d$인 등차수열 $\{a_n\}$의 일반항 $a_n$은
 $a_n=a+(n-1)d$ $(n=1, 2, 3, \cdots)$
2. 등차수열의 합
 첫째항이 $a$, 공차가 $d$인 등차수열의 첫째항부터 제$n$항까지의 합 $S_n$은
 $S_n=\dfrac{n\{2a+(n-1)d\}}{2}$

**보기**

첫째항이 3, 공차가 5인 등차수열 $\{a_n\}$의 일반항 $a_n$을 구해 보자.
$a_1=3$, $d=5$이므로 $a_n=3+(n-1)\times5=5n-2$ $(n=1, 2, 3, \cdots)$

### 01
▸ 24106-0188
2020학년도 10월 학력평가 가형 3번 상중하

등차수열 $\{a_n\}$에 대하여 $a_3=2$, $a_7=62$일 때, $a_5$의 값은? [2점]

① 30 ② 32 ③ 34
④ 36 ⑤ 38

### 02
▸ 24106-0189
2021학년도 3월 학력평가 2번 상중하

공차가 3인 등차수열 $\{a_n\}$에 대하여 $a_4=100$일 때, $a_1$의 값은? [2점]

① 91 ② 93 ③ 95
④ 97 ⑤ 99

### 03
▸ 24106-0190
2020학년도 3월 학력평가 가형 2번 상중하

등차수열 $\{a_n\}$에 대하여 $a_2=5$, $a_5=11$일 때, $a_8$의 값은? [2점]

① 17 ② 18 ③ 19
④ 20 ⑤ 21

### 04
▸ 24106-0191
2020학년도 10월 학력평가 나형 5번 상중하

등차수열 $\{a_n\}$에 대하여

$$a_1+a_2+a_3=15,\ a_3+a_4+a_5=39$$

일 때, 수열 $\{a_n\}$의 공차는? [3점]

① 1 ② 2 ③ 3
④ 4 ⑤ 5

정답과 풀이 46쪽

## 05
▸ 24106-0192
2021학년도 6월 모의평가 나형 3번

상 중 하

등차수열 $\{a_n\}$에 대하여 $a_1+a_3=20$일 때, $a_2$의 값은? [2점]

① 6 ② 7 ③ 8 ④ 9 ⑤ 10

## 06
▸ 24106-0193
2022학년도 수능 3번

상 중 하

등차수열 $\{a_n\}$에 대하여

$$a_2=6,\ a_4+a_6=36$$

일 때, $a_{10}$의 값은? [3점]

① 30 ② 32 ③ 34 ④ 36 ⑤ 38

## 07
▸ 24106-0194
2023학년도 9월 모의평가 5번

상 중 하

등차수열 $\{a_n\}$에 대하여

$$a_1=2a_5,\ a_8+a_{12}=-6$$

일 때, $a_2$의 값은? [3점]

① 17 ② 19 ③ 21 ④ 23 ⑤ 25

## 08
▸ 24106-0195
2019학년도 3월 학력평가 나형 2번

상 중 하

첫째항이 7, 공차가 3인 등차수열의 제7항은? [2점]

① 24 ② 25 ③ 26 ④ 27 ⑤ 28

## 09
▸ 24106-0196
2021학년도 9월 모의평가 나형 7번

상 중 하

공차가 $-3$인 등차수열 $\{a_n\}$에 대하여

$$a_3a_7=64,\ a_8>0$$

일 때, $a_2$의 값은? [3점]

① 17 ② 18 ③ 19 ④ 20 ⑤ 21

## 10

▶ 24106-0197

2022학년도 3월 학력평가 3번

상중하

등차수열 $\{a_n\}$에 대하여

$$a_4=6,\ 2a_7=a_{19}$$

일 때, $a_1$의 값은? [3점]

① 1 ② 2 ③ 3 ④ 4 ⑤ 5

## 11

▶ 24106-0198

2020학년도 9월 모의평가 나형 7번

상중하

등차수열 $\{a_n\}$에 대하여

$$a_1=a_3+8,\ 2a_4-3a_6=3$$

일 때, $a_k<0$을 만족시키는 자연수 $k$의 최솟값은? [3점]

① 8 ② 10 ③ 12 ④ 14 ⑤ 16

## 12

▶ 24106-0199

2020학년도 3월 학력평가 나형 4번

상중하

등차수열 $\{a_n\}$에 대하여

$$a_2+a_3=2(a_1+12)$$

일 때, 수열 $\{a_n\}$의 공차는? [3점]

① 2 ② 4 ③ 6 ④ 8 ⑤ 10

## 13

▶ 24106-0200

2023학년도 3월 학력평가 10번

상중하

공차가 양수인 등차수열 $\{a_n\}$이 다음 조건을 만족시킬 때, $a_{10}$의 값은? [4점]

(가) $|a_4|+|a_6|=8$

(나) $\sum_{k=1}^{9} a_k=27$

① 21 ② 23 ③ 25 ④ 27 ⑤ 29

## 14

▶ 24106-0201

2023학년도 10월 학력평가 7번

상중하

등차수열 $\{a_n\}$의 첫째항부터 제$n$항까지의 합을 $S_n$이라 할 때,

$$S_7-S_4=0,\ S_6=30$$

이다. $a_2$의 값은? [3점]

① 6 ② 8 ③ 10 ④ 12 ⑤ 14

## 15

▸ 24106-0202
2021학년도 수능 가형 16번
상중하

상수 $k\ (k>1)$에 대하여 다음 조건을 만족시키는 수열 $\{a_n\}$이 있다.

> 모든 자연수 $n$에 대하여 $a_n<a_{n+1}$이고 곡선 $y=2^x$ 위의 두 점 $P_n(a_n,\ 2^{a_n})$, $P_{n+1}(a_{n+1},\ 2^{a_{n+1}})$을 지나는 직선의 기울기는 $k\times 2^{a_n}$이다.

점 $P_n$을 지나고 $x$축에 평행한 직선과 점 $P_{n+1}$을 지나고 $y$축에 평행한 직선이 만나는 점을 $Q_n$이라 하고 삼각형 $P_nQ_nP_{n+1}$의 넓이를 $A_n$이라 하자.

다음은 $a_1=1$, $\dfrac{A_3}{A_1}=16$일 때, $A_n$을 구하는 과정이다.

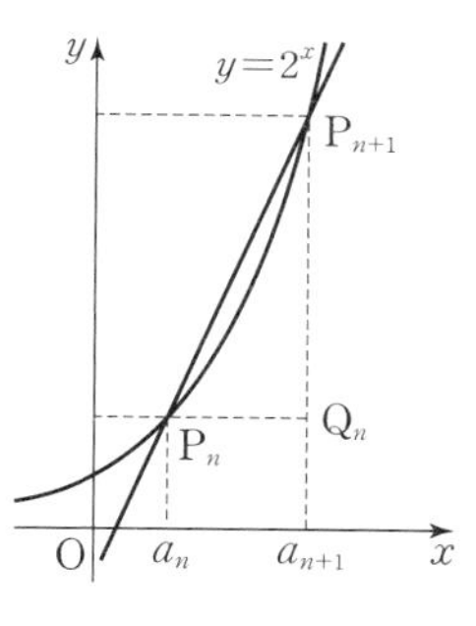


> 두 점 $P_n$, $P_{n+1}$을 지나는 직선의 기울기가 $k\times 2^{a_n}$이므로
> $$2^{a_{n+1}-a_n}=k(a_{n+1}-a_n)+1$$
> 이다. 즉, 모든 자연수 $n$에 대하여 $a_{n+1}-a_n$은 방정식 $2^x=kx+1$의 해이다.
> $k>1$이므로 방정식 $2^x=kx+1$은 오직 하나의 양의 실근 $d$를 갖는다. 따라서 모든 자연수 $n$에 대하여
> $a_{n+1}-a_n=d$이고, 수열 $\{a_n\}$은 공차가 $d$인 등차수열이다.
> 점 $Q_n$의 좌표가 $(a_{n+1},\ 2^{a_n})$이므로
> $$A_n=\frac{1}{2}(a_{n+1}-a_n)(2^{a_{n+1}}-2^{a_n})$$
> 이다. $\dfrac{A_3}{A_1}=16$이므로 $d$의 값은 (가) 이고,
> 수열 $\{a_n\}$의 일반항은
> $$a_n=\boxed{(나)}$$
> 이다. 따라서 모든 자연수 $n$에 대하여 $A_n=$ (다) 이다.

위의 (가)에 알맞은 수를 $p$, (나)와 (다)에 알맞은 식을 각각 $f(n)$, $g(n)$이라 할 때, $p+\dfrac{g(4)}{f(2)}$의 값은? [4점]

① 118 ② 121 ③ 124 ④ 127 ⑤ 130

## 16

▸ 24106-0203
2021학년도 9월 모의평가 가형 16번/나형 16번
상중하

모든 자연수 $n$에 대하여 다음 조건을 만족시키는 $x$축 위의 점 $P_n$과 곡선 $y=\sqrt{3x}$ 위의 점 $Q_n$이 있다.

> • 선분 $OP_n$과 선분 $P_nQ_n$이 서로 수직이다.
> • 선분 $OQ_n$과 선분 $Q_nP_{n+1}$이 서로 수직이다.

다음은 점 $P_1$의 좌표가 $(1,\ 0)$일 때, 삼각형 $OP_{n+1}Q_n$의 넓이 $A_n$을 구하는 과정이다. (단, O는 원점이다.)

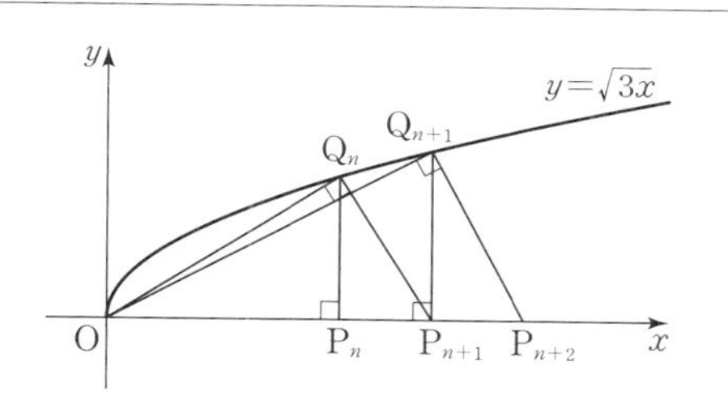


> 모든 자연수 $n$에 대하여 점 $P_n$의 좌표를 $(a_n,\ 0)$이라 하자.
> $\overline{OP_{n+1}}=\overline{OP_n}+\overline{P_nP_{n+1}}$이므로
> $$a_{n+1}=a_n+\overline{P_nP_{n+1}}$$
> 이다. 삼각형 $OP_nQ_n$과 삼각형 $Q_nP_nP_{n+1}$이 닮음이므로
> $$\overline{OP_n}:\overline{P_nQ_n}=\overline{P_nQ_n}:\overline{P_nP_{n+1}}$$
> 이고, 점 $Q_n$의 좌표는 $(a_n,\ \sqrt{3a_n})$이므로
> $$\overline{P_nP_{n+1}}=\boxed{(가)}$$
> 이다. 따라서 삼각형 $OP_{n+1}Q_n$의 넓이 $A_n$은
> $$A_n=\frac{1}{2}\times(\boxed{(나)})\times\sqrt{9n-6}$$
> 이다.

위의 (가)에 알맞은 수를 $p$, (나)에 알맞은 식을 $f(n)$이라 할 때, $p+f(8)$의 값은? [4점]

① 20 ② 22 ③ 24 ④ 26 ⑤ 28

## 17
▸ 24106-0204
2020학년도 6월 모의평가 나형 13번
상중하

자연수 $n$에 대하여 $x$에 대한 이차방정식

$$x^2-nx+4(n-4)=0$$

이 서로 다른 두 실근 $\alpha$, $\beta$ $(\alpha<\beta)$를 갖고, 세 수 1, $\alpha$, $\beta$가 이 순서대로 등차수열을 이룰 때, $n$의 값은? [3점]

① 5 ② 8 ③ 11
④ 14 ⑤ 17

## 18
▸ 24106-0205
2024학년도 6월 모의평가 12번
상중하

$a_2=-4$이고 공차가 0이 아닌 등차수열 $\{a_n\}$에 대하여 수열 $\{b_n\}$을 $b_n=a_n+a_{n+1}$ $(n\geq 1)$이라 하고, 두 집합 $A$, $B$를

$$A=\{a_1,\ a_2,\ a_3,\ a_4,\ a_5\},\ B=\{b_1,\ b_2,\ b_3,\ b_4,\ b_5\}$$

라 하자. $n(A\cap B)=3$이 되도록 하는 모든 수열 $\{a_n\}$에 대하여 $a_{20}$의 값의 합은? [4점]

① 30 ② 34 ③ 38
④ 42 ⑤ 46

## 19
▸ 24106-0206
2021학년도 6월 모의평가 가형 26번/나형 18번
상중하

공차가 2인 등차수열 $\{a_n\}$의 첫째항부터 제$n$항까지의 합을 $S_n$이라 하자. $S_k=-16$, $S_{k+2}=-12$를 만족시키는 자연수 $k$에 대하여 $a_{2k}$의 값을 구하시오. [4점]

## 20
▸ 24106-0207
2022학년도 3월 학력평가 13번
상중하

첫째항이 양수인 등차수열 $\{a_n\}$의 첫째항부터 제$n$항까지의 합을 $S_n$이라 하자.

$$|S_3|=|S_6|=|S_{11}|-3$$

을 만족시키는 모든 수열 $\{a_n\}$의 첫째항의 합은? [4점]

① $\frac{31}{5}$ ② $\frac{33}{5}$ ③ 7
④ $\frac{37}{5}$ ⑤ $\frac{39}{5}$

## 21
▸ 24106-0208
2020학년도 3월 학력평가 나형 17번
상중하

등차수열 $\{a_n\}$의 첫째항부터 제$n$항까지의 합을 $S_n$이라 하자. $a_3=42$일 때, 다음 조건을 만족시키는 4 이상의 자연수 $k$의 값은? [4점]

(가) $a_{k-3}+a_{k-1}=-24$
(나) $S_k=k^2$

① 13 ② 14 ③ 15
④ 16 ⑤ 17

## 유형 2 등비수열의 일반항과 합

1. 등비수열의 일반항
첫째항이 $a$, 공비가 $r$ $(r \neq 0)$인 등비수열 $\{a_n\}$의 일반항 $a_n$은
$a_n = ar^{n-1}$ $(n=1, 2, 3, \cdots)$

2. 등비수열의 합
첫째항이 $a$, 공비가 $r$인 등비수열의 첫째항부터 제$n$항까지의 합 $S_n$은
(i) $r \neq 1$일 때, $S_n = \frac{a(1-r^n)}{1-r} = \frac{a(r^n-1)}{r-1}$
(ii) $r=1$일 때, $S_n = na$

**보기**

첫째항이 4, 공비가 2인 등비수열 $\{a_n\}$의 일반항 $a_n$을 구해 보자.
$a_1=4$, $r=2$이므로 $a_n = 4 \times 2^{n-1} = 2^{n+1}$ $(n=1, 2, 3, \cdots)$

### 22
▸ 24106-0209
2021학년도 수능 나형 2번
상 중 하

첫째항이 $\frac{1}{8}$인 등비수열 $\{a_n\}$에 대하여 $\frac{a_3}{a_2}=2$일 때, $a_5$의 값은? [2점]

① $\frac{1}{4}$ ② $\frac{1}{2}$ ③ 1
④ 2 ⑤ 4

### 23
▸ 24106-0210
2023학년도 10월 학력평가 3번
상 중 하

공차가 3인 등차수열 $\{a_n\}$과 공비가 2인 등비수열 $\{b_n\}$이

$$a_2=b_2, \ a_4=b_4$$

를 만족시킬 때, $a_1+b_1$의 값은? [3점]

① $-2$ ② $-1$ ③ 0
④ 1 ⑤ 2

### 24
▸ 24106-0211
2023학년도 6월 모의평가 5번
상 중 하

모든 항이 양수인 등비수열 $\{a_n\}$에 대하여

$$a_1=\frac{1}{4}, \ a_2+a_3=\frac{3}{2}$$

일 때, $a_6+a_7$의 값은? [3점]

① 16 ② 20 ③ 24
④ 28 ⑤ 32

### 25
▸ 24106-0212
2021학년도 6월 모의평가 가형 3번
상 중 하

첫째항이 1이고 공비가 양수인 등비수열 $\{a_n\}$에 대하여

$$a_3=a_2+6$$

일 때, $a_4$의 값은? [3점]

① 18 ② 21 ③ 24
④ 27 ⑤ 30

### 26
▸ 24106-0213
2022학년도 10월 학력평가 3번
상 중 하

모든 항이 양수인 등비수열 $\{a_n\}$에 대하여

$$a_1a_3=4, \ a_3a_5=64$$

일 때, $a_6$의 값은? [3점]

① 16 ② $16\sqrt{2}$ ③ 32
④ $32\sqrt{2}$ ⑤ 64

## 27

▸ 24106-0214

2022학년도 9월 모의평가 3번

상중하

등비수열 $\{a_n\}$에 대하여

$$a_1=2,\ a_2a_4=36$$

일 때, $\dfrac{a_7}{a_3}$의 값은? [3점]

① 1 ② $\sqrt{3}$ ③ 3

④ $3\sqrt{3}$ ⑤ 9

## 28

▸ 24106-0215

2023학년도 수능 3번

상중하

공비가 양수인 등비수열 $\{a_n\}$이

$$a_2+a_4=30,\ a_4+a_6=\frac{15}{2}$$

를 만족시킬 때, $a_1$의 값은? [3점]

① 48 ② 56 ③ 64

④ 72 ⑤ 80

## 29

▸ 24106-0216

2020학년도 3월 학력평가 나형 10번

상중하

그림은 16개의 칸 중 3개의 칸에 다음 규칙을 만족시키도록 수를 써 넣은 것이다.

(가) 가로로 인접한 두 칸에서 오른쪽 칸의 수는 왼쪽 칸의 수의 2배이다.
(나) 세로로 인접한 두 칸에서 아래쪽 칸의 수는 위쪽 칸의 수의 2배이다.

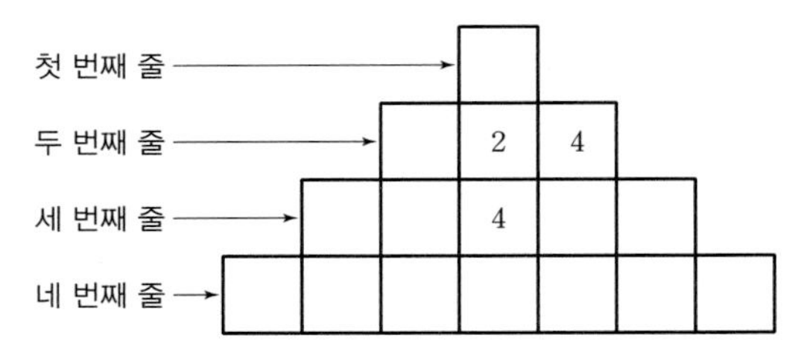


이 규칙을 만족시키도록 나머지 칸에 수를 써 넣을 때, 네 번째 줄에 있는 모든 수의 합은? [3점]

① 119 ② 127 ③ 135

④ 143 ⑤ 151

## 30

▸ 24106-0217

2023학년도 3월 학력평가 3번

상중하

등비수열 $\{a_n\}$이

$$a_5=4,\ a_7=4a_6-16$$

을 만족시킬 때, $a_8$의 값은? [3점]

① 32 ② 34 ③ 36

④ 38 ⑤ 40

## 31

▸ 24106-0218

2024학년도 9월 모의평가 5번

모든 항이 양수인 등비수열 $\{a_n\}$에 대하여

$$\frac{a_3a_8}{a_6}=12,\ a_5+a_7=36$$

일 때, $a_{11}$의 값은? [3점]

① 72 ② 78 ③ 84 ④ 90 ⑤ 96

## 32

▸ 24106-0219

2022학년도 6월 모의평가 18번

모든 항이 양수인 등비수열 $\{a_n\}$에 대하여

$$a_2=36,\ a_7=\frac{1}{3}a_5$$

일 때, $a_6$의 값을 구하시오. [3점]

## 33

▸ 24106-0220

2020학년도 3월 학력평가 가형 13번

공비가 1보다 큰 등비수열 $\{a_n\}$이 다음 조건을 만족시킨다.

(가) $a_3\times a_5\times a_7=125$

(나) $\frac{a_4+a_8}{a_6}=\frac{13}{6}$

$a_9$의 값은? [3점]

① 10 ② $\frac{45}{4}$ ③ $\frac{25}{2}$ ④ $\frac{55}{4}$ ⑤ 15

## 34

▸ 24106-0221

2021학년도 9월 모의평가 가형 27번

등비수열 $\{a_n\}$의 첫째항부터 제$n$항까지의 합을 $S_n$이라 하자. 모든 자연수 $n$에 대하여

$$S_{n+3}-S_n=13\times 3^{n-1}$$

일 때, $a_4$의 값을 구하시오. [4점]

## 35

▸ 24106-0222

2020학년도 수능 나형 23번

모든 항이 양수인 등비수열 $\{a_n\}$에 대하여

$$\frac{a_{16}}{a_{14}}+\frac{a_8}{a_7}=12$$

일 때, $\frac{a_3}{a_1}+\frac{a_6}{a_3}$의 값을 구하시오. [3점]

## 36
▸ 24106-0223
2020학년도 10월 학력평가 나형 25번
상 중 하

함수 $f(x)=(1+x^4+x^8+x^{12})(1+x+x^2+x^3)$일 때,

$\dfrac{f(2)}{\{f(1)-1\}\{f(1)+1\}}$의 값을 구하시오. [3점]

## 37
▸ 24106-0224
2020학년도 3월 학력평가 나형 11번
상 중 하

등차수열 $\{a_n\}$, 등비수열 $\{b_n\}$에 대하여 $a_1=b_1=3$이고

$$b_3=-a_2,\ a_2+b_2=a_3+b_3$$

일 때, $a_3$의 값은? [3점]

① $-9$ ② $-3$ ③ 0
④ 3 ⑤ 9

## 38
▸ 24106-0225
2022학년도 수능 21번
상 중 하

수열 $\{a_n\}$이 다음 조건을 만족시킨다.

(가) $|a_1|=2$
(나) 모든 자연수 $n$에 대하여 $|a_{n+1}|=2|a_n|$이다.
(다) $\sum_{n=1}^{10} a_n=-14$

$a_1+a_3+a_5+a_7+a_9$의 값을 구하시오. [4점]

## 39
▸ 24106-0226
2023학년도 6월 모의평가 13번
상 중 하

두 곡선 $y=16^x$, $y=2^x$과 한 점 $\mathrm{A}(64,\ 2^{64})$이 있다. 점 A를 지나며 $x$축과 평행한 직선이 곡선 $y=16^x$과 만나는 점을 $\mathrm{P}_1$이라 하고, 점 $\mathrm{P}_1$을 지나며 $y$축과 평행한 직선이 곡선 $y=2^x$과 만나는 점을 $\mathrm{Q}_1$이라 하자.
점 $\mathrm{Q}_1$을 지나며 $x$축과 평행한 직선이 곡선 $y=16^x$과 만나는 점을 $\mathrm{P}_2$라 하고, 점 $\mathrm{P}_2$를 지나며 $y$축과 평행한 직선이 곡선 $y=2^x$과 만나는 점을 $\mathrm{Q}_2$라 하자.
이와 같은 과정을 계속하여 $n$번째 얻은 두 점을 각각 $\mathrm{P}_n$, $\mathrm{Q}_n$이라 하고 점 $\mathrm{Q}_n$의 $x$좌표를 $x_n$이라 할 때, $x_n<\dfrac{1}{k}$을 만족시키는 $n$의 최솟값이 6이 되도록 하는 자연수 $k$의 개수는? [4점]

① 48 ② 51 ③ 54
④ 57 ⑤ 60

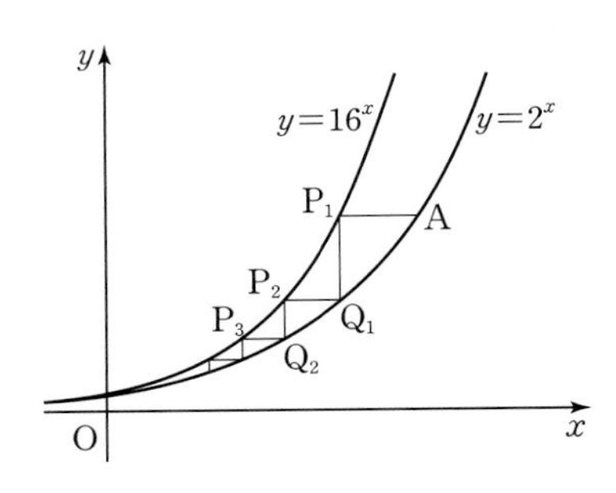

## 40

▸ 24106-0227

2019학년도 3월 학력평가 나형 27번

상중하

모든 항이 실수인 등비수열 $\{a_n\}$에 대하여

$$a_3+a_2=1,\ a_6-a_4=18$$

일 때, $\frac{1}{a_1}$의 값을 구하시오. [4점]

## 41

▸ 24106-0228

2021학년도 6월 모의평가 나형 25번

상중하

등비수열 $\{a_n\}$의 첫째항부터 제$n$항까지의 합을 $S_n$이라 하자.

$$a_1=1,\ \frac{S_6}{S_3}=2a_4-7$$

일 때, $a_7$의 값을 구하시오. [3점]

## 유형 3 수열의 합과 일반항의 관계

**수열의 합과 일반항의 관계**

수열 $\{a_n\}$에서 첫째항부터 제$n$항까지의 합을 $S_n$이라 하면

$$\begin{cases} a_1=S_1 \\ a_n=S_n-S_{n-1}\ (n\geq 2) \end{cases}$$

**보기**

수열 $\{a_n\}$의 첫째항부터 제$n$항까지의 합을 $S_n$이라 하자.

$S_n=2n^2+5n$일 때, 일반항 $a_n$을 구해 보자.

(i) $n=1$일 때 $a_1=S_1=7$

(ii) $n\geq 2$일 때

$a_n=S_n-S_{n-1}=2n^2+5n-\{2(n-1)^2+5(n-1)\}$

$=4n+3$ …… ㉠

㉠에 $n=1$을 대입하면 $a_1=7$이므로 일반항 $a_n$은

$a_n=4n+3\ (n=1,\ 2,\ 3,\ \cdots)$

## 42

▸ 24106-0229

2020학년도 3월 학력평가 가형 5번

상중하

수열 $\{a_n\}$의 첫째항부터 제$n$항까지의 합을 $S_n$이라 할 때, $S_n=2n^2-3n$이다. $a_n>100$을 만족시키는 자연수 $n$의 최솟값은? [3점]

① 25 ② 27 ③ 29
④ 31 ⑤ 33

## 43

▸ 24106-0230

2021학년도 10월 학력평가 4번

상중하

공차가 $d$인 등차수열 $\{a_n\}$의 첫째항부터 제$n$항까지의 합이 $n^2-5n$일 때, $a_1+d$의 값은? [3점]

① $-4$ ② $-2$ ③ 0
④ 2 ⑤ 4

## 44

▸ 24106-0231
2022학년도 6월 모의평가 7번

첫째항이 2인 등차수열 $\{a_n\}$의 첫째항부터 제$n$항까지의 합을 $S_n$이라 하자.

$$a_6=2(S_3-S_2)$$

일 때, $S_{10}$의 값은? [3점]

① 100 ② 110 ③ 120
④ 130 ⑤ 140

## 45

▸ 24106-0232
2024학년도 수능 6번

상중하

등비수열 $\{a_n\}$의 첫째항부터 제$n$항까지의 합을 $S_n$이라 하자.

$$S_4-S_2=3a_4,\ a_5=\frac{3}{4}$$

일 때, $a_1+a_2$의 값은? [3점]

① 27 ② 24 ③ 21
④ 18 ⑤ 15

## 46

▸ 24106-0233
2019학년도 9월 모의평가 나형 26번

상중하

모든 항이 양수인 등비수열 $\{a_n\}$의 첫째항부터 제$n$항까지의 합을 $S_n$이라 하자.

$$S_4-S_3=2,\ S_6-S_5=50$$

일 때, $a_5$의 값을 구하시오. [4점]

## 유형 4 $\sum$의 성질과 여러 가지 수열의 합

1. $\sum$의 성질

(1) $\sum_{k=1}^{n}(a_k+b_k)=\sum_{k=1}^{n}a_k+\sum_{k=1}^{n}b_k$

(2) $\sum_{k=1}^{n}(a_k-b_k)=\sum_{k=1}^{n}a_k-\sum_{k=1}^{n}b_k$

(3) $\sum_{k=1}^{n}ca_k=c\sum_{k=1}^{n}a_k$ (단, $c$는 상수)

(4) $\sum_{k=1}^{n}c=\underbrace{c+c+c+\cdots+c}_{n\text{개}}=cn$ (단, $c$는 상수)

2. 자연수의 거듭제곱의 합

(1) $\sum_{k=1}^{n}k=1+2+3+\cdots+n=\frac{n(n+1)}{2}$

(2) $\sum_{k=1}^{n}k^2=1^2+2^2+3^2+\cdots+n^2=\frac{n(n+1)(2n+1)}{6}$

(3) $\sum_{k=1}^{n}k^3=1^3+2^3+3^3+\cdots+n^3=\left\{\frac{n(n+1)}{2}\right\}^2$

**보기**

$\sum_{k=1}^{10}a_k=10$, $\sum_{k=1}^{10}b_k=20$일 때

① $\sum_{k=1}^{10}(a_k+2b_k)=\sum_{k=1}^{10}a_k+2\sum_{k=1}^{10}b_k=10+2\times20=50$

② $\sum_{k=1}^{10}(4a_k-5)=4\sum_{k=1}^{10}a_k-\sum_{k=1}^{10}5=4\times10-10\times5=-10$

### 47

▸ 24106-0234

2021학년도 수능 나형 10번

상중하

두 수열 $\{a_n\}$, $\{b_n\}$에 대하여

$$\sum_{k=1}^{5}a_k=8,\ \sum_{k=1}^{5}b_k=9$$

일 때, $\sum_{k=1}^{5}(2a_k-b_k+4)$의 값은? [3점]

① 19 ② 21 ③ 23 ④ 25 ⑤ 27

### 48

▸ 24106-0235

2024학년도 6월 모의평가 3번

상중하

수열 $\{a_n\}$에 대하여 $\sum_{k=1}^{10}(2a_k+3)=60$일 때, $\sum_{k=1}^{10}a_k$의 값은? [3점]

① 10 ② 15 ③ 20 ④ 25 ⑤ 30

### 49

▸ 24106-0236

2023학년도 10월 학력평가 18번

상중하

두 수열 $\{a_n\}$, $\{b_n\}$에 대하여

$$\sum_{k=1}^{10}(a_k-b_k+2)=50,\ \sum_{k=1}^{10}(a_k-2b_k)=-10$$

일 때, $\sum_{k=1}^{10}(a_k+b_k)$의 값을 구하시오. [3점]

### 50

▸ 24106-0237

2023학년도 수능 18번

상중하

두 수열 $\{a_n\}$, $\{b_n\}$에 대하여

$$\sum_{k=1}^{5}(3a_k+5)=55,\ \sum_{k=1}^{5}(a_k+b_k)=32$$

일 때, $\sum_{k=1}^{5}b_k$의 값을 구하시오. [3점]

51 ▸ 24106-0238
2023학년도 6월 모의평가 18번
상중하

$\sum_{k=1}^{10}(4k+a)=250$일 때, 상수 $a$의 값을 구하시오. [3점]

52 ▸ 24106-0239
2021학년도 3월 학력평가 7번
상중하

수열 $\{a_n\}$의 일반항이

$$a_n=\begin{cases}\dfrac{(n+1)^2}{2} & (n\text{이 홀수인 경우})\\ \dfrac{n^2}{2}+n+1 & (n\text{이 짝수인 경우})\end{cases}$$

일 때, $\sum_{n=1}^{10}a_n$의 값은? [3점]

① 235 ② 240 ③ 245
④ 250 ⑤ 255

53 ▸ 24106-0240
2022학년도 10월 학력평가 18번
상중하

$\sum_{k=1}^{6}(k+1)^2-\sum_{k=1}^{5}(k-1)^2$의 값을 구하시오. [3점]

54 ▸ 24106-0241
2020학년도 9월 모의평가 나형 12번
상중하

$\sum_{k=1}^{9}(k+1)^2-\sum_{k=1}^{10}(k-1)^2$의 값은? [3점]

① 91 ② 93 ③ 95
④ 97 ⑤ 99

55 ▸ 24106-0242
2021학년도 수능 가형 25번
상중하

첫째항이 3인 등차수열 $\{a_n\}$에 대하여 $\sum_{k=1}^{5}a_k=55$일 때,
$\sum_{k=1}^{5}k(a_k-3)$의 값을 구하시오. [3점]

56 ▸ 24106-0243
2023학년도 9월 모의평가 18번
상중하

수열 $\{a_n\}$에 대하여 $\sum_{k=1}^{5}a_k=10$일 때,

$$\sum_{k=1}^{5}ca_k=65+\sum_{k=1}^{5}c$$

를 만족시키는 상수 $c$의 값을 구하시오. [3점]

## 57

▸ 24106-0244

2021학년도 수능 나형 12번

상중하

수열 $\{a_n\}$은 $a_1=1$이고, 모든 자연수 $n$에 대하여

$$\sum_{k=1}^{n}(a_k-a_{k+1})=-n^2+n$$

을 만족시킨다. $a_{11}$의 값은? [3점]

① 88 ② 91 ③ 94 ④ 97 ⑤ 100

## 58

▸ 24106-0245

2022학년도 9월 모의평가 7번

상중하

수열 $\{a_n\}$은 $a_1=-4$이고, 모든 자연수 $n$에 대하여

$$\sum_{k=1}^{n}\frac{a_{k+1}-a_k}{a_k a_{k+1}}=\frac{1}{n}$$

을 만족시킨다. $a_{13}$의 값은? [3점]

① $-9$ ② $-7$ ③ $-5$ ④ $-3$ ⑤ $-1$

## 59

▸ 24106-0246

2024학년도 9월 모의평가 17번

상중하

두 수열 $\{a_n\}$, $\{b_n\}$에 대하여

$$\sum_{k=1}^{10}(2a_k-b_k)=34,\ \sum_{k=1}^{10}a_k=10$$

일 때, $\sum_{k=1}^{10}(a_k-b_k)$의 값을 구하시오. [3점]

## 60

▸ 24106-0247

2023학년도 수능 7번

상중하

모든 항이 양수이고 첫째항과 공차가 같은 등차수열 $\{a_n\}$이

$$\sum_{k=1}^{15}\frac{1}{\sqrt{a_k}+\sqrt{a_{k+1}}}=2$$

를 만족시킬 때, $a_4$의 값은? [3점]

① 6 ② 7 ③ 8 ④ 9 ⑤ 10

## 61

▸ 24106-0248

2023학년도 9월 모의평가 7번

상중하

수열 $\{a_n\}$의 첫째항부터 제$n$항까지의 합을 $S_n$이라 하자.

$S_n=\dfrac{1}{n(n+1)}$일 때, $\sum_{k=1}^{10}(S_k-a_k)$의 값은? [3점]

① $\frac{1}{2}$ ② $\frac{3}{5}$ ③ $\frac{7}{10}$ ④ $\frac{4}{5}$ ⑤ $\frac{9}{10}$

## 62

▸ 24106-0249

2020학년도 6월 모의평가 나형 24번

상중하

공비가 양수인 등비수열 $\{a_n\}$에 대하여

$$a_1=2,\ \frac{a_5}{a_3}=9$$

일 때, $\sum_{k=1}^{4}a_k$의 값을 구하시오. [3점]

Ⅲ 수열

## 63
▸ 24106-0250
2022학년도 수능 18번
상중하

수열 $\{a_n\}$에 대하여

$$\sum_{k=1}^{10} a_k - \sum_{k=1}^{7} \frac{a_k}{2} = 56,\ \sum_{k=1}^{10} 2a_k - \sum_{k=1}^{8} a_k = 100$$

일 때, $a_8$의 값을 구하시오. [3점]

## 64
▸ 24106-0251
2021학년도 9월 모의평가 나형 11번
상중하

$n$이 자연수일 때, $x$에 대한 이차방정식

$$(n^2+6n+5)x^2-(n+5)x-1=0$$

의 두 근의 합을 $a_n$이라 하자. $\sum_{k=1}^{10} \frac{1}{a_k}$의 값은? [3점]

① 65 ② 70 ③ 75
④ 80 ⑤ 85

## 65
▸ 24106-0252
2022학년도 9월 모의평가 18번
상중하

두 수열 $\{a_n\}$, $\{b_n\}$에 대하여

$$\sum_{k=1}^{10} (a_k+2b_k) = 45,\ \sum_{k=1}^{10} (a_k-b_k) = 3$$

일 때, $\sum_{k=1}^{10}\left(b_k-\frac{1}{2}\right)$의 값을 구하시오. [3점]

## 66
▸ 24106-0253
2023학년도 3월 학력평가 18번
상중하

$n$이 자연수일 때, $x$에 대한 이차방정식

$$x^2-5nx+4n^2=0$$

의 두 근을 $\alpha_n$, $\beta_n$이라 하자.

$\sum_{n=1}^{7} (1-\alpha_n)(1-\beta_n)$의 값을 구하시오. [3점]

## 67
▸ 24106-0254
2020학년도 3월 학력평가 나형 22번
상중하

$\sum_{k=1}^{5} k^2$의 값을 구하시오. [3점]

## 68
▸ 24106-0255
2020학년도 10월 학력평가 나형 14번
상중하

공차가 양수인 등차수열 $\{a_n\}$에 대하여 $a_5=5$이고

$\sum_{k=3}^{7} |2a_k-10| = 20$이다. $a_6$의 값은? [4점]

① 6 ② $\frac{20}{3}$ ③ $\frac{22}{3}$
④ 8 ⑤ $\frac{26}{3}$

## 69

▸ 24106-0256

2024학년도 수능 18번

상 중 하

두 수열 $\{a_n\}$, $\{b_n\}$에 대하여

$$\sum_{k=1}^{10} a_k = \sum_{k=1}^{10} (2b_k - 1),\ \sum_{k=1}^{10} (3a_k + b_k) = 33$$

일 때, $\sum_{k=1}^{10} b_k$의 값을 구하시오. [3점]

## 70

▸ 24106-0257

2019학년도 3월 학력평가 나형 11번

상 중 하

그림과 같이 한 변의 길이가 1인 정사각형 3개로 이루어진 도형 $R$가 있다.

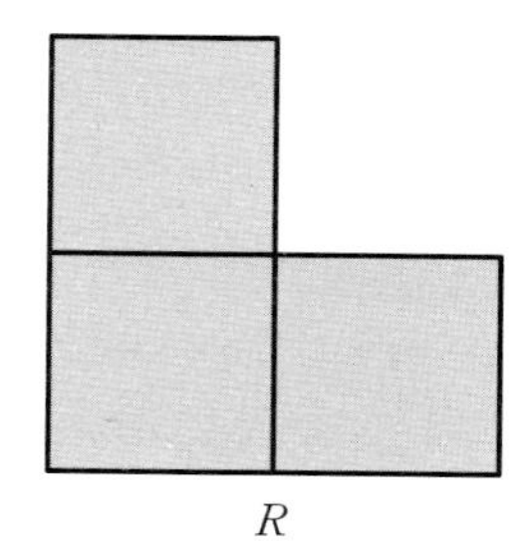

$R$

자연수 $n$에 대하여 $2n$개의 도형 $R$를 겹치지 않게 빈틈없이 붙여서 만든 직사각형의 넓이를 $a_n$이라 할 때, $\sum_{n=10}^{15} a_n$의 값은?

[3점]

① 378 ② 396 ③ 414
④ 432 ⑤ 450

## 71

▸ 24106-0258

2022학년도 6월 모의평가 13번

상 중 하

실수 전체의 집합에서 정의된 함수 $f(x)$가 구간 $(0, 1]$에서

$$f(x) = \begin{cases} 3 & (0 < x < 1) \\ 1 & (x = 1) \end{cases}$$

이고, 모든 실수 $x$에 대하여 $f(x+1) = f(x)$를 만족시킨다.

$\sum_{k=1}^{20} \frac{k \times f(\sqrt{k})}{3}$의 값은? [4점]

① 150 ② 160 ③ 170
④ 180 ⑤ 190

## 72
▶ 24106-0259
2023학년도 6월 모의평가 12번
상중하

공차가 3인 등차수열 $\{a_n\}$이 다음 조건을 만족시킬 때, $a_{10}$의 값은? [4점]

(가) $a_5 \times a_7 < 0$
(나) $\sum_{k=1}^{6} |a_{k+6}| = 6 + \sum_{k=1}^{6} |a_{2k}|$

① $\frac{21}{2}$ ② 11 ③ $\frac{23}{2}$
④ 12 ⑤ $\frac{25}{2}$

## 73
▶ 24106-0260
2023학년도 10월 학력평가 9번
상중하

자연수 $n$ $(n \geq 2)$에 대하여 $n^2-16n+48$의 $n$제곱근 중 실수인 것의 개수를 $f(n)$이라 할 때, $\sum_{n=2}^{10} f(n)$의 값은? [4점]

① 7 ② 9 ③ 11
④ 13 ⑤ 15

## 74
▶ 24106-0261
2019학년도 3월 학력평가 나형 16번
상중하

첫째항이 양수이고 공비가 $-2$인 등비수열 $\{a_n\}$에 대하여

$$\sum_{k=1}^{9} (|a_k| + a_k) = 66$$

일 때, $a_1$의 값은? [4점]

① $\frac{3}{31}$ ② $\frac{5}{31}$ ③ $\frac{7}{31}$
④ $\frac{9}{31}$ ⑤ $\frac{11}{31}$

## 75
▶ 24106-0262
2024학년도 6월 모의평가 9번
상중하

수열 $\{a_n\}$이 모든 자연수 $n$에 대하여

$$\sum_{k=1}^{n} \frac{1}{(2k-1)a_k} = n^2 + 2n$$

을 만족시킬 때, $\sum_{n=1}^{10} a_n$의 값은? [4점]

① $\frac{10}{21}$ ② $\frac{4}{7}$ ③ $\frac{2}{3}$
④ $\frac{16}{21}$ ⑤ $\frac{6}{7}$

## 76
▶ 24106-0263
2024학년도 수능 11번
상중하

공차가 0이 아닌 등차수열 $\{a_n\}$에 대하여

$$|a_6| = a_8, \ \sum_{k=1}^{5} \frac{1}{a_k a_{k+1}} = \frac{5}{96}$$

일 때, $\sum_{k=1}^{15} a_k$의 값은? [4점]

① 60 ② 65 ③ 70
④ 75 ⑤ 80

## 77
▸ 24106-0264
2020학년도 수능 나형 25번
상중하

자연수 $n$에 대하여 다항식 $2x^2-3x+1$을 $x-n$으로 나누었을 때의 나머지를 $a_n$이라 할 때, $\sum_{n=1}^{7}(a_n-n^2+n)$의 값을 구하시오. [3점]

## 78
▸ 24106-0265
2021학년도 6월 모의평가 가형 21번
상중하

수열 $\{a_n\}$의 일반항은

$$a_n=\log_2\sqrt{\frac{2(n+1)}{n+2}}$$

이다. $\sum_{k=1}^{m}a_k$의 값이 100 이하의 자연수가 되도록 하는 모든 자연수 $m$의 값의 합은? [4점]

① 150 ② 154 ③ 158
④ 162 ⑤ 166

## 79
▸ 24106-0266
2023학년도 수능 13번
상중하

자연수 $m\ (m\geq 2)$에 대하여 $m^{12}$의 $n$제곱근 중에서 정수가 존재하도록 하는 2 이상의 자연수 $n$의 개수를 $f(m)$이라 할 때, $\sum_{m=2}^{9}f(m)$의 값은? [4점]

① 32 ② 42 ③ 47
④ 52 ⑤ 57

## 80
▸ 24106-0267
2022학년도 3월 학력평가 18번
상중하

부등식 $\sum_{k=1}^{5}2^{k-1}<\sum_{k=1}^{n}(2k-1)<\sum_{k=1}^{5}(2\times 3^{k-1})$을 만족시키는 모든 자연수 $n$의 값의 합을 구하시오. [3점]

## 81

▸ 24106-0268

2020학년도 9월 모의평가 나형 26번

상 중 하

$n$이 자연수일 때, $x$에 대한 이차방정식

$$x^2-(2n-1)x+n(n-1)=0$$

의 두 근을 $\alpha_n$, $\beta_n$이라 하자. $\sum_{n=1}^{81} \frac{1}{\sqrt{\alpha_n}+\sqrt{\beta_n}}$의 값을 구하시오.

[4점]

## 82

▸ 24106-0269

2021학년도 3월 학력평가 10번

상 중 하

자연수 $n$에 대하여 점 $A_n(n,\ n^2)$을 지나고 직선 $y=nx$에 수직인 직선이 $x$축과 만나는 점을 $B_n$이라 하자.

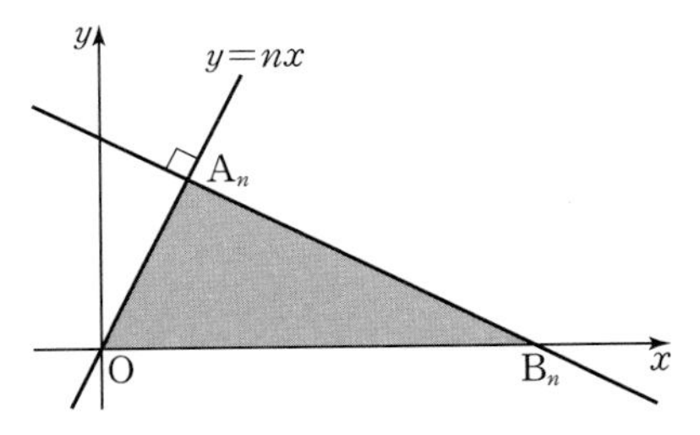


다음은 삼각형 $A_nOB_n$의 넓이를 $S_n$이라 할 때, $\sum_{n=1}^{8} \frac{S_n}{n^3}$의 값을 구하는 과정이다. (단, O는 원점이다.)

> 점 $A_n(n,\ n^2)$을 지나고 직선 $y=nx$에 수직인 직선의 방정식은
>
> $y=$ (가) $\times x+n^2+1$
>
> 이므로 두 점 $A_n$, $B_n$의 좌표를 이용하여 $S_n$을 구하면
>
> $S_n=$ (나)
>
> 따라서
>
> $\sum_{n=1}^{8} \frac{S_n}{n^3}=$ (다)
>
> 이다.

위의 (가), (나)에 알맞은 식을 각각 $f(n)$, $g(n)$이라 하고, (다)에 알맞은 수를 $r$라 할 때, $f(1)+g(2)+r$의 값은? [4점]

① 105　② 110　③ 115　④ 120　⑤ 125

## 83 ▸ 24106-0270

2020학년도 수능 나형 17번 상중하

자연수 $n$의 양의 약수의 개수를 $f(n)$이라 하고, 36의 모든 양의 약수를 $a_1$, $a_2$, $a_3$, $\cdots$, $a_9$라 하자.

$\sum_{k=1}^{9}\{(-1)^{f(a_k)}\times\log a_k\}$의 값은? [4점]

① $\log 2+\log 3$ ② $2\log 2+\log 3$ ③ $\log 2+2\log 3$ ④ $2\log 2+2\log 3$ ⑤ $3\log 2+2\log 3$

## 84 ▸ 24106-0271

2022학년도 9월 모의평가 13번 상중하

첫째항이 $-45$이고 공차가 $d$인 등차수열 $\{a_n\}$이 다음 조건을 만족시키도록 하는 모든 자연수 $d$의 값의 합은? [4점]

(가) $|a_m|=|a_{m+3}|$인 자연수 $m$이 존재한다.
(나) 모든 자연수 $n$에 대하여 $\sum_{k=1}^{n}a_k>-100$이다.

① 44 ② 48 ③ 52 ④ 56 ⑤ 60

## 85 ▸ 24106-0272

2021학년도 10월 학력평가 14번 상중하

모든 자연수 $n$에 대하여 직선 $l : x-2y+\sqrt{5}=0$ 위의 점 $P_n$과 $x$축 위의 점 $Q_n$이 다음 조건을 만족시킨다.

- 직선 $P_nQ_n$과 직선 $l$이 서로 수직이다.
- $\overline{P_nQ_n}=\overline{P_nP_{n+1}}$이고 점 $P_{n+1}$의 $x$좌표는 점 $P_n$의 $x$좌표보다 크다.

다음은 점 $P_1$이 원 $x^2+y^2=1$과 직선 $l$의 접점일 때, 2 이상의 모든 자연수 $n$에 대하여 삼각형 $OQ_nP_n$의 넓이를 구하는 과정이다. (단, O는 원점이다.)

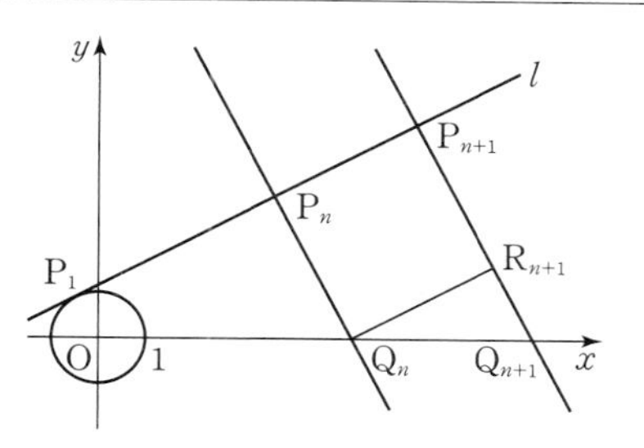


자연수 $n$에 대하여 점 $Q_n$을 지나고 직선 $l$과 평행한 직선이 선분 $P_{n+1}Q_{n+1}$과 만나는 점을 $R_{n+1}$이라 하면 사각형 $P_nQ_nR_{n+1}P_{n+1}$은 정사각형이다.

직선 $l$의 기울기가 $\frac{1}{2}$이므로

$\overline{R_{n+1}Q_{n+1}}=$ (가) $\times\overline{P_nP_{n+1}}$

이고

$\overline{P_{n+1}Q_{n+1}}=(1+$ (가) $)\times\overline{P_nQ_n}$

이다. 이때 $\overline{P_1Q_1}=1$이므로 $\overline{P_nQ_n}=$ (나) 이다.

그러므로 2 이상의 자연수 $n$에 대하여

$\overline{P_1P_n}=\sum_{k=1}^{n-1}\overline{P_kP_{k+1}}=$ (다)

이다. 따라서 2 이상의 자연수 $n$에 대하여 삼각형 $OQ_nP_n$의 넓이는

$\frac{1}{2}\times\overline{P_nQ_n}\times\overline{P_1P_n}=\frac{1}{2}\times$ (나) $\times($ (다) $)$

이다.

위의 (가)에 알맞은 수를 $p$, (나)와 (다)에 알맞은 식을 각각 $f(n)$, $g(n)$이라 할 때, $f(6p)+g(8p)$의 값은? [4점]

① 3 ② 4 ③ 5 ④ 6 ⑤ 7

Ⅲ 수열

## 86

▶ 24106-0273
2019학년도 10월 학력평가 나형 17번

상 중 하

수열 $\{a_n\}$의 첫째항부터 제$n$항까지의 합 $S_n$이 다음 조건을 만족시킨다.

(가) $S_n$은 $n$에 대한 이차식이다.
(나) $S_{10}=S_{50}=10$
(다) $S_n$은 $n=30$에서 최댓값 410을 갖는다.

50보다 작은 자연수 $m$에 대하여 $S_m>S_{50}$을 만족시키는 $m$의 최솟값을 $p$, 최댓값을 $q$라 할 때, $\sum_{k=p}^{q} a_k$의 값은? [4점]

① 39　② 40　③ 41　④ 42　⑤ 43

## 유형 5 수열의 귀납적 정의

수열 $\{a_n\}$의 귀납적 정의
일반적으로 수열 $\{a_n\}$을
(i) 첫째항 $a_1$의 값
(ii) 두 항 $a_n$, $a_{n+1}$ $(n=1, 2, 3, \cdots)$ 사이의 관계식
과 같이 귀납적으로 정의할 수 있다.

**보기**

$a_1=2$, $a_{n+1}=a_n-2n+1$로 정의된 수열 $\{a_n\}$에서 $a_4$의 값을 구해 보자.
$n=1$을 대입하면 $a_2=a_1-2\times1+1=2-2+1=1$
$n=2$를 대입하면 $a_3=a_2-2\times2+1=1-4+1=-2$
$n=3$을 대입하면 $a_4=a_3-2\times3+1=-2-6+1=-7$

## 87

▶ 24106-0274
2021학년도 9월 모의평가 가형 10번

상 중 하

수열 $\{a_n\}$은 $a_1=12$이고, 모든 자연수 $n$에 대하여

$$a_{n+1}+a_n=(-1)^{n+1}\times n$$

을 만족시킨다. $a_k>a_1$인 자연수 $k$의 최솟값은? [3점]

① 2　② 4　③ 6　④ 8　⑤ 10

## 88

▶ 24106-0275
2021학년도 10월 학력평가 9번

상 중 하

수열 $\{a_n\}$이 모든 자연수 $n$에 대하여

$$a_n+a_{n+1}=2n$$

을 만족시킬 때, $a_1+a_{22}$의 값은? [4점]

① 18　② 19　③ 20　④ 21　⑤ 22

## 89
▸ 24106-0276
2020학년도 3월 학력평가 가형 9번
상중하

수열 $\{a_n\}$은 $a_1=7$이고, 모든 자연수 $n$에 대하여

$$a_{n+1}=\begin{cases} \dfrac{a_n+3}{2} & (a_n\text{이 소수인 경우}) \\ a_n+n & (a_n\text{이 소수가 아닌 경우}) \end{cases}$$

를 만족시킨다. $a_8$의 값은? [3점]

① 11　② 13　③ 15　④ 17　⑤ 19

## 90
▸ 24106-0277
2020학년도 9월 모의평가 나형 24번
상중하

수열 $\{a_n\}$이 모든 자연수 $n$에 대하여

$$a_{n+1}+a_n=3n-1$$

을 만족시킨다. $a_3=4$일 때, $a_1+a_5$의 값을 구하시오. [3점]

## 91
▸ 24106-0278
2020학년도 6월 모의평가 나형 9번
상중하

수열 $\{a_n\}$은 $a_1=1$이고, 모든 자연수 $n$에 대하여

$$a_{n+1}+(-1)^n\times a_n=2^n$$

을 만족시킨다. $a_5$의 값은? [3점]

① 1　② 3　③ 5　④ 7　⑤ 9

## 92
▸ 24106-0279
2021학년도 6월 모의평가 나형 14번
상중하

수열 $\{a_n\}$은 $a_1=1$이고, 모든 자연수 $n$에 대하여

$$\begin{cases} a_{3n-1}=2a_n+1 \\ a_{3n}=-a_n+2 \\ a_{3n+1}=a_n+1 \end{cases}$$

을 만족시킨다. $a_{11}+a_{12}+a_{13}$의 값은? [4점]

① 6　② 7　③ 8　④ 9　⑤ 10

## 93

▸ 24106-0280

2022학년도 6월 모의평가 9번

상중하

수열 $\{a_n\}$이 모든 자연수 $n$에 대하여

$$a_{n+1}=\begin{cases} \dfrac{1}{a_n} & (n\text{이 홀수인 경우}) \\ 8a_n & (n\text{이 짝수인 경우}) \end{cases}$$

이고 $a_{12}=\dfrac{1}{2}$일 때, $a_1+a_4$의 값은? [4점]

① $\dfrac{3}{4}$　② $\dfrac{9}{4}$　③ $\dfrac{5}{2}$

④ $\dfrac{17}{4}$　⑤ $\dfrac{9}{2}$

## 94

▸ 24106-0281

2022학년도 수능 5번

상중하

첫째항이 1인 수열 $\{a_n\}$이 모든 자연수 $n$에 대하여

$$a_{n+1}=\begin{cases} 2a_n & (a_n<7) \\ a_n-7 & (a_n\geq 7) \end{cases}$$

일 때, $\sum_{k=1}^{8}a_k$의 값은? [3점]

① 30　② 32　③ 34

④ 36　⑤ 38

## 95

▸ 24106-0282

2022학년도 10월 학력평가 8번

상중하

첫째항이 20인 수열 $\{a_n\}$이 모든 자연수 $n$에 대하여

$$a_{n+1}=|a_n|-2$$

를 만족시킬 때, $\sum_{n=1}^{30}a_n$의 값은? [3점]

① 88　② 90　③ 92

④ 94　⑤ 96

## 96

▸ 24106-0283

2019학년도 3월 학력평가 나형 25번

상중하

첫째항이 4인 수열 $\{a_n\}$이 모든 자연수 $n$에 대하여

$$a_{n+2}=a_{n+1}+a_n$$

을 만족시킨다. $a_4=34$일 때, $a_2$의 값을 구하시오. [3점]

## 97

▶ 24106-0284

2021학년도 6월 모의평가 가형 24번

수열 $\{a_n\}$은 $a_1=9$, $a_2=3$이고, 모든 자연수 $n$에 대하여

$$a_{n+2}=a_{n+1}-a_n$$

을 만족시킨다. $|a_k|=3$을 만족시키는 100 이하의 자연수 $k$의 개수를 구하시오. [3점]

## 98

▶ 24106-0285

2020학년도 3월 학력평가 나형 15번

상중하

수열 $\{a_n\}$이 모든 자연수 $n$에 대하여

$$a_{n+1}=\sum_{k=1}^{n} ka_k$$

를 만족시킨다. $a_1=2$일 때, $a_2+\dfrac{a_{51}}{a_{50}}$의 값은? [4점]

① 47 ② 49 ③ 51 ④ 53 ⑤ 55

## 99

▶ 24106-0286

2021학년도 10월 학력평가 19번

상중하

수열 $\{a_n\}$이 다음 조건을 만족시킨다.

(가) $a_{n+2}=\begin{cases} a_n-3 & (n=1,\ 3) \\ a_n+3 & (n=2,\ 4) \end{cases}$

(나) 모든 자연수 $n$에 대하여 $a_n=a_{n+6}$이 성립한다.

$\sum_{k=1}^{32} a_k=112$일 때, $a_1+a_2$의 값을 구하시오. [3점]

## 100

▶ 24106-0287

2024학년도 수능 15번

상중하

첫째항이 자연수인 수열 $\{a_n\}$이 모든 자연수 $n$에 대하여

$$a_{n+1}=\begin{cases} 2^{a_n} & (a_n\text{이 홀수인 경우}) \\ \frac{1}{2}a_n & (a_n\text{이 짝수인 경우}) \end{cases}$$

를 만족시킬 때, $a_6+a_7=3$이 되도록 하는 모든 $a_1$의 값의 합은? [4점]

① 139 ② 146 ③ 153 ④ 160 ⑤ 167

수열

## 101
▸ 24106-0288
2023학년도 3월 학력평가 15번
상 중 하

모든 항이 자연수인 수열 $\{a_n\}$이 모든 자연수 $n$에 대하여

$$a_{n+2}=\begin{cases} a_{n+1}+a_n & (a_{n+1}+a_n\text{이 홀수인 경우}) \\ \frac{1}{2}(a_{n+1}+a_n) & (a_{n+1}+a_n\text{이 짝수인 경우}) \end{cases}$$

를 만족시킨다. $a_1=1$일 때, $a_6=34$가 되도록 하는 모든 $a_2$의 값의 합은? [4점]

① 60 ② 64 ③ 68
④ 72 ⑤ 76

## 102
▸ 24106-0289
2024학년도 9월 모의평가 12번
상 중 하

첫째항이 자연수인 수열 $\{a_n\}$이 모든 자연수 $n$에 대하여

$$a_{n+1}=\begin{cases} a_n+1 & (a_n\text{이 홀수인 경우}) \\ \frac{1}{2}a_n & (a_n\text{이 짝수인 경우}) \end{cases}$$

를 만족시킬 때, $a_2+a_4=40$이 되도록 하는 모든 $a_1$의 값의 합은? [4점]

① 172 ② 175 ③ 178
④ 181 ⑤ 184

## 103
▸ 24106-0290
2021학년도 3월 학력평가 19번
상 중 하

수열 $\{a_n\}$의 첫째항부터 제$n$항까지의 합을 $S_n$이라 하자. $a_1=2$, $a_2=4$이고 2 이상의 모든 자연수 $n$에 대하여

$$a_{n+1}S_n=a_nS_{n+1}$$

이 성립할 때, $S_5$의 값을 구하시오. [3점]

## 104
▸ 24106-0291
2023학년도 9월 모의평가 15번
상 중 하

수열 $\{a_n\}$이 다음 조건을 만족시킨다.

(가) 모든 자연수 $k$에 대하여 $a_{4k}=r^k$이다.
(단, $r$는 $0<|r|<1$인 상수이다.)
(나) $a_1<0$이고, 모든 자연수 $n$에 대하여

$$a_{n+1}=\begin{cases} a_n+3 & (|a_n|<5) \\ -\frac{1}{2}a_n & (|a_n|\geq 5) \end{cases}$$

이다.

$|a_m|\geq 5$를 만족시키는 100 이하의 자연수 $m$의 개수를 $p$라 할 때, $p+a_1$의 값은? [4점]

① 8 ② 10 ③ 12
④ 14 ⑤ 16

## 105 ▸24106-0292
2023학년도 수능 15번 상중하

모든 항이 자연수이고 다음 조건을 만족시키는 모든 수열 $\{a_n\}$에 대하여 $a_9$의 최댓값과 최솟값을 각각 $M$, $m$이라 할 때, $M+m$의 값은? [4점]

> (가) $a_7=40$
> (나) 모든 자연수 $n$에 대하여
> $$a_{n+2}=\begin{cases} a_{n+1}+a_n & (a_{n+1}\text{이 3의 배수가 아닌 경우}) \\ \frac{1}{3}a_{n+1} & (a_{n+1}\text{이 3의 배수인 경우}) \end{cases}$$
> 이다.

① 216 ② 218 ③ 220 ④ 222 ⑤ 224

## 106 ▸24106-0293
2021학년도 수능 나형 21번 상중하

수열 $\{a_n\}$은 $0<a_1<1$이고, 모든 자연수 $n$에 대하여 다음 조건을 만족시킨다.

> (가) $a_{2n}=a_2\times a_n+1$
> (나) $a_{2n+1}=a_2\times a_n-2$

$a_7=2$일 때, $a_{25}$의 값은? [4점]

① 78 ② 80 ③ 82 ④ 84 ⑤ 86

## 107 ▸24106-0294
2022학년도 3월 학력평가 20번 상중하

수열 $\{a_n\}$은 $1<a_1<2$이고, 모든 자연수 $n$에 대하여

$$a_{n+1}=\begin{cases} -2a_n & (a_n<0) \\ a_n-2 & (a_n\geq 0) \end{cases}$$

을 만족시킨다. $a_7=-1$일 때, $40\times a_1$의 값을 구하시오. [4점]

## 108 ▸24106-0295
2024학년도 6월 모의평가 15번 상중하

자연수 $k$에 대하여 다음 조건을 만족시키는 수열 $\{a_n\}$이 있다.

> $a_1=k$이고, 모든 자연수 $n$에 대하여
> $$a_{n+1}=\begin{cases} a_n+2n-k & (a_n\leq 0) \\ a_n-2n-k & (a_n>0) \end{cases}$$
> 이다.

$a_3\times a_4\times a_5\times a_6<0$이 되도록 하는 모든 $k$의 값의 합은? [4점]

① 10 ② 14 ③ 18 ④ 22 ⑤ 26

## 109

▸ 24106-0296

2023학년도 10월 학력평가 15번

상중하

모든 항이 자연수인 수열 $\{a_n\}$이 다음 조건을 만족시킨다.

(가) 모든 자연수 $n$에 대하여

$$a_{n+1}=\begin{cases}\frac{1}{2}a_n+2n & (a_n\text{이 4의 배수인 경우})\\ a_n+2n & (a_n\text{이 4의 배수가 아닌 경우})\end{cases}$$

이다.

(나) $a_3>a_5$

$50<a_4+a_5<60$이 되도록 하는 $a_1$의 최댓값과 최솟값을 각각 $M$, $m$이라 할 때, $M+m$의 값은? [4점]

① 224 ② 228 ③ 232 ④ 236 ⑤ 240

## 110

▸ 24106-0297

2023학년도 6월 모의평가 15번

상중하

자연수 $k$에 대하여 다음 조건을 만족시키는 수열 $\{a_n\}$이 있다.

$a_1=0$이고, 모든 자연수 $n$에 대하여

$$a_{n+1}=\begin{cases}a_n+\frac{1}{k+1} & (a_n\le 0)\\ a_n-\frac{1}{k} & (a_n>0)\end{cases}$$

이다.

$a_{22}=0$이 되도록 하는 모든 $k$의 값의 합은? [4점]

① 12 ② 14 ③ 16 ④ 18 ⑤ 20

## 111

▸ 24106-0298

2021학년도 수능 가형 21번

상중하

수열 $\{a_n\}$은 $0<a_1<1$이고, 모든 자연수 $n$에 대하여 다음 조건을 만족시킨다.

(가) $a_{2n}=a_2\times a_n+1$

(나) $a_{2n+1}=a_2\times a_n-2$

$a_8-a_{15}=63$일 때, $\frac{a_8}{a_1}$의 값은? [4점]

① 91 ② 92 ③ 93 ④ 94 ⑤ 95

## 112

▸ 24106-0299

2020학년도 6월 모의평가 나형 28번

상중하

첫째항이 2이고 공비가 정수인 등비수열 $\{a_n\}$과 자연수 $m$이 다음 조건을 만족시킬 때, $a_m$의 값을 구하시오. [4점]

(가) $4<a_2+a_3\le 12$

(나) $\sum_{k=1}^{m} a_k=122$

## 유형 6 수학적 귀납법

모든 자연수 $n$에 대한 명제 $p(n)$이 성립함을 증명하려면 다음 두 가지를 보이면 된다.
(i) $n=1$일 때 명제 $p(n)$이 성립한다.
(ii) $n=k$일 때 명제 $p(n)$이 성립한다고 가정하면 $n=k+1$일 때도 명제 $p(n)$이 성립한다.

**보기**

모든 자연수 $n$에 대하여 등식 $1+2+3+\cdots+n=\frac{n(n+1)}{2}$이 성립함을 보이자.
(i) $n=1$일 때, $1=1$이므로 성립한다.
(ii) $n=k$일 때 주어진 등식이 성립한다고 가정하면

$1+2+3+\cdots+k=\frac{k(k+1)}{2}$이고

이 등식의 양변에 $(k+1)$을 더하면

$$1+2+3+\cdots+k+(k+1)=\frac{k(k+1)}{2}+(k+1)$$
$$=\frac{k(k+1)+2(k+1)}{2}$$
$$=\frac{(k+1)(k+2)}{2}$$

이므로 $n=k+1$일 때도 성립한다.
따라서 모든 자연수 $n$에 대하여 주어진 등식이 성립한다.

### 113

▸ 24106-0300
2021학년도 6월 모의평가 가형 15번
상 중 하

수열 $\{a_n\}$의 일반항은

$$a_n=(2^{2n}-1)\times 2^{n(n-1)}+(n-1)\times 2^{-n}$$

이다. 다음은 모든 자연수 $n$에 대하여

$$\sum_{k=1}^{n} a_k=2^{n(n+1)}-(n+1)\times 2^{-n} \quad \cdots\cdots (*)$$

임을 수학적 귀납법을 이용하여 증명한 것이다.

(i) $n=1$일 때, (좌변)$=3$, (우변)$=3$이므로 $(*)$이 성립한다.
(ii) $n=m$일 때, $(*)$이 성립한다고 가정하면

$$\sum_{k=1}^{m} a_k=2^{m(m+1)}-(m+1)\times 2^{-m}$$

이다. $n=m+1$일 때,

$$\sum_{k=1}^{m+1} a_k=2^{m(m+1)}-(m+1)\times 2^{-m}$$
$$+(2^{2m+2}-1)\times \boxed{(가)}+m\times 2^{-m-1}$$
$$=\boxed{(가)}\times\boxed{(나)}-\frac{m+2}{2}\times 2^{-m}$$
$$=2^{(m+1)(m+2)}-(m+2)\times 2^{-(m+1)}$$

이다. 따라서 $n=m+1$일 때도 $(*)$이 성립한다.
(i), (ii)에 의하여 모든 자연수 $n$에 대하여

$$\sum_{k=1}^{n} a_k=2^{n(n+1)}-(n+1)\times 2^{-n}$$

이다.

위의 (가), (나)에 알맞은 식을 각각 $f(m)$, $g(m)$이라 할 때, $\frac{g(7)}{f(3)}$의 값은? [4점]

① 2 ② 4 ③ 8
④ 16 ⑤ 32

## 114

▸24106-0301
2020학년도 10월 학력평가 가형 19번

상중하

다음은 모든 자연수 $n$에 대하여

$$\sum_{k=1}^{n}\frac{(-1)^{k-1}{}_{n}\mathrm{C}_{k}}{k}=\sum_{k=1}^{n}\frac{1}{k}\quad\cdots\cdots(*)$$

이 성립함을 수학적 귀납법을 이용하여 증명한 것이다.

> (i) $n=1$일 때 (좌변)$=1$, (우변)$=1$이므로 $(*)$이 성립한다.
>
> (ii) $n=m$일 때 $(*)$이 성립한다고 가정하면
>
> $$\sum_{k=1}^{m}\frac{(-1)^{k-1}{}_{m}\mathrm{C}_{k}}{k}=\sum_{k=1}^{m}\frac{1}{k}$$
>
> 이다. $n=m+1$일 때,
>
> $$\sum_{k=1}^{m+1}\frac{(-1)^{k-1}{}_{m+1}\mathrm{C}_{k}}{k}$$
> $$=\sum_{k=1}^{m}\frac{(-1)^{k-1}{}_{m+1}\mathrm{C}_{k}}{k}+\boxed{(가)}$$
> $$=\sum_{k=1}^{m}\frac{(-1)^{k-1}({}_{m}\mathrm{C}_{k}+{}_{m}\mathrm{C}_{k-1})}{k}+\boxed{(가)}$$
> $$=\sum_{k=1}^{m}\frac{1}{k}+\sum_{k=1}^{m+1}\left\{\frac{(-1)^{k-1}}{k}\times\frac{\boxed{(나)}}{(m-k+1)!(k-1)!}\right\}$$
> $$=\sum_{k=1}^{m}\frac{1}{k}+\sum_{k=1}^{m+1}\left\{\frac{(-1)^{k-1}}{\boxed{(다)}}\times\frac{(m+1)!}{(m-k+1)!k!}\right\}$$
> $$=\sum_{k=1}^{m}\frac{1}{k}+\frac{1}{m+1}$$
> $$=\sum_{k=1}^{m+1}\frac{1}{k}$$
>
> 이다. 따라서 $n=m+1$일 때도 $(*)$이 성립한다.
>
> (i), (ii)에 의하여 모든 자연수 $n$에 대하여 $(*)$이 성립한다.

위의 (가), (나), (다)에 알맞은 식을 각각 $f(m)$, $g(m)$, $h(m)$이라 할 때, $\frac{g(3)+h(3)}{f(4)}$의 값은? [4점]

① 40　② 45　③ 50　④ 55　⑤ 60

## 115

▸24106-0302
2020학년도 10월 학력평가 나형 18번

상중하

3 이상의 자연수 $n$에 대하여 집합

$$A_n=\{(p,\ q)\mid p<q\text{이고 } p,\ q\text{는 } n \text{ 이하의 자연수}\}$$

이다. 집합 $A_n$의 모든 원소 $(p,\ q)$에 대하여 $q$의 값의 평균을 $a_n$이라 하자. 다음은 3 이상의 자연수 $n$에 대하여

$a_n=\frac{2n+2}{3}$임을 수학적 귀납법을 이용하여 증명한 것이다.

> (i) $n=3$일 때, $A_3=\{(1,\ 2),\ (1,\ 3),\ (2,\ 3)\}$이므로
>
> $a_3=\frac{2+3+3}{3}=\frac{8}{3}$이고 $\frac{2\times3+2}{3}=\frac{8}{3}$이다.
>
> 그러므로 $a_n=\frac{2n+2}{3}$가 성립한다.
>
> (ii) $n=k\ (k\ge3)$일 때, $a_k=\frac{2k+2}{3}$가 성립한다고 가정하자.
>
> $n=k+1$일 때,
>
> $A_{k+1}=A_k\cup\{(1,\ k+1),\ (2,\ k+1),\ \cdots,\ (k,\ k+1)\}$
>
> 이고 집합 $A_k$의 원소의 개수는 $\boxed{(가)}$이므로
>
> $$a_{k+1}=\frac{\boxed{(가)}\times\frac{2k+2}{3}+\boxed{(나)}}{{}_{k+1}\mathrm{C}_{2}}$$
> $$=\frac{2k+4}{3}=\frac{2(k+1)+2}{3}$$
>
> 이다. 따라서 $n=k+1$일 때도 $a_n=\frac{2n+2}{3}$가 성립한다.
>
> (i), (ii)에 의하여 3 이상의 자연수 $n$에 대하여
>
> $a_n=\frac{2n+2}{3}$이다.

위의 (가), (나)에 알맞은 식을 각각 $f(k)$, $g(k)$라 할 때, $f(10)+g(9)$의 값은? [4점]

① 131　② 133　③ 135　④ 137　⑤ 139

# 도전 1등급 문제

**01** ▸ 24106-0303
2022학년도 9월 모의평가 15번

수열 $\{a_n\}$은 $|a_1|\le 1$이고, 모든 자연수 $n$에 대하여

$$a_{n+1}=\begin{cases} -2a_n-2 & \left(-1\le a_n<-\frac{1}{2}\right) \\ 2a_n & \left(-\frac{1}{2}\le a_n\le \frac{1}{2}\right) \\ -2a_n+2 & \left(\frac{1}{2}<a_n\le 1\right) \end{cases}$$

을 만족시킨다. $a_5+a_6=0$이고 $\sum_{k=1}^{5} a_k>0$이 되도록 하는 모든 $a_1$의 값의 합은? [4점]

① $\frac{9}{2}$　② 5　③ $\frac{11}{2}$　④ 6　⑤ $\frac{13}{2}$

**02** ▸ 24106-0304
2020학년도 수능 나형 21번

수열 $\{a_n\}$이 모든 자연수 $n$에 대하여 다음 조건을 만족시킨다.

(가) $a_{2n}=a_n-1$
(나) $a_{2n+1}=2a_n+1$

$a_{20}=1$일 때, $\sum_{n=1}^{63} a_n$의 값은? [4점]

① 704　② 712　③ 720　④ 728　⑤ 736

**03** ▸ 24106-0305
2021학년도 6월 모의평가 나형 28번

수열 $\{a_n\}$이 모든 자연수 $n$에 대하여

$$\sum_{k=1}^{n} \frac{4k-3}{a_k}=2n^2+7n$$

을 만족시킨다. $a_5\times a_7\times a_9=\frac{q}{p}$일 때, $p+q$의 값을 구하시오. (단, $p$와 $q$는 서로소인 자연수이다.) [4점]

수열

## 04

▸ 24106-0306

2020학년도 수능 나형 15번

첫째항이 50이고 공차가 $-4$인 등차수열의 첫째항부터 제$n$항까지의 합을 $S_n$이라 할 때, $\sum_{k=m}^{m+4} S_k$의 값이 최대가 되도록 하는 자연수 $m$의 값은? [4점]

① 8　② 9　③ 10　④ 11　⑤ 12

## 05

▸ 24106-0307

2021학년도 9월 모의평가 나형 21번

수열 $\{a_n\}$은 모든 자연수 $n$에 대하여

$$a_{n+2}=\begin{cases} 2a_n+a_{n+1} & (a_n \le a_{n+1}) \\ a_n+a_{n+1} & (a_n > a_{n+1}) \end{cases}$$

을 만족시킨다. $a_3=2$, $a_6=19$가 되도록 하는 모든 $a_1$의 값의 합은? [4점]

① $-\frac{1}{2}$　② $-\frac{1}{4}$　③ 0　④ $\frac{1}{4}$　⑤ $\frac{1}{2}$

## 06

▸ 24106-0308

2022학년도 10월 학력평가 15번

수열 $\{a_n\}$의 첫째항부터 제$n$항까지의 합을 $S_n$이라 하자.

두 자연수 $p$, $q$에 대하여 $S_n=pn^2-36n+q$일 때, $S_n$이 다음 조건을 만족시키도록 하는 $p$의 최솟값을 $p_1$이라 하자.

> 임의의 두 자연수 $i$, $j$에 대하여 $i \ne j$이면 $S_i \ne S_j$이다.

$p=p_1$일 때, $|a_k|<a_1$을 만족시키는 자연수 $k$의 개수가 3이 되도록 하는 모든 $q$의 값의 합은? [4점]

① 372　② 377　③ 382　④ 387　⑤ 392

## 07

▶ 24106-0309
2019학년도 10월 학력평가 나형 29번

첫째항이 짝수인 수열 $\{a_n\}$은 모든 자연수 $n$에 대하여

$$a_{n+1}=\begin{cases} a_n+3 & (a_n\text{이 홀수인 경우}) \\ \dfrac{a_n}{2} & (a_n\text{이 짝수인 경우}) \end{cases}$$

를 만족시킨다. $a_5=5$일 때, 수열 $\{a_n\}$의 첫째항이 될 수 있는 모든 수의 합을 구하시오. [4점]

## 08

▶ 24106-0310
2019학년도 3월 학력평가 나형 29번

자연수 $m$에 대하여 다음 조건을 만족시키는 모든 자연수 $k$의 값의 합을 $A(m)$이라 하자.

> $3\times2^m$은 첫째항이 3이고 공비가 2 이상의 자연수인 등비수열의 제$k$항이다.

예를 들어, $3\times2^2$은 첫째항이 3이고 공비가 2인 등비수열의 제3항, 첫째항이 3이고 공비가 4인 등비수열의 제2항이 되므로 $A(2)=3+2=5$이다. $A(200)$의 값을 구하시오. [4점]

## 09

▸ 24106-0311

2024학년도 9월 모의평가 21번

모든 항이 자연수인 등차수열 $\{a_n\}$의 첫째항부터 제$n$항까지의 합을 $S_n$이라 하자. $a_7$이 13의 배수이고 $\sum_{k=1}^{7} S_k=644$일 때, $a_2$의 값을 구하시오. [4점]

## 10

▸ 24106-0312

2020학년도 3월 학력평가 가형 29번

자연수 $n$에 대하여 두 점 $\mathrm{A}(0,\ n+5)$, $\mathrm{B}(n+4,\ 0)$과 원점 O를 꼭짓점으로 하는 삼각형 AOB가 있다. 삼각형 AOB의 내부에 포함된 정사각형 중 한 변의 길이가 1이고 꼭짓점의 $x$좌표와 $y$좌표가 모두 자연수인 정사각형의 개수를 $a_n$이라 하자. $\sum_{n=1}^{8} a_n$의 값을 구하시오. [4점]

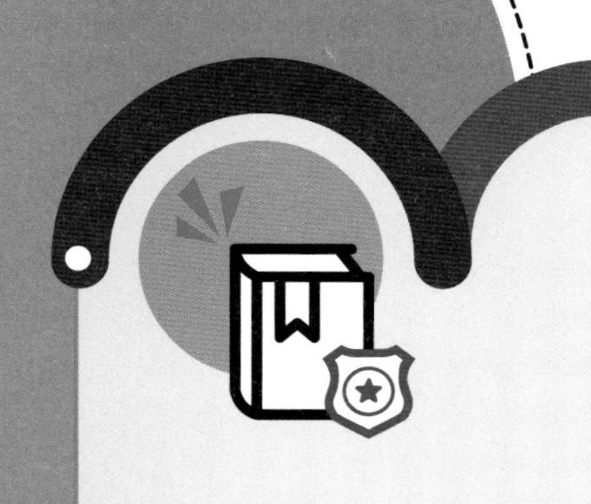

수능 기출의 미래

수학영역 수학 I

# 경찰대학, 사관학교

## 기출 문제

# Ⅰ 지수함수와 로그함수

## 유형 1 지수의 정의와 지수법칙

### 01 2023학년도 사관학교 1번

$\dfrac{4}{3^{-2}+3^{-3}}$의 값은? [2점]

① 9 ② 18 ③ 27
④ 36 ⑤ 45

### 02 2024학년도 경찰대학 5번

두 실수 $a$, $b$가 다음 조건을 만족시킬 때, $a^3-2b$의 값은? [4점]

(가) $b$는 $-\sqrt{8}a$의 제곱근이다.
(나) $\sqrt[3]{a^2}b$는 $-16$의 세제곱근이다.

① $-2-2\sqrt{2}$ ② $-2$ ③ $4-2\sqrt{2}$
④ $2$ ⑤ $2+2\sqrt{2}$

### 03 2022학년도 사관학교 6번

$\sqrt[m]{64}\times\sqrt[n]{81}$의 값이 자연수가 되도록 하는 2 이상의 자연수 $m$, $n$의 모든 순서쌍 $(m, n)$의 개수는? [3점]

① 2 ② 4 ③ 6
④ 8 ⑤ 10

### 04 2024학년도 사관학교 16번

$a^4-8a^2+1=0$일 때, $a^4+a^{-4}$의 값을 구하시오. [3점]

### 05 2022학년도 경찰대학 13번

실수 $r=\dfrac{3}{\sqrt[3]{4}-\sqrt[3]{2}+1}$에 대하여

$$r+r^2+r^3=a\sqrt[3]{4}+b\sqrt[3]{2}+c$$

일 때, $a+b+c$의 값은? (단, $a$, $b$, $c$는 유리수이다.) [4점]

① 7 ② 9 ③ 11
④ 13 ⑤ 15

## 유형 2 로그의 정의와 성질

### 06 2024학년도 사관학교 1번

$\log_2 \frac{8}{9} + \frac{1}{2}\log_{\sqrt{2}} 18$의 값은? [2점]

① 1 ② 2 ③ 3
④ 4 ⑤ 5

### 07 2023학년도 사관학교 16번

$\log_3 a \times \log_3 b = 2$이고 $\log_a 3 + \log_b 3 = 4$일 때, $\log_3 ab$의 값을 구하시오. [3점]

### 08 2022학년도 사관학교 8번

그림과 같은 5개의 칸에 5개의 수 $\log_a 2$, $\log_a 4$, $\log_a 8$, $\log_a 32$, $\log_a 128$을 한 칸에 하나씩 적는다. 가로로 나열된 3개의 칸에 적힌 세 수의 합과 세로로 나열된 3개의 칸에 적힌 세 수의 합이 15로 서로 같을 때, $a$의 값은? [3점]

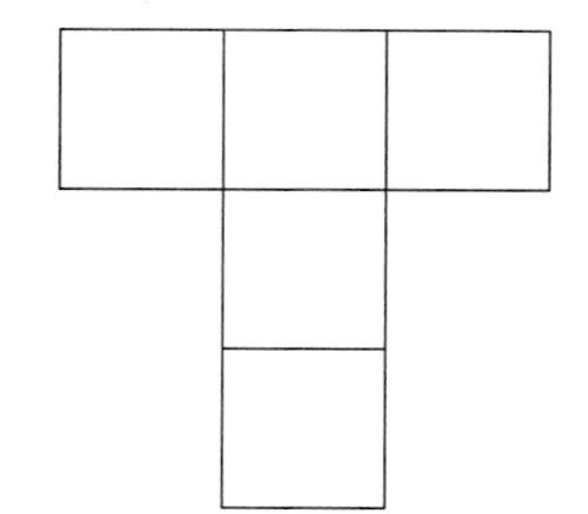

① $2^{\frac{1}{3}}$ ② $2^{\frac{2}{3}}$ ③ 2
④ $2^{\frac{4}{3}}$ ⑤ $2^{\frac{5}{3}}$

### 09 2023학년도 경찰대학 22번

실수 $a$, $b$, $c$가

$$\log \frac{ab}{2} = (\log a)(\log b),$$

$$\log \frac{bc}{2} = (\log b)(\log c),$$

$$\log (ca) = (\log c)(\log a)$$

를 만족시킬 때, $a+b+c$의 값을 구하시오.

(단, $a$, $b$, $c$는 모두 10보다 크다.) [4점]

### 10 2023학년도 경찰대학 8번

원 $x^2+y^2=r^2$ 위의 점 $(a, b)$에 대하여 $\log_r |ab|$의 최댓값을 $f(r)$라 할 때, $f(64)$의 값은?

(단, $r$는 1보다 큰 실수이고, $ab \neq 0$이다.) [4점]

① $\frac{7}{6}$ ② $\frac{4}{3}$ ③ $\frac{3}{2}$
④ $\frac{5}{3}$ ⑤ $\frac{11}{6}$

## 11 2022학년도 경찰대학 5번

두 양수 $a$, $b$에 대하여 $0 \le \log_2 a \le 2$, $0 \le \log_2 b \le 2$이고 $\log_2(a+b)$가 정수일 때, 두 점 $(4, 2)$와 $(a, b)$ 사이의 거리의 최솟값을 $m$, 최댓값을 $M$이라 하자. $m^2+M^2$의 값은? [4점]

① 12　② 14　③ 16　④ 18　⑤ 20

## 12 2023학년도 경찰대학 9번

집합 $A=\{1, 2, 3, 4, 5\}$에서 $A$로의 함수 중에서 다음 조건을 만족시키는 함수 $f(x)$의 개수는? [4점]

(가) $\log f(x)$는 일대일함수가 아니다.
(나) $\log\{f(1)+f(2)+f(3)\}=2\log 2+\log 3$
(다) $\log f(4)+\log f(5) \le 1$

① 134　② 140　③ 146　④ 152　⑤ 158

# 유형 4 지수함수의 뜻과 그래프

## 13 2023학년도 경찰대학 3번

직선 $x=a$와 세 함수

$$f(x)=4^x,\ g(x)=2^x,\ h(x)=-\left(\frac{1}{2}\right)^{x-1}$$

의 그래프가 만나는 점을 각각 P, Q, R라 하자. $\overline{\text{PQ}} : \overline{\text{QR}}=8 : 3$일 때, 상수 $a$의 값은? [3점]

① 1　② $\frac{3}{2}$　③ 2　④ $\frac{5}{2}$　⑤ 3

## 14 2024학년도 사관학교 11번

함수 $f(x)=-2^{|x-a|}+a$의 그래프가 $x$축과 두 점 A, B에서 만나고 $\overline{\text{AB}}=6$이다. 함수 $f(x)$가 $x=p$에서 최댓값 $q$를 가질 때, $p+q$의 값은? (단, $a$는 상수이다.) [4점]

① 14　② 15　③ 16　④ 17　⑤ 18

## 15 2023학년도 사관학교 7번

그림과 같이 직선 $y=mx+2$ $(m>0)$이 곡선 $y=\frac{1}{3}\left(\frac{1}{2}\right)^{x-1}$과 만나는 점을 A, 직선 $y=mx+2$가 $x$축, $y$축과 만나는 점을 각각 B, C라 하자. $\overline{\text{AB}} : \overline{\text{AC}}=2 : 1$일 때, 상수 $m$의 값은? [3점]

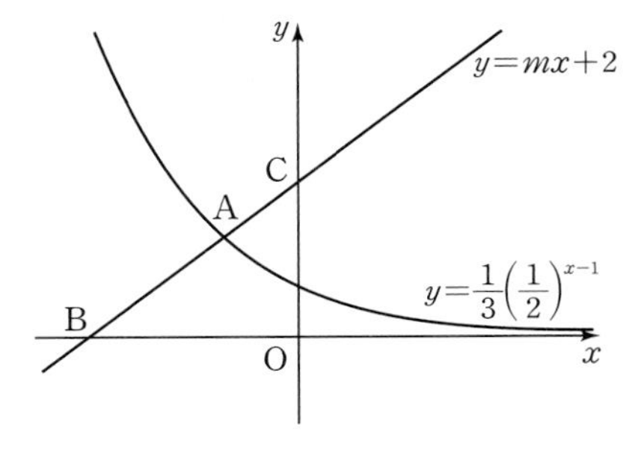


① $\frac{7}{12}$　② $\frac{5}{8}$　③ $\frac{2}{3}$　④ $\frac{17}{24}$　⑤ $\frac{3}{4}$

## 16 2024학년도 경찰대학 23번

방정식 $3^x+3^{-x}-2(\sqrt{3^x}+\sqrt{3^{-x}})-|k-2|+7=0$이 실근을 갖지 않도록 하는 정수 $k$의 개수를 구하시오. [4점]

## 17 2022학년도 사관학교 13번

$a>1$인 실수 $a$에 대하여 좌표평면에 두 곡선

$$y=a^x,\ y=|a^{-x-1}-1|$$

이 있다. 〈보기〉에서 옳은 것만을 있는 대로 고른 것은? [4점]

**보기**

ㄱ. 곡선 $y=|a^{-x-1}-1|$은 점 $(-1,\ 0)$을 지난다.
ㄴ. $a=4$이면 두 곡선의 교점의 개수는 2이다.
ㄷ. $a>4$이면 두 곡선의 모든 교점의 $x$좌표의 합은 $-2$보다 크다.

① ㄱ ② ㄱ, ㄴ ③ ㄱ, ㄷ
④ ㄴ, ㄷ ⑤ ㄱ, ㄴ, ㄷ

## 18 2024학년도 경찰대학 25번

두 함수

$$y=4^x,\ y=\frac{1}{2^a}\times 4^x-a$$

의 그래프와 두 직선

$$y=-2x-\log b,\ y=-2x+\log c$$

로 둘러싸인 도형의 넓이가 3이 되도록 하는 자연수 $a$, $b$, $c$의 모든 순서쌍 $(a,\ b,\ c)$의 개수를 구하시오. [5점]

# 유형 5 로그함수의 뜻과 그래프

## 19 2022학년도 사관학교 19번

함수 $f(x)=\log_2 kx$에 대하여 곡선 $y=f(x)$와 직선 $y=x$가 두 점 A, B에서 만나고 $\overline{OA}=\overline{AB}$이다. 함수 $f(x)$의 역함수를 $g(x)$라 할 때, $g(5)$의 값을 구하시오.

(단, $k$는 0이 아닌 상수이고, O는 원점이다.) [3점]

## 20 2024학년도 사관학교 15번

0이 아닌 실수 전체의 집합에서 정의된 함수

$$f(x)=\begin{cases}\log_4(-x) & (x<0)\\ 2-\log_2 x & (x>0)\end{cases}$$

이 있다. 직선 $y=a$와 곡선 $y=f(x)$가 만나는 두 점 A, B의 $x$좌표를 각각 $x_1$, $x_2$ $(x_1<x_2)$라 하고, 직선 $y=b$와 곡선 $y=f(x)$가 만나는 두 점 C, D의 $x$좌표를 각각 $x_3$, $x_4$ $(x_3<x_4)$라 하자. $\left|\frac{x_2}{x_1}\right|=\frac{1}{2}$이고 두 직선 AC와 BD가 서로 평행할 때, $\left|\frac{x_4}{x_3}\right|$의 값은?

(단, $a$, $b$는 $a\neq b$인 상수이다.) [4점]

① $3+3\sqrt{3}$ ② $5+2\sqrt{3}$ ③ $4+3\sqrt{3}$
④ $6+2\sqrt{3}$ ⑤ $5+3\sqrt{3}$

## 21 2023학년도 사관학교 9번

곡선 $y=|\log_2(-x)|$를 $y$축에 대하여 대칭이동한 후 $x$축의 방향으로 $k$만큼 평행이동한 곡선을 $y=f(x)$라 하자. 곡선 $y=f(x)$와 곡선 $y=|\log_2(-x+8)|$이 세 점에서 만나고 세 교점의 $x$좌표의 합이 18일 때, $k$의 값은? [4점]

① 1 ② 2 ③ 3 ④ 4 ⑤ 5

## 22 2021학년도 사관학교 나형 21번

두 곡선 $y=|2^x-4|$, $y=\log_2 x$가 만나는 두 점의 $x$좌표를 $x_1$, $x_2$ $(x_1<x_2)$라 할 때, 〈보기〉에서 옳은 것만을 있는 대로 고른 것은? [4점]

보기

ㄱ. $\log_2 3<x_1<x_2<\log_2 6$

ㄴ. $(x_2-x_1)(2^{x_2}-2^{x_1})<3$

ㄷ. $2^{x_1}+2^{x_2}>8+\log_2(\log_3 6)$

① ㄱ ② ㄱ, ㄴ ③ ㄱ, ㄷ ④ ㄴ, ㄷ ⑤ ㄱ, ㄴ, ㄷ

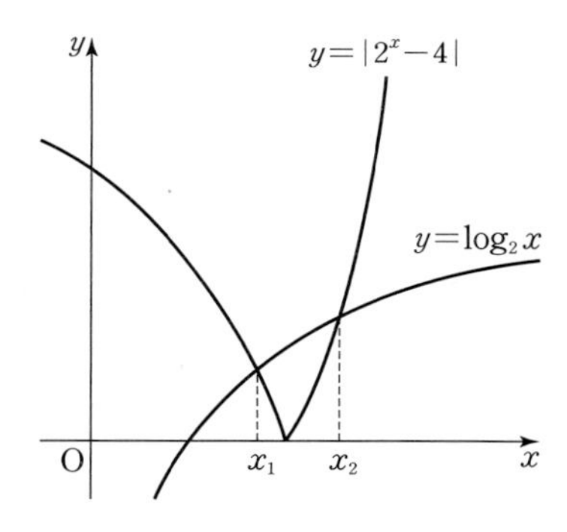


# 유형 6 방정식에의 활용

## 23 2022학년도 경찰대학 1번

두 양수 $a$, $b$가

$$\log_b a+\log_a b=\frac{26}{5},\ ab=27$$

을 만족시킬 때, $a^2+b^2$의 값은? (단, $a\neq1$, $b\neq1$) [3점]

① 240 ② 242 ③ 244 ④ 246 ⑤ 248

## 24 2022학년도 경찰대학 21번

방정식 $\log_2(x+4)+\log_{\frac{1}{2}}(x-4)=1$을 만족시키는 실수 $x$의 값을 구하시오. [3점]

## 유형 7 부등식에의 활용

**25** 2024학년도 경찰대학 1번

부등식 $\left(\log_{\frac{1}{2}} x-2\right)\log_{\frac{1}{4}} x<4$를 만족시키는 자연수 $x$의 개수는? [3점]

① 1　② 3　③ 5　④ 7　⑤ 9

**26** 2021학년도 사관학교 나형 24번

부등식 $2+\log_{\frac{1}{3}}(2x-5)>0$을 만족시키는 모든 정수 $x$의 개수를 구하시오. [3점]

**27** 2021학년도 사관학교 가형 8번

$x$에 대한 연립부등식

$$\begin{cases} \left(\frac{1}{2}\right)^{1-x} \geq \left(\frac{1}{16}\right)^{x-1} \\ \log_2 4x<\log_2(x+k) \end{cases}$$

의 해가 존재하지 않도록 하는 양수 $k$의 최댓값은? [3점]

① 3　② 4　③ 5　④ 6　⑤ 7

# Ⅱ 삼각함수

## 유형 1 삼각함수의 정의

**01** 2023학년도 사관학교 5번

이차방정식 $5x^2-x+a=0$의 두 근이 $\sin\theta$, $\cos\theta$일 때, 상수 $a$의 값은? [3점]

① $-\frac{12}{5}$　② $-2$　③ $-\frac{8}{5}$　④ $-\frac{6}{5}$　⑤ $-\frac{4}{5}$

**02** 2024학년도 경찰대학 7번

$3\theta$는 제1사분면의 각이고 $4\theta$는 제2사분면의 각일 때, $\theta$는 제$m$사분면 또는 제$n$사분면의 각이다. $m+n$의 값은? (단, $m\neq n$)[4점]

① 3　② 4　③ 5　④ 6　⑤ 7

## 03 2024학년도 사관학교 5번

$\sin\theta<0$이고 $\sin\left(\theta-\frac{\pi}{2}\right)=-\frac{2}{5}$일 때, $\tan\theta$의 값은? [3점]

① $-\frac{\sqrt{21}}{2}$　② $-\frac{\sqrt{21}}{5}$　③ 0
④ $\frac{\sqrt{21}}{5}$　⑤ $\frac{\sqrt{21}}{2}$

# 유형 2 삼각함수의 그래프

## 04 2022학년도 사관학교 7번

함수 $f(x)=\cos^2 x-4\cos\left(x+\frac{\pi}{2}\right)+3$의 최댓값은? [3점]

① 1　② 3　③ 5
④ 7　⑤ 9

## 05 2024학년도 경찰대학 3번

〈보기〉에서 옳은 것만을 있는 대로 고른 것은? [3점]

**보기**

ㄱ. 함수 $y=\tan\frac{3\pi}{2}x-\sin 2\pi x$의 주기는 2이다.

ㄴ. 함수 $y=2\pi+\cos 2\pi x\sin\frac{4\pi}{3}x$의 주기는 3이다.

ㄷ. 함수 $y=\sin\pi x-\left|\cos\frac{3\pi}{2}x\right|$의 주기는 2이다.

① ㄱ　② ㄷ　③ ㄱ, ㄴ
④ ㄴ, ㄷ　⑤ ㄱ, ㄴ, ㄷ

## 06 2022학년도 경찰대학 19번

두 함수 $f(x)$와 $g(x)$가

$$f(x)=\begin{cases}\cos x\ (\cos x\geq\sin x)\\ \sin x\ (\cos x<\sin x),\end{cases}$$
$$g(x)=\cos ax\ (a>0\text{인 상수})$$

이다. 닫힌구간 $\left[0,\ \frac{\pi}{4}\right]$에서 두 곡선 $y=f(x)$와 $y=g(x)$의 교점의 개수가 3이 되도록 하는 $a$의 최솟값을 $p$라 하자. 닫힌구간 $\left[0,\ \frac{11}{12}\pi\right]$에서 두 곡선 $y=f(x)$와 $y=\cos px$의 교점의 개수를 $q$라 할 때, $p+q$의 값은? [5점]

① 16　② 17　③ 18
④ 19　⑤ 20

## 07 2023학년도 사관학교 15번

함수

$$f(x)=\left|2a\cos\frac{b}{2}x-(a-2)(b-2)\right|$$

가 다음 조건을 만족시키도록 하는 10 이하의 자연수 $a$, $b$의 모든 순서쌍 $(a, b)$의 개수는? [4점]

(가) 함수 $f(x)$는 주기가 $\pi$인 주기함수이다.
(나) $0\leq x\leq 2\pi$에서 함수 $y=f(x)$의 그래프와 직선 $y=2a-1$의 교점의 개수는 4이다.

① 11　② 13　③ 15
④ 17　⑤ 19

## 유형 3 삼각함수의 방정식, 부등식에의 활용

### 08 2022학년도 사관학교 17번

$0 \le x < 8$일 때, 방정식 $\sin \frac{\pi x}{2} = \frac{3}{4}$의 모든 해의 합을 구하시오. [3점]

### 09 2023학년도 경찰대학 6번

두 정수 $a$, $b$에 대하여

$$a^2 + b^2 \le 13, \ \cos \frac{(a-b)\pi}{2} = 0$$

을 만족시키는 모든 순서쌍 $(a, b)$의 개수는? [4점]

① 16 ② 20 ③ 24
④ 28 ⑤ 32

### 10 2023학년도 경찰대학 24번

모든 실수 $x$에 대하여 부등식

$$(a \sin^2 x - 4)\cos x + 4 \ge 0$$

을 만족시키는 실수 $a$의 최댓값과 최솟값의 합을 구하시오. [4점]

### 11 2024학년도 경찰대학 20번

$0 \le x < 2\pi$일 때, 함수

$$f(x) = 2\cos^2 x - |1 + 2\sin x| - 2|\sin x| + 2$$

에 대하여 집합

$$A = \{x \mid f(x)\text{의 값은 0 이하의 정수}\}$$

라 하자. 집합 $A$의 원소의 개수는? [5점]

① 6 ② 7 ③ 8
④ 9 ⑤ 10

### 12 2023학년도 경찰대학 17번

두 자연수 $a$, $b$에 대하여 함수

$$f(x) = \sin(a\pi x) + 2b \ (0 \le x \le 1)$$

이 있다. 집합 $\{x \mid \log_2 f(x)\text{는 정수}\}$의 원소의 개수가 8이 되도록 하는 서로 다른 모든 $a$의 값의 합은? [5점]

① 12 ② 15 ③ 18
④ 21 ⑤ 24

### 13 2024학년도 사관학교 21번

두 양수 $a$, $b$에 대하여 두 함수

$$y = 3a \tan bx, \ y = 2a \cos bx$$

의 그래프가 만나는 점 중에서 $x$좌표가 0보다 크고 $\frac{5\pi}{2b}$보다 작은 세 점을 $x$좌표가 작은 점부터 $x$좌표의 크기순으로 $\mathrm{A}_1$, $\mathrm{A}_2$, $\mathrm{A}_3$이라 하자. 선분 $\mathrm{A}_1\mathrm{A}_3$을 지름으로 하는 원이 점 $\mathrm{A}_2$를 지나고 이 원의 넓이가 $\pi$일 때, $\left(\frac{a}{b}\pi\right)^2 = \frac{q}{p}$이다. $p+q$의 값을 구하시오. (단, $p$와 $q$는 서로소인 자연수이다.) [4점]

## 유형 4 사인법칙과 코사인법칙

**14** 2023학년도 경찰대학 1번

넓이가 $5\sqrt{2}$인 예각삼각형 ABC에 대하여 $\overline{AB}=3$, $\overline{AC}=5$일 때, 삼각형 ABC의 외접원의 반지름의 길이는? [3점]

① $\frac{3\sqrt{3}}{2}$　② $\frac{7\sqrt{3}}{4}$　③ $2\sqrt{3}$　④ $\frac{9\sqrt{3}}{4}$　⑤ $\frac{5\sqrt{3}}{2}$

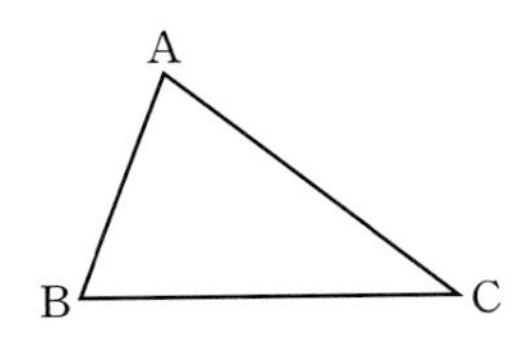


**15** 2022학년도 경찰대학 2번

삼각형 ABC에서 선분 BC의 길이가 3이고

$$4\cos^2 A-5\sin A+2=0$$

일 때, 삼각형 ABC의 외접원의 반지름의 길이는? [3점]

① $\frac{3}{2}$　② 2　③ $\frac{5}{2}$　④ 3　⑤ $\frac{7}{2}$

**16** 2024학년도 사관학교 9번

그림과 같이 한 변의 길이가 2인 정육각형 ABCDEF에 대하여 점 G를 $\overline{AG}=\sqrt{5}$, $\angle BAG=\frac{\pi}{2}$가 되도록 잡고, 점 H를 삼각형 BGH가 정삼각형이 되도록 잡는다. 선분 CH의 길이는? (단, 점 G는 정육각형의 외부에 있고, 두 선분 AF, BH는 만나지 않는다.) [4점]

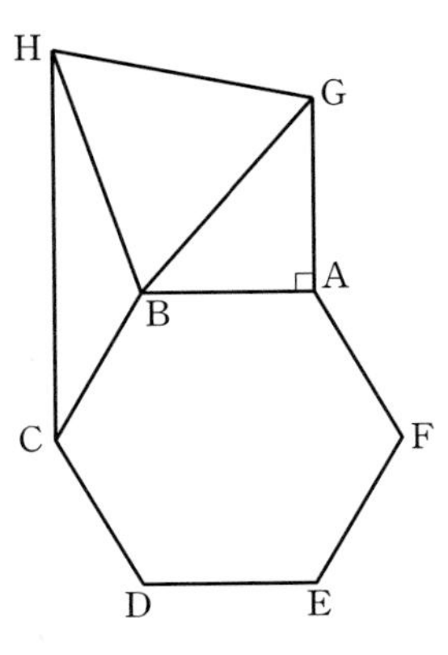


① $2\sqrt{5}$　② $\sqrt{21}$　③ $\sqrt{22}$　④ $\sqrt{23}$　⑤ $2\sqrt{6}$

**17** 2024학년도 경찰대학 13번

삼각형 ABC가 다음 조건을 만족시킨다.

> (가) $\cos^2 A+\cos^2 B-\cos^2 C=1$
> (나) $2\sqrt{2}\cos A+2\cos B+\sqrt{2}\cos C=2\sqrt{3}$

삼각형 ABC의 외접원의 반지름의 길이가 3일 때, 삼각형 ABC의 넓이는? [4점]

① $4\sqrt{3}$　② $5\sqrt{2}$　③ $6\sqrt{2}$　④ $5\sqrt{3}$　⑤ $6\sqrt{3}$

## 18 2021학년도 사관학교 나형 19번

그림과 같이 $\overline{AB}=\overline{AC}$인 이등변삼각형 ABC에서 선분 AC를 5 : 3으로 내분하는 점을 D라 하자.

$2\sin(\angle ABD)=5\sin(\angle DBC)$일 때, $\frac{\sin C}{\sin A}$의 값은? [4점]

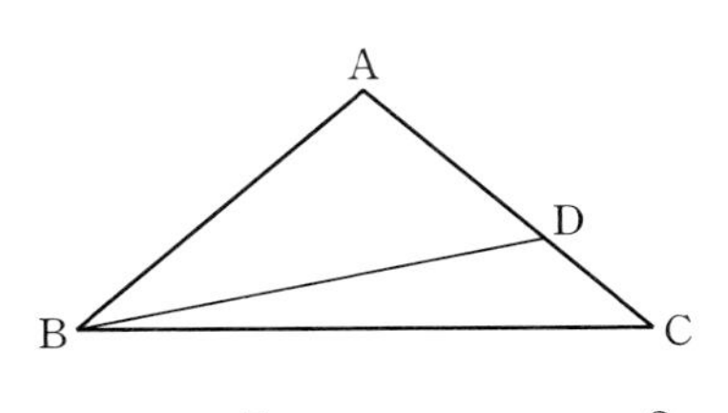


① $\frac{3}{5}$　② $\frac{7}{11}$　③ $\frac{2}{3}$
④ $\frac{9}{13}$　⑤ $\frac{5}{7}$

## 19 2022학년도 경찰대학 14번

삼각형 ABC에서 $\angle A=\frac{2\pi}{3}$이고 $\overline{AB}=6$이다. $\overline{AC}$와 $\overline{BC}$의 합이 24일 때, $\cos B$의 값은? [4점]

① $\frac{19}{28}$　② $\frac{5}{7}$　③ $\frac{21}{28}$
④ $\frac{11}{14}$　⑤ $\frac{23}{28}$

## 20 2022학년도 경찰대학 11번

그림과 같이 원에 내접하는 삼각형 ABC가 있다. 호 AB, 호 BC, 호 CA의 길이가 각각 3, 4, 5이고 삼각형 ABC의 넓이가 $S$일 때, $\frac{\pi^2 S}{9}$의 값은? [4점]

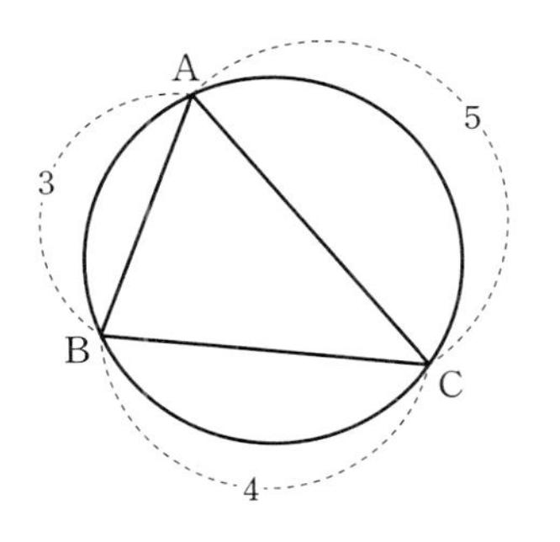


① $2-\sqrt{3}$　② $\sqrt{3}$　③ $1+\sqrt{3}$
④ $2+\sqrt{3}$　⑤ $3+\sqrt{3}$

## 21 2021학년도 경찰대학 20번

$\overline{AB}=5$, $\overline{BC}=7$, $\overline{AC}=6$인 삼각형 ABC가 있다. 두 선분 AB, AC 위에 삼각형 ADE의 외접원이 선분 BC에 접하도록 점 D, E를 각각 잡을 때, 선분 DE의 길이의 최솟값은? [5점]

① $\frac{64}{15}$　② $\frac{81}{20}$　③ 4
④ $\frac{121}{30}$　⑤ $\frac{144}{35}$

## 22 2023학년도 사관학교 13번

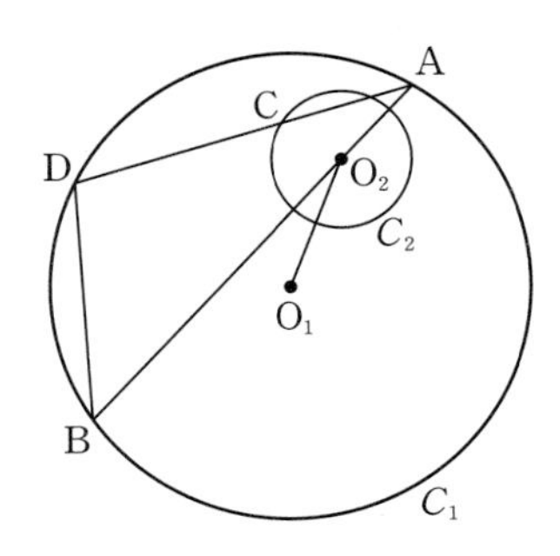


그림과 같이 중심이 $O_1$이고 반지름의 길이가 $r\ (r>3)$인 원 $C_1$과 중심이 $O_2$이고 반지름의 길이가 1인 원 $C_2$에 대하여 $\overline{O_1O_2}=2$이다. 원 $C_1$ 위를 움직이는 점 A에 대하여 직선 $AO_2$가 원 $C_1$과 만나는 점 중 A가 아닌 점을 B라 하자. 원 $C_2$ 위를 움직이는 점 C에 대하여 직선 AC가 원 $C_1$과 만나는 점 중 A가 아닌 점을 D라 하자. 다음은 $\overline{BD}$가 최대가 되도록 네 점 A, B, C, D를 정할 때, $\overline{O_1C}^2$을 $r$에 대한 식으로 나타내는 과정이다.

> 삼각형 ADB에서 사인법칙에 의하여
>
> $\dfrac{\overline{BD}}{\sin A}=$ (가)
>
> 이므로 $\overline{BD}$가 최대이려면 직선 AD가 원 $C_2$와 점 C에서 접해야 한다.
>
> 이때 직각삼각형 $ACO_2$에서 $\sin A=\dfrac{1}{\overline{AO_2}}$이므로
>
> $\overline{BD}=\dfrac{1}{\overline{AO_2}}\times$ (가)
>
> 이다.
>
> 그러므로 직선 AD가 원 $C_2$와 점 C에서 접하고 $\overline{AO_2}$가 최소일 때 $\overline{BD}$는 최대이다.
>
> $\overline{AO_2}$의 최솟값은
>
> (나)
>
> 이므로 $\overline{BD}$가 최대일 때,
>
> $\overline{O_1C}^2=$ (다)
>
> 이다.

위의 (가), (나), (다)에 알맞은 식을 각각 $f(r)$, $g(r)$, $h(r)$라 할 때, $f(4)\times g(5)\times h(6)$의 값은? [4점]

① 216　② 192　③ 168　④ 144　⑤ 120

## 23 2022학년도 사관학교 21번

$\angle BAC=\theta\left(\dfrac{2}{3}\pi\le\theta<\dfrac{3}{4}\pi\right)$인 삼각형 ABC의 외접원의 중심을 O, 세 점 B, O, C를 지나는 원의 중심을 O′이라 하자. 다음은 점 O′이 선분 AB 위에 있을 때, $\dfrac{\overline{BC}}{\overline{AC}}$의 값을 $\theta$에 대한 식으로 나타내는 과정이다.

> 삼각형 ABC의 외접원의 반지름의 길이를 $R$라 하면 사인법칙에 의하여
>
> $\dfrac{\overline{BC}}{\sin\theta}=2R$
>
> 세 점 B, O, C를 지나는 원의 반지름의 길이를 $r$라 하자. 선분 O′O는 선분 BC를 수직이등분하므로 이 두 선분의 교점을 M이라 하면
>
> 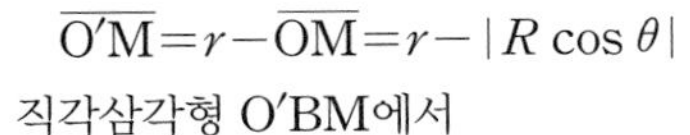
>
> $\overline{O'M}=r-\overline{OM}=r-|R\cos\theta|$
>
> 직각삼각형 O′BM에서
>
> $R=$ (가) $\times r$
>
> 이므로
>
> $\sin(\angle O'BM)=$ (나)
>
> 따라서 삼각형 ABC에서 사인법칙에 의하여
>
> $\dfrac{\overline{BC}}{\overline{AC}}=$ (다)

위의 (가), (나), (다)에 알맞은 식을 각각 $f(\theta)$, $g(\theta)$, $h(\theta)$라 하자. $\cos\alpha=-\dfrac{3}{5}$, $\cos\beta=-\dfrac{\sqrt{10}}{5}$인 $\alpha$, $\beta$에 대하여 $f(\alpha)+g(\beta)+\left\{h\left(\dfrac{2}{3}\pi\right)\right\}^2=\dfrac{q}{p}$이다. $p+q$의 값을 구하시오.

(단, $p$와 $q$는 서로소인 자연수이다.) [4점]

# Ⅲ 수열

## 유형 1 등차수열의 일반항과 합

### 01 2024학년도 사관학교 7번

다음 조건을 만족시키는 모든 유리수 $r$의 값의 합은? [3점]

(가) $1<r<9$
(나) $r$를 기약분수로 나타낼 때, 분모는 7이고 분자는 홀수이다.

① 102 ② 108 ③ 114
④ 120 ⑤ 126

### 02 2021학년도 사관학교 가형 26번/나형 16번

두 실수 $a$, $b$와 수열 $\{c_n\}$이 다음 조건을 만족시킨다.

(가) $(m+2)$개의 수
$a, \log_2 c_1, \log_2 c_2, \log_2 c_3, \cdots, \log_2 c_m, b$
가 이 순서대로 등차수열을 이룬다.
(나) 수열 $\{c_n\}$의 첫째항부터 제$m$항까지의 항을 모두 곱한 값은 32이다.

$a+b=1$일 때, 자연수 $m$의 값을 구하시오. [4점]

### 03 2023학년도 사관학교 21번

등차수열 $\{a_n\}$이 다음 조건을 만족시킨다.

(가) $a_6+a_7=-\frac{1}{2}$
(나) $a_l+a_m=1$이 되도록 하는 두 자연수 $l$, $m$ $(l<m)$의 모든 순서쌍 $(l, m)$의 개수는 6이다.

등차수열 $\{a_n\}$의 첫째항부터 제14항까지의 합을 $S$라 할 때, $2S$의 값을 구하시오. [4점]

## 유형 2 등비수열의 일반항과 합

### 04 2022학년도 사관학교 2번

등비수열 $\{a_n\}$에 대하여

$$a_3=1,\ \frac{a_4+a_5}{a_2+a_3}=4$$

일 때, $a_9$의 값은? [2점]

① 8 ② 16 ③ 32
④ 64 ⑤ 128

## 05 2023학년도 사관학교 3번

등비수열 $\{a_n\}$에 대하여

$$a_2=4,\ \frac{(a_3)^2}{a_1\times a_7}=2$$

일 때, $a_4$의 값은? [3점]

① $\frac{\sqrt{2}}{2}$　② $1$　③ $\sqrt{2}$
④ $2$　⑤ $2\sqrt{2}$

## 06 2024학년도 사관학교 3번

공비가 양수인 등비수열 $\{a_n\}$의 첫째항부터 제$n$항까지의 합을 $S_n$이라 하자.

$$S_6=21S_2,\ a_6-a_2=15$$

일 때, $a_3$의 값은? [3점]

① $\frac{1}{2}$　② $\frac{\sqrt{2}}{2}$　③ $1$
④ $\sqrt{2}$　⑤ $2$

## 07 2022학년도 경찰대학 6번

모든 항이 양수인 등비수열 $\{a_n\}$에 대하여

$$a_1=2a_4,\ {a_3}^{\log_2 3}=27$$

일 때, 집합 $\left\{n \,\middle|\, \log_4 a_n-\log_2\frac{1}{a_n}\text{은 자연수}\right\}$의 모든 원소의 개수는? [4점]

① 4　② 5　③ 6
④ 7　⑤ 8

## 08 2024학년도 경찰대학 15번

모든 항이 양수인 수열 $\{a_n\}$이 다음 조건을 만족시킨다.

(가) $a_2=\pi$
(나) $7a_n-5a_{n+1}>0\ (n\geq1)$
(다) $2\sin^2\left(\frac{a_{n+1}}{a_n}\right)-5\sin\left(\frac{\pi}{2}+\frac{a_{n+1}}{a_n}\right)+1=0\ (n\geq1)$

$\frac{(a_4)^5}{(a_6)^3}$의 값은? [4점]

① 4　② 9　③ 16
④ 25　⑤ 36

## 유형 3 수열의 합과 일반항의 관계

**09** 2023학년도 경찰대학 21번

수열 $\{a_n\}$이 모든 자연수 $n$에 대하여

$$\sum_{k=1}^{n}\frac{a_k}{2k-1}=2^n$$

을 만족시킬 때, $a_1+a_5$의 값을 구하시오. [3점]

**10** 2021학년도 사관학교 나형 29번

수열 $\{a_n\}$이 모든 자연수 $n$에 대하여

$$\sum_{k=1}^{n}a_k=n^2+cn\ (c\text{는 자연수})$$

를 만족시킨다. 수열 $\{a_n\}$의 각 항 중에서 3의 배수가 아닌 수를 작은 것부터 크기순으로 모두 나열하여 얻은 수열을 $\{b_n\}$이라 하자. $b_{20}=199$가 되도록 하는 모든 $c$의 값의 합을 구하시오. [4점]

**11** 2024학년도 경찰대학 24번

수열 $\{a_n\}$과 공차가 2인 등차수열 $\{b_n\}$이

$$n(n+1)b_n=\sum_{k=1}^{n}(n-k+1)a_k\ (n\ge 1)$$

을 만족시킨다. $a_5=58$일 때, $a_{10}$의 값을 구하시오. [4점]

## 유형 4 $\sum$의 성질과 여러 가지 수열의 합

**12** 2024학년도 사관학교 18번

수열 $\{a_n\}$에 대하여

$$\sum_{k=1}^{7}(a_k+k)=50,\ \sum_{k=1}^{7}(a_k+2)^2=300$$

일 때, $\sum_{k=1}^{7}a_k^2$의 값을 구하시오. [3점]

**13** 2022학년도 사관학교 3번

$\sum_{k=1}^{9}k(2k+1)$의 값은? [3점]

① 600 ② 605 ③ 610 ④ 615 ⑤ 620

**14** 2024학년도 경찰대학 8번

모든 항이 음수인 수열 $\{a_n\}$이

$$\frac{1}{2}\left(a_n-\frac{2}{a_n}\right)=\sqrt{n-1}\ (n\ge 1)$$

을 만족시킬 때, $\sum_{n=1}^{99}a_n$의 값은? [4점]

① $-20$ ② $-10-3\sqrt{11}$ ③ $-10-7\sqrt{2}$ ④ $-9-3\sqrt{11}$ ⑤ $-9-7\sqrt{2}$

## 15 2022학년도 사관학교 9번

첫째항이 1인 등차수열 $\{a_n\}$이 있다. 모든 자연수 $n$에 대하여

$$S_n=\sum_{k=1}^{n} a_k,\ T_n=\sum_{k=1}^{n}(-1)^k a_k$$

라 하자. $\frac{S_{10}}{T_{10}}=6$일 때, $T_{37}$의 값은? [4점]

① 7 ② 9 ③ 11
④ 13 ⑤ 15

## 16 2023학년도 경찰대학 11번

수열 $\{a_n\}$의 일반항이

$$a_n=\frac{\sqrt{9n^2-3n-2}+6n-1}{\sqrt{3n+1}+\sqrt{3n-2}}$$

일 때, $\sum_{n=1}^{16} a_n$의 값은? [4점]

① 110 ② 114 ③ 118
④ 122 ⑤ 126

## 17 2023학년도 사관학교 11번

자연수 $n$에 대하여 직선 $x=n$이 직선 $y=x$와 만나는 점을 $\mathrm{P}_n$, 곡선 $y=\frac{1}{20}x\left(x+\frac{1}{3}\right)$과 만나는 점을 $\mathrm{Q}_n$, $x$축과 만나는 점을 $\mathrm{R}_n$이라 하자. 두 선분 $\mathrm{P}_n\mathrm{Q}_n$, $\mathrm{Q}_n\mathrm{R}_n$의 길이 중 작은 값을 $a_n$이라 할 때, $\sum_{n=1}^{10} a_n$의 값은? [4점]

① $\frac{115}{6}$ ② $\frac{58}{3}$ ③ $\frac{39}{2}$
④ $\frac{59}{3}$ ⑤ $\frac{119}{6}$

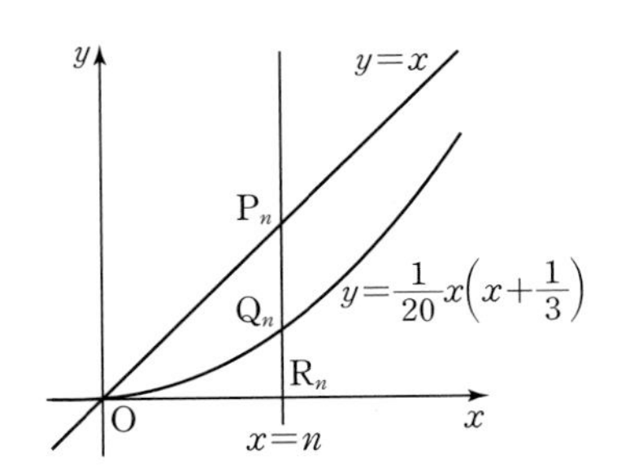


## 18 2021학년도 사관학교 가형 27번

모든 자연수 $n$에 대하여 곡선 $y=\sqrt{x}$ 위의 점 $\mathrm{A}_n(n^2,\ n)$과 곡선 $y=-x^2\ (x\geq 0)$ 위의 점 $\mathrm{B}_n$이 $\overline{\mathrm{OA}_n}=\overline{\mathrm{OB}_n}$을 만족시킨다. 삼각형 $\mathrm{A}_n\mathrm{OB}_n$의 넓이를 $S_n$이라 할 때, $\sum_{n=1}^{10}\frac{2S_n}{n^2}$의 값을 구하시오. (단, O는 원점이다.) [4점]

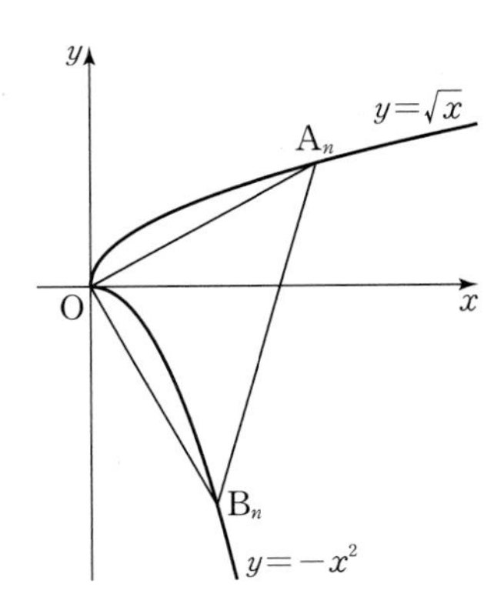

## 19 2023학년도 경찰대학 4번

자연수 $k$ $(k \geq 2)$에 대하여 집합

$$A=\{(a,\ b)\,|\,a,\ b\text{는 자연수},\ 2 \leq a \leq k,\ \log_a b \leq 2\}$$

의 원소의 개수가 54일 때, 집합 $A$의 원소 $(a,\ b)$에 대하여 $a+b+k$의 최댓값은? [3점]

① 27 ② 29 ③ 31
④ 33 ⑤ 35

## 20 2021학년도 경찰대학 15번

함수 $y=2^x-\sqrt{2}$의 그래프 위의 점 P를 지나고 기울기가 $-1$인 직선이 $x$축과 만나는 점을 Q라 하자. 자연수 $n$에 대하여 $\overline{\text{PQ}}=n$일 때, 점 P의 $x$좌표를 $a_n$이라 하자. $\sum_{n=1}^{6} a_n$의 정수 부분은? (단, 점 P는 제1사분면에 있다.) [4점]

① 10 ② 11 ③ 12
④ 13 ⑤ 14

## 21 2022학년도 경찰대학 16번

자연수 $n$에 대하여 곡선

$$y=n\sin(n\pi x)\ (0 \leq x \leq 1)$$

위의 점 중 $y$좌표가 자연수인 점의 개수를 $a_n$이라 할 때, $\sum_{n=1}^{10} a_n$의 값은? [4점]

① 340 ② 350 ③ 360
④ 370 ⑤ 380

## 22 2023학년도 경찰대학 16번

좌표평면에 네 점 A(0, 0), B(1, 0), C(1, 1), D(0, 1)이 있다. 자연수 $n$에 대하여 집합 $X_n$은 다음 조건을 만족시키는 모든 점 $(a,\ b)$를 원소로 하는 집합이다.

(가) 점 $(a,\ b)$는 정사각형 ABCD의 내부에 있다.
(나) 정사각형 ABCD의 변 위를 움직이는 점 P와 점 $(a,\ b)$ 사이의 거리의 최솟값은 $\frac{1}{2^n}$이다.
(다) $a=\frac{1}{2^k}$이고 $b=\frac{1}{2^m}$인 자연수 $k,\ m$이 존재한다.

집합 $X_n$의 원소의 개수를 $a_n$이라 할 때, $\sum_{n=1}^{10} a_n$의 값은? [4점]

① 100 ② 120 ③ 140
④ 160 ⑤ 180

## 23 2021학년도 경찰대학 25번

좌표평면 위에 5개의 점 $P_1(-2, 1)$, $P_2(-1, 2)$, $P_3(0, 3)$, $P_4(1, 2)$, $P_5(2, 4)$가 있다. 점 $P_i$ $(i=1, 2, 3, 4, 5)$의 $x$좌표를 $x_i$, $y$좌표를 $y_i$라 할 때, $\sum_{i=1}^{5}(ax_i+b-y_i)^2$의 값이 최소가 되도록 하는 두 실수 $a$, $b$에 대하여 $a+b$의 값을 구하시오. [5점]

## 24 2021학년도 경찰대학 17번

$n\geq 2$인 자연수 $n$에 대하여 직선 $x=n$이 함수 $y=\log_{\frac{1}{2}}(2x-m)$의 그래프와 한 점에서 만나고, 직선 $y=n$이 함수 $y=|2^{-x}-m|$의 그래프와 두 점에서 만나도록 하는 모든 자연수 $m$의 값의 합을 $a_n$이라 하자. $\sum_{n=5}^{10}\frac{1}{a_n}$의 값은? [5점]

① $\frac{1}{10}$ ② $\frac{1}{20}$ ③ $\frac{1}{30}$
④ $\frac{1}{40}$ ⑤ $\frac{1}{50}$

# 유형 5 수열의 귀납적 정의

## 25 2023학년도 사관학교 19번

수열 $\{a_n\}$은 $a_1=1$이고, 모든 자연수 $n$에 대하여

$$a_{2n}=2a_n,\ a_{2n+1}=3a_n$$

을 만족시킨다. $a_7+a_k=73$인 자연수 $k$의 값을 구하시오. [3점]

## 26 2024학년도 사관학교 13번

수열 $\{a_n\}$이 $a_1=-3$, $a_{20}=1$이고, 3 이상의 모든 자연수 $n$에 대하여

$$\sum_{k=1}^{n}a_k=a_{n-1}$$

을 만족시킨다. $\sum_{n=1}^{50}a_n$의 값은? [4점]

① 2 ② 1 ③ 0
④ $-1$ ⑤ $-2$

## 27 2021학년도 사관학교 가형 18번

수열 $\{a_n\}$이 모든 자연수 $n$에 대하여 다음 조건을 만족시킨다.

(가) $a_{2n+1}=-a_n+3a_{n+1}$
(나) $a_{2n+2}=a_n-a_{n+1}$

$a_1=1$, $a_2=2$일 때, $\sum_{n=1}^{16} a_n$의 값은? [4점]

① 31 ② 33 ③ 35
④ 37 ⑤ 39

## 28 2022학년도 경찰대학 10번

두 수열 $\{a_n\}$, $\{b_n\}$이

$$a_n=\sum_{k=1}^{n} k,$$

$$b_1=1,\ b_n=b_{n-1}\times\frac{a_n}{a_n-1}\ (n\ge 2)$$

를 만족시킬 때, $b_{100}$의 값은? [5점]

① $\frac{44}{17}$ ② $\frac{46}{17}$ ③ $\frac{48}{17}$
④ $\frac{50}{17}$ ⑤ $\frac{52}{17}$

## 29 2021학년도 경찰대학 11번

함수 $g(x)$와 수열 $\{a_n\}$이 음이 아닌 모든 정수 $k$와 모든 자연수 $m$에 대하여

$$a_1=1,\ a_2=3,\ a_{2k+1}+2a_m=g(m+k)$$

를 만족시킬 때, $\sum_{k=1}^{10} g(k)$의 값은? [4점]

① 170 ② 180 ③ 190
④ 200 ⑤ 210

## 30 2022학년도 사관학교 15번

다음 조건을 만족시키는 모든 수열 $\{a_n\}$에 대하여 $a_1$의 최솟값을 $m$이라 하자.

(가) 수열 $\{a_n\}$의 모든 항은 정수이다.
(나) 모든 자연수 $n$에 대하여
$a_{2n}=a_3\times a_n+1,\ a_{2n+1}=2a_n-a_2$
이다.

$a_1=m$인 수열 $\{a_n\}$에 대하여 $a_9$의 값은? [4점]

① $-53$ ② $-51$ ③ $-49$
④ $-47$ ⑤ $-45$

## 31 2024학년도 경찰대학 18번

모든 자연수 $n$에 대하여 세 점 $(n-1,\ 1)$, $(n,\ 0)$, $(n,\ 1)$을 꼭짓점으로 하는 삼각형을 $T_n$, 직선 $y=\frac{x}{n}$가 직선 $y=1$과 만나는 점을 $A_n$, 점 $A_n$에서 $x$축에 내린 수선의 발을 $B_n$이라 할 때, 삼각형 $T_1$, $T_2$, $\cdots$, $T_n$의 내부와 삼각형 $OA_nB_n$의 내부의 공통부분의 넓이를 $a_n$이라 하자. 예를 들어, 그림과 같이 $a_3$은 세 삼각형 $T_1$, $T_2$, $T_3$의 내부와 삼각형 $OA_3B_3$의 내부의 공통부분의 넓이를 나타내고 $a_3=\frac{7}{12}$이다. $a_{50}$의 값은?

(단, O는 원점이다.) [5점]

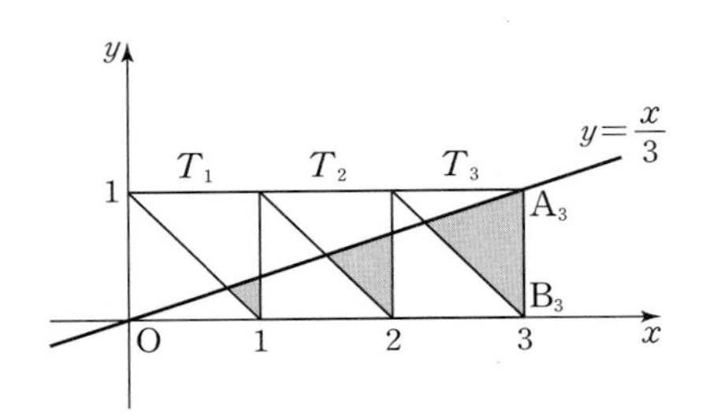


① $\frac{49}{6}$　② $\frac{101}{12}$　③ $\frac{26}{3}$　④ $\frac{107}{12}$　⑤ $\frac{55}{6}$

## 32 2022학년도 경찰대학 25번

두 집합 $X$, $Y$를

$X=\{\{a_n\}\mid\{a_n\}$은 모든 항이 자연수인 수열이고, $\log a_n+\log a_{n+1}=2n\}$,

$Y=\{a_4\mid\{a_n\}\in X\}$

라 하자. 집합 $Y$의 모든 원소의 합이 $p\times100$일 때, $p$의 값을 구하시오. [5점]

# 유형 6 수학적 귀납법

## 33 2021학년도 사관학교 가형 17번/나형 18번

다음은 모든 자연수 $n$에 대하여 부등식

$$\sum_{k=1}^{n}\frac{{}_{2k}\mathrm{P}_k}{2^k}\le\frac{(2n)!}{2^n}\qquad\cdots\cdots(*)$$

이 성립함을 수학적 귀납법으로 증명한 것이다.

(i) $n=1$일 때, (좌변)$=\frac{{}_2\mathrm{P}_1}{2^1}=1$이고, (우변)$=$ (가) 이므로 $(*)$이 성립한다.

(ii) $n=m$일 때, $(*)$이 성립한다고 가정하면

$$\sum_{k=1}^{m}\frac{{}_{2k}\mathrm{P}_k}{2^k}\le\frac{(2m)!}{2^m}$$

이다. $n=m+1$일 때,

$$\sum_{k=1}^{m+1}\frac{{}_{2k}\mathrm{P}_k}{2^k}=\sum_{k=1}^{m}\frac{{}_{2k}\mathrm{P}_k}{2^k}+\frac{{}_{2m+2}\mathrm{P}_{m+1}}{2^{m+1}}$$

$$=\sum_{k=1}^{m}\frac{{}_{2k}\mathrm{P}_k}{2^k}+\frac{\boxed{(나)}}{2^{m+1}\times(m+1)!}$$

$$\le\frac{(2m)!}{2^m}+\frac{\boxed{(나)}}{2^{m+1}\times(m+1)!}$$

$$=\frac{\boxed{(나)}}{2^{m+1}}\times\left\{\frac{1}{\boxed{(다)}}+\frac{1}{(m+1)!}\right\}$$

$$<\frac{(2m+2)!}{2^{m+1}}$$

이다. 따라서 $n=m+1$일 때도 $(*)$이 성립한다.

(i), (ii)에 의하여 모든 자연수 $n$에 대하여

$$\sum_{k=1}^{n}\frac{{}_{2k}\mathrm{P}_k}{2^k}\le\frac{(2n)!}{2^n}$$

이다.

위의 (가)에 알맞은 수를 $p$, (나), (다)에 알맞은 식을 각각 $f(m)$, $g(m)$이라 할 때, $p+\frac{f(2)}{g(4)}$의 값은? [4점]

① 16　② 17　③ 18　④ 19　⑤ 20

2025학년도 수능 대비

# 수능 기출의 미래

## 정답과 풀이

수학영역 | 수학Ⅰ

2025학년도 수능 대비

# 수능 기출의 미래

수학영역 | 수학 I

All New

## 정답과 풀이

# 정답과 풀이

## I 지수함수와 로그함수

본문 8~31쪽

### 수능 유형별 기출 문제

| | | | | |
|---|---|---|---|---|
| 01 ④ | 02 ① | 03 ⑤ | 04 ③ | 05 ③ |
| 06 ④ | 07 ③ | 08 ⑤ | 09 ④ | 10 ① |
| 11 ① | 12 ⑤ | 13 ② | 14 ③ | 15 ⑤ |
| 16 ⑤ | 17 ④ | 18 ② | 19 ① | 20 ② |
| 21 ⑤ | 22 ③ | 23 ② | 24 ⑤ | 25 ① |
| 26 ② | 27 ③ | 28 17 | 29 ② | 30 ④ |
| 31 ② | 32 ③ | 33 ② | 34 ① | 35 2 |
| 36 2 | 37 ① | 38 2 | 39 2 | 40 4 |
| 41 3 | 42 5 | 43 ③ | 44 ② | 45 ④ |
| 46 ④ | 47 ② | 48 ② | 49 5 | 50 22 |
| 51 ② | 52 ⑤ | 53 ② | 54 426 | 55 4 |
| 56 ① | 57 ② | 58 ① | 59 ② | 60 ③ |
| 61 21 | 62 ① | 63 ② | 64 ③ | 65 ⑤ |
| 66 ② | 67 18 | 68 ④ | 69 ② | 70 ③ |
| 71 ⑤ | 72 ③ | 73 ④ | 74 ⑤ | 75 54 |
| 76 ⑤ | 77 ③ | 78 ⑤ | 79 ⑤ | 80 ⑤ |
| 81 ⑤ | 82 12 | 83 ④ | 84 12 | 85 10 |
| 86 6 | 87 10 | 88 6 | 89 7 | 90 2 |
| 91 ④ | 92 ④ | 93 ④ | 94 ② | 95 ⑤ |
| 96 ③ | 97 ⑤ | 98 6 | 99 ④ | 100 3 |
| 101 15 | 102 ② | | | |

### 유형 1 지수의 정의와 지수법칙

## 01

$3^0\times 8^{\frac{2}{3}}=1\times(2^3)^{\frac{2}{3}}=2^2=4$

답 ④

## 02

$\sqrt[3]{24}\times 3^{\frac{2}{3}}=(2^3\times 3)^{\frac{1}{3}}\times 3^{\frac{2}{3}}=(2^3)^{\frac{1}{3}}\times 3^{\frac{1}{3}}\times 3^{\frac{2}{3}}$

$=2\times 3=6$

답 ①

## 03

$\sqrt[3]{27}\times 4^{-\frac{1}{2}}=(3^3)^{\frac{1}{3}}\times(2^2)^{-\frac{1}{2}}=3\times 2^{-1}=3\times\frac{1}{2}=\frac{3}{2}$

답 ⑤

## 04

$\sqrt[3]{9}\times 3^{\frac{1}{3}}=(3^2)^{\frac{1}{3}}\times 3^{\frac{1}{3}}=3^{\frac{2}{3}+\frac{1}{3}}=3$

답 ③

## 05

$\sqrt{8}\times 4^{\frac{1}{4}}=2^{\frac{3}{2}}\times(2^2)^{\frac{1}{4}}=2^{\frac{3}{2}}\times 2^{\frac{1}{2}}=2^{\frac{3}{2}+\frac{1}{2}}=4$

답 ③

## 06

$\left(\frac{2^{\sqrt{3}}}{2}\right)^{\sqrt{3}+1}=(2^{\sqrt{3}-1})^{\sqrt{3}+1}=2^{(\sqrt{3}-1)(\sqrt{3}+1)}=2^{3-1}=2^2=4$

답 ④

## 07

$2^{\sqrt{2}}\times\left(\frac{1}{2}\right)^{\sqrt{2}-1}=2^{\sqrt{2}}\times 2^{-\sqrt{2}+1}=2^{\sqrt{2}-\sqrt{2}+1}=2$

답 ③

## 08

$3^{1-\sqrt{5}}\times 3^{1+\sqrt{5}}=3^{(1-\sqrt{5})+(1+\sqrt{5})}=3^2=9$

답 ⑤

## 09

$2^{\sqrt{3}}\times 2^{2-\sqrt{3}}=2^{\sqrt{3}+(2-\sqrt{3})}=2^2=4$

답 ④

## 10

$(-\sqrt{2})^4\times 8^{-\frac{2}{3}}=(-1)^4\times(2^{\frac{1}{2}})^4\times(2^3)^{-\frac{2}{3}}$

$=2^2\times 2^{-2}=2^0=1$

답 ①

## 11

$\frac{1}{\sqrt[4]{3}}\times 3^{-\frac{7}{4}}=3^{-\frac{1}{4}}\times 3^{-\frac{7}{4}}=3^{-\frac{1}{4}+\left(-\frac{7}{4}\right)}=3^{-2}=\frac{1}{9}$

답 ①

## 12

$(3\sqrt{3})^{\frac{1}{3}}\times 3^{\frac{3}{2}}=(3^{\frac{3}{2}})^{\frac{1}{3}}\times 3^{\frac{3}{2}}=3^{\frac{3}{2}\times\frac{1}{3}+\frac{3}{2}}=3^2=9$

답 ⑤

## 13

$\sqrt[3]{2}\times 2^{\frac{2}{3}}=2^{\frac{1}{3}}\times 2^{\frac{2}{3}}=2^{\frac{1}{3}+\frac{2}{3}}=2^1=2$

답 ②

## 14

$3^3 \div 81^{\frac{1}{2}} = 3^3 \div (3^4)^{\frac{1}{2}} = 3^3 \div 3^{4 \times \frac{1}{2}} = 3^3 \div 3^2 = 3^{3-2} = 3$

답 ③

## 15

$\sqrt[3]{8} \times 4^{\frac{3}{2}} = 8^{\frac{1}{3}} \times 4^{\frac{3}{2}} = (2^3)^{\frac{1}{3}} \times (2^2)^{\frac{3}{2}} = 2 \times 2^3 = 2^4 = 16$

답 ⑤

## 16

$5^0 \times 25^{\frac{1}{2}} = 1 \times (5^2)^{\frac{1}{2}} = 5$

답 ⑤

## 17

$8^{\frac{4}{3}} \times 2^{-2} = (2^3)^{\frac{4}{3}} \times 2^{-2} = 2^4 \times 2^{-2} = 2^{4-2} = 2^2 = 4$

답 ④

## 18

$16 \times 2^{-3} = 2^4 \times 2^{-3} = 2^{4-3} = 2$

답 ②

## 19

$\sqrt[3]{8} \times \frac{2^{\sqrt{2}}}{2^{1+\sqrt{2}}} = (2^3)^{\frac{1}{3}} \times 2^{\sqrt{2}-(1+\sqrt{2})} = 2 \times 2^{-1} = 1$

답 ①

## 20

$$(2^{\sqrt{3}} \times 4)^{\sqrt{3}-2} = (2^{\sqrt{3}} \times 2^2)^{\sqrt{3}-2} = (2^{\sqrt{3}+2})^{\sqrt{3}-2} = 2^{(\sqrt{3}+2)(\sqrt{3}-2)}$$
$$= 2^{3-4} = 2^{-1} = \frac{1}{2}$$

답 ②

## 21

$$\left(\frac{4}{2^{\sqrt{2}}}\right)^{2+\sqrt{2}} = (2^2 \div 2^{\sqrt{2}})^{2+\sqrt{2}} = (2^{2-\sqrt{2}})^{2+\sqrt{2}}$$
$$= 2^{(2-\sqrt{2})(2+\sqrt{2})} = 2^2 = 4$$

답 ⑤

## 22

$(a^{\frac{2}{3}})^{\frac{1}{2}} = a^{\frac{2}{3} \times \frac{1}{2}} = a^{\frac{1}{3}}$

$a^{\frac{1}{3}}$의 값이 자연수가 되기 위해서는 자연수 $a$를 어떤 자연수의 세제곱 꼴로 나타낼 수 있어야 한다.

$1^3=1$, $2^3=8$, $3^3=27$, …이고 $a$는 10 이하의 자연수이므로 $a^{\frac{1}{3}}$의 값이 자연수가 되는 $a$의 값은 1, 8이다.

따라서 모든 $a$의 값의 합은

$1+8=9$

답 ③

## 23

(i) $m>0$인 경우

$n$의 값에 관계없이 $m$의 $n$제곱근 중에서 실수인 것이 존재한다. 그러므로 $m>0$인 순서쌍 $(m, n)$의 개수는 $\boxed{{}_{10}C_2=45}$이다.

(ii) $m<0$인 경우

$n$이 홀수이면 $m$의 $n$제곱근 중에서 실수인 것이 항상 존재한다. 한편, $n$이 짝수이면 $m$의 $n$제곱근 중에서 실수인 것은 존재하지 않는다. 그러므로 $m<0$인 순서쌍 $(m, n)$의 개수는 $\boxed{2+4+6+8=20}$이다.

(i), (ii)에 의하여 $m$의 $n$제곱근 중에서 실수인 것이 존재하도록 하는 순서쌍 $(m, n)$의 개수는 $\boxed{45}+\boxed{20}$이다.

따라서 (가), (나)에 알맞은 수는 각각 45, 20이고

$p+q=65$

답 ②

## 24

$\sqrt[3]{2m} = (2m)^{\frac{1}{3}}$이 자연수이므로

$m = 2^2 \times k^3$ ($k$는 자연수)

꼴이다.

135 이하의 자연수 중 $m$이 될 수 있는 값은

$2^2 \times 1^3$, $2^2 \times 2^3$, $2^2 \times 3^3$이다.

또, $\sqrt{n^3} = n^{\frac{3}{2}}$이 자연수이므로

$n = l^2$ ($l$은 자연수)

꼴이다.

9 이하의 자연수 중 $n$이 될 수 있는 값은 $1^2$, $2^2$, $3^2$이다.

따라서 $m+n$의 최댓값은

$2^2 \times 3^3 + 3^2 = 108 + 9 = 117$

답 ⑤

## 25

$-n^2+9n-18 = -(n-3)(n-6)$

이므로 $-n^2+9n-18$의 $n$제곱근 중에서 음의 실수가 존재하기 위해서는

(i) $-n^2+9n-18<0$일 때,

즉, $2 \le n < 3$ 또는 $6 < n \le 11$이고 $n$이 홀수이어야 하므로 $n$은 7, 9, 11이다.

(ii) $-n^2+9n-18>0$일 때,

즉, $3<n<6$이고 $n$이 짝수이어야 하므로 $n$은 4이다.

(i), (ii)에 의하여 조건을 만족시키는 모든 $n$의 값의 합은

$4+7+9+11=31$

답 ①

## 26

$\sqrt{3^{f(n)}}$의 네제곱근 중 실수인 것은

$\sqrt[4]{\sqrt{3^{f(n)}}}$, $-\sqrt[4]{\sqrt{3^{f(n)}}}$

이므로

$$\sqrt[4]{\sqrt{3^{f(n)}}}\times(-\sqrt[4]{\sqrt{3^{f(n)}}})=-\sqrt{3^{\frac{1}{4}f(n)}}\times\sqrt{3^{\frac{1}{4}f(n)}}=-3^{\frac{1}{8}f(n)}\times3^{\frac{1}{8}f(n)}$$
$$=-3^{\frac{1}{8}f(n)+\frac{1}{8}f(n)}=-3^{\frac{1}{4}f(n)}=-9$$

따라서 $3^{\frac{1}{4}f(n)}=3^2$이므로

$\frac{1}{4}f(n)=2$, $f(n)=8$ …… ㉠

이때 이차함수 $f(x)=-(x-2)^2+k$의 그래프의 대칭축은 $x=2$이므로 ㉠을 만족시키는 자연수 $n$의 개수가 2이기 위해서는 이차함수 $y=f(x)$의 그래프가 점 $(1, 8)$을 지나야 한다.

즉, $f(1)=-1+k=8$

따라서 $k=9$

답 ②

## 27

자연수 $n$의 값과 상관없이 $n(n-4)$의 세제곱근 중 실수인 것의 개수는 1이므로

$f(n)=1$

$n(n-4)$의 네제곱근 중 실수인 것의 개수는

(i) $n(n-4)>0$일 때,

$g(n)=2$

(ii) $n(n-4)=0$일 때,

$g(n)=1$

(iii) $n(n-4)<0$일 때,

$g(n)=0$

$f(n)>g(n)$에서 $g(n)=0$이어야 하므로

$n(n-4)<0$

즉, $0<n<4$이므로 자연수 $n$의 값은 1, 2, 3이다.

따라서 모든 $n$의 값의 합은

$1+2+3=6$

답 ③

## 28

$2^{-a}+2^{-b}=\frac{1}{2^a}+\frac{1}{2^b}=\frac{2^a+2^b}{2^{a+b}}=\frac{9}{4}$ …… ㉠

그런데 $2^a+2^b=2$이므로 이 값을 ㉠에 대입하면

$\frac{2}{2^{a+b}}=\frac{9}{4}$

$2^{a+b}=2\times\frac{4}{9}=\frac{8}{9}$

따라서 $p=9$, $q=8$이므로

$p+q=17$

답 17

# 유형 2 로그의 정의와 성질

## 29

$\log_8 16=\log_{2^3} 2^4=\frac{4}{3}\log_2 2=\frac{4}{3}\times1=\frac{4}{3}$

답 ②

## 30

$\log_3 x=3$이므로

$x=3^3=27$

답 ④

## 31

$\log_3 54+\log_9\frac{1}{36}=\log_3 54+\log_3\frac{1}{6}=\log_3 9=2$

답 ②

## 32

$\log_2 24-\log_2 3=\log_2\frac{24}{3}=\log_2 8=\log_2 2^3=3\log_2 2=3$

답 ③

## 33

$\log_2\sqrt{8}=\log_2(2^3)^{\frac{1}{2}}=\log_2 2^{\frac{3}{2}}=\frac{3}{2}\log_2 2=\frac{3}{2}$

답 ②

## 34

$a>1$, $b>1$, $c>1$이므로

$\log_a b>0$, $\log_b c>0$, $\log_c a>0$

양수 $t$에 대하여

$\log_a b=\frac{\log_b c}{2}=\frac{\log_c a}{4}=t$

로 놓으면

$\log_a b=t$, $\log_b c=2t$, $\log_c a=4t$

이때 $\log_a b\times\log_b c\times\log_c a=1$이므로

$t\times2t\times4t=1$에서 $t$는 실수이므로 $t=\frac{1}{2}$

따라서

$\log_a b+\log_b c+\log_c a=t+2t+4t=7t=7\times\frac{1}{2}=\frac{7}{2}$

답 ①

## 35

$\log_4 \frac{2}{3}+\log_4 24=\log_4\left(\frac{2}{3}\times 24\right)=\log_4 16=\log_4 4^2=2$

답 2

## 36

$\log_2 100-2\log_2 5=\log_2 100-\log_2 25$

$=\log_2\frac{100}{25}=\log_2 4$

$=\log_2 2^2=2$

답 2

## 37

$\log_6 2+\log_6 3=\log_6(2\times 3)=\log_6 6=1$

답 ①

## 38

$\log_3 72-\log_3 8=\log_3 9=\log_3 3^2=2$

답 2

## 39

$\log_5 40+\log_5\frac{5}{8}=\log_5\left(40\times\frac{5}{8}\right)=\log_5 25$

$=\log_5 5^2=2\log_5 5=2$

답 2

## 40

$\log_2 96-\frac{1}{\log_6 2}=\log_2 96-\log_2 6=\log_2\frac{96}{6}$

$=\log_2 16=\log_2 2^4=4$

답 4

## 41

$\log_2 120-\frac{1}{\log_{15} 2}=\log_2 120-\log_2 15=\log_2\frac{120}{15}$

$=\log_2 8=\log_2 2^3=3$

답 3

## 42

$\log_2 96+\log_{\frac{1}{4}} 9=\log_2 96+\frac{\log_2 3^2}{\log_2 2^{-2}}$

$=\log_2(2^5\times 3)-\log_2 3=5$

답 5

## 43

두 점 $(2, \log_4 a)$, $(3, \log_2 b)$를 지나는 직선이 원점을 지나므로 원점과 각각 두 점을 잇는 직선의 기울기는 서로 같아야 한다.

즉, $\frac{\log_4 a}{2}=\frac{\log_2 b}{3}$에서 $\frac{1}{4}\log_2 a=\frac{1}{3}\log_2 b$

이므로

$\log_2 a=\frac{4}{3}\log_2 b$

따라서

$\log_a b=\frac{\log_2 b}{\log_2 a}=\frac{\log_2 b}{\frac{4}{3}\log_2 b}=\frac{3}{4}$

답 ③

## 44

$a=\log_2 5=\frac{1}{\log_5 2}$이므로

$\log_5 2=\frac{1}{a}$

따라서

$\log_5 12=\log_5(2^2\times 3)=\log_5 2^2+\log_5 3$

$=2\log_5 2+\log_5 3=2\times\frac{1}{a}+b=\frac{2}{a}+b$

답 ②

## 45

$3a+2b=\log_3 32$, $ab=\log_9 2$이므로

$\frac{1}{3a}+\frac{1}{2b}=\frac{3a+2b}{6ab}=\frac{\log_3 32}{6\times\log_9 2}$

$=\frac{\log_3 2^5}{6\times\log_{3^2} 2}=\frac{5\log_3 2}{3\log_3 2}=\frac{5}{3}$

답 ④

## 46

수직선 위의 두 점 $\mathrm{P}(\log_5 3)$, $\mathrm{Q}(\log_5 12)$에 대하여 선분 PQ를 $m:(1-m)$으로 내분하는 점의 좌표가 1이므로

$\frac{m\log_5 12+(1-m)\log_5 3}{m+(1-m)}=1$

$m\log_5 12+(1-m)\log_5 3=1$

$m(\log_5 12-\log_5 3)=1-\log_5 3$

$m\log_5\frac{12}{3}=\log_5\frac{5}{3}$, $m\log_5 4=\log_5\frac{5}{3}$

이때 $m=\frac{\log_5\frac{5}{3}}{\log_5 4}=\log_4\frac{5}{3}$

따라서 $4^m=\frac{5}{3}$

답 ④

## 47

$2\log 12=\log 12^2=\log 144=\log(1.44\times 100)$

$=\log 1.44+\log 100=\log 1.44+\log 10^2$

$=\log 1.44+2\log 10=a+2$

답 ②

## 48

$\log_4 2=\frac{1}{2}$이므로 원점과 점 $\left(2, \frac{1}{2}\right)$을 지나는 직선의 기울기는 $\frac{1}{4}$이다.

이때 원점과 점 $(4, \log_2 a)$를 지나는 직선의 기울기도 $\frac{1}{4}$이므로

$\frac{\log_2 a}{4}=\frac{1}{4}$에서 $\log_2 a=1$

따라서 $a=2$

답 ②

## 49

$\frac{\log_5 72}{\log_5 2}-4\log_2\frac{\sqrt{6}}{2}=\log_2 72-\log_2\left(\frac{\sqrt{6}}{2}\right)^4$

$=\log_2\left(72\times\frac{4}{9}\right)$

$=\log_2 2^5=5$

답 5

## 50

$\frac{1}{\log_a 3}=\log_3 a=\log_3 9^{11}=\log_3(3^2)^{11}=\log_3 3^{22}=22$

답 22

## 51

두 점 $(a, \log_2 a)$, $(b, \log_2 b)$를 지나는 직선의 방정식은

$y=\frac{\log_2 b-\log_2 a}{b-a}(x-a)+\log_2 a$

그러므로 이 직선의 $y$절편은

$-\frac{a(\log_2 b-\log_2 a)}{b-a}+\log_2 a$ …… ㉠

두 점 $(a, \log_4 a)$, $(b, \log_4 b)$를 지나는 직선의 방정식은

$y=\frac{\log_4 b-\log_4 a}{b-a}(x-a)+\log_4 a$

그러므로 이 직선의 $y$절편은

$-\frac{a(\log_4 b-\log_4 a)}{b-a}+\log_4 a$

$=-\frac{1}{2}\times\frac{a(\log_2 b-\log_2 a)}{b-a}+\frac{1}{2}\log_2 a$ …… ㉡

㉠과 ㉡이 같으므로

$-\frac{a(\log_2 b-\log_2 a)}{b-a}+\log_2 a$

$=-\frac{1}{2}\times\frac{a(\log_2 b-\log_2 a)}{b-a}+\frac{1}{2}\log_2 a$

이 식을 정리하면

$\frac{1}{2}\times\log_2 a=\frac{1}{2}\times\frac{a(\log_2 b-\log_2 a)}{b-a}$

$\log_2 a=\frac{a(\log_2 b-\log_2 a)}{b-a}$

$(b-a)\log_2 a=a\log_2\frac{b}{a}$

$\log_2 a^{b-a}=\log_2\left(\frac{b}{a}\right)^a$

$a^{b-a}=\frac{b^a}{a^a}$

$a^b=b^a$ …… ㉢

한편, $f(x)=a^{bx}+b^{ax}$이고 $f(1)=40$이므로

$a^b+b^a=40$

이 식에 ㉢을 대입하면

$a^b+a^b=40$, $a^b=20$

따라서 $b^a=20$이므로

$f(2)=a^{2b}+b^{2a}=(a^b)^2+(b^a)^2=20^2+20^2=800$

답 ②

## 52

$a^p=-p$, $a^{2q}=-q$이므로

$a^p\times a^{2q}=(-p)\times(-q)$, $a^{p+2q}=pq$

따라서 로그의 정의에 의해

$p+2q=\log_a pq=-8$

답 ⑤

## 53

$\frac{1}{\log_4 18}+\frac{2}{\log_9 18}=\log_{18}4+2\log_{18}9$

$=\log_{18}2^2+2\log_{18}3^2=\log_{18}2^2+\log_{18}(3^2)^2$

$=\log_{18}2^2+\log_{18}3^4=\log_{18}(2^2\times 3^4)$

$=\log_{18}(2\times 3^2)^2=\log_{18}18^2$

$=2\log_{18}18=2$

답 ②

## 54

$4\log_{64}\left(\frac{3}{4n+16}\right)=\frac{2}{3}\log_2\left(\frac{3}{4n+16}\right)$

의 값이 정수가 되려면

$\frac{3}{4n+16}=2^{3k}$ ($k$는 정수) …… ㉠

이어야 한다.

$3\times 2^{-3k}=4n+16$

$4n=3\times2^{-3k}-16$

$n=3\times2^{-3k-2}-4$

$n$이 자연수가 되기 위해서는 $k$는 음의 정수이어야 하므로

$k=-1$일 때 $n=2$, $k=-2$일 때 $n=44$

$k=-3$일 때 $n=380$, $k\le-4$일 때 $n>1000$

따라서 모든 $n$의 값의 합은

$2+44+380=426$

답 426

## 55

$\log_a b=3$에서 $b=a^3$

따라서

$$\log\frac{b}{a}\times\log_a 100=\log\frac{a^3}{a}\times\frac{\log 100}{\log a}=\log a^2\times\frac{2}{\log a}$$

$$=2\log a\times\frac{2}{\log a}=4$$

답 4

## 56

삼각형 ABC에서

$\angle A=90°$이므로

$$S(x)=\frac{1}{2}\times\overline{AB}\times\overline{AC}=\frac{1}{2}\times2\log_2 x\times\log_4\frac{16}{x}$$

$$=\log_2 x\times\left(2-\frac{1}{2}\log_2 x\right)=-\frac{1}{2}(\log_2 x)^2+2\log_2 x$$

$$=-\frac{1}{2}(\log_2 x-2)^2+2$$

$S(x)$는 $\log_2 x=2$, 즉 $x=4$일 때

최댓값 2를 가진다.

따라서 $a=4$, $M=2$이므로

$a+M=4+2=6$

답 ①

### 유형 3 지수, 로그를 활용한 실생활 문제

## 57

열차 $B$가 지점 P를 통과할 때의 속력을 $v$라 하면 열차 $A$가 지점 P를 통과할 때의 속력은 $0.9v$이고 $d=75$이므로

$$L_A=80+28\log\frac{0.9v}{100}-14\log\frac{75}{25} \quad \cdots\cdots ㉠$$

$$L_B=80+28\log\frac{v}{100}-14\log\frac{75}{25} \quad \cdots\cdots ㉡$$

㉠, ㉡에서

$$L_B-L_A=28\left(\log\frac{v}{100}-\log\frac{0.9v}{100}\right)$$

$$=28\log\frac{\frac{v}{100}}{\frac{0.9v}{100}}=28\log\frac{10}{9}$$

$$=28(\log 10-\log 9)=28(1-\log 3^2)$$

$$=28(1-2\log 3)=28-56\log 3$$

답 ②

### 유형 4 지수함수의 뜻과 그래프

## 58

정사각형의 한 변의 길이가 1이므로

$6^{-a}-6^{-a-1}=1$

$6^{-a}-\frac{6^{-a}}{6}=1$, $\left(1-\frac{1}{6}\right)\times6^{-a}=1$

따라서 $6^{-a}=\frac{6}{5}$

답 ①

## 59

함수 $f(x)=\left(\frac{3}{a}\right)^x$에서

(i) $\frac{3}{a}>1$, 즉 $0<a<3$일 때,

함수 $f(x)$는 증가하는 함수이므로 $x=2$에서 최댓값 4를 갖는다.

$f(2)=\left(\frac{3}{a}\right)^2=4$에서

$a^2=\frac{9}{4}$

$a=\frac{3}{2}$ 또는 $a=-\frac{3}{2}$

그런데 $0<a<3$이므로 $a=\frac{3}{2}$

(ii) $\frac{3}{a}=1$, 즉 $a=3$일 때,

$f(x)=1$이므로 함수 $f(x)$의 최댓값이 4가 아니다.

(iii) $0<\frac{3}{a}<1$, 즉 $a>3$일 때,

함수 $f(x)$는 감소하는 함수이므로 $x=-1$에서 최댓값 4를 갖는다.

$f(-1)=\left(\frac{3}{a}\right)^{-1}=\frac{a}{3}=4$

에서 $a=12$

(i), (ii), (iii)에서 모든 양수 $a$의 값의 곱은

$\frac{3}{2}\times12=18$

답 ②

## 60

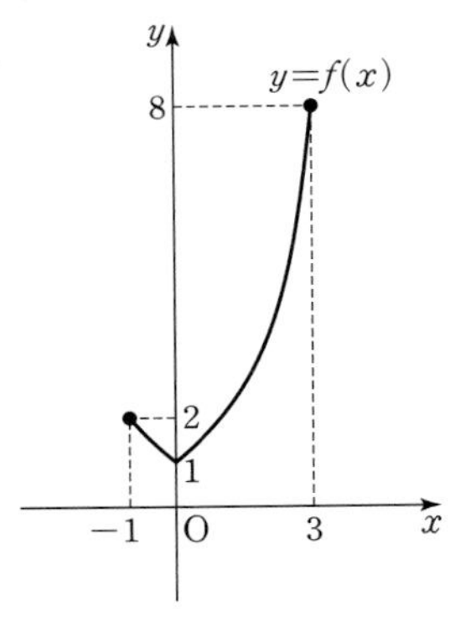


닫힌구간 $[-1, 3]$에서 함수 $y=f(x)$의 그래프는 그림과 같다.

즉, 함수 $f(x)$는 $x=3$일 때 최댓값 8을 갖고, $x=0$일 때 최솟값 1을 갖는다.

따라서 구하는 최댓값과 최솟값의 합은

$8+1=9$

답 ③

## 61

함수 $f(x)=\left(\frac{1}{3}\right)^{2x-a}$은 감소하는 함수이므로

닫힌구간 $[2, 3]$에서 $x=2$일 때 최댓값을 갖는다.

$f(2)=\left(\frac{1}{3}\right)^{4-a}=27$에서

$3^{a-4}=3^3$, $a-4=3$, $a=7$

따라서 $f(x)=\left(\frac{1}{3}\right)^{2x-7}$이므로 함수 $f(x)$는 닫힌구간 $[2, 3]$에서

$x=3$일 때 최솟값을 갖는다. 즉,

$m=f(3)=\left(\frac{1}{3}\right)^{6-7}=3$

따라서 $a\times m=7\times3=21$

답 21

## 62

점 A의 좌표는 $(t, 3^{2-t}+8)$, 점 B의 좌표는 $(t, 0)$,

점 C의 좌표는 $(t+1, 0)$, 점 D의 좌표는 $(t+1, 3^t)$

사각형 ABCD가 직사각형이므로

점 A의 $y$좌표와 점 D의 $y$좌표가 같아야 한다.

즉, $3^{2-t}+8=3^t$

$(3^t)^2-8\times3^t-9=0$, $(3^t+1)(3^t-9)=0$

그런데 $3^t>0$이므로 $3^t=9$에서 $t=2$

그러므로 직사각형 ABCD의 가로의 길이는 1이고 세로의 길이는

$3^2=9$

따라서 직사각형 ABCD의 넓이는 9이다.

답 ①

## 63

$x\le-8$과 $x>-8$에서 함수 $y=f(x)$의 그래프는 각각 그림과 같다.

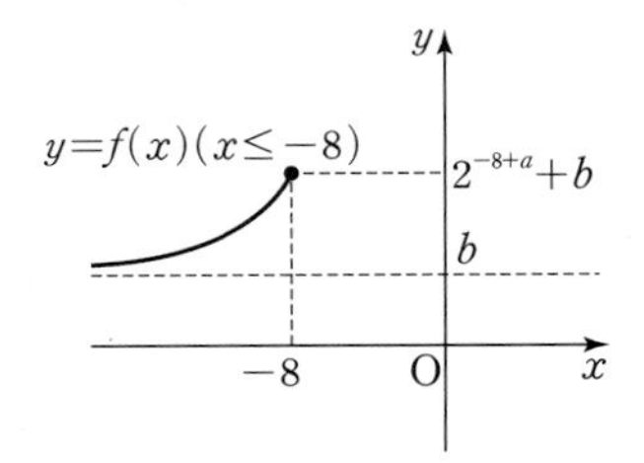


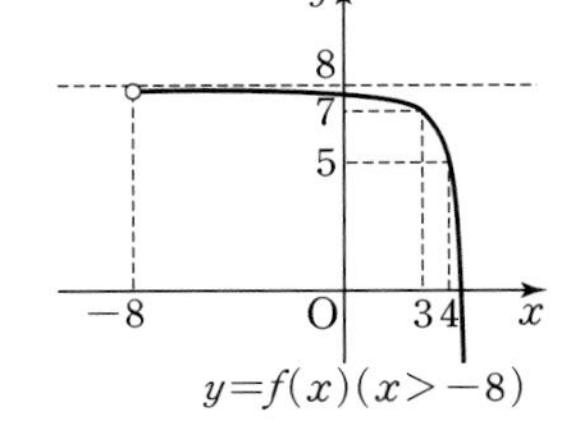


또한 주어진 조건에서 $3\le k<4$이므로

$x>-8$인 경우에 정수 $f(x)$는

$f(x)=6$ 또는 $f(x)=7$

따라서 주어진 조건을 만족시키기 위해서는

$x\le-8$인 경우에 정수 $f(x)$는 6뿐이어야 한다.

즉, $b=5$이고 $6\le f(-8)<7$이어야 하므로

$6\le2^{-8+a}+5<7$

$1\le2^{-8+a}<2$

$0\le-8+a<1$

$8\le a<9$

이때 $a$는 자연수이므로 $a=8$

따라서 $a+b=8+5=13$

답 ②

## 64

$g(x)=2^x$, $h(x)=\left(\frac{1}{4}\right)^{x+a}-\left(\frac{1}{4}\right)^{3+a}+8$이라 하면

곡선 $y=g(x)$의 점근선의 방정식은 $y=0$이고,

곡선 $y=h(x)$의 점근선의 방정식은 $y=-\left(\frac{1}{4}\right)^{3+a}+8$이다.

이때 주어진 조건을 만족시키기 위하여 함수 $y=f(x)$의 그래프를 좌표평면에 나타내면 그림과 같다.

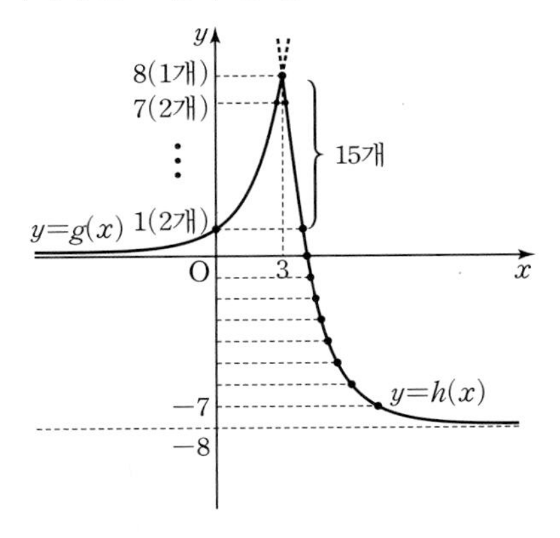


곡선 $y=f(x)$ 위의 점 중에서 $y$좌표가 정수인 점의 개수가 23이므로 $y\le0$에서 $y$좌표가 정수인 점의 개수는 8이다.

곡선 $y=h(x)$의 점근선이 직선 $y=-\left(\frac{1}{4}\right)^{3+a}+8$이므로

$-\left(\frac{1}{4}\right)^{3+a}+8$은 $-8$ 이상 $-7$ 미만이어야 한다.

즉, $-8\le-\left(\frac{1}{4}\right)^{3+a}+8<-7$

$15<\left(\frac{1}{4}\right)^{3+a}\le16$

$4<15<4^{-3-a}\le4^2$

$1<-3-a\le2$

$-5\le a<-4$

따라서 구하는 정수 $a$의 값은 $-5$이다.

답 ③

## 65

$f(x)=2^x$, $g(x)=-2x^2+2$로 놓으면

두 함수 $y=f(x)$, $y=g(x)$의 그래프는 그림과 같다.

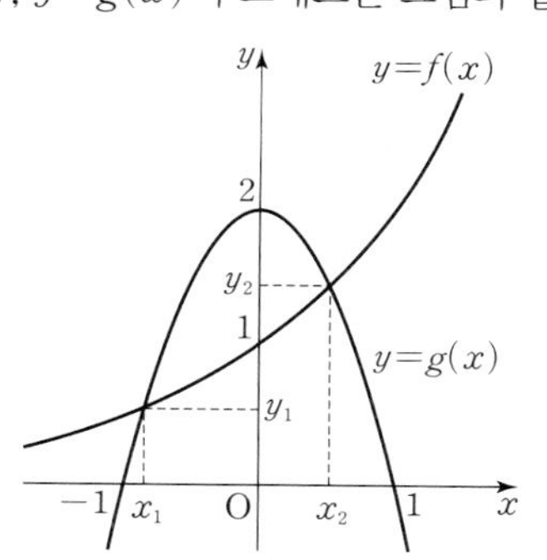


ㄱ. $f\left(\frac{1}{2}\right)=\sqrt{2}$, $g\left(\frac{1}{2}\right)=\frac{3}{2}$이므로 $f\left(\frac{1}{2}\right)<g\left(\frac{1}{2}\right)$

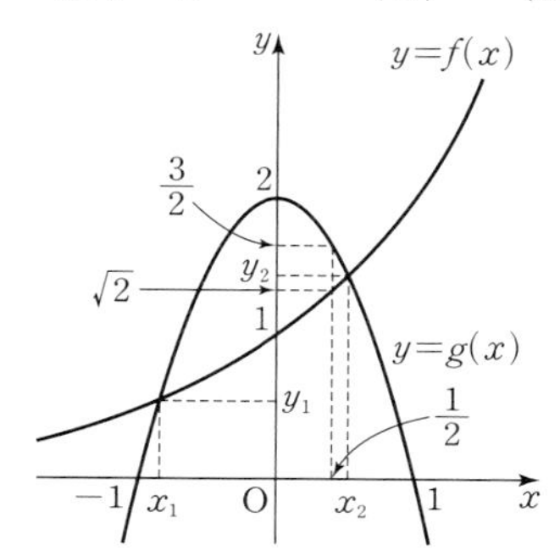


즉, $x_2>\frac{1}{2}$이다. (참)

ㄴ. 두 점 $(x_1, y_1)$, $(x_2, y_2)$를 지나는 직선의 기울기는

$\frac{y_2-y_1}{x_2-x_1}$

이고, 두 점 $(0, 1)$, $(1, 2)$를 지나는 직선의 기울기는 1이다.

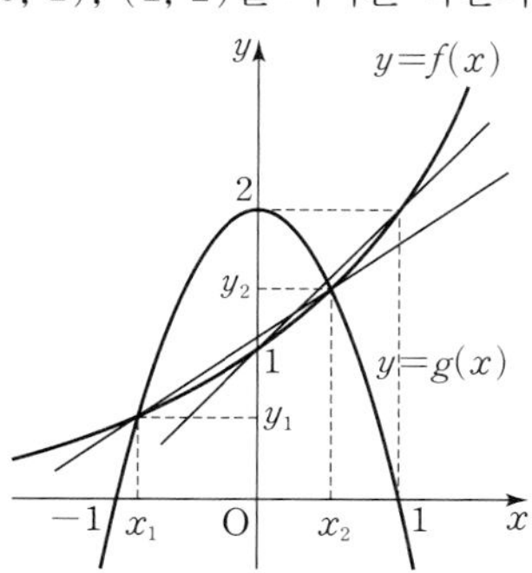


두 점 $(x_1, y_1)$, $(x_2, y_2)$를 지나는 직선의 기울기가 1보다 작으므로

$\frac{y_2-y_1}{x_2-x_1}<1$에서

$y_2-y_1<x_2-x_1$ (참)

ㄷ. $f(-1)=\frac{1}{2}$이므로 $y_1>\frac{1}{2}$

$f\left(\frac{1}{2}\right)=\sqrt{2}$이므로 $y_2>\sqrt{2}$

즉, $y_1y_2>\frac{1}{2}\times\sqrt{2}=\frac{\sqrt{2}}{2}$ …… ㉠

또, 그림과 같이 이차함수 $y=g(x)$의 그래프는 $y$축에 대하여 대칭이므로 $-x_1>x_2$이다.

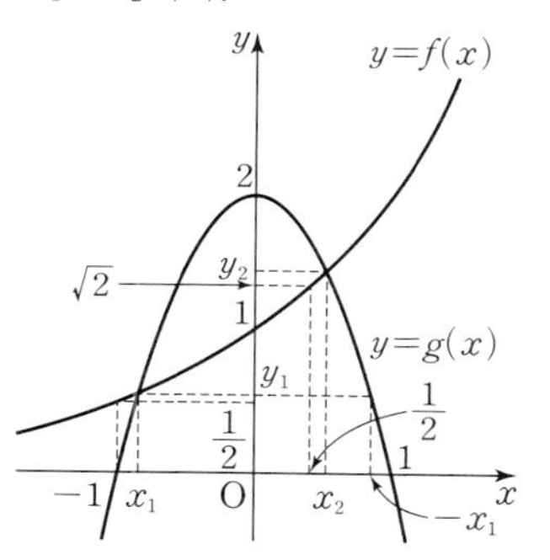


즉, $x_1+x_2<0$

이때 $y_1=2^{x_1}$, $y_2=2^{x_2}$이므로

$y_1y_2=2^{x_1}\times2^{x_2}$

$=2^{x_1+x_2}<2^0=1$ …… ㉡

㉠, ㉡에서 $\frac{\sqrt{2}}{2}<y_1y_2<1$ (참)

이상에서 옳은 것은 ㄱ, ㄴ, ㄷ이다.

답 ⑤

## 66

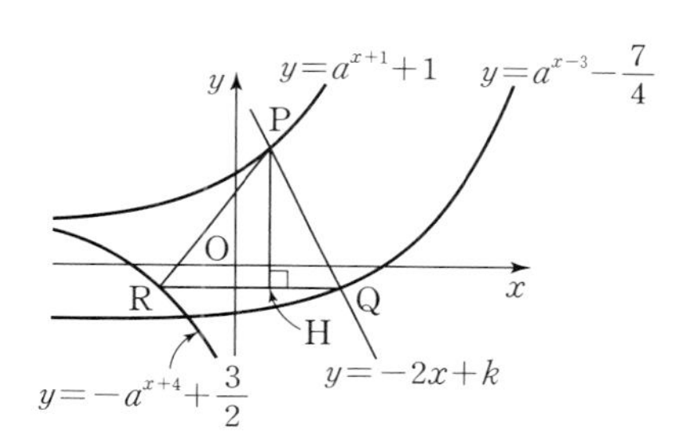


점 P에서 직선 QR에 내린 수선의 발을 H라 하자.

$\overline{HQ}=t\ (t>0)$이라 하면

직선 PQ의 기울기가 $-2$이므로

$\overline{PH}=2t$이고 $\overline{HR}=5-t$이다.

직각삼각형 PRH에서 피타고라스 정리에 의하여

$(5-t)^2+(2t)^2=5^2$

$t(t-2)=0$, $t=2$

따라서 $\overline{PH}=4$, $\overline{HR}=3$

점 R의 $x$좌표를 $m$이라 하면

점 P의 $x$좌표는 $m+3$, 점 Q의 $x$좌표는 $m+5$이므로

$\mathrm{P}(m+3,\ a^{m+4}+1)$, $\mathrm{Q}\left(m+5,\ a^{m+2}-\frac{7}{4}\right)$,

$\mathrm{R}\left(m,\ -a^{m+4}+\frac{3}{2}\right)$

점 P의 $y$좌표는 점 R의 $y$좌표보다 4만큼 크므로

$a^{m+4}+1=\left(-a^{m+4}+\frac{3}{2}\right)+4$

즉, $a^{m+4}=\frac{9}{4}$ ...... ㉠

점 Q의 $y$좌표와 점 R의 $y$좌표가 같으므로

$a^{m+2}-\frac{7}{4}=-a^{m+4}+\frac{3}{2}$

이 식에 ㉠을 대입하여 정리하면

$a^{m+2}=1$

$a>1$에서 $m+2=0$이므로 $m=-2$

㉠에서 $a^2=\frac{9}{4}$, $a>1$이므로 $a=\frac{3}{2}$

따라서 점 $\mathrm{P}\left(1, \frac{13}{4}\right)$이 직선 $y=-2x+k$ 위의 점이므로

$\frac{13}{4}=-2+k$, $k=\frac{21}{4}$

따라서 $a+k=\frac{3}{2}+\frac{21}{4}=\frac{27}{4}$

답 ②

## 67

$\mathrm{A}(1, n)$, $\mathrm{B}(1, 2)$, $\mathrm{C}(2, n^2)$, $\mathrm{D}(2, 4)$이므로

$\overline{\mathrm{AB}}=n-2$, $\overline{\mathrm{CD}}=n^2-4$

사다리꼴 ABDC의 넓이가 18 이하이어야 하므로

$\frac{1}{2}\times(n-2+n^2-4)\times1\le18$

$\frac{1}{2}(n^2+n-6)\le18$, $n^2+n-42\le0$

$(n+7)(n-6)\le0$, $-7\le n\le6$

그러므로 3 이상의 자연수 $n$의 값은 3, 4, 5, 6이다.

따라서 모든 $n$의 값의 합은 18이다.

답 18

### 유형 5 로그함수의 뜻과 그래프

## 68

함수 $f(x)=2\log_{\frac{1}{2}}(x+k)$의 밑은 1보다 작으므로 함수 $f(x)$는

$x=0$에서 최댓값 $-4$, $x=12$에서 최솟값 $m$을 갖는다.

$f(0)=2\log_{\frac{1}{2}}k=-2\log_2 k=-4$

$\log_2 k=2$

따라서 $k=2^2=4$

$m=f(12)=2\log_{\frac{1}{2}}(12+4)=2\log_{\frac{1}{2}}16$

$\quad=-2\log_2 2^4=-2\times4=-8$

그러므로

$k+m=4+(-8)=-4$

답 ④

## 69

주어진 두 식을 연립하면

$\log_n x=-\log_n(x+3)+1$

$\log_n x+\log_n(x+3)=1$, $\log_n x(x+3)=1$

즉, $x(x+3)=n$

$f(x)=x(x+3)$, $g(x)=n$이라 하면 주어진 조건을 만족시키기 위해서는 $f(1)<n<f(2)$

따라서 $4<n<10$이므로

자연수 $n$의 값은 5, 6, 7, 8, 9이고, 그 합은

$5+6+7+8+9=35$

답 ②

## 70

함수 $y=\log_2(x-a)$의 그래프의 점근선은 직선 $x=a$이다.

곡선 $y=\log_2\frac{x}{4}$와 직선 $x=a$가 만나는 점 A의 좌표는

$\left(a, \log_2\frac{a}{4}\right)$

곡선 $y=\log_{\frac{1}{2}}x$와 직선 $x=a$가 만나는 점 B의 좌표는

$(a, \log_{\frac{1}{2}}a)$

한편, $a>2$에서

$\log_2\frac{a}{4}>\log_2\frac{2}{4}=-1$, $\log_{\frac{1}{2}}a<\log_{\frac{1}{2}}2=-1$

이므로

$\log_2\frac{a}{4}>\log_{\frac{1}{2}}a$

이때

$\overline{\mathrm{AB}}=\log_2\frac{a}{4}-\log_{\frac{1}{2}}a$

$\quad=(\log_2 a-2)+\log_2 a$

$\quad=2\log_2 a-2$

이고, $\overline{\mathrm{AB}}=4$이므로

$2\log_2 a-2=4$

$\log_2 a=3$

따라서 $a=2^3=8$

답 ③

## 71

선분 AB를 2 : 1로 내분하는 점의 좌표는

$\left(\frac{2(m+3)+m}{2+1}, \frac{2(m-3)+(m+3)}{2+1}\right)$

즉, $(m+2, m-1)$

점 $(m+2, m-1)$이 곡선 $y=\log_4(x+8)+m-3$ 위에 있으므로

$m-1=\log_4(m+10)+m-3$

$\log_4(m+10)=2$

따라서 $m+10=16$이므로 $m=6$

답 ⑤

## 72

점 P는 두 곡선 $y=\log_2(-x+k)$, $y=-\log_2 x$의 교점이므로

$\log_2(-x_1+k)=-\log_2 x_1$

$-x_1+k=\dfrac{1}{x_1}$

즉, $x_1^2-kx_1+1=0$ ...... ㉠

점 R는 두 곡선 $y=-\log_2(-x+k)$, $y=\log_2 x$의 교점이므로

$-\log_2(-x_3+k)=\log_2 x_3$

$\dfrac{1}{-x_3+k}=x_3$

즉, $x_3^2-kx_3+1=0$ ...... ㉡

㉠, ㉡에 의해 $x_1$, $x_3$은 이차방정식 $x^2-kx+1=0$의 서로 다른 두 실근이다.

즉, 이차방정식의 근과 계수의 관계에서 $x_1x_3=1$

그러므로 $x_3-x_1=2\sqrt{3}$에서

$(x_1+x_3)^2=(x_3-x_1)^2+4x_1x_3=(2\sqrt{3})^2+4\times1=16$

따라서 $x_1+x_3=4$

답 ③

## 73

두 곡선 $y=\log_{\sqrt{2}}(x-a)$와 $y=(\sqrt{2})^x+a$는 직선 $y=x$에 대하여 대칭이고, 직선 AB는 직선 $y=x$에 수직이므로 두 점 A, B는 직선 $y=x$에 대하여 대칭이다.

점 A의 좌표를 $A(2t, t)$ $(t>0)$이라 하면 점 B의 좌표는 $B(t, 2t)$이므로 $\overline{AB}=\sqrt{2}t$이다.

선분 AB의 중점을 M이라 하면

$M\left(\dfrac{3}{2}t, \dfrac{3}{2}t\right)$이므로 $\overline{OM}=\dfrac{3\sqrt{2}}{2}t$

삼각형 OAB는 $\overline{OA}=\overline{OB}$인 이등변삼각형이므로 $\overline{AB}\perp\overline{OM}$

삼각형 OAB의 넓이는 6이므로

$6=\dfrac{1}{2}\times\overline{AB}\times\overline{OM}=\dfrac{1}{2}\times\sqrt{2}t\times\dfrac{3\sqrt{2}}{2}t=\dfrac{3}{2}t^2$

$t^2=4$, $t=2$

즉, $A(4, 2)$이다.

점 $A(4, 2)$가 곡선 $y=\log_{\sqrt{2}}(x-a)$ 위의 점이므로

$2=\log_{\sqrt{2}}(4-a)$, $(\sqrt{2})^2=4-a$

따라서 $a=2$

답 ④

## 74

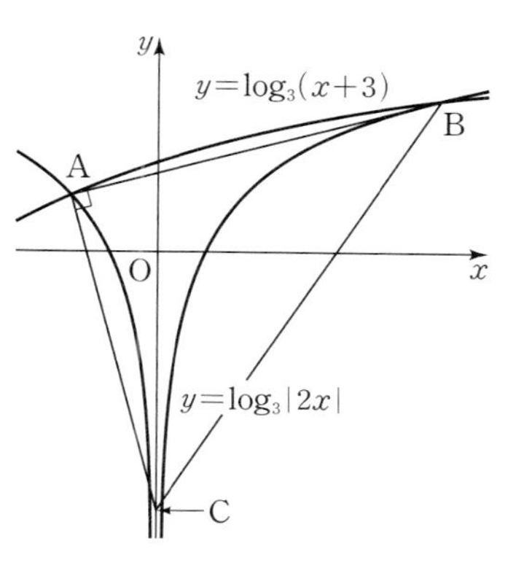


$x<0$일 때의 교점 A의 $x$좌표는 방정식

$\log_3(-2x)=\log_3(x+3)$의 근이므로

$-2x=x+3$, $3x=-3$, $x=-1$

따라서 점 A의 좌표는 $(-1, \log_3 2)$

$x>0$일 때의 교점 B의 $x$좌표는 방정식

$\log_3 2x=\log_3(x+3)$의 근이므로

$2x=x+3$, $x=3$

따라서 점 B의 좌표는 $(3, \log_3 6)$이다.

두 점 $A(-1, \log_3 2)$, $B(3, \log_3 6)$에 대하여

직선 AB의 기울기는

$\dfrac{\log_3 6-\log_3 2}{3-(-1)}=\dfrac{\log_3\frac{6}{2}}{4}=\dfrac{1}{4}$이므로

점 A를 지나고 직선 AB와 수직인 직선의 방정식은

$y-\log_3 2=-4(x+1)$

$y=-4x-4+\log_3 2$ ...... ㉠

직선 ㉠이 $y$축과 만나는 점 C의 좌표는

$(0, -4+\log_3 2)$이다. 이때

$\overline{AB}=\sqrt{4^2+(\log_3 6-\log_3 2)^2}=\sqrt{17}$

$\overline{AC}=\sqrt{(-1)^2+4^2}=\sqrt{17}$

따라서 직각삼각형 ABC의 넓이를 $S$라 하면

$S=\dfrac{1}{2}\times\overline{AB}\times\overline{AC}=\dfrac{1}{2}\times\sqrt{17}\times\sqrt{17}=\dfrac{17}{2}$

답 ⑤

## 75

점 A의 $x$좌표를 $a$라 하면 점 $A(a, 2)$는 곡선 $y=\log_2 4x$ 위의 점이므로

$2=\log_2 4a$, $4a=2^2$, $a=1$

따라서 점 A의 좌표는 $(1, 2)$

점 B의 $x$좌표를 $b$라 하면 점 $B(b, 2)$는 곡선 $y=\log_2 x$ 위의 점이므로

$2=\log_2 b$, $b=4$

따라서 점 B의 좌표는 $(4, 2)$

점 C의 $x$좌표를 $c$라 하면 점 $C(c, k)$는 곡선 $y=\log_2 4x$ 위의 점이므로

$k=\log_2 4c$, $4c=2^k$, $c=2^{k-2}$

따라서 점 C의 좌표는 $(2^{k-2}, k)$

점 D의 $x$좌표를 $d$라 하면 점 $D(d, k)$는 곡선 $y=\log_2 x$ 위의 점이므로

$k=\log_2 d$, $d=2^k$

따라서 점 D의 좌표는 $(2^k, k)$

점 E의 $x$좌표는 점 B의 $x$좌표와 같으므로 4이고,

점 E가 선분 CD를 $1:2$로 내분하므로

$$4=\frac{1\times2^k+2\times2^{k-2}}{1+2}$$
$$=\frac{2\times2^{k-1}+2^{k-1}}{3}$$
$$=\frac{3\times2^{k-1}}{3}=2^{k-1}$$

$k-1=2$, $k=3$

따라서 $C(2, 3)$, $D(8, 3)$, $E(4, 3)$이고

$\overline{AB}=3$, $\overline{CD}=6$, $\overline{BE}=1$

사각형 ABDC의 넓이 $S$는

$$S=\frac{1}{2}\times(\overline{AB}+\overline{CD})\times\overline{BE}=\frac{1}{2}\times(3+6)\times1=\frac{9}{2}$$

따라서 $12S=12\times\frac{9}{2}=54$

답 54

## 76

점 P의 좌표를 $P(t, a^t)(t<0)$이라 하면 점 P를 직선 $y=x$에 대하여 대칭이동시킨 점 Q의 좌표는 $(a^t, t)$이다. $\angle PQR=45°$이고 직선 PQ의 기울기가 $-1$이므로 두 점 Q, R의 $x$좌표는 같다.

즉, 점 R의 좌표는 $(a^t, -t)$이다.

직선 PR의 기울기는 $\frac{1}{7}$이므로 $\frac{a^t+t}{t-a^t}=\frac{1}{7}$에서

$a^t=-\frac{3}{4}t$ $\cdots\cdots$ ㉠

$\overline{PR}=\frac{5\sqrt{2}}{2}$이므로 $\sqrt{(t-a^t)^2+(a^t+t)^2}=\frac{5\sqrt{2}}{2}$

$a^{2t}+t^2=\frac{25}{4}$ $\cdots\cdots$ ㉡

㉠, ㉡에서 $t^2=4$이고 $t<0$이므로 $t=-2$

$t=-2$를 ㉠에 대입하면 $\frac{1}{a^2}=\frac{3}{2}$이고 $a>0$이므로

$a=\frac{\sqrt{6}}{3}$

답 ⑤

## 77

ㄱ. 점 A의 $x$좌표는

$\log_a x=1$, $x=a$

이므로 $A(a, 1)$

또, 점 B의 $x$좌표는

$\log_{4a} x=1$, $x=4a$

이므로 $B(4a, 1)$

그러므로 선분 AB를 $1:4$로 외분하는 점의 좌표는

$$\left(\frac{1\times4a-4\times a}{1-4}, \frac{1\times1-4\times1}{1-4}\right)$$

즉, $(0, 1)$ (참)

ㄴ. 사각형 ABCD가 직사각형이면 선분 AD가 $y$축과 평행하므로 두 점 A, D의 $x$좌표는 같아야 한다.

한편, 점 D의 $x$좌표는

$\log_{4a} x=-1$, $x=\frac{1}{4a}$

이므로 $D\left(\frac{1}{4a}, -1\right)$

이때 $A(a, 1)$이므로

$a=\frac{1}{4a}$, $a^2=\frac{1}{4}$

이때 $\frac{1}{4}<a<1$이므로

$a=\frac{1}{2}$ (참)

ㄷ. $\overline{AB}=4a-a=3a$

한편, 점 C의 $x$좌표는

$\log_a x=-1$, $x=\frac{1}{a}$이므로

$C\left(\frac{1}{a}, -1\right)$

그러므로 $\overline{CD}=\frac{1}{a}-\frac{1}{4a}=\frac{3}{4a}$

한편, $\overline{AB}<\overline{CD}$이면

$3a<\frac{3}{4a}$, $a^2<\frac{1}{4}$

이때 $\frac{1}{4}<a<1$이므로

$\frac{1}{4}<a<\frac{1}{2}$ (거짓)

이상에서 옳은 것은 ㄱ, ㄴ이다.

답 ③

## 78

$y=2^{-x}$, $y=|\log_2 x|$, $y=x$의 그래프는 그림과 같다.

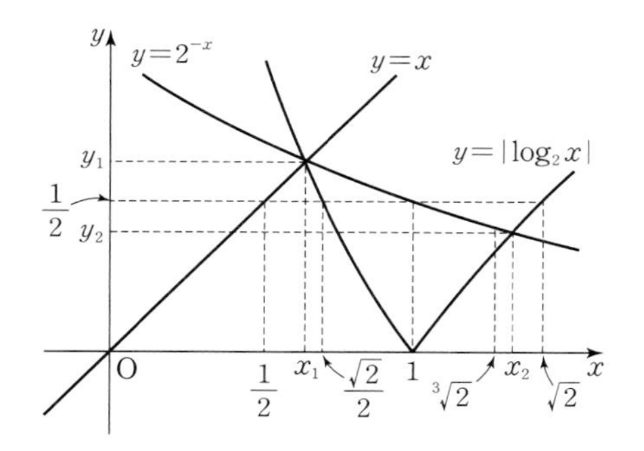


ㄱ. $0<x<1$일 때,

두 곡선 $y=2^{-x}$, $y=-\log_2 x$의 교점은

직선 $y=x$ 위에 있으므로

$x_1=y_1$이고 $x_1<1$, $y_1<1$

그림에서 $y=2^{-x}$은 감소하는 함수이므로

$2^{-1}<2^{-x_1}=y_1$, 즉 $\frac{1}{2}<y_1=x_1$

한편, $-\log_2 \frac{\sqrt{2}}{2}=\frac{1}{2}<y_1=-\log_2 x_1$이고

$y=-\log_2 x$는 감소하는 함수이므로 $x_1<\frac{\sqrt{2}}{2}$

그러므로 $\frac{1}{2}<x_1<\frac{\sqrt{2}}{2}$ (참)

ㄴ. $2^{-\sqrt[3]{2}}=\frac{1}{2^{\sqrt[3]{2}}}$이고 $\log_2 \sqrt[3]{2}=\frac{1}{3}$

그런데 $8<9$이므로 $2^{\frac{3}{2}}<3$ …… ㉠

$\sqrt[3]{2}$와 $\frac{3}{2}$을 각각 세제곱하면

$(\sqrt[3]{2})^3<\left(\frac{3}{2}\right)^3$이므로 $\sqrt[3]{2}<\frac{3}{2}$

즉, $2^{\sqrt[3]{2}}<2^{\frac{3}{2}}$ …… ㉡

㉠, ㉡에서 $2^{\sqrt[3]{2}}<2^{\frac{3}{2}}<3$이므로

$\log_2 \sqrt[3]{2}<2^{-\sqrt[3]{2}}$

그러므로 $\sqrt[3]{2}<x_2$

또, $\log_2 \sqrt{2}=\frac{1}{2}$, $2^{-\sqrt{2}}=\frac{1}{2^{\sqrt{2}}}$

$\frac{1}{2}>\frac{1}{2^{\sqrt{2}}}$이므로 $\log_2 \sqrt{2}>2^{-\sqrt{2}}$

그림에서 $x_2<\sqrt{2}$

그러므로 $\sqrt[3]{2}<x_2<\sqrt{2}$ (참)

ㄷ. $y_1=x_1$이므로 ㄱ에서 $\frac{1}{2}<y_1<\frac{\sqrt{2}}{2}$

$y_2=\log_2 x_2$이고

$\sqrt[3]{2}<x_2<\sqrt{2}$,

$\log_2 \sqrt[3]{2}<\log_2 x_2<\log_2 \sqrt{2}$이므로

$\frac{1}{3}<y_2<\frac{1}{2}$

그러므로 $y_1-y_2<\frac{\sqrt{2}}{2}-\frac{1}{3}=\frac{3\sqrt{2}-2}{6}$ (참)

따라서 옳은 것은 ㄱ, ㄴ, ㄷ이다.

답 ⑤

## 79

두 점 A, B의 좌표를 각각 $(x_1, y_1)$, $(x_2, y_2)$라 하자.

$-\log_2 (-x)=\log_2 (x+2a)$에서

$\log_2 (x+2a)+\log_2 (-x)=0$

$\log_2 \{-x(x+2a)\}=0$

$-x(x+2a)=1$

$x^2+2ax+1=0$ …… ㉠

이차방정식 ㉠의 두 실근이 $x_1$, $x_2$이므로 근과 계수의 관계에 의하여

$x_1+x_2=-2a$, $x_1x_2=1$

이때

$y_1+y_2=-\log_2 (-x_1)-\log_2 (-x_2)$

$=-\log_2 x_1x_2=-\log_2 1=0$

이므로 선분 AB의 중점의 좌표는 $(-a, 0)$이다.

선분 AB의 중점이 직선 $4x+3y+5=0$ 위에 있으므로

$-4a+5=0$에서 $a=\frac{5}{4}$

$a=\frac{5}{4}$를 ㉠에 대입하면

$x^2+\frac{5}{2}x+1=0$, $2x^2+5x+2=0$, $(x+2)(2x+1)=0$

$x=-2$ 또는 $x=-\frac{1}{2}$

따라서 두 교점의 좌표는 $(-2, -1)$, $\left(-\frac{1}{2}, 1\right)$이고

$\overline{AB}=\sqrt{\left(\frac{3}{2}\right)^2+2^2}=\frac{5}{2}$

답 ⑤

## 80

점 A의 좌표는 $(k, 2^{k-1}+1)$이고 $\overline{AB}=8$이므로

점 B의 좌표는 $(k, 2^{k-1}-7)$이다.

직선 BC의 기울기가 $-1$이고 $\overline{BC}=2\sqrt{2}$이므로

두 점 B, C의 $x$좌표의 차와 $y$좌표의 차는 모두 2이다.

따라서 점 C의 좌표는 $(k-2, 2^{k-1}-5)$이다.

한편, 점 C는 곡선 $y=2^{x-1}+1$ 위의 점이므로

$2^{k-3}+1=2^{k-1}-5$

$\frac{1}{2}\times 2^k-\frac{1}{8}\times 2^k=6$, $2^k=16$, $k=4$

즉, A(4, 9), B(4, 1), C(2, 3)이다.

점 B가 곡선 $y=\log_2 (x-a)$ 위의 점이므로

$1=\log_2 (4-a)$

$4-a=2$, $a=2$

점 D의 $x$좌표는 $x-2=1$에서 $x=3$

사각형 ACDB의 넓이는 두 삼각형 ACB, CDB의 넓이의 합이고 $\overline{BC}\perp\overline{BD}$이므로

$\frac{1}{2}\times8\times2+\frac{1}{2}\times2\sqrt{2}\times\sqrt{2}=10$

답 ⑤

## 81

$m=3^x$에서 $x=\log_3 m$이므로 $A_m(\log_3 m, m)$

$m=\log_2 x$에서 $x=2^m$이므로 $B_m(2^m, m)$

그러므로 $\overline{A_mB_m}=2^m-\log_3 m$

$\overline{A_mB_m}$이 자연수이기 위해서는 $m$과 $2^m$이 자연수이므로 $\log_3 m$이 음이 아닌 정수이다.

그러므로 $m=3^k$ (단, $k$는 음이 아닌 정수이다.)

$m=3^0$일 때, $a_1=2^1-\log_3 1=2$

$m=3^1$일 때, $a_2=2^3-\log_3 3=7$

$m=3^2$일 때, $a_3=2^9-\log_3 9=510$

따라서 $a_3=510$

답 ⑤

## 82

두 점 A와 B의 $y$좌표는 모두 $k$이므로

$A(1, k)$, $B(\log_a k+k, k)$

두 점 C와 D의 $x$좌표는 모두 $k$이므로

$C(k, 2\log_a k+k)$, $D(k, 1)$

두 선분 AB와 CD가 만나는 점을 E라 하면 $E(k, k)$이므로

$\overline{AE}=k-1$, $\overline{BE}=\log_a k$, $\overline{CE}=2\log_a k$, $\overline{DE}=k-1$

사각형 ADBC의 넓이는 $\frac{1}{2}\times\overline{AB}\times\overline{CD}=\frac{85}{2}$이고,

삼각형 CAD의 넓이는 35이므로

삼각형 CBD의 넓이는 $\frac{85}{2}-35=\frac{15}{2}$

$\overline{AE}=p$, $\overline{BE}=q$라 하면 두 삼각형 CAD, CBD의 넓이의 비는

$p:q=35:\frac{15}{2}=14:3$, 즉 $q=\frac{3}{14}p$

이때 $\overline{CE}=2q$, $\overline{DE}=p$이므로

삼각형 CAD의 넓이는

$$\frac{1}{2}\times\overline{AE}\times\overline{CD}=\frac{1}{2}\times\overline{AE}\times(\overline{CE}+\overline{DE})=\frac{1}{2}\times p\times(2q+p)$$
$$=\frac{p}{2}\times\left(\frac{3}{7}p+p\right)=\frac{5}{7}p^2=35$$

즉, $p^2=49$이고 $p>0$이므로

$p=7$, $q=\frac{3}{2}$

이때 $k-1=p$, $\log_a k=q$이므로 $k=p+1=8$

$q=\log_a k=\log_a 8=\frac{3}{2}$, 즉 $a^{\frac{3}{2}}=8$에서 $a=4$

따라서 $a+k=4+8=12$

답 12

## 유형 6 방정식에의 활용

## 83

$2^x=t\ (t>0)$이라 하면 주어진 방정식은

$t^2-2kt+16=0$ …… ㉠

근과 계수의 관계에 의하여 두 근의 곱은 양수이므로

방정식 $t^2-2kt+16=0$은 양수인 중근을 갖는다.

이 방정식의 판별식을 $D$라 하면

$\frac{D}{4}=(-k)^2-16=k^2-16=(k-4)(k+4)=0$

이때 두 근의 합이 양수이므로 $k=4$

따라서 방정식 ㉠의 근이 4이므로

$2^x=4=2^2$에서 $\alpha=2$

따라서 $k+\alpha=6$

답 ④

## 84

진수 조건에서

$x>0$, $2x-3>0$

즉, $x>\frac{3}{2}$ …… ㉠

한편, $\log_2 x=1+\log_4(2x-3)$에서

$\log_2 x=1+\frac{1}{2}\log_2(2x-3)$

$2\log_2 x=2+\log_2(2x-3)$

$\log_2 x^2=\log_2 4+\log_2(2x-3)$

$\quad=\log_2 4(2x-3)$

이므로

$x^2=4(2x-3)$

$x^2-8x+12=0$

$(x-2)(x-6)=0$

$x=2$ 또는 $x=6$

이것은 모두 ㉠을 만족시키므로 구하는 모든 실수 $x$의 값의 곱은

$2\times6=12$

답 12

## 85

진수 조건에서

$3x+2>0$, $x-2>0$

즉, $x>2$

$\log_2(3x+2)=2+\log_2(x-2)$에서

$\log_2(3x+2)=\log_2 2^2+\log_2(x-2)$

$\log_2(3x+2)=\log_2\{4(x-2)\}$

이므로

$3x+2=4(x-2)$, $3x+2=4x-8$

따라서 $x=10$

답 10

## 86

진수 조건에서

$x-1>0$, $13+2x>0$이므로

$x>1$

$\log_2(x-1)=\log_4(13+2x)$에서

$\log_2(x-1)=\frac{1}{2}\log_2(13+2x)$

$2\log_2(x-1)=\log_2(13+2x)$

$\log_2(x-1)^2=\log_2(13+2x)$

$(x-1)^2=13+2x$

$x^2-4x-12=0$, $(x+2)(x-6)=0$

$x>1$이므로 $x=6$

답 6

## 87

진수 조건에서

$x-2>0$, $x+6>0$이므로

$x>2$

$\log_2(x-2)=1+\log_4(x+6)$에서

$\log_4(x-2)^2=\log_4 4(x+6)$

$(x-2)^2=4(x+6)$

$x^2-8x-20=0$, $(x+2)(x-10)=0$

$x>2$이므로 $x=10$

답 10

## 88

진수 조건에서

$x+2>0$이고 $x-2>0$

이어야 하므로

$x>2$ ...... ㉠

$\log_2(x+2)+\log_2(x-2)=\log_2(x+2)(x-2)$

$=\log_2(x^2-4)=5$

에서 $x^2-4=2^5$

$x^2=36$ ...... ㉡

㉠, ㉡에서 $x=6$

답 6

## 89

진수 조건에서

$x-4>0$이고 $x+2>0$이어야 하므로

$x>4$ ...... ㉠

$\log_3(x-4)=\log_{3^2}(x-4)^2=\log_9(x-4)^2$

이므로 주어진 방정식은

$\log_9(x-4)^2=\log_9(x+2)$

$(x-4)^2=x+2$

$x^2-8x+16=x+2$

$x^2-9x+14=0$, $(x-2)(x-7)=0$

따라서 $x=2$ 또는 $x=7$

㉠에서 구하는 실수 $x$의 값은 7이다.

답 7

## 90

$3^{x-8}=\left(\frac{1}{27}\right)^x$에서

$3^{x-8}=(3^{-3})^x$, $3^{x-8}=3^{-3x}$

즉, $x-8=-3x$, $4x=8$

따라서 $x=2$

답 2

## 91

$\left(\frac{1}{4}\right)^{-x}=64$, $(4^{-1})^{-x}=4^3$, $4^x=4^3$이므로 $x=3$

답 ④

## 92

두 점 A, B가 직선 $y=x$ 위에 있으므로 $A(p, p)$, $B(q, q)$ $(p<q)$로 놓으면

$\overline{AB}=6\sqrt{2}$

이므로

$\sqrt{(q-p)^2+(q-p)^2}=6\sqrt{2}$

$q-p=6$ ...... ㉠

또, 사각형 ACDB의 넓이가 30이므로

$\frac{1}{2}\times\overline{CD}\times(\overline{AC}+\overline{DB})=30$

$\frac{1}{2}\times(q-p)\times(p+q)=30$

$\frac{1}{2}\times 6\times(p+q)=30$

$p+q=10$ ...... ㉡

㉠과 ㉡을 연립하면

$p=2$, $q=8$

두 점 A, B가 곡선 $y=2^{ax+b}$ 위에 있으므로

$2^{2a+b}=2$ ...... ㉢

$2^{8a+b}=8$ ...... ㉣

㉣÷㉢을 하면

$2^{6a}=4$, $2^{6a}=2^2$, $6a=2$, $a=\frac{1}{3}$

이 값을 ㉢에 대입하면

$2^{\frac{2}{3}+b}=2$

$\frac{2}{3}+b=1$, $b=\frac{1}{3}$

따라서 $a+b=\frac{1}{3}+\frac{1}{3}=\frac{2}{3}$

답 ④

# 93

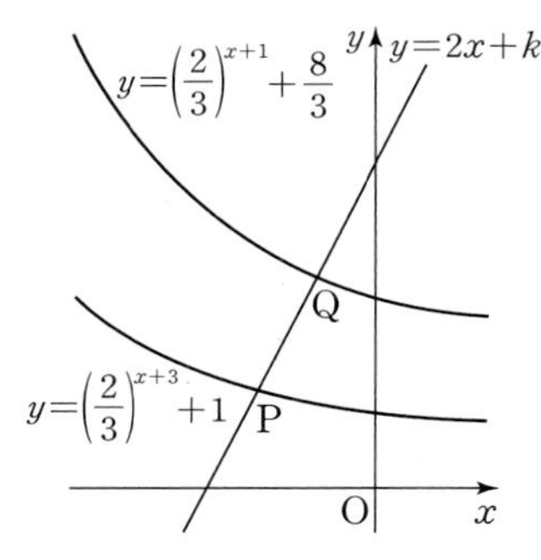


두 점 P, Q의 $x$좌표를 각각 $p$, $q$ $(p<q)$라 하면

두 점 P, Q는 직선 $y=2x+k$ 위의 점이므로

$\mathrm{P}(p,\ 2p+k)$, $\mathrm{Q}(q,\ 2q+k)$로 놓을 수 있다.

이때 $\overline{\mathrm{PQ}}=\sqrt{5}$, 즉 $\overline{\mathrm{PQ}}^2=5$이므로

$(q-p)^2+(2q-2p)^2=5$, $(q-p)^2=1$

$q-p>0$이므로 $q-p=1$

즉, $q=p+1$

한편, 점 P는 함수 $y=\left(\frac{2}{3}\right)^{x+3}+1$의 그래프 위의 점이므로

$\left(\frac{2}{3}\right)^{p+3}+1=2p+k$ ...... ㉠

점 $\mathrm{Q}(p+1,\ 2p+2+k)$는

함수 $y=\left(\frac{2}{3}\right)^{x+1}+\frac{8}{3}$의 그래프 위의 점이므로

$\left(\frac{2}{3}\right)^{p+2}+\frac{8}{3}=2p+2+k$ ...... ㉡

㉠, ㉡에서

$\left(\frac{2}{3}\right)^{p+2}+\frac{8}{3}=\left(\frac{2}{3}\right)^{p+3}+3$, $\left(\frac{2}{3}\right)^{p+2}=1$

$p+2=0$, 즉 $p=-2$

$p=-2$를 ㉠에 대입하면

$\left(\frac{2}{3}\right)^{-2+3}+1=2\times(-2)+k$

따라서 $k=\frac{17}{3}$

답 ④

# 94

$a^x=\sqrt{3}$에서 $x=\log_a\sqrt{3}$

이므로 점 A의 좌표는 $(\log_a\sqrt{3},\ \sqrt{3})$이다.

직선 OA의 기울기는 $\frac{\sqrt{3}}{\log_a\sqrt{3}}$

직선 AB의 기울기는 $\frac{\sqrt{3}}{\log_a\sqrt{3}-4}$

직선 OA와 직선 AB가 서로 수직이므로

$\frac{\sqrt{3}}{\log_a\sqrt{3}}\times\frac{\sqrt{3}}{\log_a\sqrt{3}-4}=-1$

$(\log_a\sqrt{3})^2-4\log_a\sqrt{3}+3=0$에서

$(\log_a\sqrt{3}-1)(\log_a\sqrt{3}-3)=0$

$\log_a\sqrt{3}=1$ 또는 $\log_a\sqrt{3}=3$

$a=\sqrt{3}$ 또는 $a^3=\sqrt{3}$

따라서 $a=3^{\frac{1}{2}}$ 또는 $a=3^{\frac{1}{6}}$이므로

모든 $a$의 값의 곱은

$3^{\frac{1}{2}}\times3^{\frac{1}{6}}=3^{\frac{1}{2}+\frac{1}{6}}=3^{\frac{2}{3}}$

답 ②

## 유형 7 부등식에의 활용

# 95

$\left(\frac{1}{9}\right)^x<3^{21-4x}$에서

$3^{-2x}<3^{21-4x}$, $-2x<21-4x$, $2x<21$, $x<\frac{21}{2}$

따라서 자연수 $x$는 1, 2, ⋯, 10이므로 그 개수는 10이다.

답 ⑤

# 96

$\log_2(x^2-7x)-\log_2(x+5)\le1$의 진수 조건에서

$-5<x<0$ 또는 $x>7$ ...... ㉠

$\log_2(x^2-7x)\le\log_2 2(x+5)$이므로

$x^2-7x\le2x+10$, $x^2-9x-10\le0$

$(x-10)(x+1)\le0$, $-1\le x\le10$ ...... ㉡

㉠, ㉡에서 $-1\le x<0$ 또는 $7<x\le10$

따라서 부등식을 만족시키는 정수 $x$는

$-1$, 8, 9, 10이므로 그 합은 26이다.

답 ③

# 97

로그의 진수 조건에 의해

$n^2-9n+18>0$, $(n-6)(n-3)>0$

$n<3$ 또는 $n>6$ ...... ㉠

$\log_{18}(n^2-9n+18)<1$에서

$n^2-9n+18<18$, $n^2-9n<0$, $n(n-9)<0$

$0<n<9$ …… ㉡

㉠, ㉡을 모두 만족시키는 $n$의 값의 범위는

$0<n<3$ 또는 $6<n<9$

이를 만족시키는 자연수는 1, 2, 7, 8이므로

구하는 모든 자연수 $n$의 값의 합은

$1+2+7+8=18$

답 ⑤

## 98

이차방정식 $3x^2-2(\log_2 n)x+\log_2 n=0$의 판별식을 $D$라 할 때, 모든 실수 $x$에 대하여 주어진 이차부등식이 성립하기 위해서는

$\frac{D}{4}=(\log_2 n)^2-3\times\log_2 n<0$

$(\log_2 n-3)\log_2 n<0$

$0<\log_2 n<3$, $1<n<8$

$n$은 자연수이므로 $n=2, 3, 4, 5, 6, 7$

따라서 조건을 만족하는 자연수 $n$의 개수는 6이다.

답 6

## 99

$\log_2(x^2-1)+\log_2 3\le 5$에서

로그의 진수 조건에 의하여

$x^2-1>0$, $x^2>1$ …… ㉠

$\log_2(x^2-1)+\log_2 3\le 5$에서

$\log_2(x^2-1)\le\log_2\frac{32}{3}$

로그의 밑이 1보다 크므로

$x^2-1\le\frac{32}{3}$, $x^2\le\frac{35}{3}$ …… ㉡

㉠, ㉡을 만족시키는 정수 $x$는

$-3, -2, 2, 3$

이므로 정수 $x$의 개수는 4이다.

답 ④

## 100

$\left(\frac{1}{4}\right)^x=(2^{-2})^x=2^{-2x}$이므로 주어진 부등식은

$2^{x-6}\le 2^{-2x}$

양변의 밑 2가 1보다 크므로

$x-6\le -2x$, $3x\le 6$, $x\le 2$

따라서 모든 자연수 $x$의 값의 합은

$1+2=3$

답 3

## 101

로그의 진수 조건에서

$f(x)>0$이므로 $0<x<7$ …… ㉠

$x-1>0$이므로 $x>1$ …… ㉡

㉠, ㉡에서 $1<x<7$ …… ㉢

$\log_3 f(x)+\log_{\frac{1}{3}}(x-1)\le 0$에서

$\log_3 f(x)-\log_3(x-1)\le 0$, $\log_3 f(x)\le\log_3(x-1)$

$f(x)\le x-1$

그러므로 ㉢과 주어진 그래프에서 $4\le x<7$

따라서 부등식을 만족시키는 모든 자연수 $x$의 값은 4, 5, 6이고

그 합은 $4+5+6=15$

답 15

# 유형 8 지수함수와 로그함수를 활용한 외적문제

## 102

$a>0$에서 $0<2^{-\frac{2}{a}}<1$

즉, $1-2^{-\frac{2}{a}}>0$이므로

$$\frac{Q(4)}{Q(2)}=\frac{Q_0\left(1-2^{-\frac{4}{a}}\right)}{Q_0\left(1-2^{-\frac{2}{a}}\right)}=\frac{1-\left(2^{-\frac{2}{a}}\right)^2}{1-2^{-\frac{2}{a}}}$$

$$=\frac{\left(1-2^{-\frac{2}{a}}\right)\left(1+2^{-\frac{2}{a}}\right)}{1-2^{-\frac{2}{a}}}=1+2^{-\frac{2}{a}}$$

$\frac{Q(4)}{Q(2)}=\frac{3}{2}$에서

$1+2^{-\frac{2}{a}}=\frac{3}{2}$, $2^{-\frac{2}{a}}=\frac{1}{2}=2^{-1}$, $-\frac{2}{a}=-1$

따라서 $a=2$

답 ②

**다른 풀이**

$\frac{Q(4)}{Q(2)}=\frac{3}{2}$에서 $2Q(4)=3Q(2)$

$2Q_0\left(1-2^{-\frac{4}{a}}\right)=3Q_0\left(1-2^{-\frac{2}{a}}\right)$

$2^{-\frac{2}{a}}=t$로 놓으면 $a>0$이므로 $0<t<1$이다.

$2(1-t^2)=3(1-t)$

$2(1-t)(1+t)=3(1-t)$

$2(1+t)=3$, $t=\frac{1}{2}$

즉, $2^{-\frac{2}{a}}=\frac{1}{2}=2^{-1}$에서 $-\frac{2}{a}=-1$

따라서 $a=2$

## 도전 1등급 문제

본문 32~35쪽

| | | | | |
|---|---|---|---|---|
| 01 9 | 02 13 | 03 10 | 04 10 | 05 12 |
| 06 33 | 07 8 | 08 75 | 09 192 | 10 24 |
| 11 220 | 12 78 | | | |

## 01

정답률 29.8%

**정답 공식** 개념만 확실히 알자!

**로그의 정의**

$a>0$, $a\neq1$, $N>0$일 때

$a^x=N \Longleftrightarrow x=\log_a N$

**풀이 전략** 로그의 밑과 진수 조건을 이용한다.

**문제 풀이**

**[STEP 1]** 로그의 밑의 조건을 확인한다.

$x$가 밑이므로 $x>0$, $x\neq1$ …… ㉠

주의: 로그의 밑이 미지수이면 로그의 진수 조건뿐만 아니라 밑의 조건도 따져주어야 한다.

**[STEP 2]** 로그의 진수 조건을 이용하여 이차부등식을 푼다.

로그의 진수 조건에 의하여 $-x^2+4x+5>0$이므로

$x^2-4x-5<0$, $(x+1)(x-5)<0$

$-1<x<5$ …… ㉡

**[STEP 3]** 조건을 만족시키는 모든 정수 $x$의 값의 합을 구한다.

㉠, ㉡에서 $0<x<1$ 또는 $1<x<5$

따라서 정수 $x$는 2, 3, 4이므로 구하는 합은

$2+3+4=9$

답 9

## 02

정답률 27.4%

**정답 공식** 개념만 확실히 알자!

**로그의 성질**

$a>0$, $a\neq1$, $M>0$, $N>0$일 때

(1) $\log_a \frac{M}{N}=\log_a M-\log_a N$

(2) $\log_a M^k=k\log_a M$ (단, $k$는 실수)

**풀이 전략** 로그의 성질과 거듭제곱근의 성질을 이용한다.

**문제 풀이**

**[STEP 1]** 로그의 성질을 이용하여 주어진 식을 간단히 한다.

$$\log_4 2n^2-\frac{1}{2}\log_2\sqrt{n}=\log_4 2n^2-\log_4\sqrt{n}=\log_4\frac{2n^2}{\sqrt{n}}=\log_4(2n^{\frac{3}{2}})$$

**[STEP 2]** 주어진 조건을 만족시키는 자연수 $n$의 형태를 파악한다.

이 값이 40 이하의 자연수가 되려면

$2n^{\frac{3}{2}}=4^k$ ($k=1, 2, 3, \cdots, 40$)

이어야 한다.

즉, $n=4^{\frac{2k-1}{3}}$에서 $\frac{2k-1}{3}$이 자연수가 되어야 하므로

$k=2, 5, 8, \cdots, 38$

($\frac{2k-1}{3}$에서 $2k-1$은 3의 배수의 꼴, 즉 $2k-1=3, 9, 15, \cdots, 75$)

**[STEP 3]** 자연수 $n$의 개수를 구한다.

따라서 조건을 만족시키는 자연수 $n$의 개수는 13이다.

답 13

## 03

정답률 25.1%

**정답 공식** 개념만 확실히 알자!

**로그의 성질**

$a>0$, $a\neq1$, $M>0$, $N>0$일 때

(1) $\log_a \frac{M}{N}=\log_a M-\log_a N$

(2) $\log_a M^k=k\log_a M$ (단, $k$는 실수)

**풀이 전략** 로그의 성질을 이해하여 조건을 만족시키는 값을 구한다.

**문제 풀이**

**[STEP 1]** 로그의 성질을 이용하여 주어진 식을 간단히 한다.

$$\log x^3-\log\frac{1}{x^2}=3\log x-(-2\log x)=5\log x$$

**[STEP 2]** $x$의 값의 범위를 이용하여 $5\log x$의 값의 범위를 구한다.

$10\leq x<1000$에서

$1\leq\log x<3$, $5\leq5\log x<15$

(양변에 상용로그를 취하면 $\log 10\leq\log x<\log 1000$이므로 $1\leq\log x<3$)

따라서 $5\log x$의 값이 자연수가 되도록 하는 $x$의 개수는 10이다.

답 10

**보충 설명**

$5\log x$의 값이 자연수 5, 6, 7, …, 14가 되도록 하는 $x$의 값을 각각 구하면 $x=10$, $10^{\frac{6}{5}}$, $10^{\frac{7}{5}}$, …, $10^{\frac{14}{5}}$

## 04

정답률 20.6%

**정답 공식** 개념만 확실히 알자!

**로그함수의 그래프**

로그함수 $y=\log_a x(a>0, a\neq0)$의 그래프는 $a$의 값의 범위에 따라 다음과 같다.

$a>1$: $y=a^x$, $y=x$, $y=\log_a x$

$0<a<1$: $y=a^x$, $y=\log_a x$, $y=x$

**풀이 전략** 로그함수의 그래프를 이해하여 활용한다.

문제 풀이

**[STEP 1]** 주어진 함수의 그래프를 그리고 구간의 의미를 파악하여 $g(t)$의 범위를 생각한다.

주어진 함수 $f(x)$의 $x\geq6$에서의 로그함수의 그래프는 다음 그림과 같이 증가하는 형태로 그려진다.

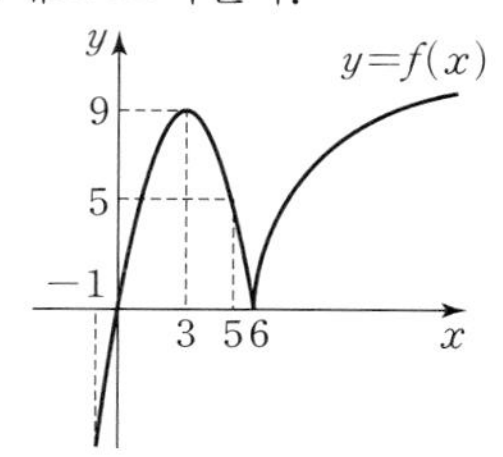


$t=0$일 때, 구간 $[-1, 1]$에서 함수 $f(x)$는 $x=1$에서 최댓값 5를 가지므로

$g(0)=5$

한편, 함수 $y=-x^2+6x$는 직선 $x=3$에 대하여 대칭이고

$f(5)=5$이므로

$1\leq t\leq5$일 때, $g(t)\geq5$ → $-1\leq x\leq6$일 때의 $f(x)$의 그래프를 이용하면 $f(x)$의 최댓값은 모두 5 이상이다.

**[STEP 2]** 구간 $[0, \infty)$에서 함수 $g(t)$가 최솟값 5를 갖기 위한 로그함수의 그래프를 파악한다.

구간 $[0, \infty)$에서 함수 $g(t)$가 최솟값을 5로 갖기 위해서는 $t=6$일 때, 즉 구간 $[5, 7]$에서 함수 $f(x)$의 최댓값이 5 이상이어야 한다.

→ $x\geq6$에서의 로그함수 $y=a\log_4(x-5)$의 그래프가 $x=7$일 때 $y$의 값은 5 이상이어야 한다.

**[STEP 3]** 양수 $a$의 값을 구한다.

즉, $f(7)\geq5$이어야 하므로

$a\log_4(7-5)\geq5$

$a\log_{2^2}2\geq5$, $\frac{a}{2}\geq5$, $a\geq10$

따라서 양수 $a$의 최솟값은 10이다.

답 10

# 05

정답률 **17%**

**정답 공식** **개념만 확실히 알자!**

**지수가 포함된 방정식의 풀이**

$a^x$ 꼴이 반복되는 경우에는 $a^x=t\ (t>0)$로 치환하여 $t$에 대한 방정식을 푼다.

**풀이 전략** 지수함수와 로그함수의 그래프를 이용한다.

**[STEP 1]** 주어진 점을 이용하여 두 조건 (가), (나)를 만족시키도록 식을 세운다.

점 $A(a, b)$를 직선 $y=x$에 대하여 대칭이동한 점을 B라 하면 $B(b, a)$이다.

조건 (가)에서 점 $A(a, b)$가 곡선 $y=\log_2(x+2)+k$ 위의 점이므로

$b=\log_2(a+2)+k$ …… ㉠

조건 (나)에서 점 $B(b, a)$가 곡선 $y=4^{x+k}+2$ 위의 점이므로

$a=4^{b+k}+2$ …… ㉡

**[STEP 2]** 두 식을 연립하여 하나의 식을 세운 후 점 A의 조건을 이용한다.

㉠에서

$b-k=\log_2(a+2)$, $2^{b-k}=a+2$

$a=2^{b-k}-2$ …… ㉢

㉡, ㉢을 연립하여 정리하면

$4^{b+k}+2=2^{b-k}-2$

$4^k\times4^b-2^{-k}\times2^b+4=0$ …… ㉣

조건을 만족시키는 점 A가 오직 하나이므로 방정식 ㉣을 만족시키는 실수 $b$는 오직 하나이다.

$2^b=t\ (t>0)$으로 놓으면 $t$에 대한 이차방정식

$4^kt^2-2^{-k}t+4=0$ …… ㉤

은 오직 하나의 양의 실근을 갖는다.

$t$에 대한 이차방정식 ㉤의 두 근의 곱은 $\frac{4}{4^k}=4^{1-k}>0$이므로

오직 하나의 양의 실근을 가지려면 이차방정식 ㉤의 판별식을 $D$라 할 때 $D=0$이어야 한다.

$D=(-2^{-k})^2-4\times4^k\times4$

$=4^{-k}-16\times4^k=0$

위의 방정식의 양변에 $4^k$을 곱하여 정리하면

$2^{4k+4}=1$, $k=-1$

**[STEP 3]** $a$, $b$의 값을 구하여 $a\times b$의 값을 구한다.

$k$의 값을 ㉤에 대입하여 정리하면

$\frac{1}{4}t^2-2t+4=0$, $\frac{1}{4}(t-4)^2=0$

$t=4$

즉, $2^b=4$에서 $b=2$이다.

$k=-1$, $b=2$를 ㉡에 대입하여 정리하면

$a=4^{2+(-1)}+2=6$

따라서 $a\times b=6\times2=12$

답 12

**수능이 보이는 강의**

이 문제는 점 A가 로그함수의 그래프 위에 있고, 점 A를 직선 $y=x$에 대하여 대칭이동한 점이 지수함수의 그래프 위에 있으므로 주어진 두 함수가 서로 역함수 관계인 것 같은 생각이 들 거야. 만약 그렇다면 점 A는 오직 하나만 존재하지는 않겠지. 그리고 실제로 역함수를 구해 보면 서로 역함수 관계가 아님을 알 수 있어.

즉, 이 문제는 $k$의 값을 구하여 점 A와 점 A를 대칭이동시킨 점이 지나는 각각의 함수의 식을 완성시키는 문제야. 주어진 조건을 만족시키도록 점의 좌표를 대입하여 식을 이끌어 내고 점 A의 조건을 이용하면 상수 $k$의 값을 구할 수 있어. 대입하거나 조건을 이용하여 세운 식이 여러 개이니까 그 식들을 잘 연립하여 점 A의 좌표의 값을 실수 없이 구할 수 있도록 하자.

# 06

정답률 **15.0%**

**정답 공식** **개념만 확실히 알자!**

**지수함수와 로그함수의 그래프**

(1) 지수함수 $y=a^x$과 로그함수 $y=\log_a x$의 그래프는 $a$의 값의 범위에 따라 다음과 같다.

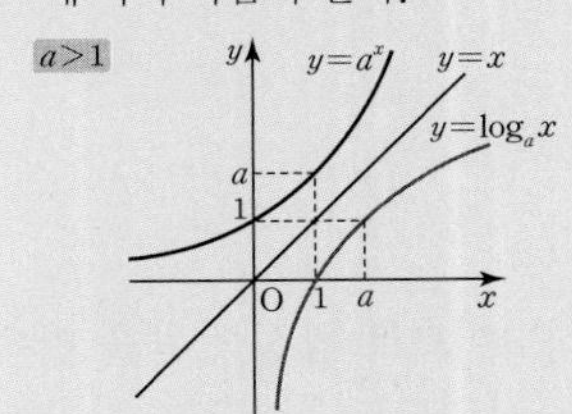


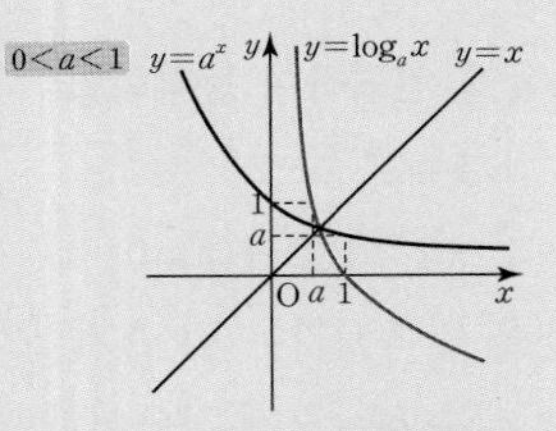


(2) 지수함수 $y=a^x$과 로그함수 $y=\log_a x$의 그래프는 직선 $y=x$에 대하여 대칭이다.

**풀이 전략** 지수함수와 로그함수의 그래프를 이용한다.

**문제 풀이**

**[STEP 1]** 지수함수의 그래프를 이용하여 $x<0$인 경우의 $y=f(x)$의 그래프를 그린다.

함수 $y=3^{x+2}-n$의 그래프는 함수 $y=3^x$의 그래프를 $x$축의 방향으로 $-2$만큼, $y$축의 방향으로 $-n$만큼 평행이동한 그래프이다.

함수 $y=|3^{x+2}-n|$의 그래프는 점 $(0,\ |9-n|)$을 지나고 점근선의 방정식은 $y=n$이다.

$x<0$일 때, 자연수 $n$의 값에 따른 함수 $y=|3^{x+2}-n|$의 그래프는 다음과 같다.

$1\le n<9$일 때,

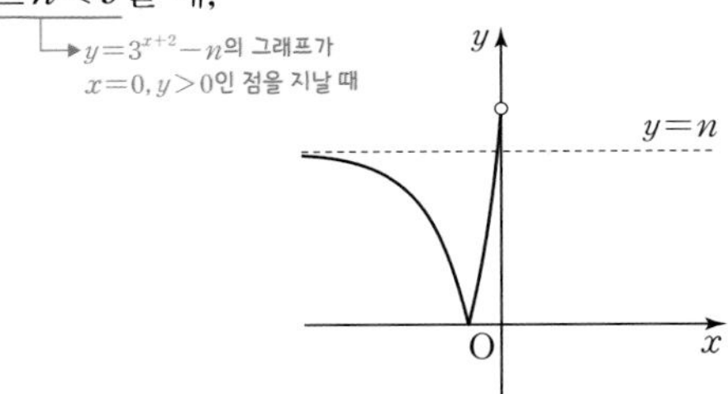


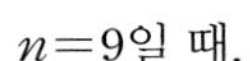

$n=9$일 때,

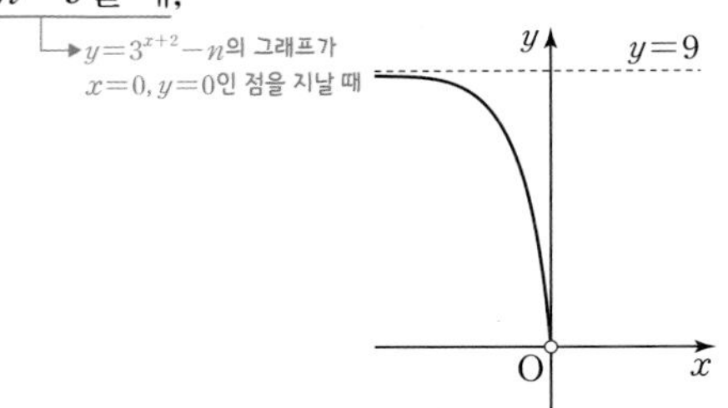


$n>9$일 때,

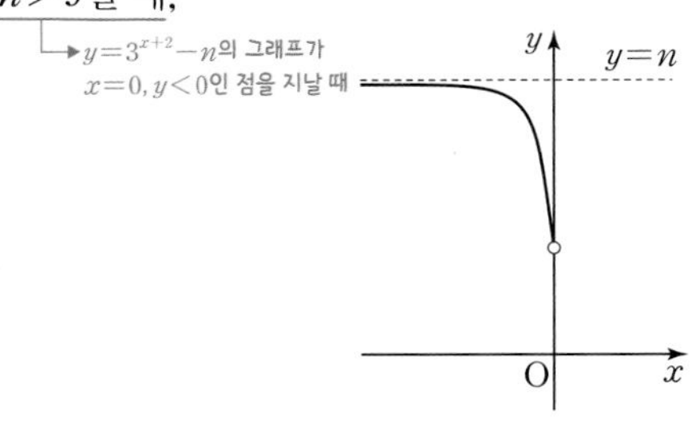


**[STEP 2]** 로그함수의 그래프를 이용하여 $x\ge0$인 경우의 $y=f(x)$의 그래프를 그린다.

함수 $y=\log_2(x+4)-n$의 그래프는 함수 $y=\log_2 x$의 그래프를 $x$축의 방향으로 $-4$만큼, $y$축의 방향으로 $-n$만큼 평행이동한 그래프이다.

함수 $y=|\log_2(x+4)-n|$의 그래프는 점 $(0,\ |2-n|)$을 지나고 점근선의 방정식은 $x=-4$이다.

$x\ge0$일 때, 자연수 $n$의 값에 따른 함수 $y=|\log_2(x+4)-n|$의 그래프는 다음과 같다.

$n=1$일 때,

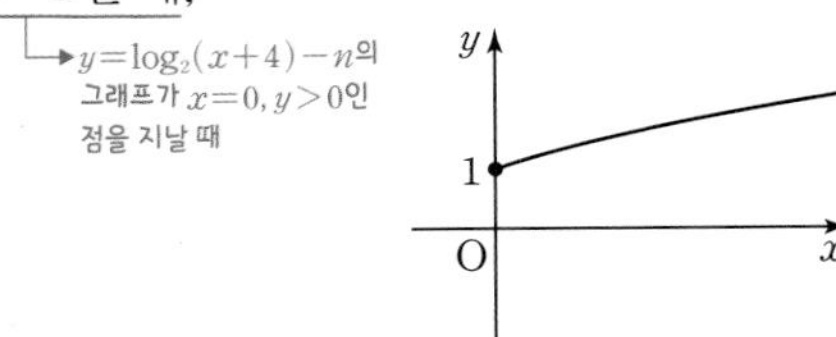


$n=2$일 때,

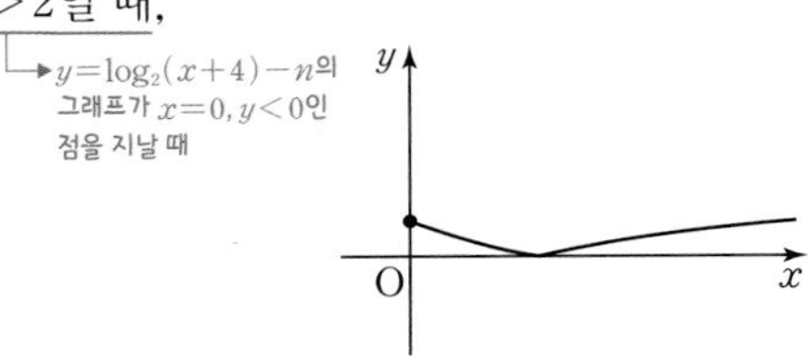


$n>2$일 때,

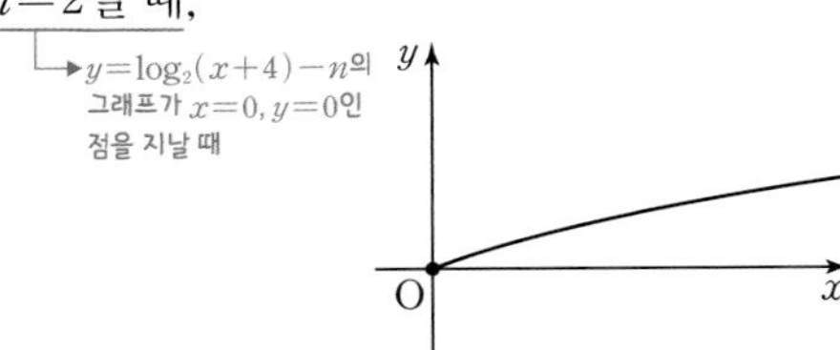


**[STEP 3]** 방정식 $f(x)=t$의 서로 다른 근이 4개가 되기 위한 $y=f(x)$의 그래프의 조건을 알아본다.

$x$에 대한 방정식 $f(x)=t$의 서로 다른 실근의 개수 $g(t)$는 함수 $y=f(x)$의 그래프와 직선 $y=t$가 만나는 점의 개수와 같다.

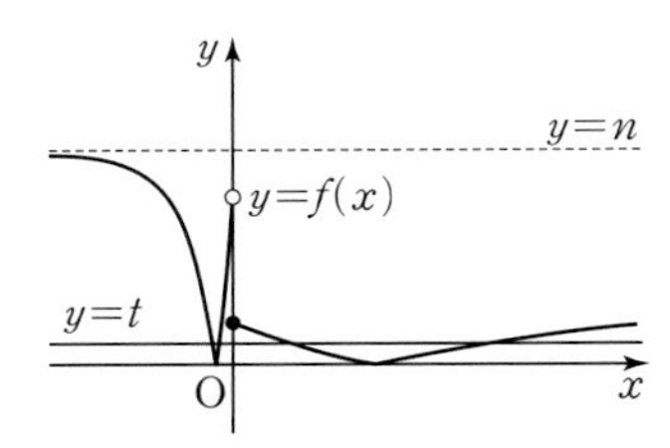


함수 $g(t)$의 최댓값이 4이므로

$9-n>0$이고 $2-n<0$이어야 한다.

즉, $2<n<9$이다.

**[STEP 4]** 조건을 만족시키는 $n$의 값의 합을 구한다.

따라서 자연수 $n$의 값은

3, 4, 5, 6, 7, 8

이고, 그 합은

$3+4+5+6+7+8=33$

답 33

## 07

정답률 **12%**

**정답 공식** **개념만 확실히 알자!**

**지수함수의 그래프**

지수함수 $y=a^x\,(a>0,\ a\neq 0)$의 그래프는 $a$의 범위에 따라 다음과 같다.

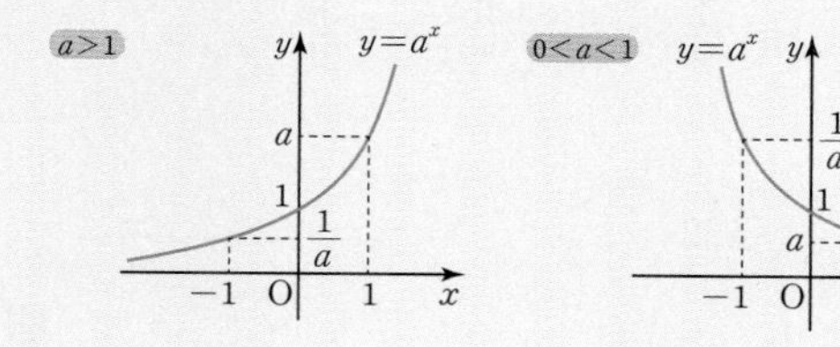


**풀이 전략** 지수함수의 그래프를 활용하여 지수방정식을 푼다.

**문제 풀이**

**[STEP 1]** 주어진 비례식을 이용하여 선분 AB의 길이를 비례상수 $k$로 표현한다.

$\overline{\mathrm{OA}}:\overline{\mathrm{OB}}=\sqrt{3}:\sqrt{19}$이므로

$\overline{\mathrm{OA}}=\sqrt{3}k\ (k>0)$이라 하면 $\overline{\mathrm{OB}}=\sqrt{19}k$이고

$\overline{\mathrm{AB}}=\sqrt{(\sqrt{19}k)^2-(\sqrt{3}k)^2}=4k$

**[STEP 2]** 직선 $y=-\sqrt{3}x$와 직선 AB의 기울기를 이용하여 두 점 A, B의 좌표를 $k$로 표현한다.

두 점 A, B의 좌표를 각각 $(x_1,\ y_1)$, $(x_2,\ y_2)$라 하자.

직선 OA와 $x$축이 이루는 예각의 크기가 $60^\circ$이므로

→ $\sin 60^\circ=\dfrac{y_1}{\overline{\mathrm{OA}}}$이므로 $\dfrac{\sqrt{3}}{2}=\dfrac{y_1}{\sqrt{3}k}$에서 $y_1=\dfrac{3}{2}k$

$\cos 60^\circ=\dfrac{-x_1}{\overline{\mathrm{OA}}}$이므로 $\dfrac{1}{2}=\dfrac{-x_1}{\sqrt{3}k}$에서 $x_1=-\dfrac{\sqrt{3}}{2}k$

$x_1=-\dfrac{\sqrt{3}}{2}k,\ y_1=\dfrac{3}{2}k$

따라서 $\mathrm{A}\left(-\dfrac{\sqrt{3}}{2}k,\ \dfrac{3}{2}k\right)$

직선 AB의 기울기는 $\dfrac{\sqrt{3}}{3}$이므로 직선 AB와 $x$축이 이루는 예각의 크기가 $30^\circ$이다.

$x_2-x_1=4k\cos 30^\circ=2\sqrt{3}k$에서

$x_2=x_1+2\sqrt{3}k=\dfrac{3\sqrt{3}}{2}k$

$y_2-y_1=4k\sin 30^\circ=2k$에서

$y_2=y_1+2k=\dfrac{7}{2}k$

따라서 $\mathrm{B}\left(\dfrac{3\sqrt{3}}{2}k,\ \dfrac{7}{2}k\right)$

**[STEP 3]** 두 점 A, B가 각각의 지수함수의 그래프 위에 있음을 이용하여 식을 세워 선분 AB의 길이를 구한다.

점 A는 곡선 $y=a^{-2x}-1$ 위의 점이므로

$\dfrac{3}{2}k=a^{\sqrt{3}k}-1$에서 $a^{\sqrt{3}k}=\dfrac{3k+2}{2}$ …… ㉠

점 B는 곡선 $y=a^x-1$ 위의 점이므로

$\dfrac{7}{2}k=a^{\frac{3\sqrt{3}}{2}k}-1$에서 $a^{\frac{3\sqrt{3}}{2}k}=\dfrac{7k+2}{2}$ …… ㉡

→ $a^{\frac{3\sqrt{3}}{2}k\times\frac{2}{3}}=\left(\dfrac{7k+2}{2}\right)^{\frac{2}{3}}$이므로

$a^{\sqrt{3}k}=\left(\dfrac{7k+2}{2}\right)^{\frac{2}{3}}$

㉠, ㉡에서

$\left(\dfrac{3k+2}{2}\right)^3=\left(\dfrac{7k+2}{2}\right)^2$

$27k^3-44k^2-20k=0$

$k(k-2)(27k+10)=0$

$k>0$이므로 $k=2$

따라서 $\overline{\mathrm{AB}}=4k=8$

답 8

## 08

정답률 **11.3%**

**정답 공식** **개념만 확실히 알자!**

**로그의 정의**

$a>0,\ a\neq 1,\ N>0$일 때

$a^x=N \Longleftrightarrow x=\log_a N$

**풀이 전략** 로그의 정의와 성질을 이용하여 식의 값을 구한다.

**문제 풀이**

**[STEP 1]** 조건 (가)의 값을 $d$로 놓고 로그의 정의를 이용한다.

조건 (가)에서

$3^a=5^b=k^c=d\,(d>1)$로 놓으면

$3^a=d$에서

$a=\log_3 d$ …… ㉠

$5^b=d$에서

$b=\log_5 d$ …… ㉡

$k^c=d$에서

$c=\log_k d$ …… ㉢

**[STEP 2]** 조건 (나)에서 로그의 성질을 이용하여 $a,\ b,\ c$에 대한 관계식을 구한다.

조건 (나)에서

$\log c=\log(2ab)-\log(2a+b)=\log\dfrac{2ab}{2a+b}$

$c=\dfrac{2ab}{2a+b}$, $c(2a+b)=2ab$ …… ㉣

**[STEP 3]** 관계식에 로그의 값을 대입하여 $k^2$의 값을 구한다.

㉠, ㉡, ㉢을 ㉣에 대입하면

$\log_k d\times(2\log_3 d+\log_5 d)=2\log_3 d\times\log_5 d$

주의: 로그의 진수가 $d$로 같으므로 로그의 밑의 변환 공식을 이용하여 로그의 밑을 $d$로 통일하도록 한다.

$\dfrac{1}{\log_d k}\times\dfrac{2}{\log_d 3}+\dfrac{1}{\log_d k}\times\dfrac{1}{\log_d 5}$

$=\dfrac{2}{\log_d 3}\times\dfrac{1}{\log_d 5}$

$2\log_d 5+\log_d 3=2\log_d k$, $\log_d 75=\log_d k^2$

따라서 $k^2=75$

답 75

## 09

정답률 **10.0%**

**정답 공식** **개념만 확실히 알자!**

**지수함수와 로그함수의 그래프**

(1) 지수함수 $y=a^x$과 로그함수 $y=\log_a x$의 그래프는 $a$의 값의 범위에 따라 다음과 같다.

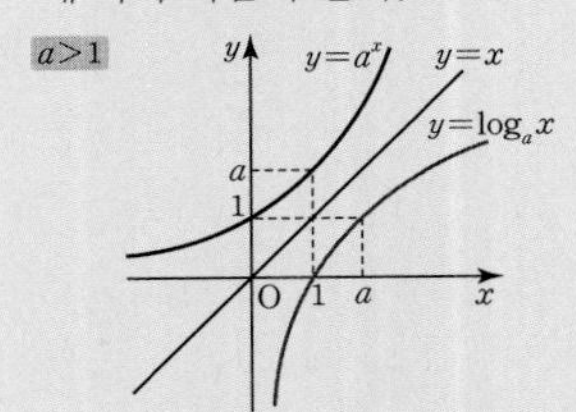


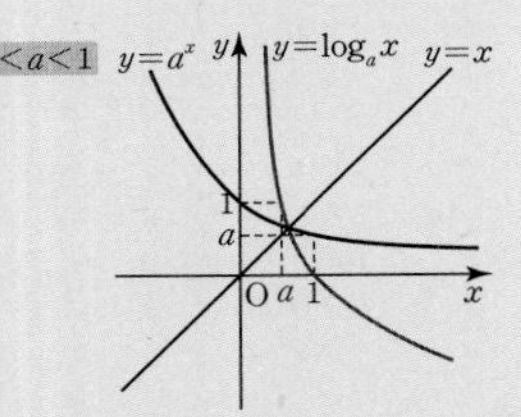


(2) 지수함수 $y=a^x$과 로그함수 $y=\log_a x$의 그래프는 직선 $y=x$에 대하여 대칭이다.

**풀이 전략** 지수함수와 로그함수의 그래프의 성질을 이용한다.

**문제 풀이**

**[STEP 1]** 주어진 두 함수의 형태를 파악한다.

곡선 $y=a^{x-1}$은 곡선 $y=a^x$을 $x$축의 방향으로 1만큼 평행이동한 것이고, 곡선 $y=\log_a(x-1)$은 곡선 $y=\log_a x$를 $x$축의 방향으로 1만큼 평행이동한 것이므로 두 곡선 $y=a^{x-1}$, $y=\log_a(x-1)$은 직선 $y=x-1$에 대하여 대칭이다.

→ 평행이동한 그래프는 모양이 바뀌지 않으므로 직선 $y=x$를 $x$축의 방향으로 1만큼 평행이동한 직선 $y=x-1$에 대하여 대칭이 된다.

**[STEP 2]** 두 직선 $y=-x+4$, $y=x-1$의 교점이 선분 AB의 중점임을 이용하여 $a$의 값을 구한다.

두 직선 $y=-x+4$, $y=x-1$의 교점을 M이라 하면 점 M의 좌표는

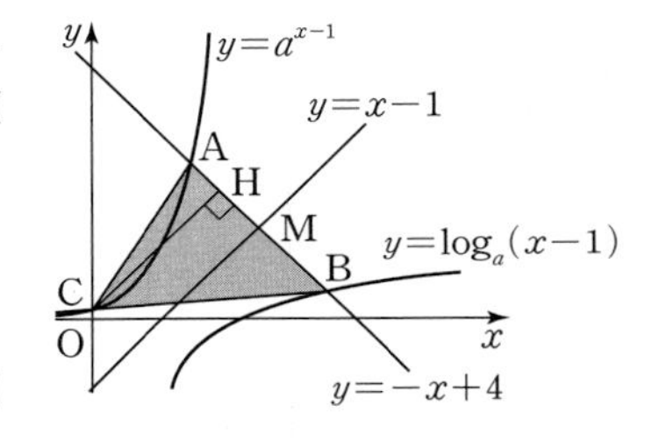


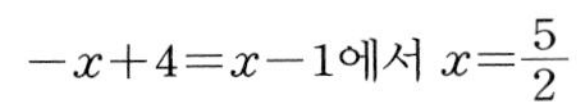

$-x+4=x-1$에서 $x=\frac{5}{2}$

$x=\frac{5}{2}$를 $y=x-1$에 대입하면

$y=\frac{3}{2}$

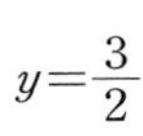

따라서 $\mathrm{M}\left(\frac{5}{2}, \frac{3}{2}\right)$이고, 점 M은 선분 AB의 중점이므로

$\overline{\mathrm{AM}}=\frac{1}{2}\overline{\mathrm{AB}}=\frac{1}{2}\times 2\sqrt{2}=\sqrt{2}$

점 A의 좌표를 $(k, -k+4)$라 하면

$\overline{\mathrm{AM}}^2=\left(k-\frac{5}{2}\right)^2+\left(-k+\frac{5}{2}\right)^2=2$

에서 $k=\frac{3}{2}$

즉, $\mathrm{A}\left(\frac{3}{2}, \frac{5}{2}\right)$이고 곡선 $y=a^{x-1}$ 위의 점이므로

$\frac{5}{2}=a^{\frac{3}{2}-1}$, $a^{\frac{1}{2}}=\frac{5}{2}$, $a=\frac{25}{4}$

**[STEP 3]** 점 C와 직선 $y=-x+4$ 사이의 거리가 삼각형 ABC의 높이임을 이용하여 넓이를 구한다.

이때 점 C의 좌표는 $\left(0, \frac{1}{a}\right)$, 즉 $\left(0, \frac{4}{25}\right)$

점 C에서 직선 $y=-x+4$에 내린 수선의 발을 H라 하면 선분 CH의 길이는 점 C와 직선 $y=-x+4$ 사이의 거리와 같으므로

→ 점 $(x_1, y_1)$과 직선 $ax+by+c=0$ 사이의 거리 $d$는 $d=\frac{|ax_1+by_1+c|}{\sqrt{a^2+b^2}}$

$$\overline{\mathrm{CH}}=\frac{\left|0+\frac{4}{25}-4\right|}{\sqrt{2}}=\frac{48\sqrt{2}}{25}$$

따라서 삼각형 ABC의 넓이는

$$S=\frac{1}{2}\times\overline{\mathrm{AB}}\times\overline{\mathrm{CH}}=\frac{1}{2}\times 2\sqrt{2}\times\frac{48\sqrt{2}}{25}=\frac{96}{25}$$

이므로

$$50\times S=50\times\frac{96}{25}=192$$

답 192

## 10

정답률 **9.0%**

**정답 공식** **개념만 확실히 알자!**

**실수 $a$의 실수인 $n$제곱근**

$n$이 2 이상의 자연수일 때, $a$의 $n$제곱근은 다음과 같다.

| | $a>0$ | $a=0$ | $a<0$ |
|---|---|---|---|
| $n$이 홀수, 실수인 $n$제곱근 | $\sqrt[n]{a}$ | 0 | $\sqrt[n]{a}$ |
| $n$이 짝수, 실수인 $n$제곱근 | $\sqrt[n]{a}$, $-\sqrt[n]{a}$ | 0 | 없다. |

**풀이 전략** $a$의 $n$제곱근의 의미를 이해하고 문제를 해결한다.

**문제 풀이**

**[STEP 1]** 조건 (가)를 이용하여 주어진 방정식의 해의 형태를 파악한다.

$x$에 대한 방정식 $(x^n-64)f(x)=0$에서

$x^n-64=0$ 또는 $f(x)=0$

이때 이차함수 $f(x)$는 최고차항의 계수가 1이고 최솟값이 음수이므로 방정식 $f(x)=0$은 서로 다른 두 실근을 갖는다.

$x^n-64=0$에서

(i) $n$이 홀수일 때,

방정식 $x^n=64$의 실근의 개수는 1이다.

그러므로 조건 (가)에서 방정식 $(x^n-64)f(x)=0$의 근이 모두 중근일 수 없다.

(ii) $n$이 짝수일 때,

방정식 $x^n=64$의 실근은

$x=\sqrt[n]{64}$ 또는 $x=-\sqrt[n]{64}$

즉, $x=2^{\frac{6}{n}}$ 또는 $x=-2^{\frac{6}{n}}$

이때 조건 (가)를 만족하기 위해서는

$f(x)=\left(x-2^{\frac{6}{n}}\right)\left(x+2^{\frac{6}{n}}\right)$ …… ㉠

이어야 한다.

→ 조건 (가)에서 서로 다른 두 실근이 각각 중근이므로 함수 $f(x)$의 근도 $x=2^{\frac{6}{n}}$ 또는 $x=-2^{\frac{6}{n}}$이어야 한다.

**[STEP 2]** 함수 $f(x)$의 최솟값이 음의 정수가 되는 자연수 $n$의 값을 찾는다.

한편, 조건 (나)에서 함수 $f(x)$의 최솟값은 음의 정수이고, ㉠에서 함수 $f(x)$는 $x=0$에서 최솟값을 갖고, 그 값은

$-2^{\frac{6}{n}}\times 2^{\frac{6}{n}}=-2^{\frac{12}{n}}$

즉, 이 값이 음의 정수이기 위해서는 $n$의 값은

12의 약수인 1, 2, 3, 4, 6, 12이다.

그런데 $n$은 짝수이어야 하므로 2, 4, 6, 12이다.

따라서 모든 $n$의 값의 합은

$2+4+6+12=24$

답 24

## 11

정답률 **8%**

**정답 공식** **개념만 확실히 알자!**

**지수함수의 그래프**

지수함수 $y=a^x\,(a>0,\ a\neq 0)$의 그래프는 $a$의 값의 범위에 따라 다음과 같다.

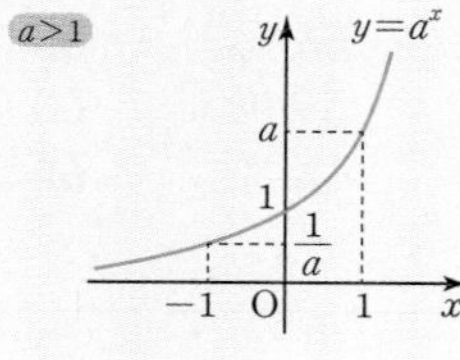


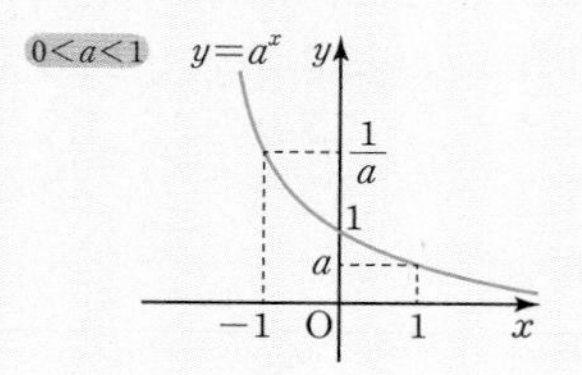


**풀이 전략** 지수함수의 그래프를 이용한다.

**문제 풀이**

**[STEP 1]** 그래프 위의 두 점 P, Q에서 $x$축에 수선의 발을 각각 내려 만든 두 삼각형이 서로 닮음임을 이용한다.

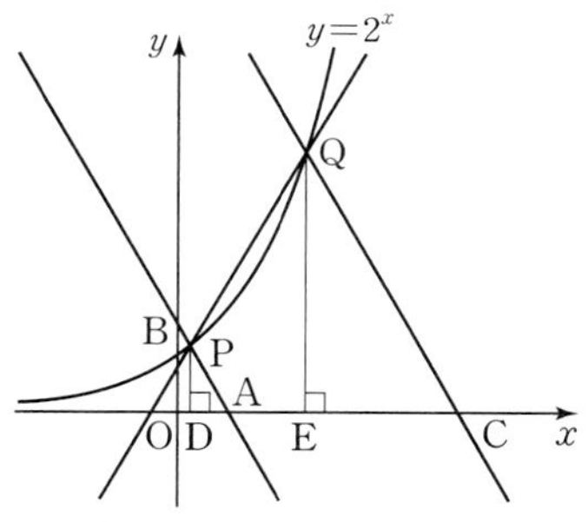


위 그림과 같이 두 점 P, Q에서 $x$축에 내린 수선의 발을 각각 D, E라 하자.

$\overline{PB}=k$라 하면

$\overline{AP}=\overline{AB}-\overline{PB}=4\overline{PB}-\overline{PB}=3\overline{PB}=3k$

$\overline{CQ}=3\overline{AB}=3\times 4\overline{PB}=12\overline{PB}=12k$

$\overline{AP}:\overline{CQ}=3k:12k=1:4$

이때 $\triangle PDA \backsim \triangle QEC$이므로

$\overline{PD}:\overline{QE}=\overline{AP}:\overline{CQ}=1:4$

→ $\overline{PA}\,/\!/\,\overline{QC}$에서 $\angle PAD=\angle QCE$이고 $\angle D=\angle E=90°$이므로 AA 닮음

**[STEP 2]** 닮음비를 이용하여 직선 AB의 방정식을 지수함수의 꼴로 나타낸다.

즉, $2^a:2^b=1:4$이므로

$2^b=4\times 2^a=2^{a+2}$, $b=a+2$

직선 PQ의 기울기가 $m$이므로

$m=\dfrac{2^b-2^a}{b-a}=\dfrac{2^{a+2}-2^a}{(a+2)-a}=\dfrac{3\times 2^a}{2}=3\times 2^{a-1}$

따라서 직선 AB의 방정식은

$y-2^a=-3\times 2^{a-1}(x-a)$ …… ㉠

→ 한 점 $P(a,\ 2^a)$을 지나고 기울기가 $-m$인 직선의 방정식이다.

**[STEP 3]** $a$, $b$의 값을 구하여 $90\times(a+b)$의 값을 구한다.

㉠에 $y=0$을 대입하면

$-2^a=-3\times 2^{a-1}(x-a)$

$x-a=\dfrac{2}{3}$, $x=a+\dfrac{2}{3}$

즉, 점 A의 $x$좌표는 $a+\dfrac{2}{3}$이다.

이때 원점 O에 대하여 $\triangle APD \backsim \triangle ABO$이므로

$\overline{AO}:\overline{DO}=\overline{AB}:\overline{PB}=4:1$

즉, $a+\dfrac{2}{3}:a=4:1$

$a+\dfrac{2}{3}=4a$, $a=\dfrac{2}{9}$

$b=a+2=\dfrac{2}{9}+2=\dfrac{20}{9}$

따라서

$90\times(a+b)=90\times\left(\dfrac{2}{9}+\dfrac{20}{9}\right)=90\times\dfrac{22}{9}=220$

답 220

## 12

정답률 **3.4%**

**정답 공식** **개념만 확실히 알자!**

**로그의 밑과 진수의 조건**

$a^x=N \iff \log_a N=x$

① 로그의 밑의 조건: $a>0,\ a\neq 1$

② 로그의 진수의 조건: $N>0$

**풀이 전략** 로그의 성질을 이용한다.

**문제 풀이**

**[STEP 1]** 로그의 진수 조건과 두 수가 같음을 이용하여 관계식을 세운다.

로그의 진수 조건에서

$na-a^2>0$, $nb-b^2>0$이므로

→ $b^2-nb<0$에서 $b(b-n)<0$

$0<a<n$, $0<b<n$

→ $a^2-na<0$에서 $a(a-n)<0$

또 $\log_2(na-a^2)=\log_2(nb-b^2)$에서

$na-a^2=nb-b^2$

$b^2-a^2-nb+na=0$

$(b-a)(b+a)-n(b-a)=0$

$(b-a)(b+a-n)=0$

→ $b+a-n=0$에서 $b+a=n$

$b-a>0$이므로

$b+a=n$

**[STEP 2]** $\log_2(na-a^2)$과 $\log_2(nb-b^2)$이 같은 자연수임을 이용하여 $ab=2^k\,(k=1,\ 2,\ 3,\ \cdots)$의 꼴이어야 함을 이해한다.

$\log_2(na-a^2)$이 자연수이고

$na-a^2=(b+a)a-a^2=ab$이므로

$ab=2^k$ ($k=1, 2, 3, \cdots$)의 꼴이어야 한다.

→ $\log_2 ab=k$ ($k$는 자연수)에서 $ab=2^k$

**[STEP 3]** $a$, $b$를 두 근으로 하는 이차방정식을 이용한다.

$a+b=n$, $ab=2^k$ ($k=1, 2, 3, \cdots$)이므로 $a$, $b$는

$x^2-nx+2^k=0$의 서로 다른 두 실근이다.

이차방정식의 판별식을 $D$라 하면

$D=n^2-4\times 2^k>0$

$n^2>4\times 2^k$ …… ㉠

주의 조건에서 $0<b-a\le\frac{n}{2}$이므로 $a\ne b$
즉, $a$, $b$는 서로 다른 두 실근이므로 판별식 $D>0$임을 이해한다.

한편, $0<b-a\le\frac{n}{2}$에서

$(b-a)^2=(b+a)^2-4ab\le\frac{n^2}{4}$

$n^2-4\times 2^k\le\frac{n^2}{4}$

$n^2\le\frac{16}{3}\times 2^k$ …… ㉡

㉠, ㉡에서 $4\times 2^k<n^2\le\frac{16}{3}\times 2^k$

**[STEP 4]** $k=1, 2, 3, \cdots$을 대입하여 자연수 $n$의 값을 구한다.

$k=1$일 때 $8<n^2\le\frac{32}{3}$이므로 $n=3$

$k=2$일 때 $16<n^2\le\frac{64}{3}$이므로 만족하는 $n$의 값은 없다.

$k=3$일 때 $32<n^2\le\frac{128}{3}$이므로 $n=6$

$k=4$일 때 $64<n^2\le\frac{256}{3}$이므로 $n=9$

$k=5$일 때 $128<n^2\le\frac{512}{3}$이므로 $n=12, 13$

$k=6$일 때 $256<n^2\le\frac{1024}{3}$이므로 $n=17, 18$

$k=7$일 때 $512<n^2\le\frac{2048}{3}$이므로 20 이하의 자연수 $n$은 존재하지 않는다.

따라서 조건을 만족시키는 20 이하의 자연수 $n$의 값은 3, 6, 9, 12, 13, 17, 18이고, 그 합은

$3+6+9+12+13+17+18=78$

답 78

### 수능이 보이는 강의

이 문제는 로그의 진수 조건을 이용하지 않아도 풀 수 있어.
$\log_2(na-a^2)$과 $\log_2(nb-b^2)$의 값이 같은 자연수라고 했으므로
$na-a^2=2^k$, $nb-b^2=2^k$($k$는 자연수)로 놓을 수 있지.
이때 $a$, $b$만 다를 뿐 형태가 같으므로 $a$, $b$는 이차방정식
$nx-x^2=2^k$, 즉 $x^2-nx+2^k=0$의 두 근임을 알 수 있어.
이때 이차방정식의 근과 계수의 관계를 이용하면
$a+b=n$, $ab=2^k$이 성립해.

# Ⅱ 삼각함수

본문 38~55쪽

## 수능 유형별 기출 문제

| | | | | |
|---|---|---|---|---|
| 01 ① | 02 ④ | 03 ① | 04 ② | 05 ② |
| 06 ⑤ | 07 ② | 08 ④ | 09 48 | 10 ① |
| 11 ⑤ | 12 ④ | 13 ① | 14 ② | 15 ⑤ |
| 16 ① | 17 32 | 18 ④ | 19 80 | 20 ② |
| 21 ③ | 22 6 | 23 ④ | 24 ④ | 25 ③ |
| 26 ③ | 27 ② | 28 ③ | 29 ③ | 30 ③ |
| 31 ④ | 32 ① | 33 ④ | 34 ④ | 35 ④ |
| 36 8 | 37 ④ | 38 ④ | 39 ② | 40 ⑤ |
| 41 ② | 42 ① | 43 ③ | 44 32 | 45 ② |
| 46 ② | 47 ⑤ | 48 ③ | 49 21 | 50 ③ |
| 51 ① | 52 ③ | 53 ② | 54 ① | 55 ③ |
| 56 ③ | 57 ② | 58 ① | 59 98 | 60 ④ |
| 61 ① | 62 ② | 63 ① | 64 ⑤ | 65 ② |
| 66 ① | | | | |

### 유형 1 삼각함수의 정의

## 01

$\sin^2\theta+\cos^2\theta=1$이고 $\frac{\pi}{2}<\theta<\pi$이므로

$\cos\theta=-\sqrt{1-\left(\frac{\sqrt{21}}{7}\right)^2}=-\frac{2\sqrt{7}}{7}$

따라서

$\tan\theta=\frac{\sin\theta}{\cos\theta}=\frac{\frac{\sqrt{21}}{7}}{-\frac{2\sqrt{7}}{7}}=-\frac{\sqrt{3}}{2}$

답 ①

## 02

$\cos^2\theta=\frac{4}{9}$이고

$\frac{\pi}{2}<\theta<\pi$일 때 $\cos\theta<0$이므로

$\cos\theta=-\frac{2}{3}$

한편, $\sin^2\theta+\cos^2\theta=1$이므로

$\sin^2\theta=1-\cos^2\theta=1-\frac{4}{9}=\frac{5}{9}$

따라서 $\sin^2\theta+\cos\theta=\frac{5}{9}+\left(-\frac{2}{3}\right)=-\frac{1}{9}$

답 ④

## 03

$\tan\theta=\frac{12}{5}$이고 $\pi<\theta<\frac{3}{2}\pi$이므로

각 $\theta$가 나타내는 동경과 원점 O를 중심으로 하는 어떤 원의 교점이 $P(-5,\ -12)$이다.

따라서 원점 O에 대하여

$\overline{OP}=\sqrt{(-5)^2+(-12)^2}=13$

이므로

$\sin\theta+\cos\theta=\frac{-12}{13}+\frac{-5}{13}=-\frac{17}{13}$

답 ①

## 04

$\sin(-\theta)=-\sin\theta=\frac{1}{3}$에서 $\sin\theta=-\frac{1}{3}$

$\frac{3}{2}\pi<\theta<2\pi$이므로

$\cos\theta=\sqrt{1-\sin^2\theta}=\sqrt{1-\frac{1}{9}}=\frac{2\sqrt{2}}{3}$

따라서 $\tan\theta=\frac{\sin\theta}{\cos\theta}=\frac{-\frac{1}{3}}{\frac{2\sqrt{2}}{3}}=-\frac{1}{2\sqrt{2}}=-\frac{\sqrt{2}}{4}$

답 ②

## 05

$\cos\theta=\frac{\sqrt{6}}{3}$이고 $\frac{3}{2}\pi<\theta<2\pi$이므로

$\sin\theta=-\sqrt{1-\cos^2\theta}=-\sqrt{1-\left(\frac{\sqrt{6}}{3}\right)^2}$

$=-\frac{\sqrt{3}}{3}$

따라서

$\tan\theta=\frac{\sin\theta}{\cos\theta}=\frac{-\frac{\sqrt{3}}{3}}{\frac{\sqrt{6}}{3}}=-\frac{1}{\sqrt{2}}=-\frac{\sqrt{2}}{2}$

답 ②

## 06

$\cos\left(\frac{\pi}{2}+\theta\right)=-\sin\theta$이므로

$\sin\theta=-\frac{\sqrt{5}}{5}$

$\tan\theta<0$, $\sin\theta<0$이므로 $\theta$는 제4사분면의 각이고, $\cos\theta>0$이다.

$\cos^2\theta=1-\sin^2\theta=1-\left(-\frac{\sqrt{5}}{5}\right)^2=\frac{4}{5}$

에서

$\cos\theta=-\frac{2\sqrt{5}}{5}$ 또는 $\cos\theta=\frac{2\sqrt{5}}{5}$

따라서 $\cos\theta>0$이므로

$\cos\theta=\frac{2\sqrt{5}}{5}$

답 ⑤

## 07

$\sin(\pi-\theta)=\sin\theta$

이므로

$\sin\theta=\frac{5}{13}$

이때

$\cos^2\theta=1-\sin^2\theta=1-\left(\frac{5}{13}\right)^2$

$=1-\frac{25}{169}=\frac{144}{169}$

$=\left(\frac{12}{13}\right)^2$

이고, 주어진 조건에 의하여 $\cos\theta<0$이므로

$\cos\theta=-\frac{12}{13}$

따라서

$\tan\theta=\frac{\sin\theta}{\cos\theta}=\frac{\frac{5}{13}}{-\frac{12}{13}}=-\frac{5}{12}$

답 ②

## 08

$\cos\frac{\pi}{6}=\frac{\sqrt{3}}{2}$, $\tan\frac{2\pi}{3}=-\sqrt{3}$

이므로

$\cos^2\left(\frac{\pi}{6}\right)+\tan^2\left(\frac{2\pi}{3}\right)=\left(\frac{\sqrt{3}}{2}\right)^2+(-\sqrt{3})^2$

$=\frac{3}{4}+3=\frac{15}{4}$

답 ④

## 09

$\sin\left(\frac{\pi}{2}+\theta\right)\tan(\pi-\theta)=\cos\theta\times(-\tan\theta)=-\sin\theta$

즉, $\sin\theta=-\frac{3}{5}$이므로

$30(1-\sin\theta)=30\times\frac{8}{5}=48$

답 48

## 10

$\cos\theta\tan\theta=\cos\theta\times\frac{\sin\theta}{\cos\theta}=\sin\theta=\frac{1}{2}$

$\frac{\pi}{2}<\theta<\pi$이므로 $\theta=\frac{5}{6}\pi$

따라서

$\cos\theta+\tan\theta=-\frac{\sqrt{3}}{2}+\left(-\frac{\sqrt{3}}{3}\right)=-\frac{5\sqrt{3}}{6}$

답 ①

## 11

$\cos(\pi-\theta)=-\cos\theta$이므로 $\sin\theta=-2\cos\theta$

$\sin^2\theta+\cos^2\theta=1$이므로

$\sin^2\theta+\left(-\frac{\sin\theta}{2}\right)^2=1$

$\sin^2\theta=\frac{4}{5}$

$\frac{\pi}{2}<\theta<\pi$이므로 $\sin\theta=\frac{2\sqrt{5}}{5}$

따라서

$\cos\theta\tan\theta=\cos\theta\times\frac{\sin\theta}{\cos\theta}=\sin\theta=\frac{2\sqrt{5}}{5}$

답 ⑤

## 12

$\theta$가 제3사분면의 각이므로 $\sin\theta<0$

$\sin^2\theta+\cos^2\theta=1$에서

$\sin\theta=-\sqrt{1-\cos^2\theta}=-\sqrt{1-\left(-\frac{4}{5}\right)^2}=-\frac{3}{5}$

따라서 $\tan\theta=\frac{\sin\theta}{\cos\theta}=\frac{-\frac{3}{5}}{-\frac{4}{5}}=\frac{3}{4}$

답 ④

## 13

$\tan\theta-\frac{6}{\tan\theta}=1$이므로 양변에 $\tan\theta$를 곱하면

$\tan^2\theta-6=\tan\theta$

$\tan^2\theta-\tan\theta-6=0$

$(\tan\theta+2)(\tan\theta-3)=0$

$\tan\theta=-2$ 또는 $\tan\theta=3$

이때 $\pi<\theta<\frac{3}{2}\pi$이므로

$\tan\theta=3$

즉, $\frac{\sin\theta}{\cos\theta}=3$에서 $\sin\theta=3\cos\theta$

이므로 $\sin^2\theta+\cos^2\theta=1$에 대입하면

$9\cos^2\theta+\cos^2\theta=1$, $10\cos^2\theta=1$

$\cos\theta=\frac{1}{\sqrt{10}}$ 또는 $\cos\theta=-\frac{1}{\sqrt{10}}$

이때 $\pi<\theta<\frac{3}{2}\pi$이므로

$\cos\theta=-\frac{1}{\sqrt{10}}$ ...... ㉠

이 값을 $\sin^2\theta+\cos^2\theta=1$에 대입하면

$\sin^2\theta+\frac{1}{10}=1$, $\sin^2\theta=\frac{9}{10}$

$\sin\theta=\frac{3}{\sqrt{10}}$ 또는 $\sin\theta=-\frac{3}{\sqrt{10}}$

이때 $\pi<\theta<\frac{3}{2}\pi$이므로

$\sin\theta=-\frac{3}{\sqrt{10}}$ ...... ㉡

따라서 ㉠과 ㉡에서

$$\sin\theta+\cos\theta=\left(-\frac{3}{\sqrt{10}}\right)+\left(-\frac{1}{\sqrt{10}}\right)$$
$$=-\frac{4}{\sqrt{10}}=-\frac{2\sqrt{10}}{5}$$

답 ①

## 14

$\frac{1}{1-\cos\theta}+\frac{1}{1+\cos\theta}=\frac{2}{1-\cos^2\theta}=\frac{2}{\sin^2\theta}=18$

즉, $\sin^2\theta=\frac{1}{9}$이고 $\pi<\theta<\frac{3}{2}\pi$에서 $\sin\theta<0$이므로

$\sin\theta=-\frac{1}{3}$

답 ②

## 15

$\cos(\pi+\theta)=-\cos\theta=\frac{1}{3}$에서

$\cos\theta=-\frac{1}{3}$

$\sin(\pi+\theta)=-\sin\theta>0$에서 $\sin\theta<0$

즉, $\theta$는 제3사분면의 각이고

$\sin\theta=-\sqrt{1-\left(-\frac{1}{3}\right)^2}=-\frac{2\sqrt{2}}{3}$

따라서

$\tan\theta=\frac{\sin\theta}{\cos\theta}=\frac{-\frac{2\sqrt{2}}{3}}{-\frac{1}{3}}=2\sqrt{2}$

답 ⑤

## 16

$$\frac{\sin\theta}{1-\sin\theta}-\frac{\sin\theta}{1+\sin\theta}=4$$

에서

$$\frac{\sin\theta(1+\sin\theta)-\sin\theta(1-\sin\theta)}{(1-\sin\theta)(1+\sin\theta)}=4$$

$$\frac{2\sin^2\theta}{1-\sin^2\theta}=4$$

$$\frac{2(1-\cos^2\theta)}{\cos^2\theta}=4$$

$$1-\cos^2\theta=2\cos^2\theta$$

따라서 $\cos^2\theta=\frac{1}{3}$이고, $\frac{\pi}{2}<\theta<\pi$이므로

$$\cos\theta=-\frac{\sqrt{3}}{3}$$

답 ①

## 17

부채꼴의 반지름의 길이를 $r$, 호의 길이를 $l$이라 할 때, 중심각의 크기가 1라디안이므로 $\frac{l}{r}=1$, 즉 $l=r$

부채꼴의 둘레의 길이는 $2r+l=24$이므로

$l=r$를 대입하면 $3r=24$

$r=8$, $l=8$

따라서 부채꼴의 넓이는

$$\frac{1}{2}rl=\frac{1}{2}\times8\times8=32$$

답 32

## 18

원 $O'$에서 중심각의 크기가 $\frac{7}{6}\pi$인 부채꼴 $AO'B$의 넓이를 $T_1$, 원 $O$에서 중심각의 크기가 $\frac{5}{6}\pi$인 부채꼴 AOB의 넓이를 $T_2$라 하면

$$S_1=T_1+S_2-T_2$$
$$=\left(\frac{1}{2}\times3^2\times\frac{7}{6}\pi\right)+S_2-\left(\frac{1}{2}\times3^2\times\frac{5}{6}\pi\right)$$
$$=\frac{3}{2}\pi+S_2$$

따라서 $S_1-S_2=\frac{3}{2}\pi$

답 ④

## 19

원점을 중심으로 하고 반지름의 길이가 3인 원이 세 동경 OP, OQ, OR와 만나는 점을 각각 A, B, C라 하자.

점 P가 제1사분면 위에 있고, $\sin\alpha=\frac{1}{3}$이므로

점 A의 좌표는 $A(2\sqrt{2},\ 1)$

점 Q가 점 P와 직선 $y=x$에 대하여 대칭이므로

동경 OQ도 동경 OP와 직선 $y=x$에 대하여 대칭이다.

그러므로 점 B의 좌표는 $B(1,\ 2\sqrt{2})$

점 R가 점 Q와 원점에 대하여 대칭이므로

동경 OR도 동경 OQ와 원점에 대하여 대칭이다.

그러므로 점 C의 좌표는 $C(-1,\ -2\sqrt{2})$

삼각함수의 정의에 의해

$$\sin\beta=\frac{2\sqrt{2}}{3},\ \tan\gamma=\frac{-2\sqrt{2}}{-1}=2\sqrt{2}$$

따라서 $9(\sin^2\beta+\tan^2\gamma)=9\times\left(\frac{8}{9}+8\right)=80$

답 80

# 유형 2 삼각함수의 그래프

## 20

$-1\le\cos x\le1$이므로

$-4+3\le4\cos x+3\le4+3$이다.

즉, $-1\le4\cos x+3\le7$

따라서 함수 $f(x)=4\cos x+3$의 최댓값은 7이다.

답 ②

## 21

$$\tan\left(\pi x+\frac{\pi}{2}\right)=\tan\left(\pi x+\frac{\pi}{2}+\pi\right)=\tan\left\{\pi(x+1)+\frac{\pi}{2}\right\}$$

따라서 함수 $y=\tan\left(\pi x+\frac{\pi}{2}\right)$의 주기는 1이다.

답 ③

## 22

모든 실수 $x$에 대하여

$-1\le\sin x\le1$

이므로 함수 $f(x)=5\sin x+1$의 최댓값은

$5\times1+1=6$

답 6

## 23

함수 $f(x)=-\sin 2x$의 주기는 $\frac{2\pi}{2}=\pi$이므로 함수 $y=f(x)$의 그래프는 다음과 같다.

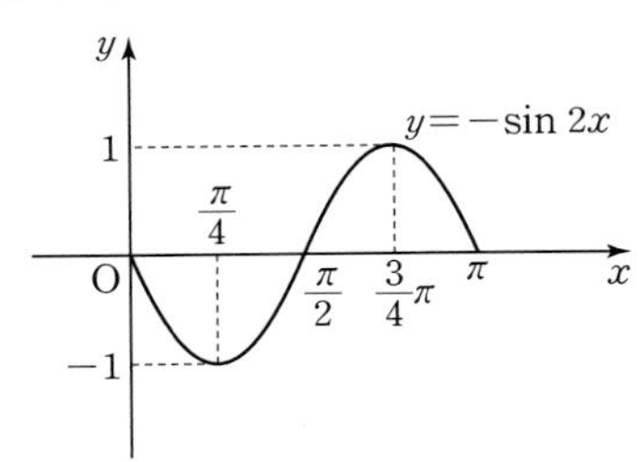


함수 $f(x)$는 $x=\frac{\pi}{4}$일 때 최솟값

$f\left(\frac{\pi}{4}\right)=-\sin\frac{\pi}{2}=-1$

을 갖고, $x=\frac{3}{4}\pi$일 때 최댓값

$f\left(\frac{3}{4}\pi\right)=-\sin\frac{3}{2}\pi=1$

을 갖는다.

따라서 $a=\frac{3}{4}\pi$, $b=\frac{\pi}{4}$이므로 두 점

$\left(\frac{3}{4}\pi, 1\right)$, $\left(\frac{\pi}{4}, -1\right)$을 지나는 직선의 기울기는

$\dfrac{1-(-1)}{\frac{3}{4}\pi-\frac{\pi}{4}}=\dfrac{2}{\frac{\pi}{2}}=\dfrac{4}{\pi}$

답 ④

## 24

$\sin(-\theta)=-\sin\theta$이므로

$\sin(-\theta)=\frac{1}{7}\cos\theta$에서

$-\sin\theta=\frac{1}{7}\cos\theta$

$\cos^2\theta=49\sin^2\theta$

이때 $\sin^2\theta+\cos^2\theta=1$이므로

$\sin^2\theta+49\sin^2\theta=1$

$\sin^2\theta=\frac{1}{50}$

한편, $\cos\theta<0$이므로

$\sin\theta=-\frac{1}{7}\cos\theta>0$

따라서

$\sin\theta=\frac{1}{5\sqrt{2}}=\frac{\sqrt{2}}{10}$

답 ④

## 25

함수 $f(x)=a-\sqrt{3}\tan 2x$의 그래프의 주기는 $\frac{\pi}{2}$이다.

함수 $f(x)$가 닫힌구간 $\left[-\frac{\pi}{6}, b\right]$에서 최댓값과 최솟값을 가지므로

$-\frac{\pi}{6}<b<\frac{\pi}{4}$

이다.

한편, 함수 $y=f(x)$의 그래프는 구간 $\left[-\frac{\pi}{6}, b\right]$에서 $x$의 값이 증가할 때, $y$의 값은 감소한다.

함수 $f(x)$는 $x=-\frac{\pi}{6}$에서 최댓값 7을 가지므로

$f\left(-\frac{\pi}{6}\right)=a-\sqrt{3}\tan\left(-\frac{\pi}{3}\right)=7$에서

$a+\sqrt{3}\tan\frac{\pi}{3}=7$

$a+3=7$

$a=4$

함수 $f(x)$는 $x=b$에서 최솟값 3을 가지므로

$f(b)=4-\sqrt{3}\tan 2b=3$에서

$\tan 2b=\frac{\sqrt{3}}{3}$

이때 $-\frac{\pi}{3}<2b<\frac{\pi}{2}$이므로

$2b=\frac{\pi}{6}$

$b=\frac{\pi}{12}$

따라서 $a\times b=4\times\frac{\pi}{12}=\frac{\pi}{3}$

답 ③

## 26

$0\le x\le\frac{2\pi}{a}$에서 $0\le ax\le 2\pi$이므로

$2\cos ax=1$, 즉 $\cos ax=\frac{1}{2}$에서

$ax=\frac{\pi}{3}$ 또는 $ax=\frac{5\pi}{3}$, 즉 $x=\frac{\pi}{3a}$ 또는 $x=\frac{5\pi}{3a}$

두 점 A, B의 좌표가 각각 $\left(\frac{\pi}{3a}, 1\right)$, $\left(\frac{5\pi}{3a}, 1\right)$이고

$\overline{AB}=\frac{8}{3}$이므로

$\frac{5\pi}{3a}-\frac{\pi}{3a}=\frac{4\pi}{3a}=\frac{8}{3}$

따라서 $a=\frac{4\pi}{3}\times\frac{3}{8}=\frac{\pi}{2}$

답 ③

## 27

두 함수의 그래프가 만나는 점의 $y$좌표가 같으므로

$\sin x=\cos\left(x+\frac{\pi}{2}\right)+1$

$\cos\left(x+\frac{\pi}{2}\right)=-\sin x$이므로 $2\sin x=1$

즉, $\sin x=\frac{1}{2}$

그러므로 $x=\frac{\pi}{6}$ 또는 $x=\frac{5}{6}\pi$

따라서 만나는 모든 점의 $x$좌표의 합은 $\pi$이다.

답 ②

## 28

함수 $y=f(x)$의 주기는

$\frac{2\pi}{\frac{\pi}{6}}=12$

이므로 함수 $y=f(x)$의 그래프는 다음과 같다.

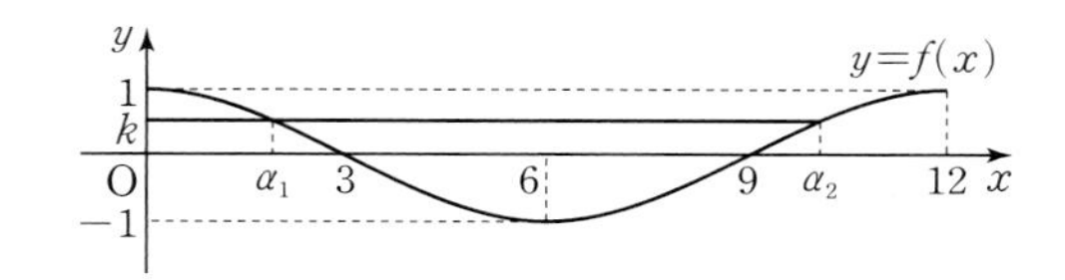


위 그림과 같이 일반성을 잃지 않고

$\alpha_1<\alpha_2$

라 하면

$\alpha_1+\alpha_2=12$

주어진 조건에 의하여

$\alpha_2-\alpha_1=8$

이므로

$\alpha_1=2,\ \alpha_2=10$

그러므로

$k=\cos\left(\frac{\pi\times 2}{6}\right)=\cos\frac{\pi}{3}=\frac{1}{2}$

한편,

$-3\cos\frac{\pi x}{6}-1=\frac{1}{2}$

에서

$\cos\frac{\pi x}{6}=-\frac{1}{2}$

$0\le x\le 12$에서 $0\le\frac{\pi x}{6}\le 2\pi$이므로

$\frac{\pi x}{6}=\frac{2}{3}\pi$ 또는 $\frac{\pi x}{6}=\frac{4}{3}\pi$

즉, $x=4$ 또는 $x=8$

따라서

$|\beta_1-\beta_2|=|4-8|=4$

답 ③

## 29

함수 $y=a\sin b\pi x$의 주기는

$\frac{2\pi}{b\pi}=\frac{2}{b}$

이므로 두 점 A, B의 좌표는

$\mathrm{A}\left(\frac{1}{2b},\ a\right)$, $\mathrm{B}\left(\frac{5}{2b},\ a\right)$

따라서 삼각형 OAB의 넓이가 5이므로

$\frac{1}{2}\times a\times\left(\frac{5}{2b}-\frac{1}{2b}\right)=5$

$\frac{a}{b}=5$

$a=5b$ ······ ㉠

직선 OA의 기울기와 직선 OB의 기울기의 곱이 $\frac{5}{4}$이므로

$\frac{a}{\frac{1}{2b}}\times\frac{a}{\frac{5}{2b}}=2ab\times\frac{2ab}{5}=\frac{4a^2b^2}{5}=\frac{5}{4}$

$a^2b^2=\frac{25}{16}$, $ab=\frac{5}{4}$ ······ ㉡

㉠, ㉡에서 $a=\frac{5}{2}$, $b=\frac{1}{2}$이므로

$a+b=3$

답 ③

## 30

$f(x)=\tan\frac{\pi x}{a}$에서 $\frac{\pi}{\frac{\pi}{a}}=a$이므로 함수 $f(x)$의 주기는 $a$이다.

$\triangle$ABC는 정삼각형이므로 직선 AB는 원점을 지나고 기울기가 $\tan 60^\circ=\sqrt{3}$인 직선이다.

양수 $t$에 대하여 $\mathrm{B}(t,\ \sqrt{3}t)$로 놓으면

$\mathrm{A}(-t,\ -\sqrt{3}t)$이고 $\overline{\mathrm{AB}}=\sqrt{(2t)^2+(2\sqrt{3}t)^2}=4t$

이때 함수 $f(x)$의 주기가 $a$이므로

$\overline{\mathrm{AC}}=4t=a$이고, $\mathrm{C}(-t+a,\ -\sqrt{3}t)$, 즉 $\mathrm{C}(3t,\ -\sqrt{3}t)$이다.

점 C가 곡선 $y=\tan\frac{\pi x}{a}=\tan\frac{\pi x}{4t}$ 위의 점이므로

$-\sqrt{3}t=\tan\frac{\pi\times 3t}{4t}$

$-\sqrt{3}t=\tan\frac{3\pi}{4}$에서 $t=\frac{1}{\sqrt{3}}$

따라서 삼각형 ABC의 넓이는

$\frac{\sqrt{3}}{4}\times(4t)^2=\frac{\sqrt{3}}{4}\times\left(\frac{4}{\sqrt{3}}\right)^2=\frac{4\sqrt{3}}{3}$

답 ③

## 31

(가)에서 $g(a\pi)=-1$ 또는 $g(a\pi)=1$이다.

$\sin(a\pi)=-1$에서 $a=\frac{3}{2}$

$\sin(a\pi)=1$에서 $a=\frac{1}{2}$

(나)에서 방정식 $f(g(x))=0$의 해가 존재하므로

$-1\le t\le 1$이고 $f(t)=0$인 실수 $t$가 존재한다.

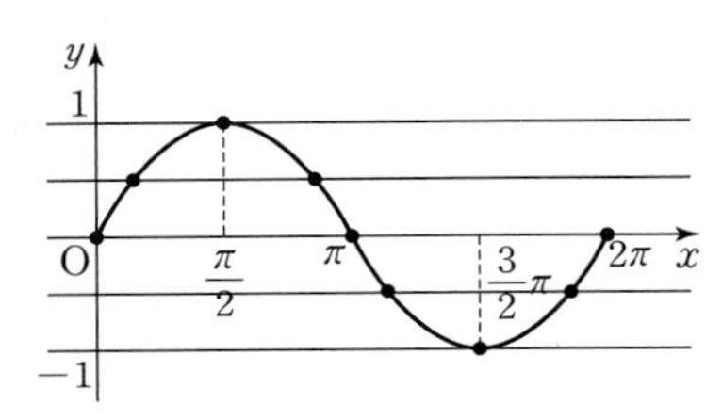

$0\le x\le 2\pi$에서 방정식 $g(x)=t$의 해의 합은 각각

$t=-1$일 때 $\frac{3}{2}\pi$,

$-1<t<0$일 때 $3\pi$,

$t=0$일 때 $3\pi$,

$0<t<1$일 때 $\pi$,

$t=1$일 때 $\frac{\pi}{2}$

이다.

$0\le x\le 2\pi$일 때, 방정식 $f(g(x))=0$의 모든 해의 합이 $\frac{5}{2}\pi$이므로 방정식 $f(x)=0$은 두 실근 $-1$, $\alpha$를 가지고 $0<\alpha<1$이다.

(i) $a=\frac{3}{2}$인 경우

$f(x)=x^2+\frac{3}{2}x+b$에서 $f(-1)=0$이므로

$f(-1)=b-\frac{1}{2}=0$, $b=\frac{1}{2}$

즉, $f(x)=x^2+\frac{3}{2}x+\frac{1}{2}=(x+1)\left(x+\frac{1}{2}\right)$에서

방정식 $f(x)=0$의 두 근은 $x=-1$ 또는 $x=-\frac{1}{2}$이므로 조건을 만족시키지 않는다.

(ii) $a=\frac{1}{2}$인 경우

$f(x)=x^2+\frac{1}{2}x+b$에서 $f(-1)=0$이므로

$f(-1)=b+\frac{1}{2}=0$, $b=-\frac{1}{2}$

즉, $f(x)=x^2+\frac{1}{2}x-\frac{1}{2}=(x+1)\left(x-\frac{1}{2}\right)$에서

방정식 $f(x)=0$의 두 근은 $x=-1$ 또는 $x=\frac{1}{2}$이므로 조건을 만족시킨다.

(i), (ii)에서 $f(x)=x^2+\frac{1}{2}x-\frac{1}{2}$이므로

$f(2)=\frac{9}{2}$

답 ④

## 32

삼각형 AOB의 넓이가 $\frac{1}{2}\times\overline{AB}\times 5=\frac{15}{2}$이므로

$\overline{AB}=3$

이때 $\overline{BC}=\overline{AB}+6=9$

함수 $y=f(x)$의 주기가 $2b$이므로

$2b=\overline{AC}=\overline{AB}+\overline{BC}=12$

즉, $b=6$

선분 AB의 중점의 $x$좌표가 $\frac{b}{2}$, 즉 3이므로

점 A의 좌표는 $\left(\frac{3}{2}, 5\right)$이다.

점 A는 곡선 $y=f(x)$ 위의 점이므로

$f\left(\frac{3}{2}\right)=5$에서

$a\sin\frac{\pi}{4}+1=5$, $a=4\sqrt{2}$

따라서 $a^2+b^2=(4\sqrt{2})^2+6^2=32+36=68$

답 ①

## 33

함수 $y=\cos\left(x-\frac{\pi}{2}\right)$의 그래프는 함수 $y=\sin x$의 그래프와 일치하고 함수 $y=\sin 4x$의 최댓값은 1, 최솟값은 $-1$, 주기는 $\frac{\pi}{2}$이므로 $0\le x<2\pi$에서 두 함수 $y=\sin x$와 $y=\sin 4x$의 그래프는 다음 그림과 같다.

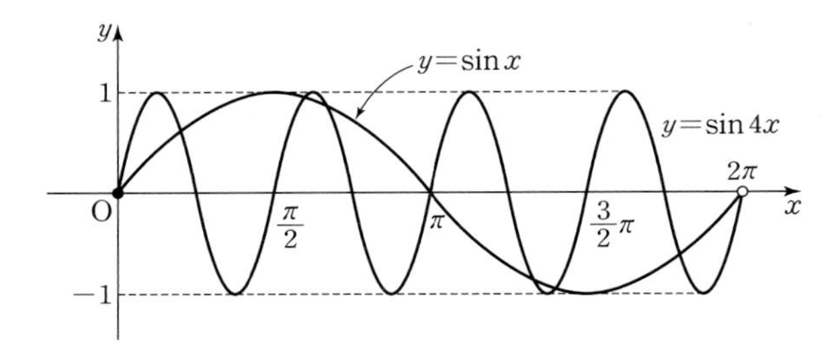


따라서 두 곡선이 만나는 점의 개수는 8이다.

답 ④

## 34

아래 그림은 $k$의 값에 따른 두 곡선 $y=f(x)$, $y=\sin x$와 직선 $y=\sin\left(\frac{k}{6}\pi\right)$를 좌표평면에 나타낸 것이다.

각 그림에서 곡선 $y=f(x)$와 직선 $y=\sin\left(\frac{k}{6}\pi\right)$의 교점의 개수 $a_k$를 구하면 다음과 같다.

(i) $k=1$일 때, $a_1=2$

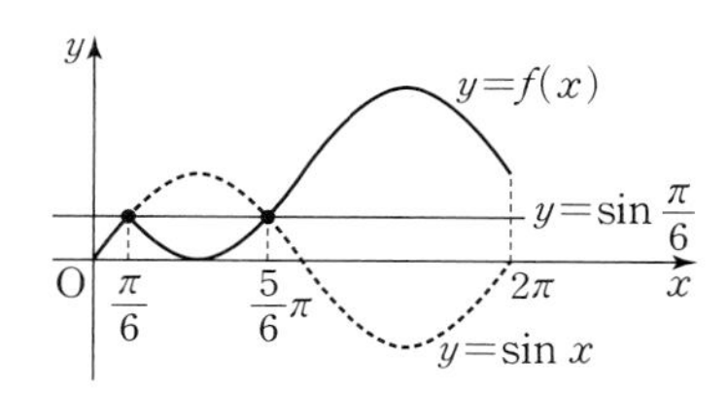


(ii) $k=2$일 때, $a_2=2$

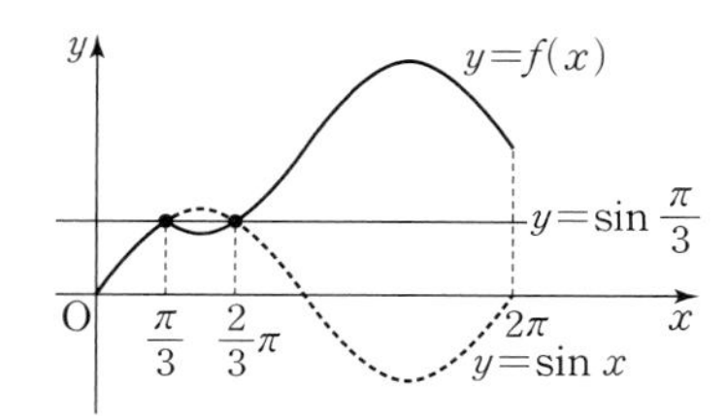


(iii) $k=3$일 때, $a_3=1$

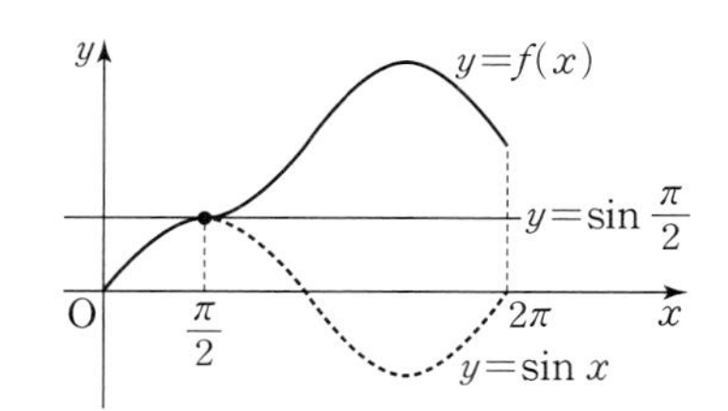


(iv) $k=4$일 때, $a_4=2$

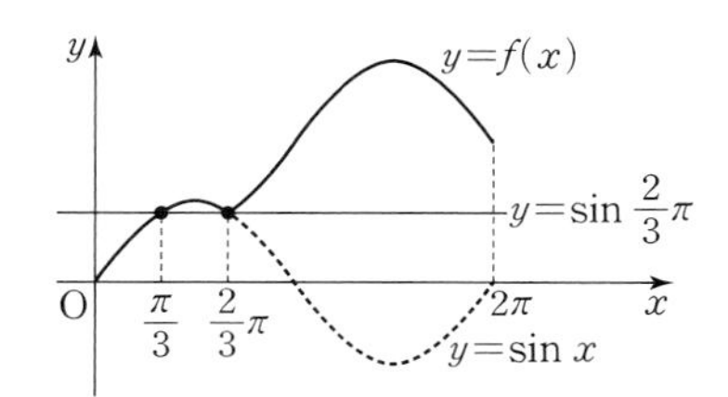


(v) $k=5$일 때, $a_5=2$

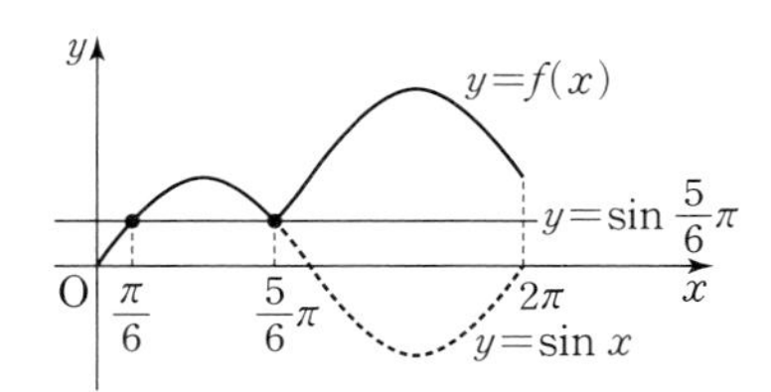


따라서 $a_1+a_2+a_3+a_4+a_5=2+2+1+2+2=9$

답 ④

# 35

함수 $y=f(x)$의 그래프가 직선 $y=2$와 만나는 점의 $x$좌표는

$0\le x<\frac{4\pi}{a}$일 때 방정식

$\left|4\sin\left(ax-\frac{\pi}{3}\right)+2\right|=2$ ...... ㉠

의 실근과 같다.

$ax-\frac{\pi}{3}=t$라 하면 $-\frac{\pi}{3}\le t<\frac{11}{3}\pi$이고

$|4\sin t+2|=2$ ...... ㉡

에서 $\sin t=0$ 또는 $\sin t=-1$

$-\frac{\pi}{3}\le t<\frac{11}{3}\pi$일 때, 방정식 ㉡의 실근은

$0$, $\pi$, $\frac{3}{2}\pi$, $2\pi$, $3\pi$, $\frac{7}{2}\pi$의 6개이고, 이 6개의 실근의 합은 $11\pi$이다.

따라서 $n=6$이고 방정식 ㉠의 6개의 실근의 합이 39이므로

$39a-\frac{\pi}{3}\times 6=11\pi$, $a=\frac{\pi}{3}$

따라서 $n\times a=6\times\frac{\pi}{3}=2\pi$

답 ④

# 36

함수 $f(x)$의 최솟값이

$-a+8-a=8-2a$

이므로 조건 (가)를 만족시키려면

$8-2a\ge 0$

즉, $a\le 4$이어야 한다.

그런데 $a=1$ 또는 $a=2$ 또는 $a=3$일 때는 함수 $f(x)$의 최솟값이 0보다 크므로 조건 (나)를 만족시킬 수 없다.

그러므로 $a=4$

이때 $f(x)=4\sin bx+4$이고 이 함수의 주기는 $\frac{2\pi}{b}$이므로

$0\le x\le\frac{2\pi}{b}$일 때 방정식 $f(x)=0$의 서로 다른 실근의 개수는 1이다.

그러므로 $0\le x<2\pi$일 때, 방정식 $f(x)=0$의 서로 다른 실근의 개수가 4가 되려면 $b=4$이어야 한다.

따라서 $a+b=4+4=8$

답 8

## 유형 3 삼각함수의 방정식, 부등식에의 활용

# 37

$y=\sin 4x$의 주기는 $\frac{2\pi}{|4|}=\frac{\pi}{2}$

좌표평면에 $0\le x<2\pi$의 범위에서 직선 $y=\frac{1}{2}$과 함수 $y=\sin 4x$의 그래프를 그리면 다음과 같다.

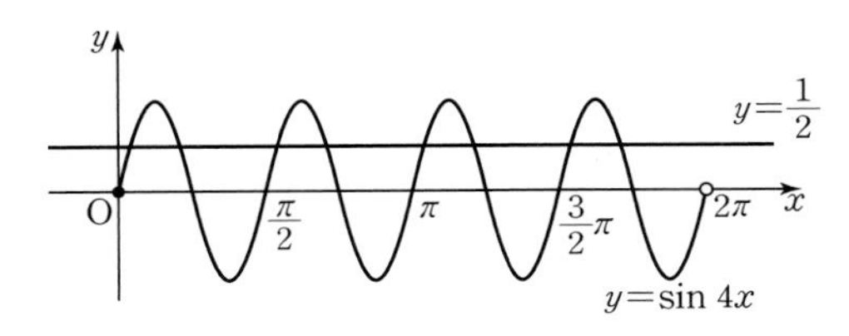


따라서 구하는 서로 다른 실근의 개수는 8이다.

답 ④

## 38

주어진 이차방정식의 판별식을 $D$라 하면 실근을 갖지 않아야 하므로

$\frac{D}{4}=4\cos^2\theta-6\sin\theta<0$

$4(1-\sin^2\theta)-6\sin\theta<0$

$2\sin^2\theta+3\sin\theta-2>0$

$(2\sin\theta-1)(\sin\theta+2)>0$

그런데 $\sin\theta+2>0$이므로

$2\sin\theta-1>0$

즉, $\sin\theta>\frac{1}{2}$

$0\le\theta<2\pi$일 때

$\frac{\pi}{6}<\theta<\frac{5}{6}\pi$

따라서 $\alpha=\frac{\pi}{6}$, $\beta=\frac{5}{6}\pi$이므로

$3\alpha+\beta=\frac{\pi}{2}+\frac{5}{6}\pi=\frac{4}{3}\pi$

답 ④

## 39

$\cos\left(\frac{\pi}{2}+x\right)=-\sin x$이므로 주어진 방정식은

$4\sin^2 x+4\sin x-3=0$

$(2\sin x-1)(2\sin x+3)=0$

$\sin x=\frac{1}{2}$

이때 $0\le x<4\pi$이므로

$x=\frac{\pi}{6}$, $\frac{5}{6}\pi$, $2\pi+\frac{\pi}{6}$, $2\pi+\frac{5}{6}\pi$

따라서 모든 해의 합은

$\frac{\pi}{6}+\frac{5}{6}\pi+2\pi+\frac{\pi}{6}+2\pi+\frac{5}{6}\pi=6\pi$

답 ②

## 40

$\sin x=\sqrt{3}(1+\cos x)$에서 $\sin^2 x=1-\cos^2 x$이므로

$1-\cos^2 x=3(1+\cos x)^2$, $2(1+\cos x)(2\cos x+1)=0$

(i) $\cos x=-1$일 때, $\sin x=0$이고 $x=\pi$

(ii) $\cos x=-\frac{1}{2}$일 때, $\sin x=\frac{\sqrt{3}}{2}$이고 $x=\frac{2}{3}\pi$

(i), (ii)에서 방정식의 모든 해의 합은 $\frac{5}{3}\pi$이다.

답 ⑤

## 41

$4\cos^2 x-1=0$에서

$(2\cos x+1)(2\cos x-1)=0$

$\cos x=-\frac{1}{2}$ 또는 $\cos x=\frac{1}{2}$

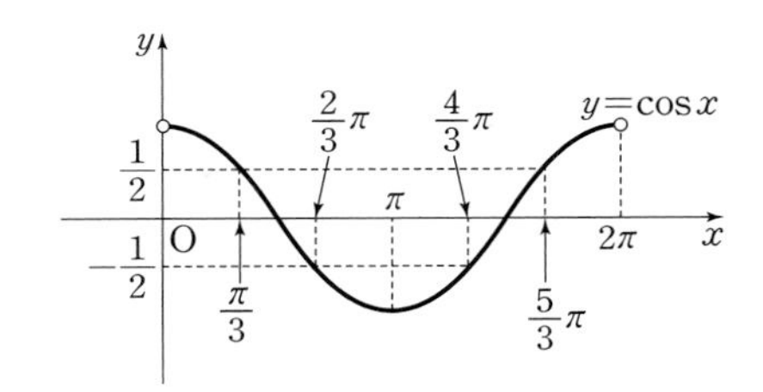


따라서 방정식을 만족시키는 $x$의 값은

$x=\frac{\pi}{3}$ 또는 $x=\frac{2}{3}\pi$ 또는 $x=\frac{4}{3}\pi$ 또는 $x=\frac{5}{3}\pi$

한편, $\sin x\cos x<0$이므로 $x$는 제2사분면의 각 또는 제4사분면의 각이다.

따라서 구하는 $x$의 값은 $x=\frac{2}{3}\pi$ 또는 $x=\frac{5}{3}\pi$이므로 모든 $x$의 값의 합은 $\frac{7}{3}\pi$이다.

답 ②

## 42

이차방정식

$x^2-(2\sin\theta)x-3\cos^2\theta-5\sin\theta+5=0$

의 판별식을 $D$라 하면 이 이차방정식이 실근을 가져야 하므로

$\frac{D}{4}=(-\sin\theta)^2-(-3\cos^2\theta-5\sin\theta+5)\ge0$

이어야 한다.

즉, $\sin^2\theta+3\cos^2\theta+5\sin\theta-5\ge0$

이때 $\cos^2\theta=1-\sin^2\theta$이므로

$\sin^2\theta+3(1-\sin^2\theta)+5\sin\theta-5\ge0$

$2\sin^2\theta-5\sin\theta+2\le0$

$(2\sin\theta-1)(\sin\theta-2)\le0$

$\sin\theta-2<0$이므로

$2\sin\theta-1\ge0$

$\sin\theta\ge\frac{1}{2}$

이때 $0\le\theta<2\pi$이므로

$\frac{\pi}{6} \le \theta \le \frac{5}{6}\pi$

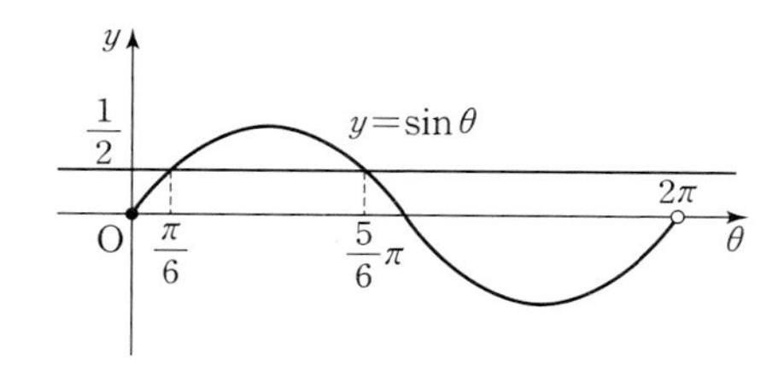


따라서 $\alpha = \frac{\pi}{6}$, $\beta = \frac{5}{6}\pi$이므로

$4\beta - 2\alpha = 4 \times \frac{5}{6}\pi - 2 \times \frac{\pi}{6} = 3\pi$

답 ①

# 43

$\sin\frac{\pi}{7} = \cos\left(\frac{\pi}{2} - \frac{\pi}{7}\right) = \cos\frac{5}{14}\pi$

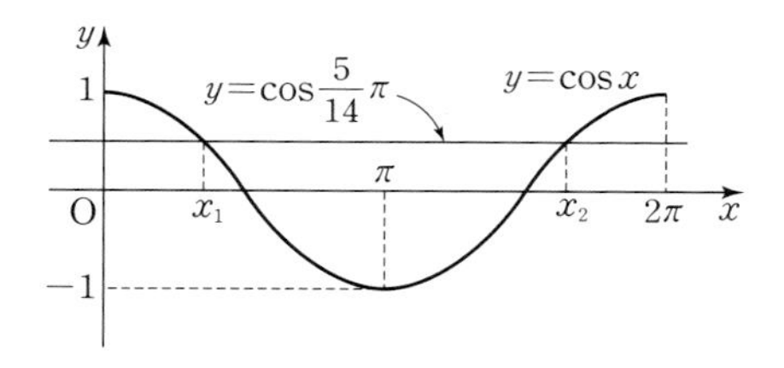


그림과 같이 곡선 $y=\cos x$ $(0 \le x \le 2\pi)$와 직선 $y = \cos\frac{5}{14}\pi$가 만나는 두 점의 $x$좌표를 각각 $x_1$, $x_2$ $(x_1 < x_2)$라 하면

$x_1 = \frac{5}{14}\pi$이고 $\frac{x_1 + x_2}{2} = \pi$이므로

$x_2 = 2\pi - x_1 = \frac{23}{14}\pi$

따라서 $0 \le x \le 2\pi$일 때, 부등식 $\cos x \le \sin\frac{\pi}{7}$를 만족시키는 모든 $x$의 값의 범위는 $\frac{5}{14}\pi \le x \le \frac{23}{14}\pi$이므로

$\beta - \alpha = \frac{23}{14}\pi - \frac{5}{14}\pi = \frac{9}{7}\pi$

답 ③

# 44

$f(2+x) = \sin\left(\frac{\pi}{2} + \frac{\pi}{4}x\right) = \cos\frac{\pi}{4}x$,

$f(2-x) = \sin\left(\frac{\pi}{2} - \frac{\pi}{4}x\right) = \cos\frac{\pi}{4}x$

이므로 주어진 부등식은

$\cos^2\frac{\pi}{4}x < \frac{1}{4}$

즉, $-\frac{1}{2} < \cos\frac{\pi}{4}x < \frac{1}{2}$ ...... ㉠

$0 < x < 16$에서 $0 < \frac{\pi}{4}x < 4\pi$이므로 ㉠에서

$\frac{\pi}{3} < \frac{\pi}{4}x < \frac{2}{3}\pi$ 또는 $\frac{4}{3}\pi < \frac{\pi}{4}x < \frac{5}{3}\pi$

또는 $\frac{7}{3}\pi < \frac{\pi}{4}x < \frac{8}{3}\pi$ 또는 $\frac{10}{3}\pi < \frac{\pi}{4}x < \frac{11}{3}\pi$

이다. 즉,

$\frac{4}{3} < x < \frac{8}{3}$ 또는 $\frac{16}{3} < x < \frac{20}{3}$ 또는

$\frac{28}{3} < x < \frac{32}{3}$ 또는 $\frac{40}{3} < x < \frac{44}{3}$

이므로 구하는 자연수 $x$의 값은

2, 6, 10, 14이다.

따라서 구하는 모든 자연수 $x$의 값의 합은

$2+6+10+14=32$

답 32

# 45

ㄱ. 방정식

$\left(\sin\frac{\pi x}{2} - t\right)\left(\cos\frac{\pi x}{2} - t\right) = 0$

에서

$\sin\frac{\pi x}{2} = t$ 또는 $\cos\frac{\pi x}{2} = t$

이 방정식의 실근은 두 함수 $y=\sin\frac{\pi x}{2}$, $y=\cos\frac{\pi x}{2}$의 그래프와 직선 $y=t$와의 교점의 $x$좌표이다.

한편, 두 함수 $y=\sin\frac{\pi x}{2}$, $y=\cos\frac{\pi x}{2}$의 주기가 모두 $\frac{2\pi}{\frac{\pi}{2}} = 4$이므로 그래프는 다음과 같다.

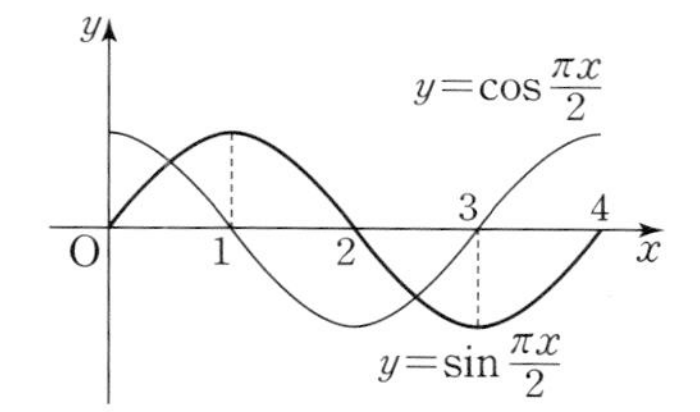


$-1 \le t < 0$이면 직선 $y=t$와 $\alpha(t)$, $\beta(t)$는 다음 그림과 같다.

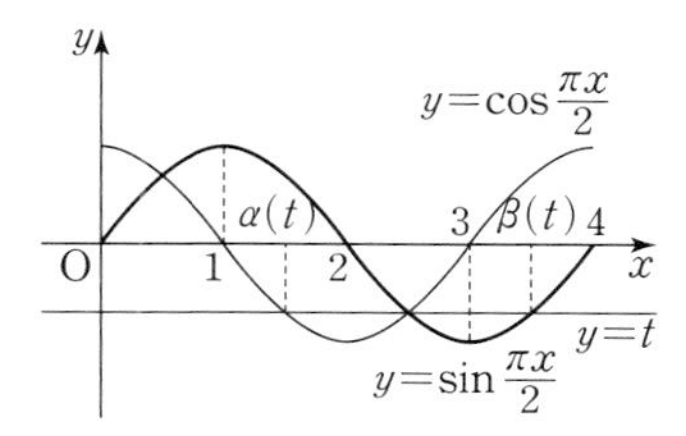


이때 함수 $y=\cos\frac{\pi x}{2}$의 그래프는 함수 $y=\sin\frac{\pi x}{2}$의 그래프를 평행이동시키면 겹쳐질 수 있고 함수 $y=\sin\frac{\pi x}{2}$의 그래프는 직선 $x=1$, $x=3$에 대하여 대칭이고 점 $(2, 0)$에 대하여 대칭이다.

그러므로 $\alpha(t) = 1+k$ $(0 < k \le 1)$로 놓으면

$\beta(t) = 4-k$

따라서 $\alpha(t)+\beta(t)=1+k+4-k=5$ (참)

ㄴ. 실근 $\alpha(t)$, $\beta(t)$는 집합 $\{x \mid 0\le x<4\}$의 원소이므로

$\beta(0)=3$, $\alpha(0)=0$

그러므로 주어진 식은

$\{t \mid \beta(t)-\alpha(t)=\beta(0)-\alpha(0)\}=\{t \mid \beta(t)-\alpha(t)=3\}$

(i) $0\le t\le \frac{\sqrt{2}}{2}$일 때,

$t=0$이면 $\beta(0)-\alpha(0)=3-0=3$

$t\ne0$이면 다음 그림과 같다.

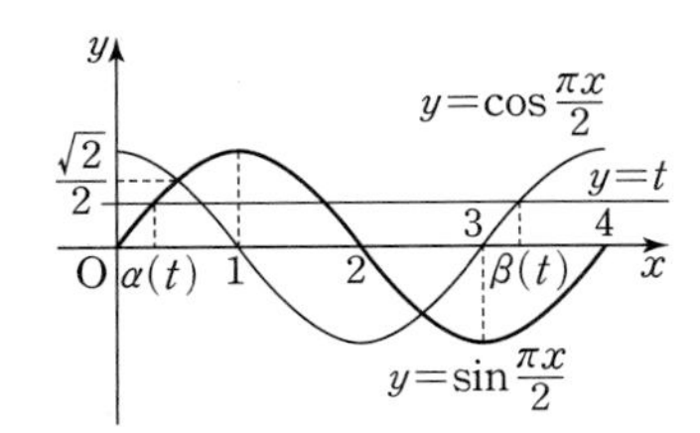


이때 $\alpha(t)=k\left(0<k\le\frac{1}{2}\right)$이라 하면

$\beta(t)=3+k$

그러므로 $\beta(t)-\alpha(t)=3$

(ii) $\frac{\sqrt{2}}{2}<t<1$일 때,

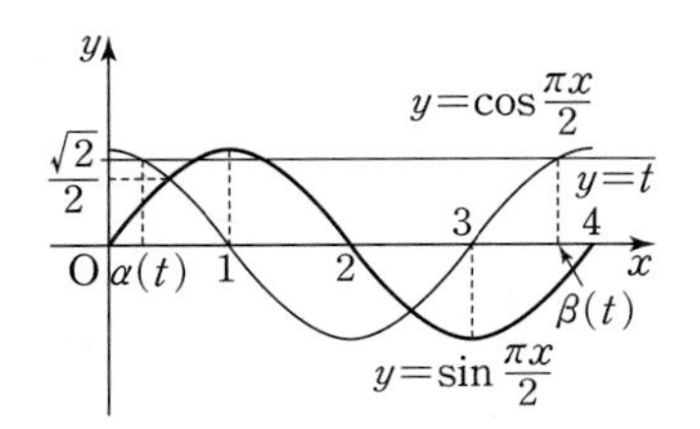


이때 $\alpha(t)=k\left(0<k<\frac{1}{2}\right)$이라 하면

$\beta(t)=4-k$

그러므로 $\beta(t)-\alpha(t)=4-2k\ (0<2k<1)$

(iii) $t=1$일 때,

$\alpha(1)=0$, $\beta(1)=1$이므로

$\beta(1)-\alpha(1)=1$

(iv) $-1\le t<0$일 때,

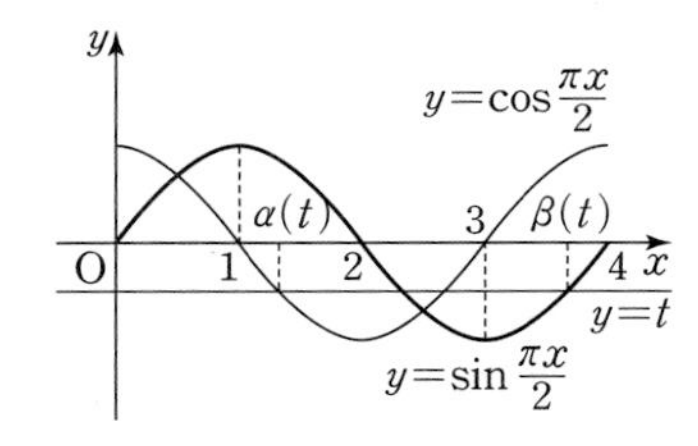


$1<\alpha(t)\le2$, $3\le\beta(t)<4$이므로

$\beta(t)-\alpha(t)<3$

따라서 (i)~(iv)에서

$\{t \mid \beta(t)-\alpha(t)=3\}=\left\{t \,\middle|\, 0\le t\le\frac{\sqrt{2}}{2}\right\}$ (참)

ㄷ. $\alpha(t_1)=\alpha(t_2)$이기 위해서는

$0<t_1<\frac{\sqrt{2}}{2}<t_2$

이때 $\alpha(t_1)=\alpha(t_2)=\alpha$라 하면

$t_1=\sin\frac{\pi}{2}\alpha$, $t_2=\cos\frac{\pi}{2}\alpha$

이때 $t_2=t_1+\frac{1}{2}$이므로

$\cos\frac{\pi}{2}\alpha=\sin\frac{\pi}{2}\alpha+\frac{1}{2}$

이 식을 $\cos^2\frac{\pi}{2}\alpha+\sin^2\frac{\pi}{2}\alpha=1$에 대입하면

$2\sin^2\frac{\pi}{2}\alpha+\sin\frac{\pi}{2}\alpha+\frac{1}{4}=1$

$8\sin^2\frac{\pi}{2}\alpha+4\sin\frac{\pi}{2}\alpha-3=0$

$\sin\frac{\pi}{2}\alpha=\frac{-2\pm\sqrt{28}}{8}=\frac{-1\pm\sqrt{7}}{4}$

이때 $\sin\frac{\pi}{2}\alpha>0$이므로

$\sin\frac{\pi}{2}\alpha=\frac{-1+\sqrt{7}}{4}$

그러므로

$t_1=\frac{-1+\sqrt{7}}{4}$, $t_2=t_1+\frac{1}{2}=\frac{1+\sqrt{7}}{4}$

따라서

$t_1\times t_2=\frac{(-1+\sqrt{7})(1+\sqrt{7})}{16}=\frac{3}{8}$ (거짓)

이상에서 옳은 것은 ㄱ, ㄴ이다.

답 ②

## 유형 4 사인법칙과 코사인법칙

### 46

삼각형 ABC의 외접원의 반지름의 길이가 7이므로 사인법칙에 의하여

$\frac{\overline{BC}}{\sin\frac{\pi}{3}}=2\times7$

$\overline{BC}=7\sqrt{3}$ ...... ㉠

한편, $\overline{AB}:\overline{AC}=3:1$이므로

$\overline{AC}=k\ (k>0)$이라 하면 $\overline{AB}=3k$

이때

$\overline{BC}=\sqrt{\overline{AB}^2+\overline{AC}^2-2\overline{AB}\times\overline{AC}\times\cos\frac{\pi}{3}}$

$=\sqrt{9k^2+k^2-2\times3k\times k\times\frac{1}{2}}$

$=\sqrt{7k^2}=\sqrt{7}k$ ...... ㉡

㉠과 ㉡에서

$7\sqrt{3}=\sqrt{7}k$

$k=\sqrt{21}$

따라서 $\overline{AC}=k=\sqrt{21}$

답 ②

## 47

삼각형 ABD에서 코사인법칙에 의하여

$\cos A=\frac{6^2+6^2-(\sqrt{15})^2}{2\times6\times6}=\frac{57}{72}$

이므로 삼각형 ABC에서 코사인법칙에 의하여

$\overline{BC}^2=\overline{AB}^2+\overline{CA}^2-2\times\overline{AB}\times\overline{CA}\times\cos A$

$=6^2+10^2-2\times6\times10\times\frac{57}{72}$

$=36+100-95=41$

따라서 $\overline{BC}=\sqrt{41}$

답 ⑤

## 48

삼각형 PBC에서

$\angle BPC=180^\circ-(30^\circ+15^\circ)=135^\circ$

삼각형 PBC에서 사인법칙에 의하여

$\frac{2\sqrt{3}}{\sin 135^\circ}=\frac{\overline{PC}}{\sin 30^\circ}$이므로

$\overline{PC}=2\sqrt{3}\times\frac{\sin 30^\circ}{\sin 135^\circ}=\sqrt{6}$

$\overline{AC}=b$라 하면

삼각형 ABC에서 코사인법칙에 의하여

$(2\sqrt{3})^2=(2\sqrt{2})^2+b^2-2\times2\sqrt{2}\times b\times\cos 60^\circ$

$b^2-2\sqrt{2}b-4=0$

$b>0$이므로 $b=\sqrt{2}+\sqrt{6}$

삼각형 ABC에서 사인법칙에 의하여

$\frac{2\sqrt{3}}{\sin 60^\circ}=\frac{2\sqrt{2}}{\sin C}$이므로

$\sin C=\frac{\sqrt{2}}{2}$

$\angle A=60^\circ$에서 $\angle C<120^\circ$이므로 $\angle C=45^\circ$

따라서 $\angle PCA=45^\circ-15^\circ=30^\circ$이므로 삼각형 APC의 넓이는

$\frac{1}{2}\times\sqrt{6}\times(\sqrt{2}+\sqrt{6})\times\sin 30^\circ=\frac{3+\sqrt{3}}{2}$

답 ③

## 49

삼각형 ABC에서 사인법칙에 의해

$\frac{\overline{AC}}{\sin B}=2\times15$

따라서

$\overline{AC}=30\times\sin B=30\times\frac{7}{10}=21$

답 21

## 50

$\angle C=120^\circ$이므로

사인법칙에 의하여

$\frac{\overline{BC}}{\sin 45^\circ}=\frac{8}{\sin 120^\circ}$

따라서

$\overline{BC}=\frac{8}{\frac{\sqrt{3}}{2}}\times\frac{\sqrt{2}}{2}=\frac{8\sqrt{6}}{3}$

답 ③

## 51

삼각형 ABC에 내접하는 원이 세 선분 CA, AB, BC와 만나는 점을 각각 P, Q, R라 하자.

$\overline{OQ}=\overline{OR}=3$이므로 $\overline{DR}=\overline{DB}-\overline{RB}=1$

$\overline{DO}=\sqrt{3^2+1^2}=\sqrt{10}$이므로

$\sin(\angle DOR)=\frac{1}{\sqrt{10}}=\frac{\sqrt{10}}{10}$

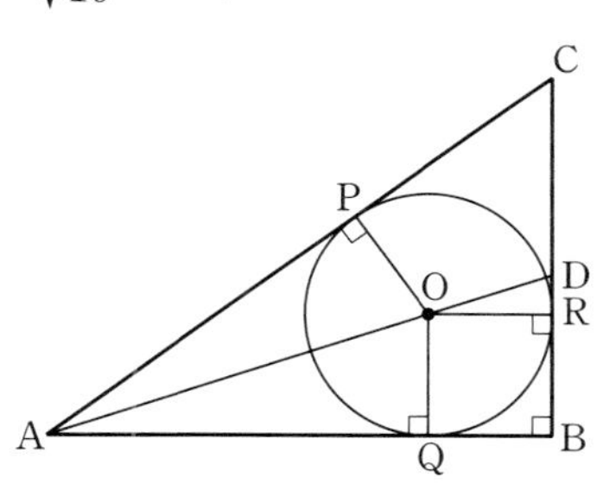


삼각형 DOR와 삼각형 OAQ는 닮음비가 1 : 3이므로

$\overline{AQ}=3\times\overline{OR}=9$

이때 점 O가 삼각형 ABC의 내심이므로

$\overline{PA}=\overline{AQ}=9$, $\angle CAD=\angle DAB$

$\overline{AB}:\overline{AC}=\overline{BD}:\overline{DC}$, $12:(9+\overline{CP})=4:(\overline{CR}-1)$

$9+\overline{CP}=3(\overline{CR}-1)$

이때 $\overline{CP}=\overline{CR}$이므로 $\overline{CR}=6$, 즉 $\overline{CD}=5$

직선 OR와 직선 AB가 평행하므로

$\angle DAB=\angle DOR$, 즉 $\angle CAD=\angle DOR$

삼각형 ADC의 외접원의 반지름의 길이를 $R$라 하면 사인법칙에

의하여

$$2R=\frac{\overline{\text{CD}}}{\sin(\angle\text{CAD})}=5\sqrt{10}$$

$$R=\frac{5\sqrt{10}}{2}$$

따라서 삼각형 ADC의 외접원의 넓이는 $\frac{125}{2}\pi$이다.

답 ①

## 52

삼각형 ABD에서

$\angle\text{BAC}=\angle\text{BDA}$이고 $\overline{\text{AB}}=4$이므로

$\overline{\text{BD}}=4$ ...... ㉠

이때 점 B에서 선분 AD에 내린 수선의 발을 H라 하면

$\overline{\text{AH}}=\overline{\text{AB}}\cos(\angle\text{BAC})=4\times\frac{1}{8}=\frac{1}{2}$

그러므로 $\overline{\text{AD}}=1$

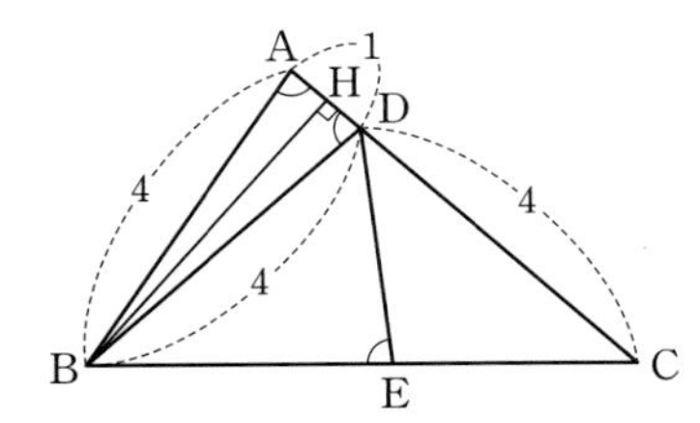


삼각형 BCD는 $\overline{\text{DB}}=\overline{\text{DC}}=4$인 이등변삼각형이다.

점 D에서 변 BC에 내린 수선의 발을 H', $\overline{\text{DE}}=x$라 하면

$\overline{\text{DH'}}=x\sin(\angle\text{H'ED})=x\times\sqrt{1-\left(\frac{1}{8}\right)^2}=\frac{\sqrt{63}}{8}x$ ...... ㉡

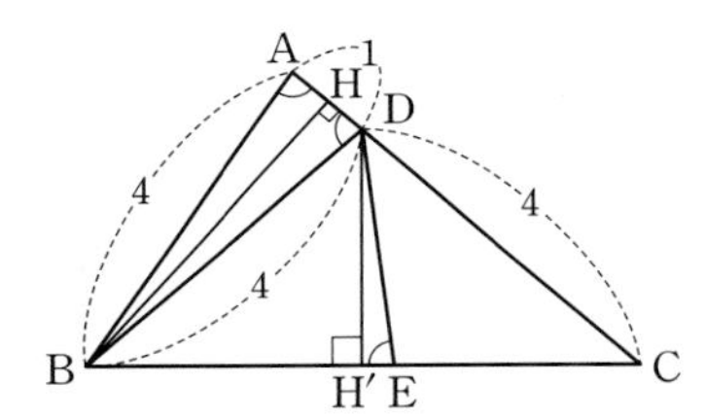


한편, 삼각형 ABC에서 코사인법칙에 의해

$\overline{\text{BC}}^2=\overline{\text{AB}}^2+\overline{\text{AC}}^2-2\times\overline{\text{AB}}\times\overline{\text{AC}}\times\cos(\angle\text{BAC})$

$=4^2+5^2-2\times4\times5\times\frac{1}{8}=36$

이므로

$\overline{\text{BC}}=6$

이때 $\overline{\text{BH'}}=\frac{1}{2}\overline{\text{BC}}=3$ ...... ㉢

직각삼각형 DBH'에서 ㉠, ㉡, ㉢을 이용하면

$4^2=\left(\frac{\sqrt{63}}{8}x\right)^2+3^2$, $\frac{63}{64}x^2=7$, $x^2=\frac{64}{9}$

$\overline{\text{DE}}=x$이므로 $x>0$

따라서 $\overline{\text{DE}}=\frac{8}{3}$

답 ③

## 53

삼각형 ABC의 외접원의 반지름의 길이가 $2\sqrt{7}$이므로 사인법칙에 의하여

$$\frac{\overline{\text{BC}}}{\sin(\angle\text{BAC})}=4\sqrt{7}$$

즉, $\overline{\text{BC}}=\sin\frac{\pi}{3}\times4\sqrt{7}=\frac{\sqrt{3}}{2}\times4\sqrt{7}=2\sqrt{21}$

또, 삼각형 BCD의 외접원의 반지름의 길이도 $2\sqrt{7}$이므로 삼각형 BCD에서 사인법칙에 의하여

$$\frac{\overline{\text{BD}}}{\sin(\angle\text{BCD})}=4\sqrt{7}$$

즉, $\overline{\text{BD}}=\sin(\angle\text{BCD})\times4\sqrt{7}=\frac{2\sqrt{7}}{7}\times4\sqrt{7}=8$

한편, $\angle\text{BDC}=\pi-\angle\text{BAC}=\frac{2}{3}\pi$이므로

$\overline{\text{CD}}=x$라 하면 삼각형 BCD에서 코사인법칙에 의하여

$(2\sqrt{21})^2=x^2+8^2-2\times x\times8\times\cos\frac{2}{3}\pi$

$x^2+8x-20=0$

$(x-2)(x+10)=0$

$x>0$이므로 $x=2$

즉, $\overline{\text{CD}}=2$

따라서 $\overline{\text{BD}}+\overline{\text{CD}}=8+2=10$

답 ②

## 54

$\angle\text{BAC}=\angle\text{CAD}=\theta$라 하면

삼각형 ABC에서 코사인법칙에 의하여

$\overline{\text{BC}}^2=\overline{\text{AB}}^2+\overline{\text{AC}}^2-2\times\overline{\text{AB}}\times\overline{\text{AC}}\times\cos\theta$

$=25+45-2\times5\times3\sqrt{5}\times\cos\theta$

$=70-30\sqrt{5}\cos\theta$

또, 삼각형 ACD에서 코사인법칙에 의하여

$\overline{\text{CD}}^2=\overline{\text{AD}}^2+\overline{\text{AC}}^2-2\times\overline{\text{AD}}\times\overline{\text{AC}}\times\cos\theta$

$=49+45-2\times7\times3\sqrt{5}\times\cos\theta$

$=94-42\sqrt{5}\cos\theta$

이때 $\angle\text{BAC}=\angle\text{CAD}$이므로

$\overline{\text{BC}}^2=\overline{\text{CD}}^2$

$70-30\sqrt{5}\cos\theta=94-42\sqrt{5}\cos\theta$에서

$\cos\theta=\frac{2\sqrt{5}}{5}$

$\overline{\text{BC}}^2=70-30\sqrt{5}\cos\theta$

$=70-30\sqrt{5}\times\frac{2\sqrt{5}}{5}$

$=10$

즉, $\overline{\text{BC}}=\sqrt{10}$

한편,

$\sin^2\theta=1-\cos^2\theta=1-\left(\frac{2\sqrt{5}}{5}\right)^2=\frac{1}{5}$

이므로 $\sin\theta=\frac{\sqrt{5}}{5}$

따라서 구하는 원의 반지름의 길이를 $R$라 하면 삼각형 ABC에서 사인법칙에 의하여

$\frac{\overline{BC}}{\sin\theta}=2R$

$\frac{\sqrt{10}}{\frac{\sqrt{5}}{5}}=2R$

$5\sqrt{2}=2R$

즉, $R=\frac{5\sqrt{2}}{2}$

답 ①

## 55

$\angle BAC=\theta$, $\overline{AC}=a$라 하면

삼각형 ABC에서 코사인법칙에 의하여

$\overline{BC}^2=\overline{AB}^2+\overline{AC}^2-2\overline{AB}\times\overline{AC}\times\cos\theta$

즉,

$2^2=3^2+a^2-2\times3\times a\times\frac{7}{8}$

$a^2-\frac{21}{4}a+5=0$

$4a^2-21a+20=0$

$(4a-5)(a-4)=0$

조건에서 $a>3$이므로 $a=4$이고,

$\overline{AM}=\overline{CM}=\frac{a}{2}=2$

같은 방법으로 삼각형 ABM에서 코사인법칙에 의하여

$\overline{MB}^2=\overline{AB}^2+\overline{AM}^2-2\times\overline{AB}\times\overline{AM}\times\cos\theta$

$=3^2+2^2-2\times3\times2\times\frac{7}{8}$

$=\frac{5}{2}$

이므로

$\overline{MB}=\sqrt{\frac{5}{2}}=\frac{\sqrt{10}}{2}$

이때 같은 호에 대한 원주각의 성질에 의하여 두 삼각형 ABM, DCM은 서로 닮은 도형이므로

$\overline{MA}\times\overline{MC}=\overline{MB}\times\overline{MD}$

에서

$2\times2=\frac{\sqrt{10}}{2}\times\overline{MD}$

따라서

$\overline{MD}=\frac{8}{\sqrt{10}}=\frac{4\sqrt{10}}{5}$

답 ③

## 56

$\overline{BC}=2\sqrt{5}$, $\overline{OB}=\overline{OC}=\sqrt{10}$이므로 삼각형 OBC는 직각이등변삼각형이고 $\angle BOC=\frac{\pi}{2}$이다.

$\angle AOB=\alpha$, $\angle AOC=\beta$라 하면 두 삼각형 OAB, OCA의 넓이 $S_1$, $S_2$는 각각

$S_1=\frac{1}{2}\times(\sqrt{10})^2\times\sin\alpha=5\sin\alpha$

$S_2=\frac{1}{2}\times(\sqrt{10})^2\times\sin\beta=5\sin\beta$

주어진 조건에서 $3S_1=4S_2$이므로

$\sin\alpha=\frac{4}{3}\sin\beta$

$\alpha+\beta+\frac{\pi}{2}=2\pi$이므로 $\beta=\frac{3}{2}\pi-\alpha$

$\sin\alpha=\frac{4}{3}\sin\left(\frac{3}{2}\pi-\alpha\right)=-\frac{4}{3}\cos\alpha$ …… ㉠

$\sin^2\alpha+\cos^2\alpha=1$에서 $\frac{16}{9}\cos^2\alpha+\cos^2\alpha=1$

$\cos^2\alpha=\frac{9}{25}$

$\sin\alpha>0$이므로 ㉠에서 $\cos\alpha<0$

따라서 $\cos\alpha=-\frac{3}{5}$이므로

코사인법칙에 의하여 구하는 선분 AB의 길이는

$\overline{AB}=\sqrt{(\overline{OA})^2+(\overline{OB})^2-2\times\overline{OA}\times\overline{OB}\times\cos\alpha}$

$=\sqrt{(\sqrt{10})^2+(\sqrt{10})^2-2\times(\sqrt{10})^2\times\left(-\frac{3}{5}\right)}$

$=4\sqrt{2}$

답 ③

## 57

$\angle ABC=\theta$라 하자.

ㄱ. 삼각형 ABC에서 코사인법칙을 이용하면

$\overline{AC}^2=\overline{AB}^2+\overline{BC}^2-2\times\overline{AB}\times\overline{BC}\times\cos\theta$

이므로

$\overline{AC}^2=5^2+4^2-2\times5\times4\times\frac{1}{8}=36$

그러므로 $\overline{AC}=6$ (참)

ㄴ. 호 EA에 대한 원주각의 크기는 서로 같으므로

$\angle ACE=\angle ABE$

호 CE에 대한 원주각의 크기는 서로 같으므로

$\angle EAC=\angle EBC$

한편, $\angle ABE=\angle EBC$이므로 $\angle ACE=\angle EAC$

그러므로 삼각형 EAC는 $\overline{EA}=\overline{EC}$인 이등변삼각형이다. (참)

ㄷ. 삼각형 ABD에서 $\angle ADE=\angle DAB+\angle ABD$

한편, $\angle DAB=\angle CAD$, $\angle ABD=\angle EBC$

그러므로

$\angle ADE = \angle CAD + \angle EBC = \angle CAD + \angle EAC$

$= \angle EAD$

즉, 삼각형 EAD는 $\overline{EA} = \overline{ED}$인 이등변삼각형이다.

삼각형 EAC에서 코사인법칙을 이용하면

$\overline{AC}^2 = \overline{EA}^2 + \overline{EC}^2 - 2 \times \overline{EA} \times \overline{EC} \times \cos(\pi - \theta)$이고

ㄴ에서 $\overline{EA} = \overline{EC}$이므로

$36 = 2 \times \overline{EA}^2 - 2 \times \overline{EA}^2 \times \left(-\frac{1}{8}\right)$, $\overline{EA} = 4$

그러므로 $\overline{EA} = \overline{ED}$에서 $\overline{ED} = 4$ (거짓)

따라서 옳은 것은 ㄱ, ㄴ이다.

답 ②

## 58

삼각형 ABC에서 $\overline{AC} = a\ (a > 0)$이라 하면

코사인법칙에 의하여

$(\sqrt{13})^2 = 3^2 + a^2 - 2 \times 3 \times a \times \cos\frac{\pi}{3}$

$a^2 - 3a - 4 = 0, (a+1)(a-4) = 0$

$a > 0$이므로 $a = 4$

즉, $\overline{AC} = 4$

삼각형 ABC의 넓이 $S_1$은

$S_1 = \frac{1}{2} \times \overline{AB} \times \overline{AC} \times \sin(\angle BAC)$

$= \frac{1}{2} \times 3 \times 4 \times \sin\frac{\pi}{3} = \frac{1}{2} \times 3 \times 4 \times \frac{\sqrt{3}}{2}$

$= 3\sqrt{3}$

$\overline{AD} \times \overline{CD} = 9$이므로

삼각형 ACD의 넓이 $S_2$는

$S_2 = \frac{1}{2} \times \overline{AD} \times \overline{CD} \times \sin(\angle ADC) = \frac{9}{2}\sin(\angle ADC)$

이때 $S_2 = \frac{5}{6}S_1$이므로

$\frac{9}{2}\sin(\angle ADC) = \frac{5}{6} \times 3\sqrt{3}$

$\sin(\angle ADC) = \frac{5\sqrt{3}}{9}$

삼각형 ACD에서 사인법칙에 의하여

$\frac{\overline{AC}}{\sin(\angle ADC)} = 2R$이므로

$\frac{4}{\frac{5\sqrt{3}}{9}} = 2R$, $R = \frac{6\sqrt{3}}{5}$

따라서 $\frac{R}{\sin(\angle ADC)} = \frac{\frac{6\sqrt{3}}{5}}{\frac{5\sqrt{3}}{9}} = \frac{54}{25}$

답 ①

## 59

삼각형 BCD에서 사인법칙에 의하여

$\frac{\overline{BD}}{\sin\frac{3}{4}\pi} = 2R_1$, $\frac{\overline{BD}}{\frac{\sqrt{2}}{2}} = 2R_1$

즉, $R_1 = \frac{\sqrt{2}}{2} \times \overline{BD}$

이고, 삼각형 ABD에서 사인법칙에 의하여

$\frac{\overline{BD}}{\sin\frac{2}{3}\pi} = 2R_2$, $\frac{\overline{BD}}{\frac{\sqrt{3}}{2}} = 2R_2$

즉, $R_2 = \boxed{\frac{\sqrt{3}}{3}} \times \overline{BD}$

이다. 삼각형 ABD에서 코사인법칙에 의하여

$\overline{BD}^2 = 2^2 + 1^2 - 2 \times 2 \times 1 \times \cos\frac{2}{3}\pi$

$= 2^2 + 1^2 - (\boxed{-2})$

$= 7$

이므로

$R_1 \times R_2 = \left(\frac{\sqrt{2}}{2} \times \overline{BD}\right) \times \left(\frac{\sqrt{3}}{3} \times \overline{BD}\right)$

$= \frac{\sqrt{6}}{6} \times \overline{BD}^2$

$= \boxed{\frac{7\sqrt{6}}{6}}$

이다.

따라서 $p = \frac{\sqrt{3}}{3}$, $q = -2$, $r = \frac{7\sqrt{6}}{6}$이므로

$9 \times (p \times q \times r)^2 = 9 \times \left\{\frac{\sqrt{3}}{3} \times (-2) \times \frac{7\sqrt{6}}{6}\right\}^2$

$= 9 \times \frac{98}{9}$

$= 98$

답 98

## 60

삼각형 ABD에서 코사인법칙에 의하여

$\overline{BD}^2 = 3^2 + 2^2 - 2 \times 3 \times 2 \times \cos\frac{\pi}{3} = 7$

이므로 $\overline{BD} = \sqrt{7}$이다.

$\angle BAD + \angle BCD = \pi$이므로

삼각형 BCD에서 코사인법칙에 의하여

$2^2 + \overline{CD}^2 - 2 \times 2 \times \overline{CD} \times \cos\frac{2\pi}{3} = 7$

$\overline{CD}^2 + 2\overline{CD} - 3 = 0$

$(\overline{CD} - 1)(\overline{CD} + 3) = 0$

이므로 $\overline{CD} = \boxed{1}$이다.

삼각형 EAB와 삼각형 ECD에서

$\angle AEB$는 공통이고 $\angle EAB=\angle ECD$이므로

삼각형 EAB와 삼각형 ECD는 닮음이다.

따라서 $\frac{\overline{EA}}{\overline{EC}}=\frac{\overline{EB}}{\overline{ED}}=\frac{\overline{AB}}{\overline{CD}}$이다. 즉,

$\frac{3+\overline{ED}}{\overline{EC}}=\frac{2+\overline{EC}}{\overline{ED}}=\frac{2}{1}$

$3+\overline{ED}=2\overline{EC}$, $2+\overline{EC}=2\overline{ED}$

이 두 식을 연립하여 풀면

$\overline{ED}=\boxed{\frac{7}{3}}$이다.

$\angle DCE=\pi-\angle BCD=\angle BAD=\frac{\pi}{3}$

이므로 삼각형 ECD에서 사인법칙을 이용하면

$$\frac{\frac{7}{3}}{\sin\frac{\pi}{3}}=\frac{1}{\sin\theta}$$

에서 $\sin\theta=\boxed{\frac{3\sqrt{3}}{14}}$이다.

따라서 $p=1$, $q=\frac{7}{3}$, $r=\frac{3\sqrt{3}}{14}$이므로

$(p+q)\times r=\left(1+\frac{7}{3}\right)\times\frac{3\sqrt{3}}{14}=\frac{5\sqrt{3}}{7}$

답 ④

## 61

삼각형 ABC에서 코사인법칙에 의하여

$\cos(\angle ABC)=\frac{2^2+(3\sqrt{3})^2-(\sqrt{13})^2}{2\times2\times3\sqrt{3}}=\boxed{\frac{\sqrt{3}}{2}}$

이다. 삼각형 ABD에서

$\sin(\angle ABD)=\sqrt{1-\left(\boxed{\frac{\sqrt{3}}{2}}\right)^2}=\frac{1}{2}$

이므로 사인법칙에 의하여 삼각형 ABD의 외접원의 반지름의 길이는

$\frac{1}{2}\times\frac{\overline{AD}}{\sin(\angle ABD)}=\boxed{2}$이다.

한편, 점 A에서 $\overline{BC}$에 내린 수선의 발을 H라 하면

$\overline{AH}=1$이고, $\overline{BH}=\overline{HD}=\overline{CD}=\sqrt{3}$

삼각형 ADC에서 사인법칙에 의하여

$$\frac{\overline{CD}}{\sin(\angle CAD)}=\frac{\overline{AD}}{\sin(\angle ACD)}$$

이므로

$$\sin(\angle CAD)=\frac{\overline{CD}}{\overline{AD}}\times\sin(\angle ACD)=\frac{\sqrt{3}}{2}\times\frac{\sqrt{13}}{13}=\frac{\sqrt{39}}{26}$$

이다. 삼각형 ADE에서 사인법칙에 의하여

$\overline{DE}=2\times2\times\sin(\angle CAD)=\boxed{\frac{2\sqrt{39}}{13}}$

이다.

따라서 $p=\frac{\sqrt{3}}{2}$, $q=2$, $r=\frac{2\sqrt{39}}{13}$이므로

$p\times q\times r=\frac{\sqrt{3}}{2}\times2\times\frac{2\sqrt{39}}{13}=\frac{6\sqrt{13}}{13}$

답 ①

## 62

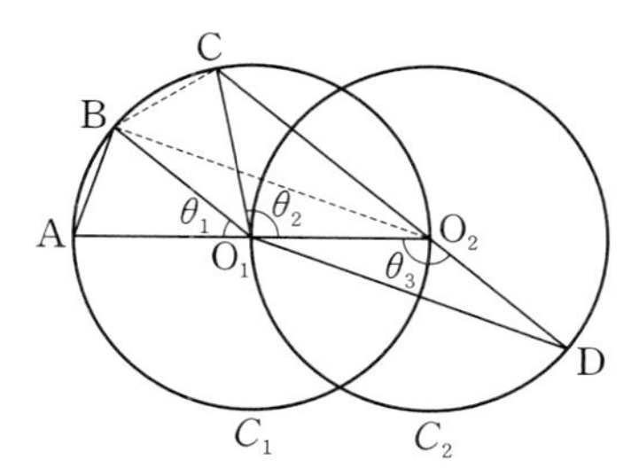


$\angle CO_2O_1+\angle O_1O_2D=\pi$이므로

$\theta_3=\frac{\pi}{2}+\frac{\theta_2}{2}$이고

$\theta_3=\theta_1+\theta_2$에서 $2\theta_1+\theta_2=\pi$이므로

$\angle CO_1B=\theta_1$이다.

이때 $\angle O_2O_1B=\theta_1+\theta_2=\theta_3$이므로

삼각형 $O_1O_2B$와 삼각형 $O_2O_1D$는 합동이다.

$\overline{AB}=k$라 할 때, $\overline{BO_2}=\overline{O_1D}=2\sqrt{2}k$이므로

$\overline{AO_2}=\sqrt{k^2+(2\sqrt{2}k)^2}=\boxed{3k}$이고,

$\angle BO_2A=\frac{\theta_1}{2}$이므로

$\cos\frac{\theta_1}{2}=\frac{2\sqrt{2}k}{3k}=\boxed{\frac{2\sqrt{2}}{3}}$이다.

삼각형 $O_2BC$에서

$\overline{BC}=k$, $\overline{BO_2}=2\sqrt{2}k$, $\angle CO_2B=\frac{\theta_1}{2}$이므로

삼각형 $BO_2C$에서 $\overline{O_2C}=x$ $(0<x<3k)$라 하면

코사인법칙에 의하여

$k^2=x^2+(2\sqrt{2}k)^2-2\times x\times2\sqrt{2}k\times\cos\frac{\theta_1}{2}$

$k^2=x^2+(2\sqrt{2}k)^2-2\times x\times2\sqrt{2}k\times\frac{2\sqrt{2}}{3}$

$3x^2-16kx+21k^2=0$, $(3x-7k)(x-3k)=0$

$0<x<3k$이므로 $x=\frac{7}{3}k$

즉, $\overline{O_2C}=\boxed{\frac{7}{3}k}$이다.

$\overline{CD}=\overline{O_2D}+\overline{O_2C}=\overline{O_1O_2}+\overline{O_2C}$이므로

$\overline{AB}:\overline{CD}=k:\left(\boxed{\frac{3k}{2}}+\boxed{\frac{7}{3}k}\right)$

따라서 $f(k)=3k$, $g(k)=\frac{7}{3}k$, $p=\frac{2\sqrt{2}}{3}$

이므로

$f(p)\times g(p)=\left(3\times\frac{2\sqrt{2}}{3}\right)\times\left(\frac{7}{3}\times\frac{2\sqrt{2}}{3}\right)=\frac{56}{9}$

답 ②

## 63

$\angle BCD=\alpha$, $\angle DAB=\beta\left(\frac{\pi}{2}<\beta<\pi\right)$,

$\overline{AB}=a$, $\overline{AD}=b$라 하자.

삼각형 BCD에서

$\overline{BC}=3$, $\overline{CD}=2$, $\cos\alpha=-\frac{1}{3}$

이므로 코사인법칙에 의하여

$\overline{BD}^2=9+4-2\times3\times2\times\left(-\frac{1}{3}\right)=17$

그러므로 삼각형 ABD에서 코사인법칙에 의하여

$a^2+b^2-2ab\cos\beta=17$ …… ㉠

한편, 점 E가 선분 AC를 1 : 2로 내분하는 점이므로 두 삼각형 $AP_1P_2$, $CQ_1Q_2$의 외접원의 반지름의 길이를 각각 $r$, $2r$로 놓을 수 있다.

이때 사인법칙에 의하여

$\frac{\overline{P_1P_2}}{\sin\beta}=r$, $\frac{\overline{Q_1Q_2}}{\sin\alpha}=2r$

이므로

$\sin\alpha : \sin\beta=\frac{\overline{Q_1Q_2}}{2r} : \frac{\overline{P_1P_2}}{r}=\frac{5\sqrt{2}}{2} : 3$

즉, $\sin\beta=\frac{6\sin\alpha}{5\sqrt{2}}$

이때

$\sin\alpha=\sqrt{1-\cos^2\alpha}=\sqrt{1-\frac{1}{9}}=\frac{2\sqrt{2}}{3}$

이므로

$\sin\beta=\frac{6}{5\sqrt{2}}\times\frac{2\sqrt{2}}{3}=\frac{4}{5}$

$\cos\beta<0$이므로

$\cos\beta=-\sqrt{1-\sin^2\beta}=-\sqrt{1-\frac{16}{25}}=-\sqrt{\frac{9}{25}}=-\frac{3}{5}$

삼각형 ABD의 넓이가 2이므로

$\frac{1}{2}ab\sin\beta=2$에서

$\frac{1}{2}ab\times\frac{4}{5}=2$, $ab=5$

㉠에서

$a^2+b^2-2\times5\times\left(-\frac{3}{5}\right)=17$

즉, $a^2+b^2=11$

따라서

$(a+b)^2=a^2+b^2+2ab=11+2\times5=21$

이므로

$a+b=\sqrt{21}$

답 ①

## 64

삼각형 CDE에서 $\angle CED=\frac{\pi}{4}$이므로

코사인법칙에 의하여

$\overline{CD}^2=\overline{CE}^2+\overline{ED}^2-2\times\overline{CE}\times\overline{ED}\times\cos\frac{\pi}{4}$

$=4^2+(3\sqrt{2})^2-2\times4\times3\sqrt{2}\times\frac{1}{\sqrt{2}}$

$=10$

이므로

$\overline{CD}=\sqrt{10}$

$\angle CDE=\theta$라 하면 삼각형 CDE에서

코사인법칙에 의하여

$\cos\theta=\frac{\overline{ED}^2+\overline{CD}^2-\overline{CE}^2}{2\times\overline{ED}\times\overline{CD}}$

$=\frac{(3\sqrt{2})^2+(\sqrt{10})^2-4^2}{2\times3\sqrt{2}\times\sqrt{10}}$

$=\frac{1}{\sqrt{5}}$

이므로

$\sin\theta=\sqrt{1-\cos^2\theta}$

$=\sqrt{1-\left(\frac{1}{\sqrt{5}}\right)^2}=\frac{2}{\sqrt{5}}$

$\overline{AC}=x$, $\overline{AE}=y$라 하면 삼각형 ACE에서 코사인법칙에 의하여

$x^2=y^2+4^2-2\times y\times4\times\cos\frac{3}{4}\pi$

$x^2=y^2+16-2\times y\times4\times\left(-\frac{\sqrt{2}}{2}\right)$

$x^2=y^2+4\sqrt{2}y+16$ …… ㉠

한편, 삼각형 ACD의 외접원의 반지름의 길이를 $R$라 하면

사인법칙에 의하여

$\frac{x}{\sin\theta}=2R$, 즉 $\frac{x}{\frac{2}{\sqrt{5}}}=2R$

에서

$2R=\frac{\sqrt{5}}{2}x$

삼각형 ABC는 직각삼각형이므로

$\angle CAB=\alpha$라 하면

$\cos\alpha=\dfrac{\overline{AC}}{\overline{AB}}=\dfrac{x}{\dfrac{\sqrt{5}}{2}x}=\dfrac{2}{\sqrt{5}}$

$\sin\alpha=\sqrt{1-\cos^2\alpha}=\sqrt{1-\left(\dfrac{2}{\sqrt{5}}\right)^2}$

$=\dfrac{1}{\sqrt{5}}=\dfrac{\sqrt{5}}{5}$

이등변삼각형 AOC에서

$\angle ACO=\angle CAO=\alpha$

이므로 삼각형 ACE에서 사인법칙에 의하여

$\dfrac{x}{\sin\dfrac{3}{4}\pi}=\dfrac{y}{\sin\alpha}$, 즉 $\dfrac{x}{\dfrac{\sqrt{2}}{2}}=\dfrac{y}{\dfrac{\sqrt{5}}{5}}$에서

$\sqrt{2}x=\sqrt{5}y$ …… ㉡

㉠, ㉡에서

$\dfrac{5}{2}y^2=y^2+4\sqrt{2}y+16$

$\dfrac{3}{2}y^2-4\sqrt{2}y-16=0$

$3y^2-8\sqrt{2}y-32=0$

$(3y+4\sqrt{2})(y-4\sqrt{2})=0$

즉, $y=4\sqrt{2}$이므로 ㉡에서

$\overline{AC}=x=\dfrac{\sqrt{5}}{\sqrt{2}}\times4\sqrt{2}=4\sqrt{5}$

따라서

$\overline{AC}\times\overline{CD}=4\sqrt{5}\times\sqrt{10}=20\sqrt{2}$

답 ⑤

# 65

삼각형 ABC의 외접원의 반지름의 길이가 $3\sqrt{5}$이므로 사인법칙에 의해

$\dfrac{10}{\sin C}=2\times3\sqrt{5}$, $\sin C=\dfrac{\sqrt{5}}{3}$

삼각형 ABC는 예각삼각형이므로

$\cos C=\sqrt{1-\sin^2 C}=\dfrac{2}{3}$

$\dfrac{a^2+b^2-ab\cos C}{ab}=\dfrac{4}{3}$에서

$\dfrac{a^2+b^2-\dfrac{2}{3}ab}{ab}=\dfrac{4}{3}$

$3a^2+3b^2-2ab=4ab$, $3(a-b)^2=0$이므로 $a=b$

코사인법칙에 의해

$10^2=a^2+b^2-2ab\cos C=a^2+a^2-2a^2\times\dfrac{2}{3}$

$100=\dfrac{2}{3}a^2$, $a^2=150$

따라서 $ab=a^2=150$

답 ②

# 66

주어진 원이 삼각형 BCD의 외접원이고 반지름의 길이가 $r$이므로 사인법칙에 의하여

$\overline{CD}=2r\sin\theta=\dfrac{2\sqrt{3}}{3}r$, $\overline{BC}=2r\sin\dfrac{\pi}{3}=\sqrt{3}r$

삼각형 BCD에서 코사인법칙에 의하여

$(\sqrt{3}r)^2=(\sqrt{2})^2+\left(\dfrac{2\sqrt{3}}{3}r\right)^2-2\times\sqrt{2}\times\left(\dfrac{2\sqrt{3}}{3}r\right)\times\cos\dfrac{\pi}{3}$

$5r^2+2\sqrt{6}r-6=0$

$r=\dfrac{-\sqrt{6}\pm6}{5}$

따라서 $r>0$이므로 $r=\dfrac{6-\sqrt{6}}{5}$

답 ①

## 도전 1등급 문제

본문 56~57쪽

| 01 ② | 02 10 | 03 40 | 04 84 | 05 6 |
|---|---|---|---|---|
| 06 15 | 07 63 | | | |

## 01

정답률 **25.0%**

**정답 공식** **개념만 확실히 알자!**

**삼각함수의 주기**

삼각함수 $y=\sin ax$ 또는 $y=\cos ax$의 주기는 $\frac{2\pi}{|a|}$이고 $|a|$의 값이 클수록 주기가 작아지고, $|a|$의 값이 작을수록 주기가 커진다.

**풀이 전략** 삼각함수의 그래프의 대칭성과 주기를 이용하여 문제를 해결한다.

**문제 풀이**

**[STEP 1]** 주어진 조건을 파악하여 사인함수 $f(x)$의 주기의 성질을 안다.

$f(x)=\sin kx+2$의 주기는 $\frac{2\pi}{k}$이고

$g(x)=3\cos 12x$의 주기는 $\frac{\pi}{6}$이다.

이때 주어진 조건을 만족시키려면 직선 $y=a$와 함수 $f(x)$의 그래프의 교점의 $x$좌표 중에서 직선 $y=a$와 함수 $g(x)$의 그래프의 교점이 아닌 것이 있으면 안된다.

이때 함수 $f(x)$의 주기가 $g(x)$의 주기보다 작으면 $y=a$와 $f(x)$의 그래프가 $g(x)$의 그래프보다 더 많이 만나므로 성립하지 않는다.

따라서 함수 $f(x)$의 주기가 $g(x)$의 주기보다 더 커야 하므로

$\frac{2\pi}{k}>\frac{\pi}{6}$에서 $k<12$

**[STEP 2]** 삼각함수의 그래프의 대칭성을 이용하여 주어진 조건을 만족시키는 주기의 형태를 이해한다.

조건을 만족시키도록 함수 $f(x)$의 주기를 다르게 하여 그래프를 그려 보면 다음과 같다.

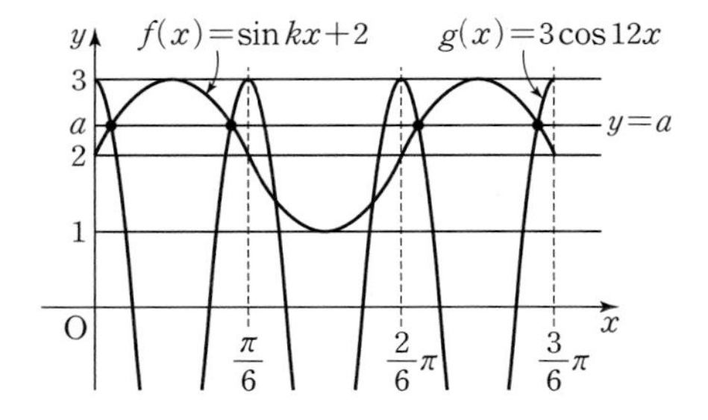


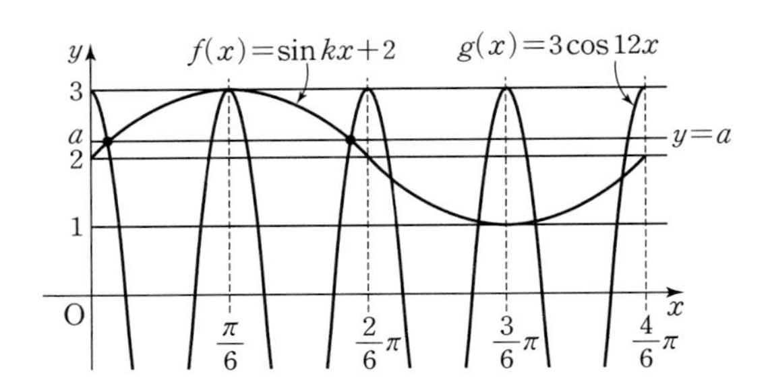


위 그림에서 보면 함수 $f(x)$의 주기의 절반이 $g(x)$의 주기 $\frac{\pi}{6}$의 정수배일 때 주어진 조건을 만족시킨다.

즉, $\frac{\pi}{k}=\frac{\pi}{6}\times n$ $(n=1, 2, 3, \cdots)$

이때 $k$가 자연수이어야 하므로

$n=1$일 때 $k=6$, $n=2$일 때 $k=3$

$n=3$일 때 $k=2$, $n=6$일 때 $k=1$

따라서 만족시키는 $k$의 값은 1, 2, 3, 6으로 4개이다.

답 ②

**수능이 보이는 강의**

이 문제에서는 사인함수와 코사인함수의 그래프에 대한 이해와 부분집합의 개념을 확실히 알고 있어야 해. 코사인함수 $g(x)$의 그래프는 주기가 $\frac{\pi}{6}$로 일정하고 사인함수 $f(x)$의 그래프는 주기가 $\frac{2\pi}{k}$로 $k$의 값에 따라 달라져. 그리고 주어진 조건인 $\{x|f(x)=a\}\subset\{x|g(x)=a\}$는 두 그래프와 직선 $y=a$의 교점의 $x$좌표의 값에 대한 집합의 포함 관계야. 따라서 먼저 코사인함수를 그리고 사인함수의 그래프를 조건을 만족시키도록 $k$에 자연수를 직접 대입해 가며 따져 보아야 해.

이때 사인함수의 그래프가 직선 $y=a$와 만나는 점은 반드시 코사인함수의 그래프와도 만나도록 그리는 것이 핵심이야.

이런 방법으로 그래프를 그려 가면 사인함수의 주기가 점점 커져야 함을 알 수 있을 거야. 단, $k$가 자연수 범위에서만 커지므로 주기는 최대 $2\pi$가 되는 것을 명심하자.

## 02

정답률 **24.7%**

**정답 공식** **개념만 확실히 알자!**

**삼각함수 $y=\tan ax$의 그래프의 성질**

삼각함수 $y=\tan ax$의 주기는 $\frac{\pi}{|a|}$이고 그래프는 원점에 대하여 대칭이다.

**풀이 전략** 삼각함수의 그래프와 직선의 교점의 개수를 이용한다.

**문제 풀이**

**[STEP 1]** 주어진 함수에서 $n=2$, $n=3$일 때의 그래프를 그려서 직선 $y=-x$와의 교점의 개수를 구한다.

$y=\tan\left(nx-\frac{\pi}{2}\right)=\tan n\left(x-\frac{\pi}{2n}\right)$의 주기는 $\frac{\pi}{n}$이고

$y=\tan\left(nx-\frac{\pi}{2}\right)$의 그래프는 $y=\tan nx$의 그래프를 $x$축의 방향으로 $\frac{\pi}{2n}$만큼 평행이동한 그래프이다.

다음 그림은 $n=2$, $n=3$일 때의 그래프이다.

주어진 문제에서 $a_2$, $a_3$의 값만 구하면 되니까 $n=2$, $n=3$일 때의 그래프만 그려 본다.

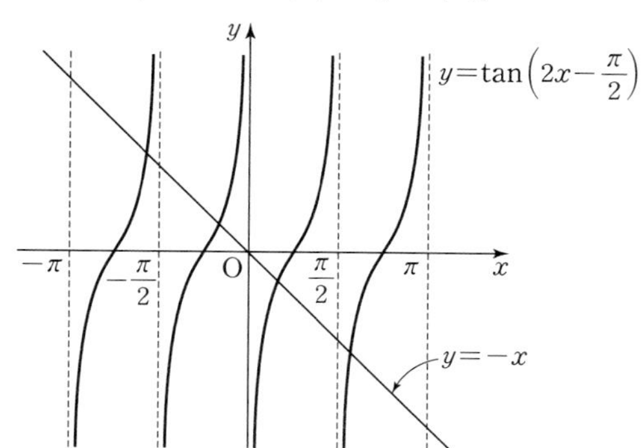


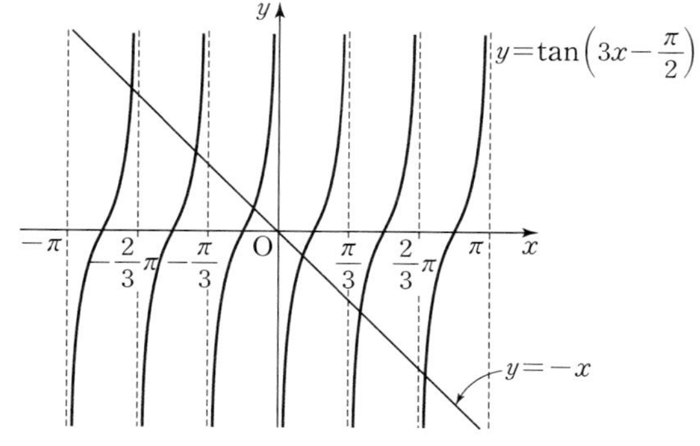


**[STEP 2]** $a_2$, $a_3$의 값을 구하여 $a_2+a_3$의 값을 구한다.

직선 $y=-x$와

$y=\tan\left(2x-\frac{\pi}{2}\right)$의 그래프의 교점의 개수는 $a_2=4$

$y=\tan\left(3x-\frac{\pi}{2}\right)$의 그래프의 교점의 개수는 $a_3=6$

따라서 $a_2+a_3=4+6=10$

답 10

### 수능이 보이는 강의

탄젠트함수의 그래프의 형태는 사인함수나 코사인함수처럼 진동하지 않으므로 직선 $y=-x$와의 교점은 한 주기마다 하나씩 생겨. 즉, 구간 $(-\pi, \pi)$에서 탄젠트함수의 그래프가 몇 번 그려지는지를 파악한다면 이 문제는 쉽게 풀 수 있어.

## 03

정답률 **21.2%**

**정답 공식** **개념만 확실히 알자!**

**삼각함수의 성질**

사인함수의 그래프는 원점에 대하여 대칭이므로

$\sin(-x)=-\sin x$

**풀이 전략** 삼각함수의 그래프의 성질을 이용하여 문제를 해결한다.

**문제 풀이**

**[STEP 1]** 함수 $f(x)$가 지나는 두 점의 좌표를 대입하여 관계식을 구한다.

닫힌구간 $\left[-\frac{\pi}{a}, \frac{2\pi}{a}\right]$에서 $0<a<\frac{4}{7}$이므로

$-\frac{\pi}{a}<-\frac{7}{4}\pi$, $\frac{7\pi}{2}<\frac{2\pi}{a}$이다.

함수 $f(x)=2\sin(ax)+b$의 그래프가 두 점

$\mathrm{A}\left(-\frac{\pi}{2}, 0\right)$, $\mathrm{B}\left(\frac{7}{2}\pi, 0\right)$을 지나므로

$f\left(-\frac{\pi}{2}\right)=2\sin\left(-\frac{a}{2}\pi\right)+b=-2\sin\left(\frac{a}{2}\pi\right)+b=0$

$f\left(\frac{7}{2}\pi\right)=2\sin\left(\frac{7a}{2}\pi\right)+b=0$

따라서 $\sin\left(\frac{7a}{2}\pi\right)=-\sin\left(\frac{a}{2}\pi\right)$

**[STEP 2]** 삼각함수의 주기와 대칭성을 이용하여 구한 관계식으로부터 $a$, $b$의 값을 구한다.

$0<a<\frac{4}{7}$에서 $0<\frac{a}{2}\pi<\frac{2}{7}\pi$, $0<\frac{7a}{2}\pi<2\pi$

이므로

$\frac{7a}{2}\pi=2\pi-\frac{a}{2}\pi$ 또는 $\frac{7a}{2}\pi=\pi+\frac{a}{2}\pi$

다음 사인함수의 대칭성을 이용한다.

$f(x)=\sin x$, $f(a)$, $-f(a)$, O, $a$, $\pi-a$, $\pi$, $\pi+a$, $2\pi-a$, $2\pi$, $x$, $y$

따라서 $a=\frac{1}{2}$ 또는 $a=\frac{1}{3}$

(i) $a=\frac{1}{2}$일 때

$f(x)=2\sin\left(\frac{1}{2}x\right)+b$에서

$$f\left(-\frac{\pi}{2}\right)=2\sin\left(-\frac{\pi}{4}\right)+b$$
$$=2\times\left(-\frac{\sqrt{2}}{2}\right)+b$$
$$=-\sqrt{2}+b=0$$

이므로 $b=\sqrt{2}$

이는 $b$는 유리수라는 조건을 만족시키지 않는다.

(ii) $a=\frac{1}{3}$일 때

$f(x)=2\sin\left(\frac{1}{3}x\right)+b$에서

$$f\left(-\frac{\pi}{2}\right)=2\sin\left(-\frac{\pi}{6}\right)+b$$
$$=2\times\left(-\frac{1}{2}\right)+b$$
$$=-1+b=0$$

이므로 $b=1$

이때 $f\left(\frac{7}{2}\pi\right)=0$이다.

(i), (ii)에서 $a=\frac{1}{3}$, $b=1$이므로

$30(a+b)=30\times\left(\frac{1}{3}+1\right)=40$

답 40

**수능이 보이는 강의**

함수 $f(x)=2\sin(ax)+b$는 닫힌구간 $\left[-\frac{\pi}{a}, \frac{2\pi}{a}\right]$에서 정의되었다고 했지? 그런데 이 함수의 주기를 구하면 $\frac{2\pi}{a}$이고, 이 함수가 정의된 구간 $\left[-\frac{\pi}{a}, \frac{2\pi}{a}\right]$에서 그래프를 그리면 아래 그림처럼 주기와의 연관성이 보이게 되지.

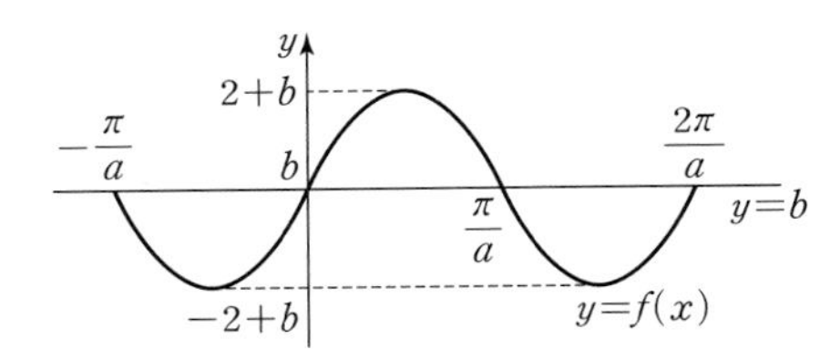


이렇게 그래프를 대략적으로 파악하면 문제를 푸는 데 훨씬 수월해져.

## 04

정답률 **15.0%**

**정답 공식** **개념만 확실히 알자!**

**코사인법칙**
삼각형 ABC에서
(1) $a^2=b^2+c^2-2bc\cos A$
(2) $b^2=c^2+a^2-2ca\cos B$
(3) $c^2=a^2+b^2-2ab\cos C$

**풀이 전략** 코사인법칙을 이용하여 문제를 해결한다.

**문제 풀이**

**[STEP 1]** 길이가 같은 호에 대한 원주각의 크기는 같음을 이용한다.

호 BD와 호 DC에 대한 원주각의 크기가 같으므로

$\angle CBD=\angle CAD=\angle DAB=\angle DCB$

즉, $\overline{BD}=\overline{DC}$

**[STEP 2]** 삼각형 DBA와 삼각형 CAD에 각각 코사인법칙을 이용한다.

$\overline{BD}=\overline{DC}=a$, $\overline{AD}=b$, $\angle CAD=\theta$라 하면

$\angle DAB=\theta$이고 $\overline{BD}^2=\overline{DC}^2$이므로 삼각형 DAB와 삼각형 CAD에 각각 코사인법칙을 적용하면

$6^2+b^2-2\times6\times b\times\cos\theta=b^2+8^2-2\times b\times8\times\cos\theta$

$4b\cos\theta=28$

$b\cos\theta=7$

따라서 직각삼각형 ADE에서

$k=b\cos\theta=7$

→ $\angle CAD=\theta$이므로 직각삼각형 ADE에서 $\cos\theta=\frac{\overline{AE}}{\overline{AD}}=\frac{k}{b}$ 즉, $k=b\cos\theta$

따라서 $12k=84$

답 84

## 05

정답률 **11.0%**

**정답 공식** **개념만 확실히 알자!**

**사인법칙과 코사인법칙**
(1) 사인법칙
삼각형 ABC의 외접원의 반지름의 길이를 $R$라 하면
$\frac{a}{\sin A}=\frac{b}{\sin B}=\frac{c}{\sin C}=2R$
(2) 코사인법칙
삼각형 ABC에서
① $a^2=b^2+c^2-2bc\cos A$
② $b^2=c^2+a^2-2ca\cos B$
③ $c^2=a^2+b^2-2ab\cos C$

**풀이 전략** 사인법칙과 코사인법칙을 이용하여 문제를 해결한다.

**문제 풀이**

**[STEP 1]** 사인법칙을 이용하여 $\overline{BF}$의 길이와 $\cos(\angle BCA)$의 크기를 구한다.

$\angle CAE=\theta$라 하면 $\sin\theta=\frac{1}{4}$이고

$\overline{BC}=4$이므로 삼각형 ACE에서 사인법칙에 의하여

$\frac{\overline{CE}}{\sin\theta}=\overline{BC}$

즉, $\frac{\overline{CE}}{\frac{1}{4}}=4$에서 $\overline{CE}=1$

$\overline{BF}=\overline{CE}=1$이므로 $\overline{FC}=3$

$\overline{BC}=\overline{DE}$에서 선분 DE도 주어진 원의 지름이므로

$\angle BAC=\angle DAE=90°$이다. → 지름에 대한 원주각의 크기는 90°이다.

$\angle BAD=90°-\angle DAC=\theta$

삼각형 ABF에서 사인법칙에 의하여

$\frac{k}{\sin(\angle ABF)}=\frac{1}{\sin\theta}=4$이므로

$\sin(\angle ABF)=\frac{k}{4}$

직각삼각형 ABC에서 $\sin(\angle ABC)=\frac{\overline{AC}}{4}$이므로

$\overline{AC}=4\sin(\angle ABC)=4\times\frac{k}{4}=k$

직각삼각형 ABC에서 $\cos(\angle BCA)=\frac{k}{4}$

**[STEP 2]** △AFC에서 코사인법칙을 이용하여 $k^2$의 값을 구한다.

삼각형 AFC에서 코사인법칙에 의하여

$\overline{AF}^2=\overline{AC}^2+\overline{FC}^2-2\times\overline{AC}\times\overline{FC}\times\cos(\angle FCA)$

$k^2=k^2+3^2-2\times k\times3\times\frac{k}{4}$

$\frac{3}{2}k^2=9$

따라서 $k^2=6$

답 6

# 06

정답률 11.0%

**정답 공식** **개념만 확실히 알자!**

**사인법칙과 코사인법칙**

(1) 사인법칙

삼각형 ABC의 외접원의 반지름의 길이를 $R$라 하면

$\frac{a}{\sin A}=\frac{b}{\sin B}=\frac{c}{\sin C}=2R$

(2) 코사인법칙

삼각형 ABC에서

① $a^2=b^2+c^2-2bc\cos A$

② $b^2=c^2+a^2-2ca\cos B$

③ $c^2=a^2+b^2-2ab\cos C$

**풀이 전략** 사인법칙과 코사인법칙을 이용하여 문제를 해결한다.

**문제 풀이**

**[STEP 1]** 사인법칙을 이용하여 $\overline{BC}$, $\overline{AD}$의 길이를 $r$, $R$로 각각 나타낸다.

$\overline{AC}=k$라 하면 $\overline{BD}=2k$이고

$\overline{AH}:\overline{HB}=1:3$이므로 $\overline{AH}=2\times\frac{1}{4}=\frac{1}{2}$

$\angle CAB=\theta$라 할 때, 두 삼각형 ABC, ABD에서 사인법칙을 이용하면

$\frac{\overline{BC}}{\sin\theta}=2r$

$\frac{\overline{AD}}{\sin(\pi-\theta)}=\frac{\overline{AD}}{\sin\theta}=2R$

→ $\overline{AC}\,/\!/\,\overline{BD}$에서 $\angle ACB=\angle CBD$ 따라서 $\theta=\pi-(\angle ACB+\angle ABC)=\pi-\angle ABD$ 이므로 $\angle ABD=\pi-\theta$

즉, $\overline{BC}=2r\sin\theta$, $\overline{AD}=2R\sin\theta$ …… ㉠

**[STEP 2]** 주어진 식을 $\overline{BC}$, $\overline{AD}$에 대한 식으로 변형하고, 코사인법칙을 이용한다.

$4(R^2-r^2)\times\sin^2\theta=(2R\sin\theta)^2-(2r\sin\theta)^2$

이므로 ㉠의 두 식을

$(2R\sin\theta)^2-(2r\sin\theta)^2=51$에 대입하면

$\overline{AD}^2-\overline{BC}^2=51$ …… ㉡

삼각형 AHC에서 $\cos\theta=\frac{\overline{AH}}{\overline{CA}}=\frac{1}{2k}$이므로

두 삼각형 ABC, ABD에서 코사인법칙을 이용하면

$\overline{BC}^2=\overline{AB}^2+\overline{AC}^2-2\times\overline{AB}\times\overline{AC}\times\cos\theta$

$=4+k^2-2\times2\times k\times\cos\theta=k^2+2$ …… ㉢

$\overline{AD}^2=\overline{AB}^2+\overline{BD}^2-2\times\overline{AB}\times\overline{BD}\times\cos(\pi-\theta)$

$=4+4k^2+2\times2\times2k\times\cos\theta=4k^2+8$ …… ㉣

㉢, ㉣을 ㉡에 대입하면

$\overline{AD}^2-\overline{BC}^2=4k^2+8-(k^2+2)=3k^2+6=51$

$k^2=15$

따라서 $\overline{AC}^2=15$

답 15

# 07

정답률 6.8%

**정답 공식** **개념만 확실히 알자!**

**삼각형의 넓이**

삼각형 ABC의 넓이를 $S$라 하면

$S=\frac{1}{2}bc\sin A=\frac{1}{2}ac\sin B$

$=\frac{1}{2}ab\sin C$

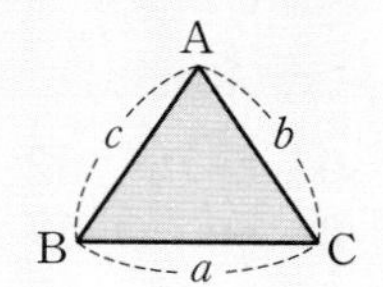


**풀이 전략** 코사인법칙을 이용하여 삼각형의 넓이 구하는 문제를 해결한다.

**문제 풀이**

**[STEP 1]** 삼각형의 넓이 구하는 공식을 이용하여 $S_1$, $S_2$를 식으로 나타낸다.

$\angle BAD$와 $\angle BCD$는 같은 호에 대한 원주각이므로 그 크기가 같다.

$\angle BAD=\angle BCD=\theta$, $\overline{AD}=a$, $\overline{CB}=b$라 하면

삼각형 ABD의 넓이 $S_1$은

$S_1=\frac{1}{2}\times\overline{AB}\times\overline{AD}\times\sin\theta=\frac{1}{2}\times6\times a\times\sin\theta=3a\sin\theta$

삼각형 CBD의 넓이 $S_2$는

$S_2=\frac{1}{2}\times\overline{CB}\times\overline{CD}\times\sin\theta=\frac{1}{2}\times b\times4\times\sin\theta=2b\sin\theta$

**[STEP 2]** $\triangle ABC$, $\triangle ADC$에서 코사인법칙을 이용하여 $\overline{AD}$의 길이를 구한다.

$S_1:S_2=9:5$이므로 $3a:2b=9:5$

$a:b=6:5$이므로 $a=6k$, $b=5k$ $(k>0)$라고 하자.

삼각형 ABC에서 코사인법칙에 의해

$\overline{AC}^2=6^2+(5k)^2-2\times6\times5k\times\cos\alpha$

$=36+25k^2-45k$ …… ㉠

$\angle ABC$와 $\angle ADC$는 같은 호에 대한 원주각이므로

$\angle ABC=\angle ADC=\alpha$

삼각형 ADC에서 코사인법칙에 의하여

$\overline{AC}^2=(6k)^2+4^2-2\times6k\times4\times\cos\alpha$

$=16+36k^2-36k$ …… ㉡

㉠, ㉡을 연립하면

$11k^2+9k-20=0$, $(11k+20)(k-1)=0$

$k>0$이므로 $k=1$이고 $a=6k=6$

**[STEP 3]** $\triangle ADC$의 넓이 $S$를 구하고 $S^2$의 값을 구한다.

한편, $\sin\alpha=\sqrt{1-\cos^2\alpha}=\sqrt{1-\left(\frac{3}{4}\right)^2}=\frac{\sqrt{7}}{4}$이므로

삼각형 ADC의 넓이 $S$는

$S=\frac{1}{2}\times\overline{AD}\times\overline{CD}\times\sin\alpha=\frac{1}{2}\times6\times4\times\frac{\sqrt{7}}{4}=3\sqrt{7}$

따라서 $S^2=(3\sqrt{7})^2=63$

답 63

# III 수열

본문 60~88쪽

## 수능 유형별 기출 문제

| | | | | |
|---|---|---|---|---|
| 01 ② | 02 ① | 03 ① | 04 ④ | 05 ⑤ |
| 06 ⑤ | 07 ③ | 08 ② | 09 ③ | 10 ④ |
| 11 ② | 12 ④ | 13 ② | 14 ② | 15 ⑤ |
| 16 ⑤ | 17 ③ | 18 ⑤ | 19 7 | 20 ① |
| 21 ③ | 22 ④ | 23 ③ | 24 ③ | 25 ④ |
| 26 ③ | 27 ⑤ | 28 ① | 29 ② | 30 ① |
| 31 ⑤ | 32 4 | 33 ② | 34 9 | 35 36 |
| 36 257 | 37 ① | 38 678 | 39 ① | 40 12 |
| 41 64 | 42 ② | 43 ② | 44 ② | 45 ④ |
| 46 10 | 47 ⑤ | 48 ② | 49 110 | 50 22 |
| 51 3 | 52 ⑤ | 53 109 | 54 ⑤ | 55 160 |
| 56 13 | 57 ② | 58 ④ | 59 24 | 60 ④ |
| 61 ⑤ | 62 80 | 63 12 | 64 ① | 65 9 |
| 66 427 | 67 55 | 68 ② | 69 9 | 70 ⑤ |
| 71 ⑤ | 72 ③ | 73 ① | 74 ① | 75 ① |
| 76 ① | 77 91 | 78 ④ | 79 ③ | 80 105 |
| 81 9 | 82 ⑤ | 83 ① | 84 ② | 85 ⑤ |
| 86 ① | 87 ④ | 88 ⑤ | 89 ④ | 90 8 |
| 91 ④ | 92 ③ | 93 ⑤ | 94 ① | 95 ② |
| 96 15 | 97 33 | 98 ④ | 99 7 | 100 ③ |
| 101 ③ | 102 ① | 103 162 | 104 ③ | 105 ⑤ |
| 106 ③ | 107 70 | 108 ② | 109 ② | 110 ② |
| 111 ② | 112 162 | 113 ④ | 114 ③ | 115 ③ |

### 유형 1 등차수열의 일반항과 합

## 01

등차수열 $\{a_n\}$에서 $a_5$는 $a_3$과 $a_7$의 등차중항이므로

$$a_5=\frac{a_3+a_7}{2}=\frac{2+62}{2}=32$$

답 ②

## 02

등차수열 $\{a_n\}$의 첫째항을 $a$, 공차를 $d$라 하면

$a_n=a+(n-1)d$

그러므로 $a_4=a_1+(4-1)\times3=a_1+9$

즉, $a_1+9=100$

따라서 $a_1=91$

답 ①

## 03

등차수열 $\{a_n\}$의 첫째항을 $a$, 공차를 $d$라 하면

$a_2=a+d=5$

$a_5=a+4d=11$

이므로 $a=3$, $d=2$

따라서

$a_8=a+7d=3+7\times2=17$

답 ①

## 04

등차수열 $\{a_n\}$의 공차를 $d$라 하면

$a_3=a_1+2d$, $a_4=a_2+2d$, $a_5=a_3+2d$이므로

$a_3+a_4+a_5=a_1+a_2+a_3+6d$

즉, $6d=(a_3+a_4+a_5)-(a_1+a_2+a_3)=39-15=24$

따라서 $d=4$

답 ④

## 05

등차수열 $\{a_n\}$에서 $a_2$는 $a_1$과 $a_3$의 등차중항이므로

$$a_2=\frac{a_1+a_3}{2}=\frac{20}{2}=10$$

답 ⑤

## 06

등차수열 $\{a_n\}$의 공차를 $d$라 하면

$a_2=a_1+d=6$ ...... ㉠

$a_4+a_6=36$에서

$(a_1+3d)+(a_1+5d)=36$

$2a_1+8d=36$

$a_1+4d=18$ ...... ㉡

㉠, ㉡에서 $a_1=2$, $d=4$

따라서 $a_{10}=2+9\times4=38$

답 ⑤

## 07

등차수열 $\{a_n\}$의 공차를 $d$라 하면

$a_1=2a_5=2(a_1+4d)$

$a_1+8d=0$ ...... ㉠

$a_8+a_{12}=(a_1+7d)+(a_1+11d)$

$=2a_1+18d=-6$

$a_1+9d=-3$ ...... ㉡

㉠, ㉡에서 $a_1=24$, $d=-3$

따라서 $a_2=a_1+d=21$

답 ③

## 08

$a_n=7+(n-1)\times3=3n+4$

따라서 $a_7=3\times7+4=25$

답 ②

## 09

등차수열 $\{a_n\}$의 공차를 $d$라 하면

$d=-3$이므로

$a_7=a_3+4d=a_3-12$

$a_3a_7=a_3(a_3-12)=64$에서

$a_3^2-12a_3-64=0$

$(a_3+4)(a_3-16)=0$

$a_3=-4$ 또는 $a_3=16$

(i) $a_3=-4$일 때,

$a_8=a_3+5d=-4-15=-19<0$이므로

$a_8>0$이라는 조건에 모순이다.

(ii) $a_3=16$일 때,

$a_8=a_3+5d=16-15=1>0$이므로

조건을 만족시킨다.

(i), (ii)에서 $a_3=16$

따라서

$a_2=a_3-d=16-(-3)=19$

답 ③

## 10

등차수열 $\{a_n\}$의 공차를 $d$라 하면

$a_4=6$에서

$a_1+3d=6$ ...... ㉠

$2a_7=a_{19}$에서

$2(a_1+6d)=a_1+18d$

$a_1-6d=0$ ...... ㉡

㉠, ㉡을 연립하여 풀면

$a_1=4$

답 ④

## 11

등차수열 $\{a_n\}$의 공차를 $d$라 하면

$a_1=a_3+8$에서

$a_1=(a_1+2d)+8$이므로

$d=-4$

이때 $2a_4-3a_6=3$에서

$2(a_1+3d)-3(a_1+5d)=-a_1-9d=-a_1+36=3$

따라서 $a_1=33$

$a_n=33+(n-1)\times(-4)=-4n+37$

$a_k=-4k+37<0$에서

$k>\frac{37}{4}=9.25$

따라서 자연수 $k$의 최솟값은 10이다.

답 ②

## 12

등차수열 $\{a_n\}$의 첫째항을 $a$, 공차를 $d$라 하면

$a_2=a+d$, $a_3=a+2d$

이를 주어진 등식에 대입하면

$(a+d)+(a+2d)=2(a+12)$, $3d=24$

따라서 $d=8$

답 ④

## 13

등차수열 $\{a_n\}$의 첫째항을 $a$, 공차를 $d$라 하면

조건 (나)에서 $\sum_{k=1}^{9}a_k=\frac{9(2a+8d)}{2}=27$

$a+4d=3$, 즉 $a_5=3$ ...... ㉠

$a_5>0$이고 $d>0$이므로 $a_6>0$

(i) $a_4\geq0$인 경우

$|a_4|+|a_6|=(a+3d)+(a+5d)=2a+8d=8$

$a+4d=4$, 즉 $a_5=4$이므로 ㉠에 모순이다.

(ii) $a_4<0$인 경우

$|a_4|+|a_6|=-(a+3d)+a+5d=2d=8$

즉, $d=4$

(i), (ii)에서 $d=4$이므로

$a_{10}=a_5+5d=3+5\times4=23$

답 ②

## 14

$S_7-S_4=a_5+a_6+a_7=0$

수열 $\{a_n\}$이 등차수열이므로 공차를 $d$라 하면

$a_5=a_6-d$, $a_7=a_6+d$에서

$(a_6-d)+a_6+(a_6+d)=3a_6=0$

즉, $a_6=0$

$S_6=30$이므로

$S_6=\frac{6(a_1+a_6)}{2}=3a_1=30$

즉, $a_1=10$

$a_6=10+5d=0$이므로 $d=-2$

따라서 $a_2=a_1+d=10-2=8$

답 ②

# 15

$\frac{A_3}{A_1}=\frac{\frac{1}{2}(a_4-a_3)(2^{a_4}-2^{a_3})}{\frac{1}{2}(a_2-a_1)(2^{a_2}-2^{a_1})}$

$=\frac{\frac{1}{2}\times d\times(2^{1+3d}-2^{1+2d})}{\frac{1}{2}\times d\times(2^{1+d}-2)}$

$=2^{2d}$

이므로

$\frac{A_3}{A_1}=16$에서

$2^{2d}=16$

$d=\boxed{2}$

수열 $\{a_n\}$의 일반항은

$a_n=1+(n-1)d$

$=1+(n-1)\times2$

$=\boxed{2n-1}$

그러므로 모든 자연수 $n$에 대하여

$A_n=\frac{1}{2}\times2\times(2^{2n+1}-2^{2n-1})$

$=\boxed{3\times2^{2n-1}}$

따라서

$p=2$, $f(n)=2n-1$, $g(n)=3\times2^{2n-1}$

이므로

$p+\frac{g(4)}{f(2)}=2+\frac{3\times2^7}{3}=130$

답 ⑤

# 16

모든 자연수 $n$에 대하여 점 $P_n$의 좌표를 $(a_n, 0)$이라 하자.

$\overline{OP_{n+1}}=\overline{OP_n}+\overline{P_nP_{n+1}}$이므로

$a_{n+1}=a_n+\overline{P_nP_{n+1}}$

이다. 삼각형 $OP_nQ_n$과 삼각형 $Q_nP_nP_{n+1}$이 닮음이므로

$\overline{OP_n}:\overline{P_nQ_n}=\overline{P_nQ_n}:\overline{P_nP_{n+1}}$

이고 점 $Q_n$의 좌표는 $(a_n, \sqrt{3a_n})$이므로

$a_n:\sqrt{3a_n}=\sqrt{3a_n}:\overline{P_nP_{n+1}}$

$a_n\times\overline{P_nP_{n+1}}=3a_n$

$\overline{P_nP_{n+1}}=\boxed{3}$

이다.

이때 수열 $\{a_n\}$은 첫째항이 1이고 공차가 3인 등차수열이므로

$a_n=1+(n-1)\times3$

$=3n-2$

따라서 삼각형 $OP_{n+1}Q_n$의 넓이 $A_n$은

$A_n=\frac{1}{2}\times\overline{OP_{n+1}}\times\overline{P_nQ_n}$

$=\frac{1}{2}\times a_{n+1}\times\sqrt{3a_n}$

$=\frac{1}{2}\times(\boxed{3n+1})\times\sqrt{9n-6}$

이다.

따라서 $p=3$, $f(n)=3n+1$이므로

$p+f(8)=3+25=28$

답 ⑤

# 17

$x^2-nx+4(n-4)=0$에서

$(x-4)(x-n+4)=0$

$x=4$ 또는 $x=n-4$

한편, 세 수 1, $\alpha$, $\beta$가 등차수열을 이루므로

$2\alpha=\beta+1$ ...... ㉠

이때 다음 각 경우로 나눌 수 있다.

(i) $\alpha=4$이고 $\beta=n-4$인 경우

$\alpha<\beta$이므로

$n>8$

또, ㉠에서

$8=(n-4)+1$, $n=11$

그러므로 조건을 만족시킨다.

(ii) $\alpha=n-4$이고 $\beta=4$인 경우

$\alpha<\beta$이므로

$n<8$

또, ㉠에서

$2(n-4)=4+1$, $n=\frac{13}{2}$

$n$은 자연수가 아니므로 조건을 만족시키지 않는다.

(i), (ii)에서 구하는 자연수 $n$의 값은 11이다.

답 ③

# 18

등차수열 $\{a_n\}$의 공차를 $d(d\neq0)$라 하면

$b_n=a_n+a_{n+1}$이므로

$b_{n+1}-b_n=(a_{n+1}+a_{n+2})-(a_n+a_{n+1})=a_{n+2}-a_n$
$=2d$
수열 $\{b_n\}$은 공차가 $2d$인 등차수열이다.
(i) $d>0$일 때,
$a_1=a_2-d=-4-d<0$
이때 $a_2=-4<0$이므로
$b_1=a_1+a_2=-8-d<a_1$
$n(A\cap B)=3$이려면
$b_2=a_1$ 또는 $b_3=a_1$이어야 한다.
① $b_2=a_1$일 때,
$b_3=a_3$, $b_4=a_5$이므로 $n(A\cap B)=3$이다.
한편, $b_2=b_1+2d=-8-d+2d=-8+d$이므로
$b_2=a_1$에서
$-8+d=-4-d$, $2d=4$, $d=2$
따라서 $a_{20}=a_2+18d=-4+18\times 2=32$
② $b_3=a_1$일 때,
$b_4=a_3$, $b_5=a_5$이므로 $n(A\cap B)=3$이다.
한편, $b_3=b_1+4d=-8-d+4d=-8+3d$이므로
$b_3=a_1$에서
$-8+3d=-4-d$, $4d=4$, $d=1$
따라서 $a_{20}=a_2+18d=-4+18\times 1=14$
(ii) $d<0$일 때,
③ $a_1>0$이면 $a_2<b_1<a_1$이므로
$n(A\cap B)=0$
④ $a_1=0$이면 $b_1=a_2$, $b_2=a_4$이므로
$n(A\cap B)=2$
⑤ $a_1<0$이면 $b_1<a_2$이므로
$n(A\cap B)\le 2$
③, ④, ⑤에서
$d<0$이면 주어진 조건을 만족시키지 않는다.
(i), (ii)에서 $a_{20}=32$ 또는 $a_{20}=14$
따라서 $a_{20}$의 값의 합은
$32+14=46$

답 ⑤

**다른 풀이**

등차수열 $\{a_n\}$의 공차를 $d(d\neq 0)$라 하면
$b_n=a_n+a_{n+1}$이므로
$b_{n+1}-b_n=(a_{n+1}+a_{n+2})-(a_n+a_{n+1})=a_{n+2}-a_n$
$=2d$
수열 $\{b_n\}$은 공차가 $2d$인 등차수열이다.
$n(A\cap B)=3$이려면
$A\cap B=\{a_1, a_3, a_5\}=\{b_i, b_{i+1}, b_{i+2}\}$ (단, $i=1, 2, 3$)
이어야 한다.
(i) $\{a_1, a_3, a_5\}=\{b_1, b_2, b_3\}$인 경우
$a_1=b_1$이어야 한다.
이때 $b_1=a_1+a_2=a_1-4$에서 $a_1=a_1-4$
즉, $a_1$의 값은 존재하지 않는다.
(ii) $\{a_1, a_3, a_5\}=\{b_2, b_3, b_4\}$인 경우
$a_1=b_2$이어야 한다.
이때 $b_2=b_1+2d=-8+d$이고 $a_1=b_2$에서
$-4-d=-8+d$, $2d=4$, $d=2$
따라서 $a_{20}=a_2+18d=-4+18\times 2=32$
(iii) $\{a_1, a_3, a_5\}=\{b_3, b_4, b_5\}$인 경우
$a_1=b_3$이어야 한다.
이때 $b_3=b_1+4d=-8+3d$이고 $a_1=b_3$에서
$-4-d=-8+3d$, $4d=4$, $d=1$
따라서 $a_{20}=a_2+18d=-4+18\times 1=14$
(i), (ii), (iii)에서 $a_{20}=32$ 또는 $a_{20}=14$
따라서 $a_{20}$의 값의 합은
$32+14=46$

## 19

$S_k=-16$, $S_{k+2}=-12$
에서
$S_{k+2}-S_k=a_{k+1}+a_{k+2}=4$
이고, 등차수열 $\{a_n\}$의 공차가 2이므로
$a_1+2k+a_1+2(k+1)=4$
$a_1+2k+1=2$
$a_1=1-2k$ ······ ㉠
이때 $S_k=-16$에서
$\frac{k\{2a_1+2(k-1)\}}{2}=-16$
$k(a_1+k-1)=-16$
여기에 ㉠을 대입하면
$-k^2=-16$
$k$는 자연수이므로
$k=4$
이고,
$a_1=1-2k=-7$
따라서
$a_{2k}=a_8=-7+7\times 2=7$

답 7

## 20

등차수열 $\{a_n\}$의 공차를 $d$라 하자.
$d\ge 0$이면 수열 $\{a_n\}$의 첫째항이 양수이므로 모든 자연수 $n$에 대

하여 $a_n>0$이 되어 조건을 만족시키지 않는다.

따라서 $d<0$이어야 한다.

(i) $S_3=S_6$인 경우

$\frac{3(2a_1+2d)}{2}=\frac{6(2a_1+5d)}{2}$에서

$a_1=-4d$이므로

$S_3=S_6=-9d>0$

$S_{11}=\frac{11(2a_1+10d)}{2}=11d<0$

즉, $S_3=-S_{11}-3$에서

$-9d=-11d-3$, $d=-\frac{3}{2}$

즉, $a_1=-4d=6$

(ii) $S_3=-S_6$인 경우

$\frac{3(2a_1+2d)}{2}=-\frac{6(2a_1+5d)}{2}$에서

$a_1=-2d$이므로

$S_3=-S_6=-3d>0$

$S_{11}=\frac{11(2a_1+10d)}{2}=33d<0$

즉, $S_3=-S_{11}-3$에서

$-3d=-33d-3$, $d=-\frac{1}{10}$

즉, $a_1=-2d=\frac{1}{5}$

(i), (ii)에서 조건을 만족시키는 모든 수열 $\{a_n\}$의 첫째항의 합은

$6+\frac{1}{5}=\frac{31}{5}$

답 ①

## 21

$a_{k-3}$, $a_{k-2}$, $a_{k-1}$은 이 순서대로 등차수열을 이루므로

$a_{k-2}$는 $a_{k-3}$과 $a_{k-1}$의 등차중항이다. 즉,

$a_{k-2}=\frac{a_{k-3}+a_{k-1}}{2}=\frac{-24}{2}=-12$

$S_k=\frac{k(a_1+a_k)}{2}=\frac{k(a_3+a_{k-2})}{2}$

$=\frac{k\{42+(-12)\}}{2}=15k$

따라서 $k^2=15k$이고 $k\neq 0$이므로 $k=15$

답 ③

# 유형 2 등비수열의 일반항과 합

## 22

등비수열 $\{a_n\}$의 공비를 $r$라 하면

$\frac{a_3}{a_2}=r=2$이고,

첫째항이 $\frac{1}{8}$이므로 등비수열 $\{a_n\}$의 일반항은

$a_n=\frac{1}{8}\times 2^{n-1}$

따라서 $a_5=\frac{1}{8}\times 2^{5-1}=2$

답 ④

## 23

등차수열 $\{a_n\}$의 공차가 3이고, 등비수열 $\{b_n\}$의 공비가 2이므로

$a_2=b_2$에서 $a_1+3=b_1\times 2$

즉, $a_1-2b_1=-3$ ...... ㉠

$a_4=b_4$에서 $a_1+3\times 3=b_1\times 2^3$

즉, $a_1-8b_1=-9$ ...... ㉡

㉠, ㉡을 연립하여 풀면

$a_1=-1$, $b_1=1$

따라서 $a_1+b_1=0$

답 ③

## 24

등비수열 $\{a_n\}$의 모든 항이 양수이므로 공비를 $r\ (r>0)$라 하면

$a_2+a_3=a_1r+a_1r^2$

$=\frac{1}{4}r+\frac{1}{4}r^2=\frac{3}{2}$

$r^2+r-6=0$

$(r+3)(r-2)=0$

$r>0$이므로 $r=2$

따라서

$a_6+a_7=a_1r^5+a_1r^6=\frac{1}{4}\times 2^5+\frac{1}{4}\times 2^6=24$

답 ③

## 25

등비수열 $\{a_n\}$의 공비를 $r\,(r>0)$라 하면

$a_n=r^{n-1}$

$a_3=a_2+6$에서 $r^2=r+6$

$r^2-r-6=0$, $(r-3)(r+2)=0$

$r>0$이므로 $r=3$

따라서 $a_4=r^3=27$

답 ④

## 26

$a_1a_3=(a_2)^2=4$, $a_3a_5=(a_4)^2=64$에서 모든 항이 양수이므로

$a_2=2$, $a_4=8$

등비수열 $\{a_n\}$의 공비는 2이므로

$a_6=8\times2^2=32$

답 ③

## 27

등비수열 $\{a_n\}$의 공비를 $r$라 하면

$a_2a_4=36$

에서 $a_1=2$이므로

$2r\times2r^3=36$

즉, $r^4=9$

따라서 $\dfrac{a_7}{a_3}=\dfrac{a_1r^6}{a_1r^2}=r^4=9$

답 ⑤

## 28

등비수열 $\{a_n\}$의 공비를 $r\ (r>0)$라 하면

$a_2+a_4=30$ …… ㉠

한편, $a_4+a_6=\dfrac{15}{2}$에서

$r^2(a_2+a_4)=\dfrac{15}{2}$ …… ㉡

㉠을 ㉡에 대입하면

$r^2\times30=\dfrac{15}{2}$, $r^2=\dfrac{1}{4}$

$r>0$이므로 $r=\dfrac{1}{2}$

㉠에서

$a_1r+a_1r^3=30$

$a_1\times\dfrac{1}{2}+a_1\times\left(\dfrac{1}{2}\right)^3=30$

$a_1\times\dfrac{5}{8}=30$

따라서 $a_1=30\times\dfrac{8}{5}=48$

답 ①

## 29

문제에서 제시된 세 번째 줄의 4와 인접한 아래쪽 칸의 수는 주어진 규칙에 의해 4의 2배인 8이다.

규칙으로부터 네 번째 줄의 8과 인접한 왼쪽 칸의 수는 그 수를 2배하여 8이 되어야 하므로 4이다.

이와 같은 방식으로 네 번째 줄에 있는 수를 모두 구하여 왼쪽부터 차례대로 나열하면 1, 2, 4, 8, 16, 32, 64이다.

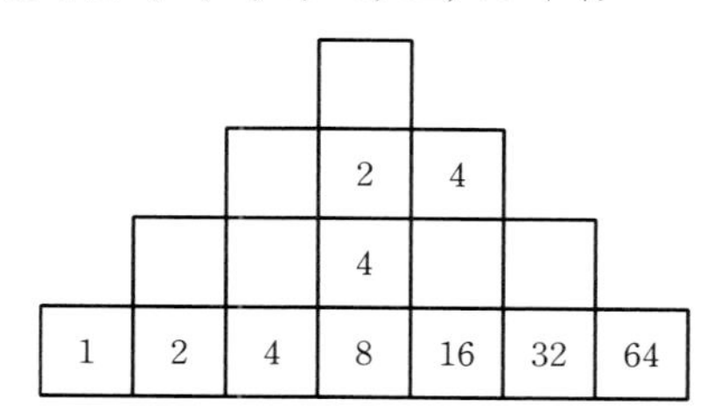


그러므로 네 번째 줄에 있는 모든 수의 합은 첫째항이 1이고 공비가 2인 등비수열의 첫째항부터 제7항까지의 합이다.

따라서 구하는 값은

$\dfrac{1\times(2^7-1)}{2-1}=127$

답 ②

## 30

등비수열 $\{a_n\}$의 공비를 $r$라 하면

$a_7=4a_6-16$에서

$a_5r^2=4a_5r-16$

$4r^2=4\times4r-16$

$r^2-4r+4=0$, $(r-2)^2=0$, $r=2$

따라서 $a_8=a_5r^3=4\times2^3=32$

답 ①

## 31

등비수열 $\{a_n\}$의 첫째항을 $a$, 공비를 $r$라 하면

$\dfrac{a_3a_8}{a_6}=12$에서

$\dfrac{ar^2\times ar^7}{ar^5}=12$, $ar^4=12$

즉, $a_5=12$

$a_5+a_7=36$에서 $a_7=24$이므로

$r^2=\dfrac{a_7}{a_5}=\dfrac{24}{12}=2$

따라서 $a_{11}=a_5r^6=12\times2^3=96$

답 ⑤

## 32

등비수열 $\{a_n\}$의 공비를 $r$, $a_1=a$라 하면 $a_2=36$에서

$ar=36$ …… ㉠

또, $a_7=\frac{1}{3}a_5$에서

$ar^6=\frac{1}{3}ar^4$

$r^2=\frac{1}{3}$ …… ㉡

따라서 ㉠, ㉡에서

$a_6=ar^5=ar\times r^4=36\times\left(\frac{1}{3}\right)^2=4$

답 4

## 33

등비수열 $\{a_n\}$의 공비를 $r(r>1)$라 하면

조건 (가)에서 $ar^2\times ar^4\times ar^6=125$

$(ar^4)^3=5^3$, 즉 $ar^4=5$

조건 (나)에서 $\frac{ar^3+ar^7}{ar^5}=\frac{13}{6}$, $\frac{1}{r^2}+r^2=\frac{13}{6}$

$r^2=X$로 치환하면 $X+\frac{1}{X}=\frac{13}{6}$에서

$6X^2-13X+6=0$, $(2X-3)(3X-2)=0$

$X=\frac{3}{2}$ 또는 $X=\frac{2}{3}$에서 $r^2=\frac{3}{2}$ 또는 $r^2=\frac{2}{3}$

$r>1$이므로 $r^2=\frac{3}{2}$

따라서 $a_9=ar^8=ar^4\times r^4=5\times\left(\frac{3}{2}\right)^2=\frac{45}{4}$

답 ②

## 34

모든 자연수 $n$에 대하여

$S_{n+3}-S_n=13\times 3^{n-1}$

이 성립하고

$S_{n+3}-S_n=a_{n+1}+a_{n+2}+a_{n+3}$

이므로 모든 자연수 $n$에 대하여

$a_{n+1}+a_{n+2}+a_{n+3}=13\times 3^{n-1}$ …… ㉠

이 성립한다.

㉠에 $n=1$을 대입하면

$a_2+a_3+a_4=13$

이므로 등비수열 $\{a_n\}$의 공비를 $r$라 하면

$a_1r+a_1r^2+a_1r^3=13$

$a_1r(1+r+r^2)=13$ …… ㉡

또, ㉠에 $n=2$를 대입하면

$a_3+a_4+a_5=13\times 3=39$

이므로

$a_1r^2+a_1r^3+a_1r^4=39$

$a_1r^2(1+r+r^2)=39$ …… ㉢

㉢÷㉡을 하면

$\frac{a_1r^2(1+r+r^2)}{a_1r(1+r+r^2)}=\frac{39}{13}$

에서 $r=3$

$r=3$을 ㉡에 대입하면

$a_1\times 3\times(1+3+9)=13$

에서 $a_1=\frac{1}{3}$

따라서 $a_4=a_1r^3=\frac{1}{3}\times 3^3=9$

답 9

## 35

등비수열 $\{a_n\}$의 공비를 $r$라 하면

$\frac{a_{16}}{a_{14}}+\frac{a_8}{a_7}=r^2+r$

$r^2+r=12$

$(r+4)(r-3)=0$

$r>0$이므로 $r=3$

따라서

$\frac{a_3}{a_1}+\frac{a_6}{a_3}=r^2+r^3=3^2+3^3=9+27=36$

답 36

## 36

(i) $x\neq 1$일 때

$f(x)=(1+x^4+x^8+x^{12})(1+x+x^2+x^3)$

$=\frac{(x^4)^4-1}{x^4-1}\times\frac{x^4-1}{x-1}=\frac{x^{16}-1}{x-1}$

(ii) $x=1$일 때

$f(1)=4\times 4=16$

따라서

$\frac{f(2)}{\{f(1)-1\}\{f(1)+1\}}=\frac{2^{16}-1}{(16-1)(16+1)}$

$=\frac{(2^8-1)(2^8+1)}{(2^4-1)(2^4+1)}$

$=2^8+1$

$=257$

답 257

## 37

등차수열 $\{a_n\}$의 공차를 $d$, 등비수열 $\{b_n\}$의 공비를 $r$라 하면

$a_n=3+(n-1)d$

$b_n=3r^{n-1}$

$b_3=-a_2$를 $a_2+b_2=a_3+b_3$에 대입하면

$a_2+b_2=a_3-a_2=d$

그러므로 $3+d+3r=d$, $3r=-3$에서

$r=-1$ ...... ㉠

$b_3=-a_2$에서

$3r^2=-(3+d)$ ...... ㉡

㉡에 ㉠을 대입하면

$3\times(-1)^2=-3-d$에서

$d=-6$

따라서 $a_3=3+2\times(-6)=-9$

답 ①

## 38

조건 (가), (나)에서

수열 $\{|a_n|\}$은 첫째항이 2, 공비가 2인 등비수열이므로

$|a_n|=2^n$

한편, $\sum_{k=1}^{9}|a_k|=\sum_{k=1}^{9}2^k=\frac{2(2^9-1)}{2-1}=2^{10}-2$

이므로 조건 (다)에서 $\sum_{k=1}^{10}a_k=-14$를 만족하기 위해서는

$a_{10}=-2^{10}=-1024$임을 알 수 있다.

즉, $\sum_{k=1}^{10}a_k=\sum_{k=1}^{9}|a_k|-1024=-2$이고, $\sum_{k=1}^{10}a_k=-14$를 만족하기 위해서는 $a_1=-2$, $a_2=-4$이어야 한다.

즉,

$$\sum_{k=1}^{10}a_k=-2-4+\sum_{k=3}^{9}2^k-1024$$

$$=-6+\frac{2^3(2^7-1)}{2-1}-1024=-14$$

이므로 조건 (다)를 만족시킨다.

따라서

$a_1+a_3+a_5+a_7+a_9=(-2)+2^3+2^5+2^7+2^9=678$

답 678

## 39

점 A의 $x$좌표는 64이고 점 $Q_1$의 $x$좌표는 $x_1$이다.

이때 두 점 A와 $P_1$의 $y$좌표가 같으므로

$2^{64}=16^{x_1}$에서

$2^{64}=2^{4x_1}$

$4x_1=64$에서

$x_1=16$

같은 방법으로 모든 자연수 $n$에 대하여 두 점 $P_n$, $Q_n$의 $x$좌표는 $x_n$으로 서로 같고, 두 점 $Q_n$, $P_{n+1}$의 $y$좌표는 같으므로

$2^{x_n}=16^{x_{n+1}}$

즉, $2^{x_n}=2^{4x_{n+1}}$이므로

$x_{n+1}=\frac{1}{4}x_n$

따라서 수열 $\{x_n\}$은 첫째항이 16, 공비가 $\frac{1}{4}$인 등비수열이므로

$x_n=16\times\left(\frac{1}{4}\right)^{n-1}=2^4\times2^{-2n+2}=2^{6-2n}$

한편, $x_n<\frac{1}{k}$을 만족시키는 $n$의 최솟값이 6이므로

$x_5\ge\frac{1}{k}$이고 $x_6<\frac{1}{k}$

어어야 한다.

$x_5\ge\frac{1}{k}$에서 $2^{-4}\ge\frac{1}{k}$

즉, $\frac{1}{16}\ge\frac{1}{k}$에서 $k\ge16$ ...... ㉠

$x_6<\frac{1}{k}$에서 $2^{-6}<\frac{1}{k}$

즉, $\frac{1}{64}<\frac{1}{k}$에서 $k<64$ ...... ㉡

㉠, ㉡에서 $16\le k<64$이므로

자연수 $k$의 개수는 $64-16=48$

답 ①

## 40

등비수열 $\{a_n\}$의 첫째항을 $a$, 공비를 $r$라 하면

$a_n=ar^{n-1}$이므로

$a_3+a_2=ar^2+ar=1$ ...... ㉠

$a_6-a_4=ar^5-ar^3=(ar^2+ar)\times r^2(r-1)=18$ ...... ㉡

㉠을 ㉡에 대입하면

$r^2(r-1)=18$, $r^3-r^2-18=0$

$(r-3)(r^2+2r+6)=0$

$r^2+2r+6=(r+1)^2+5>0$이므로

$r-3=0$에서 $r=3$

㉠에 $r=3$을 대입하면

$a\times3^2+a\times3=12a=1$, $a=\frac{1}{12}$

따라서 $a_1=\frac{1}{12}$이므로

$\frac{1}{a_1}=12$

답 12

## 41

$a_1=1$이므로 등비수열 $\{a_n\}$의 공비를 $r$라 하면

$a_n=1\times r^{n-1}=r^{n-1}$

이때

$$\frac{S_6}{S_3}=\frac{\frac{r^6-1}{r-1}}{\frac{r^3-1}{r-1}}=\frac{r^6-1}{r^3-1}=\frac{(r^3+1)(r^3-1)}{r^3-1}$$

$=r^3+1$ ...... ㉠

또, $2a_4-7=2r^3-7$ ...... ㉡

㉠과 ㉡이 같아야 하므로

$r^3+1=2r^3-7$

$r^3=8$

따라서 $a_7=r^6=8^2=64$

답 64

## 유형 3 수열의 합과 일반항의 관계

## 42

$a_1=S_1=-1$

$n\geq2$일 때

$a_n=S_n-S_{n-1}$

$=(2n^2-3n)-\{2(n-1)^2-3(n-1)\}$

$=4n-5$

그러므로 $a_n=4n-5\ (n\geq1)$

$a_n>100$에서

$4n-5>100,\ n>\frac{105}{4}=26.25$

따라서 자연수 $n$의 최솟값은 27이다.

답 ②

## 43

등차수열 $\{a_n\}$의 첫째항부터 제$n$항까지의 합을 $S_n$이라 하면

$S_1=1^2-5\times1=-4$

$S_2=2^2-5\times2=-6$

그러므로 $a_2=S_2-S_1=-6-(-4)=-2$

따라서 $a_1+d=a_2=-2$

답 ②

## 44

$S_3-S_2=a_3$이므로

$a_6=2a_3$

등차수열 $\{a_n\}$의 공차를 $d$라 하면 $a_1=2$이므로

$2+5d=2(2+2d)$

$2+5d=4+4d,\ d=2$

따라서 $a_{10}=2+9\times2=20$이므로

$S_{10}=\frac{10(a_1+a_{10})}{2}=\frac{10\times(2+20)}{2}=110$

답 ②

## 45

$S_4-S_2=a_3+a_4$이므로

$a_3+a_4=3a_4,\ a_3=2a_4$

등비수열 $\{a_n\}$의 공비를 $r$라 하면

$a_5=\frac{3}{4}$에서 $r\neq0$이고

$a_3=2a_4$에서

$r=\frac{a_4}{a_3}=\frac{a_4}{2a_4}=\frac{1}{2}$

$a_5=a_1r^4$에서

$a_1=a_5\times\frac{1}{r^4}=\frac{3}{4}\times2^4=12$

$a_2=a_1r=12\times\frac{1}{2}=6$

따라서 $a_1+a_2=12+6=18$

답 ④

## 46

$S_4-S_3=2$이므로

$a_4=2$

$S_6-S_5=50$이므로

$a_6=50$

등비수열 $\{a_n\}$의 공비를 $r$라 하면

$a_6=a_4r^2$이므로

$r^2=\frac{a_6}{a_4}=\frac{50}{2}=25$

모든 항이 양수이므로 $r>0$

즉, $r=5$

따라서 $a_5=a_4\times r=2\times5=10$

답 10

## 유형 4 $\sum$의 성질과 여러 가지 수열의 합

## 47

$\sum_{k=1}^{5}(2a_k-b_k+4)=2\sum_{k=1}^{5}a_k-\sum_{k=1}^{5}b_k+\sum_{k=1}^{5}4$

$=2\times8-9+4\times5$

$=27$

답 ⑤

## 48

$\sum_{k=1}^{10}(2a_k+3)=2\sum_{k=1}^{10}a_k+\sum_{k=1}^{10}3=2\sum_{k=1}^{10}a_k+30$

따라서 $2\sum_{k=1}^{10}a_k+30=60$이므로

$\sum_{k=1}^{10}a_k=15$

답 ②

## 49

$\sum_{k=1}^{10}(a_k-b_k+2)=50$에서

$\sum_{k=1}^{10}a_k-\sum_{k=1}^{10}b_k=30$ …… ㉠

$\sum_{k=1}^{10}(a_k-2b_k)=-10$에서

$\sum_{k=1}^{10}a_k-2\sum_{k=1}^{10}b_k=-10$ …… ㉡

㉠, ㉡에서 $\sum_{k=1}^{10}a_k=70$, $\sum_{k=1}^{10}b_k=40$

따라서 $\sum_{k=1}^{10}(a_k+b_k)=\sum_{k=1}^{10}a_k+\sum_{k=1}^{10}b_k=110$

답 110

## 50

$\sum_{k=1}^{5}(3a_k+5)=55$에서

$3\sum_{k=1}^{5}a_k+25=55$, $\sum_{k=1}^{5}a_k=10$

$\sum_{k=1}^{5}(a_k+b_k)=32$에서

$\sum_{k=1}^{5}a_k+\sum_{k=1}^{5}b_k=32$

따라서

$\sum_{k=1}^{5}b_k=-\sum_{k=1}^{5}a_k+32=-10+32=22$

답 22

## 51

$\sum_{k=1}^{10}(4k+a)=4\sum_{k=1}^{10}k+10a$

$=4\times\frac{10\times11}{2}+10a$

$=220+10a$

즉, $220+10a=250$이므로

$10a=30$

따라서 $a=3$

답 3

## 52

자연수 $k$에 대하여

$n=2k-1$일 때,

$a_n=a_{2k-1}=\frac{\{(2k-1)+1\}^2}{2}=2k^2$

$n=2k$일 때,

$a_n=a_{2k}=\frac{(2k)^2}{2}+2k+1=2k^2+2k+1$

따라서

$\sum_{n=1}^{10}a_n=\sum_{k=1}^{5}a_{2k-1}+\sum_{k=1}^{5}a_{2k}$

$=\sum_{k=1}^{5}2k^2+\sum_{k=1}^{5}(2k^2+2k+1)$

$=\sum_{k=1}^{5}\{2k^2+(2k^2+2k+1)\}$

$=\sum_{k=1}^{5}(4k^2+2k+1)$

$=4\sum_{k=1}^{5}k^2+2\sum_{k=1}^{5}k+\sum_{k=1}^{5}1$

$=4\times\frac{5\times6\times11}{6}+2\times\frac{5\times6}{2}+1\times5$

$=255$

답 ⑤

## 53

$\sum_{k=1}^{6}(k+1)^2-\sum_{k=1}^{5}(k-1)^2=7^2+\sum_{k=1}^{5}(k+1)^2-\sum_{k=1}^{5}(k-1)^2$

$=49+\sum_{k=1}^{5}\{(k+1)^2-(k-1)^2\}$

$=49+4\sum_{k=1}^{5}k$

$=49+4\times\frac{5\times6}{2}$

$=109$

답 109

## 54

$\sum_{k=1}^{9}(k+1)^2-\sum_{k=1}^{10}(k-1)^2$

$=(2^2+3^2+\cdots+10^2)-(0^2+1^2+\cdots+9^2)$

$=10^2-1^2=100-1=99$

답 ⑤

## 55

등차수열 $\{a_n\}$의 공차를 $d$라 하면

$\sum_{k=1}^{5}a_k=55$

에서

$\frac{5(6+4d)}{2}=55$, $d=4$

즉, $a_n=3+(n-1)\times 4=4n-1$이므로

$$\sum_{k=1}^{5} k(a_k-3)=\sum_{k=1}^{5} k(4k-4)$$
$$=4\sum_{k=1}^{5}(k^2-k)$$
$$=4\times\left(\frac{5\times 6\times 11}{6}-\frac{5\times 6}{2}\right)=160$$

답 160

## 56

$\sum_{k=1}^{5} ca_k=c\sum_{k=1}^{5} a_k=10c$

이고 $\sum_{k=1}^{5} c=5c$이므로

$\sum_{k=1}^{5} ca_k=65+\sum_{k=1}^{5} c$

에서

$10c=65+5c$, $5c=65$

따라서 $c=13$

답 13

## 57

$$\sum_{k=1}^{n}(a_k-a_{k+1})=(a_1-a_2)+(a_2-a_3)+\cdots+(a_n-a_{n+1})$$
$$=a_1-a_{n+1}=-n^2+n$$

$1-a_{n+1}=-n^2+n$

$a_{n+1}=n^2-n+1$

따라서 $a_{11}=10^2-10+1=91$

답 ②

## 58

$$\sum_{k=1}^{n}\frac{a_{k+1}-a_k}{a_ka_{k+1}}=\sum_{k=1}^{n}\left(\frac{1}{a_k}-\frac{1}{a_{k+1}}\right)$$
$$=\frac{1}{a_1}-\frac{1}{a_{n+1}}$$
$$=-\frac{1}{4}-\frac{1}{a_{n+1}}$$
$$=\frac{1}{n}$$

이때 $\frac{1}{a_{n+1}}=-\frac{1}{n}-\frac{1}{4}$이므로 $n=12$를 대입하면

$\frac{1}{a_{13}}=-\frac{1}{12}-\frac{1}{4}=-\frac{1}{3}$

즉, $a_{13}=-3$

답 ④

## 59

$$\sum_{k=1}^{10}(a_k-b_k)=\sum_{k=1}^{10}\{(2a_k-b_k)-a_k\}$$
$$=\sum_{k=1}^{10}(2a_k-b_k)-\sum_{k=1}^{10}a_k$$
$$=34-10=24$$

답 24

## 60

등차수열 $\{a_n\}$의 첫째항과 공차가 같으므로 $a_1=a$라 하면

$a_n=a+(n-1)\times a=an$

한편, $\sum_{k=1}^{15}\frac{1}{\sqrt{a_k}+\sqrt{a_{k+1}}}=2$에서

$$\sum_{k=1}^{15}\frac{1}{\sqrt{a_k}+\sqrt{a_{k+1}}}$$
$$=\sum_{k=1}^{15}\frac{1}{\sqrt{ak}+\sqrt{a(k+1)}}$$
$$=\sum_{k=1}^{15}\frac{\sqrt{a(k+1)}-\sqrt{ak}}{a}$$
$$=\frac{1}{a}\sum_{k=1}^{15}(\sqrt{a(k+1)}-\sqrt{ak})$$
$$=\frac{1}{a}\{(\sqrt{2a}-\sqrt{a})+(\sqrt{3a}-\sqrt{2a})+\cdots+(\sqrt{16a}-\sqrt{15a})\}$$
$$=\frac{1}{a}(4\sqrt{a}-\sqrt{a})$$
$$=\frac{3\sqrt{a}}{a}=\frac{3}{\sqrt{a}}=2$$

이때

$2\sqrt{a}=3$, $a=\frac{9}{4}$

따라서 $a_4=4a=4\times\frac{9}{4}=9$

답 ④

## 61

$S_n=\frac{1}{n(n+1)}=\frac{1}{n}-\frac{1}{n+1}$이므로

$$\sum_{k=1}^{10}S_k=\sum_{k=1}^{10}\left(\frac{1}{k}-\frac{1}{k+1}\right)$$
$$=\left(\frac{1}{1}-\frac{1}{2}\right)+\left(\frac{1}{2}-\frac{1}{3}\right)+\cdots+\left(\frac{1}{10}-\frac{1}{11}\right)$$
$$=1-\frac{1}{11}=\frac{10}{11}$$

한편, $\sum_{k=1}^{10}a_k=S_{10}=\frac{1}{10\times 11}=\frac{1}{110}$이므로

$$\sum_{k=1}^{10}(S_k-a_k)=\sum_{k=1}^{10}S_k-\sum_{k=1}^{10}a_k=\frac{10}{11}-\frac{1}{110}=\frac{99}{110}=\frac{9}{10}$$

답 ⑤

## 62

등비수열 $\{a_n\}$의 공비를 $r$라 하면

$\frac{a_5}{a_3}=r^2=9$

이때 $r>0$이므로

$r=3$

즉, $a_n=2\times 3^{n-1}$

따라서

$\sum_{k=1}^{4} a_k=\sum_{k=1}^{4}(2\times 3^{k-1})=\frac{2(3^4-1)}{3-1}=80$

답 80

## 63

$\sum_{k=1}^{10} a_k-\sum_{k=1}^{7}\frac{a_k}{2}=56$ …… ㉠

$\sum_{k=1}^{10} 2a_k-\sum_{k=1}^{8} a_k=100$에서

$\sum_{k=1}^{10} a_k-\sum_{k=1}^{8}\frac{a_k}{2}=50$ …… ㉡

㉠－㉡을 하면 $\frac{a_8}{2}=6$

따라서 $a_8=12$

답 12

## 64

$x$에 대한 이차방정식

$(n^2+6n+5)x^2-(n+5)x-1=0$

의 두 근의 합이 $a_n$이므로

이차방정식의 근과 계수의 관계에 의하여

$a_n=-\frac{-(n+5)}{n^2+6n+5}=\frac{n+5}{(n+5)(n+1)}=\frac{1}{n+1}$

따라서

$\sum_{k=1}^{10}\frac{1}{a_k}=\sum_{k=1}^{10}(k+1)=\sum_{k=1}^{10} k+\sum_{k=1}^{10} 1$

$=\frac{10(10+1)}{2}+1\times 10=65$

답 ①

## 65

$\sum_{k=1}^{10}(a_k+2b_k)=45$에서

$\sum_{k=1}^{10} a_k+2\sum_{k=1}^{10} b_k=45$ …… ㉠

$\sum_{k=1}^{10}(a_k-b_k)=3$에서

$\sum_{k=1}^{10} a_k-\sum_{k=1}^{10} b_k=3$ …… ㉡

㉠－㉡을 하면

$3\sum_{k=1}^{10} b_k=42$, $\sum_{k=1}^{10} b_k=14$

따라서

$\sum_{k=1}^{10}\left(b_k-\frac{1}{2}\right)=\sum_{k=1}^{10} b_k-10\times\frac{1}{2}=14-5=9$

답 9

## 66

$x^2-5nx+4n^2=0$에서

$(x-n)(x-4n)=0$, $x=n$ 또는 $x=4n$

따라서

$\sum_{n=1}^{7}(1-\alpha_n)(1-\beta_n)$

$=\sum_{n=1}^{7}(1-n)(1-4n)$

$=\sum_{n=1}^{7}(1-5n+4n^2)$

$=7-5\times\frac{7\times 8}{2}+4\times\frac{7\times 8\times 15}{6}=427$

답 427

## 67

$\sum_{k=1}^{5} k^2=\frac{5\times 6\times 11}{6}=55$

답 55

## 68

등차수열 $\{a_n\}$의 공차를 $d(d>0)$라 하면

$a_5=5$이므로 $a_3=5-2d$, $a_4=5-d$, $a_6=5+d$, $a_7=5+2d$

그러므로

$\sum_{k=3}^{7}|2a_k-10|=|2a_3-10|+|2a_4-10|+|2a_5-10|$

$+|2a_6-10|+|2a_7-10|$

$=|-4d|+|-2d|+0+|2d|+|4d|$

$=12d=20$

따라서 $d=\frac{5}{3}$이므로

$a_6=5+d=\frac{20}{3}$

답 ②

## 69

$\sum_{k=1}^{10} a_k=\sum_{k=1}^{10}(2b_k-1)=2\sum_{k=1}^{10} b_k-10$ …… ㉠

$\sum_{k=1}^{10}(3a_k+b_k)=33$에서

Ⅲ 수열

$$3\sum_{k=1}^{10} a_k+\sum_{k=1}^{10} b_k=33$$

$$\sum_{k=1}^{10} b_k=-3\sum_{k=1}^{10} a_k+33 \quad \cdots\cdots ㉡$$

㉠을 ㉡에 대입하면

$$\sum_{k=1}^{10} b_k=-3\left(2\sum_{k=1}^{10} b_k-10\right)+33$$

$$\sum_{k=1}^{10} b_k=-6\sum_{k=1}^{10} b_k+63,\ 7\sum_{k=1}^{10} b_k=63$$

따라서 $\sum_{k=1}^{10} b_k=9$

답 9

## 70

도형 $R$의 넓이가 3이므로 $2n$개의 도형 $R$를 겹치지 않게 빈틈없이 붙여서 만든 직사각형의 넓이는 $6n$이다.

따라서 $a_n=6n$이므로

$$\sum_{n=10}^{15} a_n=\sum_{n=10}^{15} 6n=\sum_{n=1}^{15} 6n-\sum_{n=1}^{9} 6n$$

$$=6\times\frac{15\times16}{2}-6\times\frac{9\times10}{2}$$

$$=450$$

답 ⑤

## 71

(i) $k=1,\ 4,\ 9,\ 16$일 때

$f(1)=1$이고 $f(x+1)=f(x)$이므로

$f(1)=f(2)=f(3)=f(4)=1$에서

$f(\sqrt{k})=1$

(ii) $k\neq1,\ 4,\ 9,\ 16$일 때

$f(\sqrt{k})=3$

따라서

$\sum_{k=1}^{20} k=\frac{20\times21}{2}=210$이고, $1+4+9+16=30$이므로

$$\sum_{k=1}^{20}\frac{k\times f(\sqrt{k})}{3}=\sum_{k=1}^{20}\left\{k\times\frac{f(\sqrt{k})}{3}\right\}$$

$$=(1+4+9+16)\times\frac{1}{3}+\left\{\sum_{k=1}^{20}k-(1+4+9+16)\right\}\times\frac{3}{3}$$

$$=30\times\frac{1}{3}+(210-30)\times\frac{3}{3}$$

$$=10+180=190$$

답 ⑤

## 72

등차수열 $\{a_n\}$의 공차가 양수이고 조건 (가)에서

$a_5\times a_7<0$이므로

$a_5<0,\ a_7>0$

즉, $n\le5$일 때 $a_n<0$이고, $n\ge7$일 때 $a_n>0$이다.

이때 조건 (나)에서

$$\sum_{k=1}^{6}|a_{k+6}|=6+\sum_{k=1}^{6}|a_{2k}|$$

이므로

$$|a_7|+|a_8|+|a_9|+|a_{10}|+|a_{11}|+|a_{12}|$$

$$=6+|a_2|+|a_4|+|a_6|+|a_8|+|a_{10}|+|a_{12}|$$

$$a_7+a_9+a_{11}=6-a_2-a_4+|a_6|$$

등차수열 $\{a_n\}$의 공차가 3이므로

$$(a_1+18)+(a_1+24)+(a_1+30)$$

$$=6-(a_1+3)-(a_1+9)+|a_1+15|$$

$$|a_1+15|=5a_1+78 \quad \cdots\cdots ㉠$$

㉠에서 $a_1+15\ge0$이면

$a_1+15=5a_1+78$

$4a_1=-63$

$a_1=-\frac{63}{4}<-15$

이므로 조건을 만족시키지 않는다.

즉, $a_1+15<0$이므로 ㉠에서

$-a_1-15=5a_1+78$

$6a_1=-93,\ a_1=-\frac{31}{2}$

따라서

$$a_{10}=a_1+9\times3=-\frac{31}{2}+27=\frac{23}{2}$$

답 ③

## 73

$n$이 홀수이면 $n^2-16n+48$은 홀수이므로 홀수의 $n$제곱근 중 실수인 것의 개수는 항상 1이다.

즉, $f(3)=f(5)=f(7)=f(9)=1$

$n$이 짝수이면 $n^2-16n+48$은 짝수이므로 다음과 같은 경우로 나누어 생각할 수 있다.

(i) $n^2-16n+48>0$인 경우

$(n-4)(n-12)>0$에서 $n<4$ 또는 $n>12$

이때 $f(n)=2$이므로

$f(2)=2$

(ii) $n^2-16n+48=0$인 경우

$(n-4)(n-12)=0$에서 $n=4$ 또는 $n=12$

이때 $f(n)=1$이므로

$f(4)=1$

(iii) $n^2-16n+48<0$인 경우

$(n-4)(n-12)<0$에서 $4<n<12$

이때 $f(n)=0$이므로

$f(6)=f(8)=f(10)=0$

따라서

$\sum_{n=2}^{10} f(n)=4\times1+1\times2+1\times1+3\times0=7$

답 ①

## 74

등비수열 $\{a_n\}$의 첫째항이 양수, 공비가 음수이므로

$a_{2n-1}>0$에서 $|a_{2n-1}|+a_{2n-1}=2a_{2n-1}$

$a_{2n}<0$에서 $|a_{2n}|+a_{2n}=0$

수열 $\{a_{2n-1}\}$은 첫째항이 $a_1$, 공비가 $(-2)^2=4$인 등비수열이므로

$$\begin{aligned}\sum_{k=1}^{9}(|a_k|+a_k)&=2(a_1+a_3+a_5+a_7+a_9)\\&=2\times\frac{a_1(4^5-1)}{4-1}\\&=\frac{2\times1023\times a_1}{3}=682a_1\end{aligned}$$

따라서 $682a_1=66$이므로

$a_1=\frac{3}{31}$

답 ①

## 75

$\sum_{k=1}^{n}\frac{1}{(2k-1)a_k}=n^2+2n$에서

$n=1$일 때

$\frac{1}{a_1}=3$이므로 $a_1=\frac{1}{3}$

$n\geq2$일 때

$$\begin{aligned}\frac{1}{(2n-1)a_n}&=\sum_{k=1}^{n}\frac{1}{(2k-1)a_k}-\sum_{k=1}^{n-1}\frac{1}{(2k-1)a_k}\\&=n^2+2n-\{(n-1)^2+2(n-1)\}\\&=2n+1\end{aligned}$$

이므로

$(2n-1)a_n=\frac{1}{2n+1}$에서

$a_n=\frac{1}{(2n-1)(2n+1)}$

이때 $n=1$일 때 $a_1=\frac{1}{3}$이므로

$a_n=\frac{1}{(2n-1)(2n+1)}$ $(n\geq1)$

따라서

$$\begin{aligned}\sum_{n=1}^{10}a_n&=\sum_{n=1}^{10}\frac{1}{(2n-1)(2n+1)}\\&=\frac{1}{2}\sum_{n=1}^{10}\left(\frac{1}{2n-1}-\frac{1}{2n+1}\right)\\&=\frac{1}{2}\left\{\left(1-\frac{1}{3}\right)+\left(\frac{1}{3}-\frac{1}{5}\right)+\left(\frac{1}{5}-\frac{1}{7}\right)+\cdots+\left(\frac{1}{19}-\frac{1}{21}\right)\right\}\\&=\frac{1}{2}\left(1-\frac{1}{21}\right)=\frac{1}{2}\times\frac{20}{21}=\frac{10}{21}\end{aligned}$$

답 ①

## 76

$|a_6|=a_8$에서

$a_6=a_8$ 또는 $-a_6=a_8$ …… ㉠

등차수열 $\{a_n\}$의 공차가 0이 아니므로

$a_6\neq a_8$ …… ㉡

㉠, ㉡에서 $-a_6=a_8$, 즉 $a_6+a_8=0$ …… ㉢

한편, $|a_6|=a_8$에서

$a_8\geq0$이고, $a_6+a_8=0$이므로

$a_6<0<a_8$이다.

즉, 등차수열 $\{a_n\}$의 공차는 양수이다.

등차수열 $\{a_n\}$의 공차를 $d\,(d>0)$라 하면 ㉢에서

$(a_1+5d)+(a_1+7d)=0$

$a_1=-6d$ …… ㉣

한편, $\sum_{k=1}^{5}\frac{1}{a_ka_{k+1}}=\frac{5}{96}$에서

$$\begin{aligned}&\sum_{k=1}^{5}\frac{1}{a_ka_{k+1}}\\&=\sum_{k=1}^{5}\frac{1}{a_{k+1}-a_k}\left(\frac{1}{a_k}-\frac{1}{a_{k+1}}\right)\\&=\sum_{k=1}^{5}\frac{1}{d}\left(\frac{1}{a_k}-\frac{1}{a_{k+1}}\right)\\&=\frac{1}{d}\left\{\left(\frac{1}{a_1}-\frac{1}{a_2}\right)+\left(\frac{1}{a_2}-\frac{1}{a_3}\right)+\left(\frac{1}{a_3}-\frac{1}{a_4}\right)+\left(\frac{1}{a_4}-\frac{1}{a_5}\right)+\left(\frac{1}{a_5}-\frac{1}{a_6}\right)\right\}\\&=\frac{1}{d}\left(\frac{1}{a_1}-\frac{1}{a_6}\right)\\&=\frac{1}{d}\left(\frac{1}{a_1}-\frac{1}{a_1+5d}\right)\\&=\frac{1}{d}\times\frac{5d}{a_1(a_1+5d)}\\&=\frac{5}{a_1(a_1+5d)}\end{aligned}$$

이므로

$\frac{5}{a_1(a_1+5d)}=\frac{5}{96}$, $a_1(a_1+5d)=96$ …… ㉤

㉣을 ㉤에 대입하면

Ⅲ 수열

$-6d\times(-d)=96$, $d^2=16$

$d>0$이므로 $d=4$

$d=4$를 ㉣에 대입하면

$a_1=-24$

따라서

$$\sum_{k=1}^{15} a_k=\frac{15\{2\times(-24)+14\times4\}}{2}=60$$

답 ①

## 77

$a_n=2n^2-3n+1$이므로

$$\sum_{n=1}^{7}(a_n-n^2+n)=\sum_{n=1}^{7}(n^2-2n+1)$$
$$=\sum_{n=1}^{7}(n-1)^2$$
$$=\sum_{k=1}^{6}k^2=\frac{6\times7\times13}{6}=91$$

답 91

## 78

$$\sum_{k=1}^{m}a_k$$
$$=\sum_{k=1}^{m}\log_2\sqrt{\frac{2(k+1)}{k+2}}$$
$$=\frac{1}{2}\sum_{k=1}^{m}\log_2\frac{2(k+1)}{k+2}$$
$$=\frac{1}{2}\left\{\log_2\frac{2\times2}{3}+\log_2\frac{2\times3}{4}+\log_2\frac{2\times4}{5}+\cdots+\log_2\frac{2\times(m+1)}{m+2}\right\}$$
$$=\frac{1}{2}\log_2\left\{\frac{2\times2}{3}\times\frac{2\times3}{4}\times\frac{2\times4}{5}\times\cdots\times\frac{2\times(m+1)}{m+2}\right\}$$
$$=\frac{1}{2}\log_2\frac{2^{m+1}}{m+2}$$

$\sum_{k=1}^{m}a_k=N$ ($N$은 100 이하의 자연수)라 하면

$$\frac{1}{2}\log_2\frac{2^{m+1}}{m+2}=N$$

$$\frac{2^{m+1}}{m+2}=2^{2N},\ 2^{m+1-2N}=m+2$$

따라서 $m+2$는 2의 거듭제곱이어야 한다.

(i) $m+2=2^2$, 즉 $m=2$일 때

$2^{3-2N}=2^2$

$3-2N=2$, $N=\frac{1}{2}$

$N$은 100 이하의 자연수이므로

$m\neq2$

(ii) $m+2=2^3$, 즉 $m=6$일 때

$2^{7-2N}=2^3$

$7-2N=3$, $N=2$

(iii) $m+2=2^4$, 즉 $m=14$일 때

$2^{15-2N}=2^4$

$15-2N=4$, $N=\frac{11}{2}$

$N$은 100 이하의 자연수이므로

$m\neq14$

(iv) $m+2=2^5$, 즉 $m=30$일 때

$2^{31-2N}=2^5$

$31-2N=5$, $N=13$

(v) $m+2=2^6$, 즉 $m=62$일 때

$2^{63-2N}=2^6$

$63-2N=6$, $N=\frac{57}{2}$

$N$은 100 이하의 자연수이므로

$m\neq62$

(vi) $m+2=2^7$, 즉 $m=126$일 때

$2^{127-2N}=2^7$

$127-2N=7$, $N=60$

(vii) $m+2\geq2^8$일 때

$N>100$

(i)~(vii)에서 $m=6$, $30$, $126$

따라서 모든 $m$의 값의 합은

$6+30+126=162$

답 ④

## 79

$m^{12}$의 $n$제곱근은 $x$에 대한 방정식

$x^n=m^{12}$ ...... ㉠

의 근이다.

이때 $m$의 값에 따라 ㉠의 방정식이 정수인 근을 갖도록 하는 2 이상의 자연수 $n$의 개수를 구하면 다음과 같다.

(i) $m=2$일 때,

㉠의 방정식은

$x^n=2^{12}$

이 방정식의 근 중 정수가 존재하기 위한 $n$의 값은

2, 3, 4, 6, 12

이므로

$f(2)=5$

(ii) $m=3$일 때,

㉠의 방정식은

$x^n=3^{12}$

이 방정식의 근 중 정수가 존재하기 위한 $n$의 값은

2, 3, 4, 6, 12

이므로

$f(3)=5$

(iii) $m=4$일 때,

㉠의 방정식은

$x^n=4^{12}$

즉, $x^n=2^{24}$

이 방정식의 근 중 정수가 존재하기 위한 $n$의 값은

2, 3, 4, 6, 8, 12, 24

이므로

$f(4)=7$

(iv) $m=5$일 때,

㉠의 방정식은

$x^n=5^{12}$

이 방정식의 근 중 정수가 존재하기 위한 $n$의 값은

2, 3, 4, 6, 12

이므로

$f(5)=5$

(v) $m=6$일 때,

㉠의 방정식은

$x^n=6^{12}$

이 방정식의 근 중 정수가 존재하기 위한 $n$의 값은

2, 3, 4, 6, 12

이므로

$f(6)=5$

(vi) $m=7$일 때,

㉠의 방정식은

$x^n=7^{12}$

이 방정식의 근 중 정수가 존재하기 위한 $n$의 값은

2, 3, 4, 6, 12

이므로

$f(7)=5$

(vii) $m=8$일 때,

㉠의 방정식은

$x^n=8^{12}$

즉, $x^n=2^{36}$

이 방정식의 근 중 정수가 존재하기 위한 $n$의 값은

2, 3, 4, 6, 9, 12, 18, 36

이므로

$f(8)=8$

(viii) $m=9$일 때,

㉠의 방정식은

$x^n=9^{12}$

즉, $x^n=3^{24}$

이 방정식의 근 중 정수가 존재하기 위한 $n$의 값은

2, 3, 4, 6, 8, 12, 24

이므로

$f(9)=7$

따라서

$\sum_{m=2}^{9} f(m)$

$=f(2)+f(3)+\cdots+f(9)$

$=5+5+7+5+5+5+8+7$

$=5\times5+7\times2+8=47$

답 ③

Ⅲ 수열

# 80

$\sum_{k=1}^{5} 2^{k-1}=\frac{2^5-1}{2-1}=31$

$\sum_{k=1}^{n} (2k-1)=2\times\frac{n(n+1)}{2}-n=n^2$

$\sum_{k=1}^{5} (2\times3^{k-1})=\frac{2\times(3^5-1)}{3-1}=242$

이므로 주어진 부등식에서 $31<n^2<242$이다.

따라서 부등식을 만족시키는 자연수 $n$의 값은

6, 7, 8, $\cdots$, 15이고 그 합은

$\frac{10\times(6+15)}{2}=105$

답 105

# 81

$x^2-(2n-1)x+n(n-1)=0$

$(x-n)(x-n+1)=0$

$x=n$ 또는 $x=n-1$

이때 $\alpha_n=n$, $\beta_n=n-1$ 또는 $\alpha_n=n-1$, $\beta_n=n$

따라서

$$\sum_{n=1}^{81}\frac{1}{\sqrt{\alpha_n}+\sqrt{\beta_n}}=\sum_{n=1}^{81}\frac{1}{\sqrt{n}+\sqrt{n-1}}$$

$$=\sum_{n=1}^{81}(\sqrt{n}-\sqrt{n-1})$$

$$=(1-0)+(\sqrt{2}-1)+(\sqrt{3}-\sqrt{2})+\cdots+(\sqrt{81}-\sqrt{80})$$

$$=\sqrt{81}=9$$

답 9

## 82

점 $A_n(n, n^2)$을 지나고 직선 $y=nx$에 수직인 직선의 기울기는

$-\frac{1}{n}$이므로 직선의 방정식은

$y-n^2=-\frac{1}{n}(x-n)$

$y=\boxed{-\frac{1}{n}}\times x+n^2+1$

즉, $\boxed{(가)}=-\frac{1}{n}$

점 $B_n$의 좌표는 $-\frac{1}{n}x+n^2+1=0$에서 $(n^3+n,\ 0)$

점 $A_n$의 좌표는 $(n, n^2)$이므로

$S_n=\frac{1}{2}\times(n^3+n)\times n^2=\boxed{\frac{n^5+n^3}{2}}$

즉, $\boxed{(나)}=\frac{n^5+n^3}{2}$

$\sum_{n=1}^{8}\frac{S_n}{n^3}=\sum_{n=1}^{8}\frac{n^5+n^3}{2n^3}$

$=\sum_{n=1}^{8}\frac{n^2+1}{2}$

$=\frac{1}{2}\sum_{n=1}^{8}n^2+\frac{1}{2}\sum_{n=1}^{8}1$

$=\frac{1}{2}\times\frac{8\times9\times17}{6}+\frac{1}{2}\times1\times8$

$=102+4=\boxed{106}$

즉, $\boxed{(다)}=106$

따라서 $f(n)=-\frac{1}{n},\ g(n)=\frac{n^5+n^3}{2},\ r=106$이므로

$f(1)+g(2)+r=-1+20+106=125$

답 ⑤

## 83

36의 양의 약수는

1, 2, 3, 4, 6, 9, 12, 18, 36

이고,

$f(1), f(4), f(9), f(36)$은 홀수,

$f(2), f(3), f(6), f(12), f(18)$은 짝수이다.

따라서

$\sum_{k=1}^{9}\{(-1)^{f(a_k)}\times\log a_k\}$

$=-\log 1+\log 2+\log 3-\log 4+\log 6-\log 9+\log 12+\log 18-\log 36$

$=\log\frac{2\times3\times6\times12\times18}{1\times4\times9\times36}$

$=\log 6$

$=\log 2+\log 3$

답 ①

## 84

$a_1=-45<0$ 이고 $d>0$이므로 조건 (가)를 만족시키기 위해서는

$a_m<0,\ a_{m+3}>0$

즉, $-a_m=a_{m+3}$에서 $a_m+a_{m+3}=0$

따라서

$\{-45+(m-1)d\}+\{-45+(m+2)d\}=0$

$-90+(2m+1)d=0$

$(2m+1)d=90$ ...... ㉠

이고 $2m+1$은 1보다 큰 홀수이므로 $d$는 짝수이다.

그런데 $90=2\times3^2\times5$이므로 ㉠을 만족시키는 90의 약수 중에서 짝수인 $d$는 2, 6, 10, 18, 30이다.

또한, 조건 (나)를 만족시키기 위해서는 첫째항이 $-45$이고 공차 $d$가 18 또는 30인 경우만 해당하므로 구하는 모든 자연수 $d$의 값의 합은

$18+30=48$

답 ②

## 85

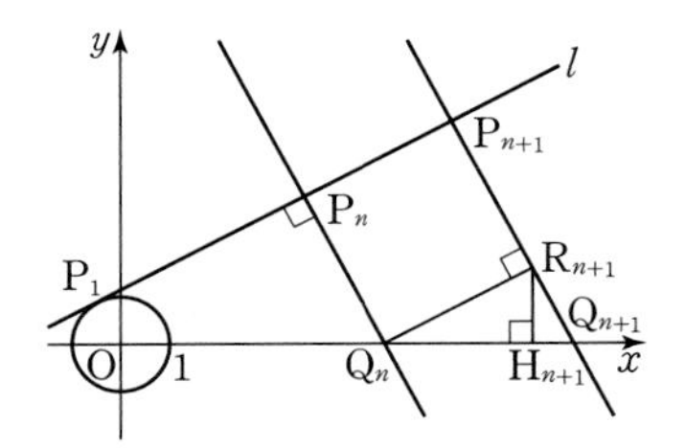


점 $R_{n+1}$에서 $x$축에 내린 수선의 발을 $H_{n+1}$이라 하면 직선 $l$의 기울기가 $\frac{1}{2}$이므로 직선 $Q_nR_{n+1}$의 기울기는 $\frac{1}{2}$이다.

즉, $\overline{Q_nH_{n+1}}:\overline{H_{n+1}R_{n+1}}=2:1$

직각삼각형 $Q_nR_{n+1}Q_{n+1}$과 직각삼각형 $Q_nH_{n+1}R_{n+1}$은 서로 닮음이므로

$\overline{Q_nR_{n+1}}:\overline{R_{n+1}Q_{n+1}}=2:1$에서

$\overline{R_{n+1}Q_{n+1}}=\frac{1}{2}\times\overline{Q_nR_{n+1}}$

$\overline{Q_nR_{n+1}}=\overline{P_nP_{n+1}}$이므로

$\overline{R_{n+1}Q_{n+1}}=\boxed{\frac{1}{2}}\times\overline{P_nP_{n+1}}$

그러므로 $\boxed{(가)}=\frac{1}{2}$

$\overline{P_{n+1}Q_{n+1}}=(1+\boxed{(가)})\times\overline{P_nQ_n}$

$=\frac{3}{2}\times\overline{P_nQ_n}$

이고 $\overline{P_1Q_1}=1$이므로 선분 $P_nQ_n$의 길이는 첫째항이 1, 공비가 $\frac{3}{2}$인 등비수열이다.

즉, $\overline{P_nQ_n}=\boxed{\left(\frac{3}{2}\right)^{n-1}}$

그러므로 $\boxed{(나)}=\left(\frac{3}{2}\right)^{n-1}$

$\overline{P_nP_{n+1}}=\overline{P_nQ_n}$이므로

$$\overline{P_1P_n}=\sum_{k=1}^{n-1}\overline{P_kP_{k+1}}$$

$$=\frac{1\times\left\{\left(\frac{3}{2}\right)^{n-1}-1\right\}}{\frac{3}{2}-1}$$

$$=\boxed{2\left\{\left(\frac{3}{2}\right)^{n-1}-1\right\}}$$

그러므로 $\boxed{(다)}=2\left\{\left(\frac{3}{2}\right)^{n-1}-1\right\}$

따라서 $p=\frac{1}{2}$, $f(n)=\left(\frac{3}{2}\right)^{n-1}$, $g(n)=2\left\{\left(\frac{3}{2}\right)^{n-1}-1\right\}$

이므로

$$f(6p)+g(8p)=f(3)+g(4)=\frac{9}{4}+\frac{19}{4}=7$$

답 ⑤

# 86

조건 (가)에서 $S_n$의 이차항의 계수를 $a$라 하자.

조건 (나), (다)에서 $S_{10}=S_{50}$이고 $S_n$은 $n=30$일 때 최댓값 410을 가지므로

$S_n=a(n-30)^2+410$

$S_{10}=10$이므로

$10=a(10-30)^2+410$에서 $a=-1$

따라서 $S_n=-(n-30)^2+410$

$S_m>S_{50}=S_{10}$을 만족시키는 자연수 $m$의 값의 범위는

$10<m<50$이므로

$p=11$, $q=49$

따라서

$$\sum_{k=p}^{q}a_k=\sum_{k=11}^{49}a_k=S_{49}-S_{10}$$

$$=\{-(49-30)^2+410\}-10=39$$

답 ①

## 유형 5 수열의 귀납적 정의

# 87

$a_{n+1}+a_n=(-1)^{n+1}\times n$

에서

$a_{n+1}=-a_n+(-1)^{n+1}\times n$

이때 $a_1=12$이므로

$a_2=-a_1+1=-11$

$a_3=-a_2-2=9$

$a_4=-a_3+3=-6$

$a_5=-a_4-4=2$

$a_6=-a_5+5=3$

$a_7=-a_6-6=-9$

$a_8=-a_7+7=16$

따라서 $a_k>a_1$을 만족시키는 $k$의 최솟값은 8이다.

답 ④

# 88

자연수 $k$에 대하여

$a_{2k}+a_{2k+1}=4k$, $a_{2k-1}+a_{2k}=4k-2$

이므로

$a_{2k+1}-a_{2k-1}=2$

즉, 수열 $\{a_{2k-1}\}$은 공차가 2인 등차수열이다.

그러므로

$a_{2k-1}=a_1+(k-1)\times2$ ······ ㉠

㉠에 $k=11$을 대입하면

$a_{21}=a_1+20$ ······ ㉡

모든 자연수 $n$에 대하여 $a_n+a_{n+1}=2n$이므로

$n=21$을 대입하면

$a_{21}+a_{22}=42$ ······ ㉢

㉡을 ㉢에 대입하면

$(a_1+20)+a_{22}=42$

따라서 $a_1+a_{22}=22$

답 ⑤

# 89

$n=1, 2, 3, \cdots, 7$을 차례로 대입하면

$a_1=7$, $a_2=\frac{7+3}{2}=5$, $a_3=\frac{5+3}{2}=4$,

$a_4=4+3=7$, $a_5=\frac{7+3}{2}=5$, $a_6=\frac{5+3}{2}=4$,

$a_7=4+6=10$, $a_8=10+7=17$

답 ④

## 90

$a_{n+1}+a_n=3n-1$

이므로 $n$에 1, 2, 3, 4를 차례로 대입하면

$n=1$일 때, $a_2+a_1=2$

$n=2$일 때, $a_3+a_2=5$

$n=3$일 때, $a_4+a_3=8$

$n=4$일 때, $a_5+a_4=11$

$a_3=4$이므로

$a_4+a_3=8$에서 $a_4=4$

$a_5+a_4=11$에서 $a_5=7$

$a_3+a_2=5$에서 $a_2=1$

$a_2+a_1=2$에서 $a_1=1$

따라서 $a_1+a_5=1+7=8$

답 8

## 91

$a_{n+1}=-(-1)^n\times a_n+2^n=(-1)^{n+1}\times a_n+2^n$

$a_2=(-1)^2\times a_1+2^1=1+2=3$

$a_3=(-1)^3\times a_2+2^2=-3+4=1$

$a_4=(-1)^4\times a_3+2^3=1+8=9$

따라서

$a_5=(-1)^5\times a_4+2^4=-9+16=7$

답 ④

## 92

$a_1=1$이므로

$a_4=a_1+1=2$

$a_4=2$이므로

$a_{11}=2a_4+1=2\times2+1=5$

$a_{12}=-a_4+2=-2+2=0$

$a_{13}=a_4+1=2+1=3$

따라서

$a_{11}+a_{12}+a_{13}=5+0+3=8$

답 ③

## 93

$a_{12}=\frac{1}{2}$이고 $a_{12}=\frac{1}{a_{11}}$이므로

$a_{11}=2$

또, $a_{11}=8a_{10}$이므로

$a_{10}=\frac{1}{4}$

또, $a_{10}=\frac{1}{a_9}$이므로

$a_9=4$

또, $a_9=8a_8$이므로

$a_8=\frac{1}{2}$

또, $a_8=\frac{1}{a_7}$이므로

$a_7=2$

또, $a_7=8a_6$이므로

$a_6=\frac{1}{4}$

또, $a_6=\frac{1}{a_5}$이므로

$a_5=4$

또, $a_5=8a_4$이므로

$a_4=\frac{1}{2}$

또, $a_4=\frac{1}{a_3}$이므로

$a_3=2$

또, $a_3=8a_2$이므로

$a_2=\frac{1}{4}$

또, $a_2=\frac{1}{a_1}$이므로

$a_1=4$

따라서

$a_1+a_4=4+\frac{1}{2}=\frac{9}{2}$

답 ⑤

## 94

$a_1=1$이므로 $a_2=2$

$a_2=2$이므로 $a_3=4$

$a_3=4$이므로 $a_4=8$

$a_4=8$이므로 $a_5=1$

$a_5=1$이므로 $a_6=2$

$a_6=2$이므로 $a_7=4$

$a_7=4$이므로 $a_8=8$

따라서

$$\sum_{k=1}^{8}a_k=2\times(1+2+4+8)$$
$$=2\times15$$
$$=30$$

답 ①

## 95

(i) $1 \le n \le 10$인 경우

$a_1=20$, $a_{n+1}=a_n-2$이므로

$a_n=20+(n-1)\times(-2)=-2n+22$

$\sum_{n=1}^{10} a_n=\sum_{n=1}^{10}(-2n+22)=-2\times\frac{10\times11}{2}+10\times22=110$

(ii) $11 \le n \le 30$인 경우

$a_{10}=2$이므로 $a_n=\begin{cases} 0 \ (n\text{이 홀수인 경우}) \\ -2 \ (n\text{이 짝수인 경우}) \end{cases}$

$\sum_{n=11}^{30} a_n=(-2)\times10=-20$

(i), (ii)에서 $\sum_{n=1}^{30} a_n=110+(-20)=90$

답 ②

## 96

$a_2=p$라 하면

$a_3=p+4$

$a_4=a_3+a_2=p+4+p=2p+4$

$2p+4=34$에서 $p=15$이므로

$a_2=p=15$

답 15

## 97

$a_3=a_2-a_1=-6$

$a_4=a_3-a_2=-9$

$a_5=a_4-a_3=-3$

$a_6=a_5-a_4=6$

$a_7=a_6-a_5=9$

$a_8=a_7-a_6=3$

즉, 수열 $\{a_n\}$의 각 항은 9, 3, $-6$, $-9$, $-3$, 6이 반복되므로 모든 자연수 $n$에 대하여

$a_n=a_{n+6}$

이 성립한다.

이때 9, 3, $-6$, $-9$, $-3$, 6 중에서 $|a_k|=3$을 만족시키는 항의 개수는 2이고 $100=6\times16+4$이므로 구하는 100 이하의 자연수 $k$의 개수는

$16\times2+1=33$

답 33

## 98

$a_{n+1}=\sum_{k=1}^{n} ka_k$에 $n=1$을 대입하면

$a_2=\sum_{k=1}^{1} ka_k=a_1$이므로

$a_2=2$

$n\ge2$일 때 $a_n=\sum_{k=1}^{n-1} ka_k$이므로

$a_{n+1}-a_n=\sum_{k=1}^{n} ka_k-\sum_{k=1}^{n-1} ka_k$

$=na_n$

그러므로 $a_{n+1}=(n+1)a_n$ (단, $n\ge2$)

위 식에 $n=50$을 대입하면

$a_{51}=51a_{50}$이므로

$\frac{a_{51}}{a_{50}}=51$

따라서 $a_2+\frac{a_{51}}{a_{50}}=2+51=53$

답 ④

## 99

조건 (가)에서

$a_3=a_1-3$

$a_4=a_2+3$

$a_5=a_3-3=a_1-6$

$a_6=a_4+3=a_2+6$

이므로

$\sum_{k=1}^{6} a_k=a_1+a_2+(a_1-3)+(a_2+3)+(a_1-6)+(a_2+6)$

$=3(a_1+a_2)$

조건 (나)에서

$\sum_{k=1}^{32} a_k=5\sum_{k=1}^{6} a_k+a_1+a_2=16(a_1+a_2)$

따라서 $16(a_1+a_2)=112$이므로

$a_1+a_2=7$

답 7

## 100

$a_n$이 홀수일 때, $a_{n+1}=2^{a_n}$은 자연수이고

$a_n$이 짝수일 때, $a_{n+1}=\frac{1}{2}a_n$은 자연수이다.

이때 $a_1$이 자연수이므로 수열 $\{a_n\}$의 모든 항은 자연수이다.

$a_6+a_7=3$에서

$a_6=1$, $a_7=2$ 또는 $a_6=2$, $a_7=1$이다.

(i) $a_6=1$, $a_7=2$인 경우

$a_6=1$일 때,

$a_5=0$(홀수라는 것에 모순) 또는 $a_5=2$(짝수)

$a_5=2$일 때,

$a_4=1$(홀수) 또는 $a_4=4$(짝수)

Ⅲ 수열

$a_4=1$일 때,

$a_3=0$(홀수라는 것에 모순) 또는 $a_3=2$(짝수)

$a_4=4$일 때,

$a_3=2$(홀수라는 것에 모순) 또는 $a_3=8$(짝수)

$a_3=2$일 때,

$a_2=1$(홀수) 또는 $a_2=4$(짝수)

$a_3=8$일 때,

$a_2=3$(홀수) 또는 $a_2=16$(짝수)

$a_2=1$일 때,

$a_1=0$(홀수라는 것에 모순) 또는 $\underline{a_1=2}$(짝수)

$a_2=4$일 때,

$a_1=2$(홀수라는 것에 모순) 또는 $\underline{a_1=8}$

$a_2=3$일 때, $\underline{a_1=6}$

$a_2=16$일 때,

$a_1=4$(홀수라는 것에 모순) 또는 $\underline{a_1=32}$(짝수)

따라서 $a_1$의 값은 2, 6, 8, 32이다.

(ii) $a_6=2$, $a_7=1$인 경우

$a_6=2$일 때,

$a_5=1$(홀수) 또는 $a_5=4$(짝수)

$a_5=1$일 때,

$a_4=0$(홀수라는 것에 모순) 또는 $a_4=2$(짝수)

$a_5=4$일 때,

$a_4=2$(홀수라는 것에 모순) 또는 $a_4=8$(짝수)

$a_4=2$일 때,

$a_3=1$(홀수) 또는 $a_3=4$(짝수)

$a_4=8$일 때,

$a_3=3$(홀수) 또는 $a_3=16$(짝수)

$a_3=1$일 때,

$a_2=0$(홀수라는 것에 모순) 또는 $a_2=2$(짝수)

$a_3=4$일 때,

$a_2=2$(홀수라는 것에 모순) 또는 $a_2=8$(짝수)

$a_3=3$일 때, $a_2=6$(짝수)

$a_3=16$일 때,

$a_2=4$(홀수라는 것에 모순) 또는 $a_2=32$(짝수)

$a_2=2$일 때,

$\underline{a_1=1}$(홀수) 또는 $\underline{a_1=4}$(짝수)

$a_2=8$일 때,

$\underline{a_1=3}$(홀수) 또는 $\underline{a_1=16}$(짝수)

$a_2=6$일 때, $\underline{a_1=12}$(짝수)

$a_2=32$일 때,

$\underline{a_1=5}$(홀수) 또는 $\underline{a_1=64}$(짝수)

따라서 $a_1$의 값은 1, 3, 4, 5, 12, 16, 64이다.

(i), (ii)에서 모든 $a_1$의 값의 합은

$(2+6+8+32)+(1+3+4+5+12+16+64)$

$=153$

답 ③

## 101

$a_5+a_4$가 홀수이면 $a_6$이 홀수이므로 $a_6=34$에 모순이다.

따라서 $a_5+a_4$는 짝수이고 $a_4$, $a_5$는 모두 짝수이거나 모두 홀수이다.

$a_4$, $a_5$가 모두 짝수이면 $a_3$도 짝수이고, 마찬가지로 $a_2$, $a_1$도 모두 짝수이다.

이는 $a_1=1$에 모순이므로 $a_4$, $a_5$는 모두 홀수이다.

따라서 $a_1$, $a_4$는 모두 홀수이므로 가능한 $a_2$, $a_3$의 값은 다음과 같다.

(i) $a_2$, $a_3$이 모두 홀수인 경우

$a_2=2l-1$ ($l$은 자연수)라 하자.

$a_3=\frac{1}{2}(a_2+a_1)=l$

$a_4=\frac{1}{2}(a_3+a_2)=\frac{3}{2}l-\frac{1}{2}$

$a_5=\frac{1}{2}(a_4+a_3)=\frac{5}{4}l-\frac{1}{4}$

$a_6=\frac{1}{2}(a_5+a_4)=\frac{11}{8}l-\frac{3}{8}=34$

이므로 $l=25$이다.

따라서 $a_2=2\times25-1=49$

(ii) $a_2$는 짝수, $a_3$은 홀수인 경우

$a_2=2m$ ($m$은 자연수)라 하자.

$a_3=a_2+a_1=2m+1$

$a_4=a_3+a_2=4m+1$

$a_5=\frac{1}{2}(a_4+a_3)=3m+1$

$a_6=\frac{1}{2}(a_5+a_4)=\frac{7}{2}m+1=34$

이므로 $m$은 자연수가 아니다.

(iii) $a_2$는 홀수, $a_3$은 짝수인 경우

$a_2=2n-1$ ($n$은 자연수)라 하자.

$a_3=\frac{1}{2}(a_2+a_1)=n$

$a_4=a_3+a_2=3n-1$

$a_5=a_4+a_3=4n-1$

$a_6=\frac{1}{2}(a_5+a_4)=\frac{7}{2}n-1=34$

이므로 $n=10$이다.

따라서 $a_2=2\times10-1=19$

(i), (ii), (iii)에서 모든 $a_2$의 값의 합은

$49+19=68$

답 ③

## 102

자연수 $k$에 대하여

(i) $a_1=4k$일 때,

$a_1$은 짝수이므로 $a_2=\frac{a_1}{2}=\frac{4k}{2}=2k$

$a_2$도 짝수이므로 $a_3=\frac{a_2}{2}=\frac{2k}{2}=k$

① $k$가 홀수인 경우

$a_4=a_3+1=k+1$

이때 $a_2+a_4=2k+(k+1)=3k+1$이므로

$3k+1=40$에서 $k=13$이고,

$a_1=4k=4\times13=52$

② $k$가 짝수인 경우

$a_4=\frac{a_3}{2}=\frac{k}{2}$

이때 $a_2+a_4=2k+\frac{k}{2}=\frac{5}{2}k$이므로

$\frac{5}{2}k=40$에서 $k=16$이고,

$a_1=4k=4\times16=64$

(ii) $a_1=4k-1$일 때,

$a_1$은 홀수이므로 $a_2=a_1+1=4k$

$a_2$는 짝수이므로 $a_3=\frac{a_2}{2}=\frac{4k}{2}=2k$

$a_3$도 짝수이므로 $a_4=\frac{a_3}{2}=\frac{2k}{2}=k$

이때 $a_2+a_4=4k+k=5k$이므로

$5k=40$에서 $k=8$이고,

$a_1=4k-1=4\times8-1=31$

(iii) $a_1=4k-2$일 때,

$a_1$은 짝수이므로 $a_2=\frac{a_1}{2}=\frac{4k-2}{2}=2k-1$

$a_2$는 홀수이므로 $a_3=a_2+1=(2k-1)+1=2k$

$a_3$은 짝수이므로 $a_4=\frac{a_3}{2}=\frac{2k}{2}=k$

이때 $a_2+a_4=(2k-1)+k=3k-1$이므로

$3k-1=40$에서 $k=\frac{41}{3}$이고,

이것은 조건을 만족시키지 않는다.

(iv) $a_1=4k-3$일 때,

$a_1$은 홀수이므로 $a_2=a_1+1=(4k-3)+1=4k-2$

$a_2$는 짝수이므로 $a_3=\frac{a_2}{2}=\frac{4k-2}{2}=2k-1$

$a_3$은 홀수이므로 $a_4=a_3+1=(2k-1)+1=2k$

이때 $a_2+a_4=(4k-2)+2k=6k-2$이므로

$6k-2=40$에서 $k=7$이고,

$a_1=4k-3=4\times7-3=25$

(i)~(iv)에 의하여 조건을 만족시키는 모든 $a_1$의 값의 합은

$52+64+31+25=172$

답 ①

## 103

$S_{n+1}=a_{n+1}+S_n$이므로

$a_{n+1}S_n=a_n(a_{n+1}+S_n)$

$(S_n-a_n)a_{n+1}=a_nS_n$

즉, $S_{n-1}a_{n+1}=a_nS_n\ (n\geq2)$ ······ ㉠

$a_1=S_1=2$, $a_2=4$이므로

$S_2=a_1+a_2=6$

㉠에서 $a_{n+1}=\frac{a_nS_n}{S_{n-1}}$ ······ ㉡

㉡에 $n=2, 3, 4$를 차례로 대입하면

$a_3=\frac{a_2S_2}{S_1}=\frac{4\times6}{2}=12$에서

$S_3=S_2+a_3=6+12=18$

$a_4=\frac{a_3S_3}{S_2}=\frac{12\times18}{6}=36$에서

$S_4=S_3+a_4=18+36=54$

$a_5=\frac{a_4S_4}{S_3}=\frac{36\times54}{18}=108$

따라서 $S_5=S_4+a_5=54+108=162$

답 162

## 104

조건 (가)에 의하여 $a_4=r$, $a_8=r^2$

조건 (나)에 의하여

$a_4=r$이고 $0<|r|<1$에서 $|a_4|<5$이므로

$a_5=a_4+3=r+3$

$|a_5|<5$이므로

$a_6=a_5+3=r+6$

$|a_6|\geq5$이므로

$a_7=-\frac{1}{2}a_6=-\frac{r}{2}-3$

$|a_7|<5$이므로

$a_8=a_7+3=-\frac{r}{2}$

그러므로 $r^2=-\frac{r}{2}$

$r\left(r+\frac{1}{2}\right)=0$

$r\neq0$이므로 $r=-\frac{1}{2}$

즉, $a_4=-\frac{1}{2}$

이때 $|a_3|<5$이면 $a_3=a_4-3=-\frac{1}{2}-3=-\frac{7}{2}$이고 이것은 조건

을 만족시키며, $|a_3|\ge5$이면 $a_3=-2a_4=-2\times\left(-\frac{1}{2}\right)=1$인데 이것은 조건을 만족시키지 않으므로

$a_3=-\frac{7}{2}$

또, $|a_2|<5$이면 $a_2=a_3-3=-\frac{7}{2}-3=-\frac{13}{2}$인데 이것은 조건을 만족시키지 않고, $|a_2|\ge5$이면 $a_2=-2a_3=-2\times\left(-\frac{7}{2}\right)=7$이고 이것은 조건을 만족시키므로

$a_2=7$

또, $|a_1|<5$이면 $a_1=a_2-3=7-3=4$이고,

$|a_1|\ge5$이면 $a_1=-2a_2=-2\times7=-14$인데 조건 (나)에 의하여 $a_1<0$이므로

$a_1=-14$

따라서

$a_1=-14,\ a_2=7,\ a_3=-\frac{7}{2},\ a_4=-\frac{1}{2},$

$a_5=-\frac{1}{2}+3,\ a_6=-\frac{1}{2}+6,\ a_7=\frac{1}{4}-3,\ a_8=\frac{1}{4},$

$a_9=\frac{1}{4}+3,\ a_{10}=\frac{1}{4}+6,\ a_{11}=-\frac{1}{8}-3,\ a_{12}=-\frac{1}{8},\ \cdots$

이와 같은 과정을 계속하면

$|a_1|\ge5$이고, 자연수 $k$에 대하여 $|a_{4k-2}|\ge5$임을 알 수 있다.

그러므로 $|a_m|\ge5$를 만족시키는 100 이하의 자연수 $m$은

1, 2, 6, 10, $\cdots$, 98

이고, $2=4\times1-2$, $98=4\times25-2$이므로

$p=1+25=26$

따라서

$p+a_1=26+(-14)=12$

답 ③

# 105

(i) $a_6=3k$($k$는 자연수)인 경우

$a_7=\frac{a_6}{3}$

$a_6=3a_7=3\times40=120$

$a_7=40$이 3의 배수가 아니므로

$a_8=a_7+a_6=40+120=160$

$a_8=160$이 3의 배수가 아니므로

$a_9=a_8+a_7=160+40=200$

(ii) $a_6=3k-2$ ($k$는 자연수)인 경우

$a_7=a_6+a_5$

$a_5=a_7-a_6$

$=40-(3k-2)$

$=42-3k$

$=3(14-k)$

$a_5$는 자연수이므로

$3(14-k)>0$에서

$k<14$

한편, $a_5$는 3의 배수이므로

$a_6=\frac{a_5}{3}$

즉, $3k-2=\frac{3(14-k)}{3}$에서

$4k=16$

$k=4$

따라서

$a_6=3\times4-2=10$

이므로

$a_8=a_7+a_6$

$=40+10$

$=50$

$a_8=50$이 3의 배수가 아니므로

$a_9=a_8+a_7$

$=50+40$

$=90$

(iii) $a_6=3k-1$ ($k$는 자연수)인 경우

$a_7=a_6+a_5$

$a_5=a_7-a_6$

$=40-(3k-1)$

$=41-3k$

$a_5$는 자연수이므로

$41-3k>0$에서

$k<\frac{41}{3}$ …… ㉠

한편, $a_5$는 3의 배수가 아니므로

$a_6=a_5+a_4$에서

$a_4=a_6-a_5$

$=(3k-1)-(41-3k)$

$=6k-42$

$=3(2k-14)$

$a_4$가 자연수이므로

$3(2k-14)>0$에서

$k>7$ …… ㉡

㉠, ㉡에서

$7<k<\frac{41}{3}$

한편, $a_4$는 3의 배수이므로

$a_5=\frac{a_4}{3}$

즉, $41-3k=\frac{3(2k-14)}{3}$에서

$5k=55$

$k=11$

따라서

$a_6=3\times11-1=32$

이므로

$a_8=a_7+a_6$

$=40+32$

$=72$

$a_8=72$가 3의 배수이므로

$a_9=\frac{a_8}{3}=\frac{72}{3}=24$

(i), (ii), (iii)에서

$a_9$의 최댓값은 $M=200$이고 최솟값은 $m=24$이다.

따라서

$M+m=200+24=224$

답 ⑤

## 106

두 조건 (가), (나)에서 모든 자연수 $n$에 대하여

$a_{2n+1}=a_{2n}-3$ ...... ㉠

이 성립하므로

$a_3=a_2-3$ ...... ㉡

$a_5=a_4-3$

$a_7=a_6-3$ ...... ㉢

이다.

$a_7=2$이므로 ㉢에서

$a_6=5$

이때 조건 (가)에서

$a_6=a_2\times a_3+1=5$

즉, $a_2\times a_3=4$

이므로 ㉡에서

$a_2(a_2-3)=4$

$(a_2)^2-3a_2-4=0$

$(a_2+1)(a_2-4)=0$

따라서 $a_2=-1$ 또는 $a_2=4$

(i) $a_2=-1$일 때

조건 (가)에서

$a_2=a_2\times a_1+1$

이므로

$-1=-a_1+1$

따라서 $a_1=2$이므로 $0<a_1<1$이라는 조건에 모순이다.

(ii) $a_2=4$일 때

조건 (가)에서

$a_2=a_2\times a_1+1$

이므로

$4=4a_1+1$

따라서 $a_1=\frac{3}{4}$이므로 $0<a_1<1$이라는 조건을 만족시킨다.

(i), (ii)에서

$a_1=\frac{3}{4}$, $a_2=4$

이때 ㉠에서

$a_{25}=a_{24}-3$

이고 조건 (가)에서

$a_{24}=a_2\times a_{12}+1=4a_{12}+1$

이때

$a_{12}=a_2\times a_6+1=4a_6+1=4\times5+1=21$

이므로

$a_{24}=4\times21+1=85$

따라서

$a_{25}=a_{24}-3=85-3=82$

답 ③

## 107

$a_{n+1}=\begin{cases}-2a_n\ (a_n<0)\\ a_n-2\ (a_n\geq0)\end{cases}$ ...... ㉠

이고 $1<a_1<2$에서 $a_1\geq0$이므로

$a_2=a_1-2<0$

$a_3=-2a_2=-2(a_1-2)>0$

$a_4=a_3-2=-2(a_1-2)-2=-2(a_1-1)<0$

$a_5=-2a_4=4(a_1-1)>0$

$a_6=a_5-2=4(a_1-1)-2=4a_1-6$

이때 ㉠에서 $a_6<0$이면 $a_7=-2a_6>0$이므로

$a_7=-1<0$에서 $a_6\geq0$이다.

$a_7=a_6-2=(4a_1-6)-2=4a_1-8=-1$

$a_1=\frac{7}{4}$

따라서 $40\times a_1=40\times\frac{7}{4}=70$

답 70

## 108

$a_3\times a_4\times a_5\times a_6<0$이므로 $a_3$, $a_4$, $a_5$, $a_6$은 어느 것도 0이 될 수 없다.

$a_1=k>0$이므로

$a_2=a_1-2-k=-2<0$

$a_3=a_2+4-k=2-k$

(ⅰ) $a_3=2-k>0$인 경우

$2-k>0$에서 $k<2$, 즉 $k=1$이므로

$a_4=a_3-6-k=-6<0$

$a_5=a_4+8-k=1>0$

$a_6=a_5-10-k=-10<0$

따라서 $a_3\times a_4\times a_5\times a_6>0$이므로 주어진 조건을 만족시키지 않는다.

(ⅱ) $a_3=2-k<0$인 경우

$2-k<0$에서 $k>2$이므로

$a_4=a_3+6-k=8-2k$

① $a_4=8-2k>0$인 경우

즉, $k<4$이므로 $2<k<4$에서 $k=3$일 때

$a_4=8-6=2$

$a_5=a_4-8-k=-9<0$

$a_6=a_5+10-k=-2<0$

따라서 $a_3\times a_4\times a_5\times a_6<0$이므로 주어진 조건을 만족시킨다.

② $a_4=8-2k<0$인 경우

즉, $k>4$이므로

$a_5=a_4+8-k=16-3k$

㉠ $a_5=16-3k>0$인 경우

즉, $k<\frac{16}{3}$에서 $4<k<\frac{16}{3}$이므로 $k=5$일 때

$a_5=16-3k=1$

$a_6=a_5-10-k=-14<0$

따라서 $a_3\times a_4\times a_5\times a_6<0$이므로 조건을 만족시킨다.

㉡ $a_5=16-3k<0$인 경우

즉, $k>\frac{16}{3}$이므로 $k\geq 6$인 경우이다.

이때 $a_6=a_5+10-k=26-4k$이고

$a_3\times a_4\times a_5\times a_6<0$이기 위해서는 $a_6>0$이어야 하므로

$a_6=26-4k>0$에서 $k<\frac{13}{2}$

즉, $6\leq k<\frac{13}{2}$에서 $k=6$

(ⅰ), (ⅱ)에서 주어진 조건을 만족시키는 모든 $k$의 값의 합은

$3+5+6=14$

답 ②

# 109

조건 (나)에서 $a_3>a_5$이므로

$a_3$이 4의 배수인 경우와 4의 배수가 아닌 경우로 나누어 생각하자.

(ⅰ) $a_3$이 4의 배수인 경우

$a_3=4k$ ($k$는 자연수)라 하면

$a_4=2k+6$

㉠ $k$가 홀수일 때 $a_4$는 4의 배수이고

$a_5=k+11$, $a_4+a_5=3k+17$이므로

$50<3k+17<60$, $11<k<\frac{43}{3}$

$a_3>a_5$에서 $4k>k+11$, $k>\frac{11}{3}$

$k$는 홀수이므로 $k=13$이고 $a_3=52$

㉡ $k$가 짝수일 때 $a_4$는 4의 배수가 아니고

$a_5=2k+14$, $a_4+a_5=4k+20$이므로

$50<4k+20<60$, $\frac{15}{2}<k<10$

$a_3>a_5$에서 $4k>2k+14$, $k>7$

$k$는 짝수이므로 $k=8$이고 $a_3=32$

따라서 $a_3=52$ 또는 $a_3=32$이므로

$a_3=52$인 경우 $a_2=96$이고

$a_1=94$ 또는 $a_1=188$

$a_3=32$인 경우 $a_2=56$이고

$a_1=54$ 또는 $a_1=108$

(ⅱ) $a_3$이 4의 배수가 아닌 경우

㉠ $a_3=4k-1$ 또는 $a_3=4k-3$ ($k$는 자연수)일 때

$a_3$, $a_4$, $a_5$는 모두 홀수이고

$a_5=a_4+8=a_3+14>a_3$

이므로 조건 (나)를 만족시키지 못한다.

㉡ $a_3=4k-2$ ($k$는 자연수)일 때

$a_4=4k+4$, $a_5=2k+10$이고

$a_4+a_5=6k+14$이므로

$50<6k+14<60$, $6<k<\frac{23}{3}$

$a_3>a_5$에서 $4k-2>2k+10$, $k>6$

이때 $k=7$이므로 $a_3=26$

따라서 $a_2=22$ 또는 $a_2=44$

$a_2=22$인 경우 $a_1=40$

$a_2=44$인 경우 $a_1=42$ 또는 $a_1=84$

(ⅰ), (ⅱ)에서 $M=188$, $m=40$이므로

$M+m=228$

답 ②

# 110

$a_1=0$이므로

$a_2=a_1+\frac{1}{k+1}=\frac{1}{k+1}$

$a_2>0$이므로

$a_3=a_2-\frac{1}{k}=\frac{1}{k+1}-\frac{1}{k}$

$a_3<0$이므로

$a_4=a_3+\frac{1}{k+1}=\frac{2}{k+1}-\frac{1}{k}=\frac{k-1}{k(k+1)}$

## 05

정답률 **20.2%**

**정답 공식** **개념만 확실히 알자!**

**수열의 귀납적 정의**

주어진 조건으로부터 처음 몇 개의 항을 구하고 이웃한 항 사이의 관계를 구하여 수열의 규칙성을 찾는다.

**풀이 전략** 귀납적으로 정의된 수열의 규칙을 이용한다.

**문제 풀이**

**[STEP 1]** $a_1 \le a_2$ 또는 $a_1 > a_2$일 때로 나눠서 $a_1$의 값을 구한다.

(i) $a_1 \le a_2$일 때,

$a_3 = 2a_1 + a_2 = 2$ …… ㉠

이므로

$a_2 > 0$

① $a_1 \ge 0$일 때

$a_2 \le a_3$이므로 (㉠에서 $a_3 - a_2 = 2a_1 \ge 0$이므로 $a_3 \ge a_2$)

$a_4 = 2a_2 + a_3 = 2a_2 + 2$

$a_3 < a_4$이므로 (위의 식에서 $a_4 - a_3 = 2a_2 > 0$이므로 $a_4 > a_3$)

$a_5 = 2a_3 + a_4 = 2a_2 + 6$

$a_4 < a_5$이므로 (위의 식에서 $a_5 - a_4 = 2a_3 > 0$이므로 $a_5 > a_4$)

$a_6 = 2a_4 + a_5 = 6a_2 + 10$

이때 $a_6 = 19$이므로

$6a_2 + 10 = 19$, $a_2 = \frac{3}{2}$

$a_2 = \frac{3}{2}$을 ㉠에 대입하면

$2a_1 + \frac{3}{2} = 2$, $a_1 = \frac{1}{4}$

② $a_1 < 0$일 때

$a_2 > a_3$이므로 ($a_1 < 0$이므로 ㉠에서 $a_3 - a_2 = 2a_1 < 0$이므로 $a_3 < a_2$)

$a_4 = a_2 + a_3 = a_2 + 2$

$a_3 < a_4$이므로 (위의 식에서 $a_4 - a_3 = a_2 > 0$이므로 $a_4 > a_3$ 이런 식으로 다음의 두 항 사이의 대소 관계도 파악한다.)

$a_5 = 2a_3 + a_4 = a_2 + 6$

$a_4 < a_5$이므로

$a_6 = 2a_4 + a_5 = 3a_2 + 10$

이때 $a_6 = 19$이므로

$3a_2 + 10 = 19$, $a_2 = 3$

$a_2 = 3$을 ㉠에 대입하면

$2a_1 + 3 = 2$, $a_1 = -\frac{1}{2}$

(ii) $a_1 > a_2$일 때

$a_3 = a_1 + a_2 = 2$ …… ㉡

이므로

$a_1 > 0$

$a_2 < a_3$이므로

$a_4 = 2a_2 + a_3 = 2a_2 + 2$

① $a_2 \ge 0$일 때

$a_3 \le a_4$이므로

$a_5 = 2a_3 + a_4 = 2a_2 + 6$

$a_4 < a_5$이므로

$a_6 = 2a_4 + a_5 = 6a_2 + 10$

이때 $a_6 = 19$이므로

$6a_2 + 10 = 19$, $a_2 = \frac{3}{2}$

$a_2 = \frac{3}{2}$을 ㉡에 대입하면

$a_1 + \frac{3}{2} = 2$, $a_1 = \frac{1}{2}$

이때 $a_1 < a_2$가 되므로 주어진 조건을 만족시키는 $a_1$의 값은 존재하지 않는다.

② $a_2 < 0$일 때

$a_3 > a_4$이므로

$a_5 = a_3 + a_4 = 2a_2 + 4$

$a_4 < a_5$이므로

$a_6 = 2a_4 + a_5 = 6a_2 + 8$

이때 $a_6 = 19$이므로

$6a_2 + 8 = 19$, $a_2 = \frac{11}{6}$

이때 $a_2 > 0$이 되므로 주어진 조건을 만족시키는 $a_2$와 $a_1$의 값은 존재하지 않는다.

(i), (ii)에서

$a_1 = \frac{1}{4}$ 또는 $a_1 = -\frac{1}{2}$

**[STEP 2]** $a_1$의 값의 합을 구한다.

따라서 모든 $a_1$의 값의 합은

$\frac{1}{4} + \left(-\frac{1}{2}\right) = -\frac{1}{4}$

답 ②

### 수능이 보이는 강의

이 문제는 이웃하는 두 항 사이의 대소 관계에 따라 항의 값이 달라짐을 알고 두 항 사이의 대소 관계를 경우에 따라 나누어 놓고 풀어가는 문제야. 주어진 조건인 $a_3 = 2$라는 것에서 $a_3$에 대한 등식을 $a_1$과 $a_2$로 나타낼 때, $a_1 \le a_2$ 또는 $a_1 > a_2$인 경우로 나누어야 해. 또한 $a_1 \le a_2$에서 $a_1$이 양수인지 음수인지 나누고, $a_1 > a_2$에서는 $a_2$가 양수인지 음수인지 나누어서 생각해야 해. 그래야 모든 경우를 빠짐없이 생각하게 되므로 조금은 복잡하더라도 천천히 풀어 나가도록 해 보자.

Ⅲ 수열

## 06

정답률 **18%**

**정답 공식** **개념만 확실히 알자!**

**수열의 합 $S_n$과 일반항 $a_n$의 관계**
수열 $\{a_n\}$의 첫째항부터 제$n$항까지의 합을 $S_n$이라 하면
$a_1=S_1$, $a_n=S_n-S_{n-1}$ (단, $n=2, 3, 4, \cdots$)

**풀이 전략** 수열의 합과 일반항의 성질을 이용한다.

**문제 풀이**

**[STEP 1]** 주어진 조건을 이용하여 식을 세운 후 $p$의 값에 자연수를 대입하여 만족시키는 최솟값 $p_1$을 구한다.

$S_n$이 주어진 조건을 만족시키면 $i\neq j$인 임의의 두 자연수 $i$, $j$에 대하여 $S_i-S_j\neq 0$이므로

$S_i-S_j=(pi^2-36i+q)-(pj^2-36j+q)$
$=(i-j)(pi+pj-36)\neq 0$

즉, $pi+pj-36\neq 0$이므로 $i+j\neq \dfrac{36}{p}$

→ $p=1$이면 $i+j=36$, $p=2$이면 $i+j=18$, $p=3$이면 $i+j=12$, $p=4$이면 $i+j=9$이므로 서로 다른 두 자연수 $i$, $j$가 존재한다.

$p\leq 4$이면 $i+j=\dfrac{36}{p}$인 서로 다른 두 자연수 $i$, $j$가 존재한다.

$p=5$이면 $i+j=\dfrac{36}{p}$인 서로 다른 두 자연수 $i$, $j$가 존재하지 않는다. 따라서 $p$의 최솟값은 5, 즉 $p_1=5$이다.

**[STEP 2]** 수열의 합과 일반항 사이의 관계를 이용하여 일반항 $a_n$을 구한다.

$p=5$일 때 $S_n=5n^2-36n+q$이므로
$a_1=S_1=q-31$
$n\geq 2$일 때,
$a_n=S_n-S_{n-1}=10n-41$

**[STEP 3]** $|a_k|<a_1$을 만족시키는 자연수 $k$의 개수가 3개일 때의 $a_k$의 값을 구하여 식을 세워 $q$의 값의 범위와 그 합을 구한다.

$a_2=-21$, $a_3=-11$, $a_4=-1$, $a_5=9$, $a_6=19$, $a_7=29$, $\cdots$,
$|a_k|<a_1$을 만족시키는 자연수 $k$의 개수가 3이므로 $k$의 값은 3, 4, 5이다.

→ $|a_k|$의 수열은 1, 9, 11, 19, 21, $\cdots$이고 항이 3개인 $a_k$는 $a_3$, $a_4$, $a_5$이다.

즉, $11<a_1\leq 19$에서 $11<q-31\leq 19$
$42<q\leq 50$
따라서 모든 $q$의 값의 합은

$43+44+\cdots+50=\dfrac{8\times(43+50)}{2}=372$

답 ①

**수능이 보이는 강의**

이 문제는 먼저 주어진 조건을 이용하여 수열 $\{a_n\}$의 일반항을 구하는 것이 중요해. $S_n$의 형태를 보면 상수항이 존재하므로 수열 $\{a_n\}$은 둘째항부터 등차수열임을 알 수 있어. 즉, $S_1=a_1$의 값을 구하고, $k\geq 2$일 때의 $a_k$의 절댓값을 작은 순서대로 나열하였을 때 그 3개의 값을 구할 수 있으므로 이를 이용하여 $|a_k|<a_1$을 만족시키도록 식을 세우면 $q$의 값의 범위를 구할 수 있어.

## 07

정답률 **13.2%**

**정답 공식** **개념만 확실히 알자!**

**수열의 귀납적 정의**
주어진 조건으로부터 처음 몇 개의 항을 구하고 이웃한 항 사이의 관계를 구하여 수열의 규칙성을 찾는다.

**풀이 전략** $a_1$의 경우를 나누고 주어진 관계식에 $n$ 대신에 2, 3, 4, 5를 대입한다.

**문제 풀이**

**[STEP 1]** $a_1$의 경우를 나누어 주어진 관계식에 $n$ 대신에 2, 3, 4, 5를 대입한다.

주의: $a_1$은 짝수이지만 $a_2$가 짝수 또는 홀수가 될 수 있도록 $a_1$의 형태를 $4k$와 $4k'+2$로 잡는다.

$a_1$이 짝수이므로 $a_1=4k$인 경우와 $a_1=4k'+2$인 경우로 나누어 $a_5=5$가 되는 정수 $k$, $k'$의 값을 구하면 다음 표와 같다.

<table>
<tr><td>$a_1$</td><td colspan="3">$4k$</td><td colspan="2">$4k'+2$</td></tr>
<tr><td>$a_2$</td><td colspan="3">$2k$</td><td colspan="2">$2k'+1$</td></tr>
<tr><td>$a_3$</td><td colspan="3">$k$</td><td colspan="2">$2k'+4$</td></tr>
<tr><td rowspan="2">$a_4$</td><td>$a_3$이 홀수</td><td colspan="2">$a_3$이 짝수</td><td rowspan="2" colspan="2">$k'+2$</td></tr>
<tr><td>$k+3$</td><td colspan="2">$\frac{k}{2}$</td></tr>
<tr><td rowspan="2">$a_5$</td><td rowspan="2">$\frac{k+3}{2}$</td><td>$a_4$가 홀수</td><td>$a_4$가 짝수</td><td>$a_4$가 홀수</td><td>$a_4$가 짝수</td></tr>
<tr><td>$\frac{k}{2}+3$</td><td>$\frac{k}{4}$</td><td>$k'+5$</td><td>$\frac{k'+2}{2}$</td></tr>
</table>

**[STEP 2]** $a_5=5$임을 이용하여 가능한 $a_1$의 값을 모두 구한다.

$a_5=5$이므로 각 경우의 $k$, $k'$의 값은

$\dfrac{k+3}{2}=5$에서 $k=7$

$\dfrac{k}{2}+3=5$에서 $k=4$

$\dfrac{k}{4}=5$에서 $k=20$

$k'+5=5$에서 $k'=0$

$\dfrac{k'+2}{2}=5$에서 $k'=8$

$k=4$인 경우 $a_4=\dfrac{k}{2}$가 짝수이므로 $a_5\neq\dfrac{k}{2}+3$

→ $a_5=\dfrac{k}{4}=1$이 되어 모순

$k'=0$인 경우 $a_4=k'+2$가 짝수이므로 $a_5\neq k'+5$

→ $a_5=\dfrac{k'+2}{2}=1$이 되어 모순

그러므로 $k=7$ 또는 $k=20$ 또는 $k'=8$이고
$a_1$이 될 수 있는 수는 28, 80, 34이다.

**[STEP 3]** 첫째항이 될 수 있는 모든 수의 합을 구한다.

따라서 첫째항이 될 수 있는 모든 수의 합은
$28+34+80=142$

답 142

## 08

정답률 12.1%

**정답 공식** **개념만 확실히 알자!**

**등비수열의 일반항**
첫째항이 $a$, 공비가 $r$인 등비수열 $\{a_n\}$의 일반항 $a_n$은 $a_n=ar^{n-1}$

**풀이 전략** 등비수열의 공비를 이용한다.

**문제 풀이**

**[STEP 1]** $A(200)$의 의미를 파악한다.

$A(200)$은 조건의 등비수열에서 제$k$항이 $3\times2^{200}$이 되는 모든 $k$의 값의 합이다.

**[STEP 2]** 등비수열의 일반항을 이용하여 공비와 $k$의 값을 구한다.

공비를 $2^p$이라 하면 $2^{200}=(2^p)^{\frac{200}{p}}$이고 $\frac{200}{p}$은 자연수이어야 하므로 $p$는 200의 양의 약수이다.

그러므로 $3\times2^{200}=3\times(2^p)^{\frac{200}{p}}$은 첫째항이 3이고 공비가 $2^p$인 등비수열의 제$\left(\frac{200}{p}+1\right)$항이다.

→ 첫째항이 3, 공비가 $2^p$인 등비수열의 제$n$항은 $3\times(2^p)^{n-1}$이고 $n-1=\frac{200}{p}$이므로 제$\left(\frac{200}{p}+1\right)$항이다.

**[STEP 3]** $A(200)$의 값을 구한다.

$200=2^3\times5^2$이므로 200의 모든 양의 약수는

$1,\ 2,\ 2^2,\ 2^3,\ 5,\ 2\times5,\ 2^2\times5,\ 2^3\times5,\ 5^2,\ 2\times5^2,\ 2^2\times5^2,\ 2^3\times5^2$

→ 모든 양의 약수의 개수는 $(3+1)(2+1)=12$

따라서

$$\begin{aligned}A(200)&=(2^3\times5^2+1)+(2^2\times5^2+1)+\cdots+(2+1)+(1+1)\\&=(2^3\times5^2+2^2\times5^2+\cdots+2+1)+12\\&=465+12\\&=477\end{aligned}$$

→ $(1+2+2^2+2^3)(1+5+5^2)=465$

답 477

## 09

정답률 12%

**정답 공식** **개념만 확실히 알자!**

**1. 등차수열의 합**
첫째항이 $a$, 공차가 $d$인 등차수열의 첫째항부터 제$n$항까지의 합 $S_n$은
$S_n=\frac{n\{2a+(n-1)d\}}{2}$

**2. 자연수의 거듭제곱의 합**
(1) $\sum_{k=1}^{n}k=1+2+3+\cdots+n=\frac{n(n+1)}{2}$
(2) $\sum_{k=1}^{n+1}k=1+2+3+\cdots+n+(n+1)=\frac{(n+1)(n+2)}{2}$

**풀이 전략** 등차수열의 합의 공식을 이용하여 주어진 식에 $S_n$을 대입하여 방정식을 푼다.

**문제 풀이**

**[STEP 1]** 등차수열의 첫째항 $a$, 공차 $d$에 대하여 방정식을 세운다.

등차수열 $\{a_n\}$의 첫째항을 $a$, 공차를 $d$라 하자.

수열 $\{a_n\}$의 모든 항이 자연수이므로 $a$는 자연수이고 $d$는 0 이상의 정수이다.

$$S_n=\frac{n\{2a+(n-1)d\}}{2}=\frac{d}{2}n^2+\left(a-\frac{d}{2}\right)n$$

이므로

$$\begin{aligned}\sum_{k=1}^{7}S_k&=\sum_{k=1}^{7}\left\{\frac{d}{2}k^2+\left(a-\frac{d}{2}\right)k\right\}\\&=\frac{d}{2}\times\sum_{k=1}^{7}k^2+\left(a-\frac{d}{2}\right)\times\sum_{k=1}^{7}k\\&=\frac{d}{2}\times\frac{7\times8\times15}{6}+\left(a-\frac{d}{2}\right)\times\frac{7\times8}{2}\\&=70d+28\left(a-\frac{d}{2}\right)=28a+56d\end{aligned}$$

$28a+56d=644$에서

$a+2d=23$ …… ㉠

**[STEP 2]** $a_7$이 13의 배수임을 이용하여 첫째항 $a$에 대한 식을 세운다.

$a_7$이 13의 배수이므로 자연수 $m$에 대하여

$a+6d=13m$ …… ㉡

㉡−㉠에서 $4d=13m-23$

$4d+23+13=13m+13$

$4(d+9)=13(m+1)$

$d+9=\frac{13(m+1)}{4}$

이 값이 자연수가 되어야 하므로 $m+1$의 값은 4의 배수이어야 한다.

즉, $m$이 될 수 있는 값은

$3,\ 7,\ 11,\ 15,\ \cdots$

한편, $d=\frac{13m-23}{4}$이므로 ㉡에서

→ $d+9=\frac{13(m+1)}{4}$에서 $d=\frac{13m-23}{4}$

$$\begin{aligned}a&=13m-6d\\&=13m-6\times\left(\frac{13m-23}{4}\right)\\&=13m-\frac{39}{2}m+\frac{69}{2}\\&=-\frac{13}{2}m+\frac{69}{2}\end{aligned}$$

**[STEP 3]** 모든 항이 자연수라는 조건을 이용하여 $a$, $d$의 값을 구한다.

이 값이 양수이어야 하므로

$-\frac{13}{2}m+\frac{69}{2}>0,\ m<\frac{69}{13}$

따라서 만족하는 $m$의 값은 $m=3$이고, 이때 $d=4$이므로

$a=23-2d=15$

즉, $a_2=a+d=15+4=19$

답 19

# 10

정답률 **8.6%**

**정답 공식** **개념만 확실히 알자!**

**자연수의 거듭제곱의 합**

(1) $\sum_{k=1}^{n} k=1+2+3+\cdots+n=\frac{n(n+1)}{2}$

(2) $\sum_{k=1}^{n+1} k=1+2+3+\cdots+n+(n+1)=\frac{(n+1)(n+2)}{2}$

**풀이 전략** $n=1, 2, 3, \cdots$을 대입하여 $a_n$의 규칙을 찾는다.

**문제 풀이**

**[STEP 1]** $n=1, 2, 3$일 때, $a_1, a_2, a_3$의 값을 구한다.

$n=1$일 때 $\triangle$AOB에서 나올 수 있는 정사각형의 개수는

$a_1=1+2=3$

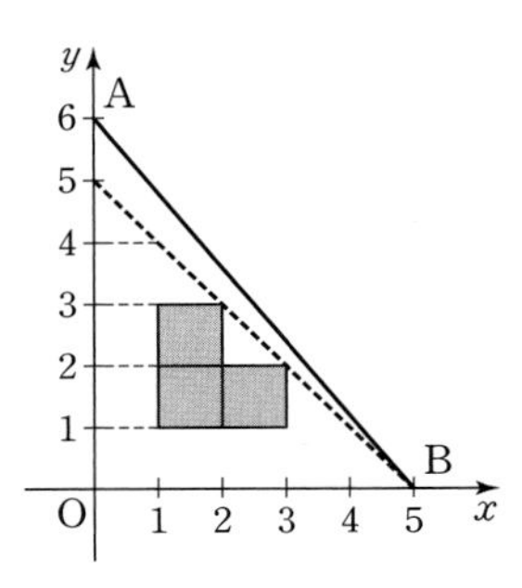

$n=2$일 때 $\triangle$AOB에서 나올 수 있는 정사각형의 개수는

$a_2=1+2+3=6$

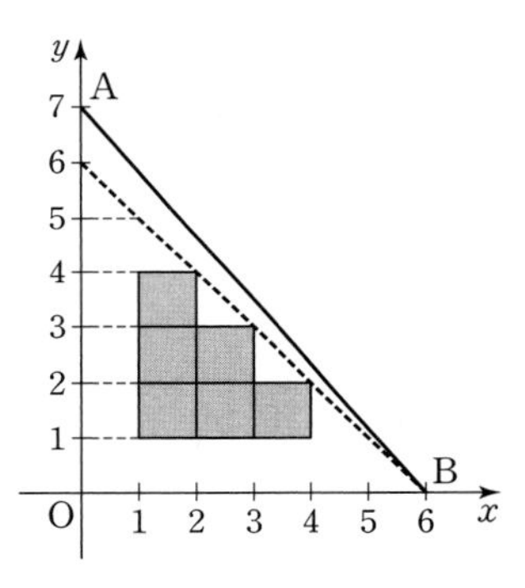

$n=3$일 때 $\triangle$AOB에서 나올 수 있는 정사각형의 개수는

$a_3=1+2+3+4=10$

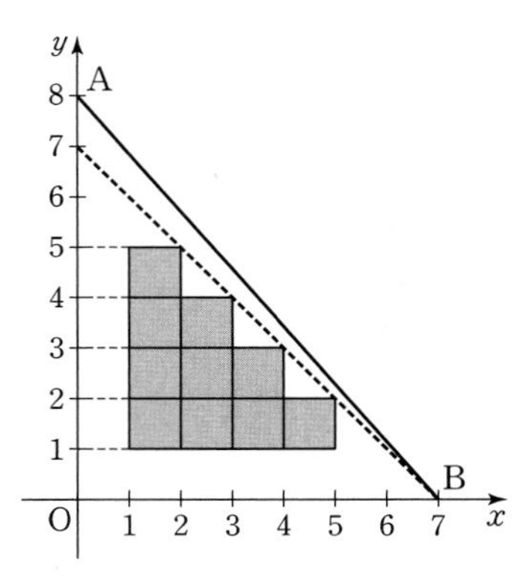

**[STEP 2]** $a_n$을 추론하여 식을 구한다.

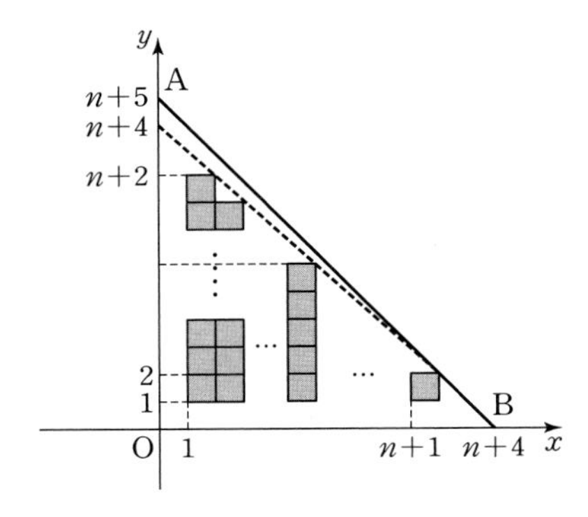

자연수 $n$에 대하여 $\triangle$AOB에서 나올 수 있는 정사각형의 개수는

$$a_n=1+2+3+\cdots+(n+1)$$
$$=\sum_{k=1}^{n+1} k$$
$$=\frac{1}{2}(n+1)(n+2)$$
$$=\frac{1}{2}(n^2+3n+2)$$

**[STEP 3]** $\sum_{n=1}^{8} a_n$의 값을 구한다.

$$\sum_{n=1}^{8} a_n=\frac{1}{2}\sum_{n=1}^{8}(n^2+3n+2)$$
$$=\frac{1}{2}\left(\frac{8\times9\times17}{6}+3\times\frac{8\times9}{2}+2\times8\right)$$
$$=164$$

답 164

**수능이 보이는 강의**

삼각형 AOB를 그리면 직선 AB 위의 점 중에서 $x$좌표, $y$좌표가 동시에 자연수가 되는 점은 없어. 만약 직선 AB의 기울기가 $-1$이면 동시에 자연수가 되는 좌표는 규칙적으로 존재하게 되지. 따라서 기울기가 $-1$이 되는 직선을 이용하여 그 직선 위의 점을 기준으로 정사각형의 개수의 규칙성을 찾으면 돼.

수능 기출의 미래

수학영역 수학 I

# 경찰대학, 사관학교

기출 문제

## 정답과 풀이

본문 94~99쪽

# I 지수함수와 로그함수

| | | | | |
|---|---|---|---|---|
| 01 ③ | 02 ③ | 03 ③ | 04 62 | 05 ⑤ |
| 06 ④ | 07 8 | 08 ② | 09 250 | 10 ⑤ |
| 11 ① | 12 ⑤ | 13 ③ | 14 ② | 15 ③ |
| 16 9 | 17 ② | 18 78 | 19 16 | 20 ⑤ |
| 21 ④ | 22 ② | 23 ④ | 24 12 | 25 ② |
| 26 4 | 27 ① | | | |

## 유형 1 지수의 정의와 지수법칙

### 01

$\frac{4}{3^{-2}+3^{-3}}=\frac{4\times3^3}{3+1}=27$

답 ③

### 02

조건 (가)에서 $b$가 $-\sqrt{8}a$의 제곱근이므로

$b^2=-\sqrt{8}a$, 즉 $a=-\frac{b^2}{\sqrt{8}}$ …… ㉠

조건 (나)에서 $\sqrt[3]{a^2}b$는 $-16$의 세제곱근이므로

$(\sqrt[3]{a^2}b)^3=-16$, 즉 $a^2b^3=-16$ …… ㉡

㉠을 ㉡에 대입하면

$\left(-\frac{b^2}{\sqrt{8}}\right)^2b^3=-16$

$\frac{b^7}{8}=-16$, $b^7=(-2)^7$

$b$는 실수이므로

$b=-2$, $a=-\frac{(-2)^2}{\sqrt{8}}=-\sqrt{2}$

따라서

$a^3-2b=(-\sqrt{2})^3-2\times(-2)=4-2\sqrt{2}$

답 ③

### 03

$\sqrt[m]{64}\times\sqrt[n]{81}=2^{\frac{6}{m}}\times3^{\frac{4}{n}}$

이므로 $m$은 6의 양의 약수, $n$은 4의 양의 약수이어야 한다.

이때 $m\neq1$, $n\neq1$이므로

$m=2$ 또는 $m=3$ 또는 $m=6$

$n=2$ 또는 $n=4$

따라서 순서쌍 $(m, n)$의 개수는

$3\times2=6$

답 ③

### 04

$a^4-8a^2+1=0$에서

$a^4+1=8a^2$

양변을 $a^2$으로 나누면

$a^2+a^{-2}=8$

따라서

$a^4+a^{-4}=(a^2+a^{-2})^2-2\times a^2\times a^{-2}=8^2-2=62$

답 62

### 05

$r=\frac{3}{\sqrt[3]{4}-\sqrt[3]{2}+1}$

$=\frac{3(\sqrt[3]{2}+1)}{(\sqrt[3]{2}+1)\{(\sqrt[3]{2})^2-\sqrt[3]{2}+1\}}$

$=\frac{3(\sqrt[3]{2}+1)}{(\sqrt[3]{2})^3+1}=\sqrt[3]{2}+1$

$r+r^2+r^3=(\sqrt[3]{2}+1)+(\sqrt[3]{2}+1)^2+(\sqrt[3]{2}+1)^3$

$=\sqrt[3]{2}+1+(\sqrt[3]{4}+2\sqrt[3]{2}+1)+(2+3\sqrt[3]{4}+3\sqrt[3]{2}+1)$

$=4\sqrt[3]{4}+6\sqrt[3]{2}+5$

따라서 $a=4$, $b=6$, $c=5$이므로

$a+b+c=15$

답 ⑤

## 유형 2 로그의 정의와 성질

### 06

$\log_2\frac{8}{9}+\frac{1}{2}\log_{\sqrt{2}}18=\log_2 2^3-\log_2 3^2+\log_2(2\times3^2)$

$=3-2\log_2 3+\log_2 2+2\log_2 3$

$=4$

답 ④

### 07

$\log_3 a\times\log_3 b=2$이므로

$\log_a 3+\log_b 3=\frac{1}{\log_3 a}+\frac{1}{\log_3 b}$

$=\frac{\log_3 a+\log_3 b}{\log_3 a\times\log_3 b}$

$=\frac{\log_3 ab}{2}=4$

따라서 $\log_3 ab=8$

답 8

## 08

$\log_a 2 = k$라고 하면

$\log_a 4 = 2\log_a 2 = 2k$

$\log_a 8 = 3\log_a 2 = 3k$

$\log_a 32 = 5\log_a 2 = 5k$

$\log_a 128 = 7\log_a 2 = 7k$

그림에서

| $A$ | $B$ | $C$ |
|---|---|---|
|  | $D$ |  |
|  | $E$ |  |

$A+B+C=B+D+E$이므로

$A+C=D+E$

$k$, $2k$, $3k$, $5k$, $7k$에서 위의 등식을 만족시키는 수는

$k+7k=3k+5k$

뿐이므로 $B$에 들어갈 수는

$2k=2\log_a 2=\log_a 4$

$A+B+C=B+D+E=15$에서

$10k=15$, $2k=3$

즉, $\log_a 4=3$에서 $a^3=4$

따라서 $a=4^{\frac{1}{3}}=2^{\frac{2}{3}}$

답 ②

## 09

$\log a=A$, $\log b=B$, $\log c=C$로 놓으면

$a>10$, $b>10$, $c>10$에서

$A>1$, $B>1$, $C>1$

$\log \dfrac{ab}{2}=(\log a)(\log b)$에서

$A+B-\log 2=AB$

$(A-1)(B-1)=1-\log 2=\log 5$ ······ ㉠

$\log \dfrac{bc}{2}=(\log b)(\log c)$에서

$B+C-\log 2=BC$

$(B-1)(C-1)=1-\log 2=\log 5$ ······ ㉡

$\log(ca)=(\log c)(\log a)$에서

$C+A=CA$

$(C-1)(A-1)=1$ ······ ㉢

㉠, ㉡, ㉢을 변끼리 곱하면

$(A-1)^2(B-1)^2(C-1)^2=(\log 5)^2$

$(A-1)(B-1)(C-1)=\log 5$ ······ ㉣

㉡, ㉣에서 $A-1=1$, $A=2$이므로

$a=10^2=100$

㉢, ㉣에서 $B-1=\log 5$, $B=\log 50$이므로

$b=50$

㉠, ㉣에서 $C-1=1$, $C=2$이므로

$c=10^2=100$

따라서 $a+b+c=100+50+100=250$

답 250

## 10

점 $(a, b)$는 원 $x^2+y^2=r^2$ 위의 점이므로

$a^2+b^2=r^2$ ······ ㉠

$ab\neq 0$에서 $a\neq 0$, $b\neq 0$

$|a|>0$, $|b|>0$이므로

$a^2+b^2=|a|^2+|b|^2\geq 2\sqrt{|a|^2\times|b|^2}=2\sqrt{|ab|^2}$

$|ab|\leq \dfrac{a^2+b^2}{2}=\dfrac{r^2}{2}$ (단, 등호는 $a=b$일 때 성립한다.)

$r$는 1보다 큰 실수이므로

$\log_r|ab|\leq \log_r \dfrac{r^2}{2}=2-\log_r 2$

$\log_r|ab|$의 최댓값이 $2-\log_r 2$이므로

$f(r)=2-\log_r 2$

따라서 $f(64)=2-\log_{64} 2=2-\log_{2^6} 2=2-\dfrac{1}{6}=\dfrac{11}{6}$

답 ⑤

## 11

$0\leq \log_2 a\leq 2$, $0\leq \log_2 b\leq 2$에서

$1\leq a\leq 4$, $1\leq b\leq 4$ ······ ㉠

이므로

$2\leq a+b\leq 8$

$1\leq \log_2(a+b)\leq 3$

$\log_2(a+b)$가 정수이므로

$\log_2(a+b)=1, 2, 3$

즉, $a+b=2, 4, 8$

두 점 $(4, 2)$, $(a, b)$ 사이의 거리를 $l$이라 하자.

(i) $a+b=2$일 때

㉠에서 $a=1$, $b=1$이므로

$l=\sqrt{(1-4)^2+(1-2)^2}=\sqrt{10}$

(ii) $a+b=4$일 때

$b=4-a$이므로

$l^2=(a-4)^2+(b-2)^2=(a-4)^2+(2-a)^2$

$=2a^2-12a+20=2(a-3)^2+2$

㉠에서 $1\leq a\leq 4$이므로 $2\leq l^2\leq 10$

즉, $\sqrt{2}\leq l\leq \sqrt{10}$

(iii) $a+b=8$일 때

㉠에서 $a=4$, $b=4$이므로

$l=\sqrt{(4-4)^2+(4-2)^2}=2$

(i), (ii), (iii)에서 $\sqrt{2}\leq l\leq \sqrt{10}$이므로 $m=\sqrt{2}$, $M=\sqrt{10}$

따라서 $m^2+M^2=2+10=12$

답 ①

## 12

조건 (가)에서 함수 $\log f(x)$가 일대일함수가 아니므로

$\log f(a)=\log f(b)$, 즉 $f(a)=f(b)$

를 만족시키는 집합 $A$의 서로 다른 두 원소 $a$, $b$가 존재한다.

조건 (나)에서

$\log\{f(1)+f(2)+f(3)\}=2\log 2+\log 3=\log 12$

$f(1)+f(2)+f(3)=12$ …… ㉠

조건 (다)에서

$\log f(4)+\log f(5)=\log f(4)f(5)\le 1$

$f(4)f(5)\le 10$ …… ㉡

㉠에서 합이 12인 5 이하의 세 자연수의 순서쌍은

$(2, 5, 5)$, $(3, 4, 5)$, $(4, 4, 4)$

로 3가지이다.

(i) $(2, 5, 5)$ 또는 $(4, 4, 4)$의 경우

순서쌍 $(f(1), f(2), f(3))$의 경우의 수는

$\frac{3!}{2!}+1=4$

이때 $f(a)=f(b)$를 만족시키는 두 원소 $a$, $b$가 반드시 존재하므로 조건 (가)를 만족시킨다.

조건 (다)를 만족시키는 순서쌍 $(f(4), f(5))$는 ㉡에서

$(1, 1)$, $(1, 2)$, $(1, 3)$, $(1, 4)$, $(1, 5)$

$(2, 1)$, $(2, 2)$, $(2, 3)$, $(2, 4)$, $(2, 5)$

$(3, 1)$, $(3, 2)$, $(3, 3)$

$(4, 1)$, $(4, 2)$

$(5, 1)$, $(5, 2)$

로 그 개수는 17이다.

따라서 이 경우의 함수 $f(x)$의 개수는

$4\times 17=68$

(ii) $(3, 4, 5)$의 경우

순서쌍 $(f(1), f(2), f(3))$의 경우의 수는 $3!=6$

이때 $f(a)=f(b)$를 만족시키는 두 원소 $a$, $b$가 반드시 존재해야 하므로 조건 (가), (다)를 모두 만족시키는 순서쌍 $(f(4), f(5))$는 ㉡에서

$(1, 1)$, $(1, 3)$, $(1, 4)$, $(1, 5)$

$(2, 2)$, $(2, 3)$, $(2, 4)$, $(2, 5)$

$(3, 1)$, $(3, 2)$, $(3, 3)$

$(4, 1)$, $(4, 2)$

$(5, 1)$, $(5, 2)$

로 그 개수는 15이다.

따라서 이 경우의 함수 $f(x)$의 개수는

$6\times 15=90$

위의 (i), (ii)에서 구하는 함수 $f(x)$의 개수는

$68+90=158$

답 ⑤

# 유형 4 지수함수의 뜻과 그래프

## 13

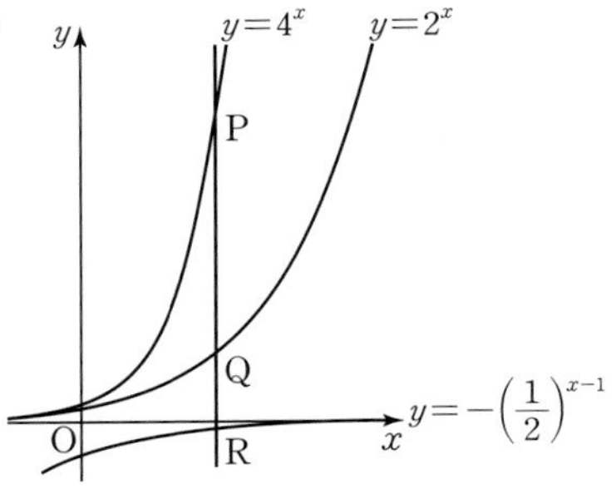

세 점 P, Q, R의 좌표가 각각

$(a, 4^a)$, $(a, 2^a)$,

$\left(a, -\left(\frac{1}{2}\right)^{a-1}\right)$이므로

$\overline{PQ}=|4^a-2^a|$

$=4^a-2^a$

$\overline{QR}=\left|2^a+\left(\frac{1}{2}\right)^{a-1}\right|$

$=2^a+\left(\frac{1}{2}\right)^{a-1}$

$\overline{PQ}:\overline{QR}=8:3$에서

$3\overline{PQ}=8\overline{QR}$

$3(4^a-2^a)=8\left\{2^a+\left(\frac{1}{2}\right)^{a-1}\right\}$

$3\times(2^a)^2-11\times 2^a-\frac{16}{2^a}=0$

$2^a=t\ (t>0)$으로 놓으면

$3t^2-11t-\frac{16}{t}=0$

$3t^3-11t^2-16=0$

$(t-4)(3t^2+t+4)=0$

$t>0$일 때, $3t^2+t+4>0$이므로

$t=4$

$2^a=4=2^2$에서 $a=2$

답 ③

## 14

함수 $y=-2^{|x|}$의 그래프는 $y$축에 대하여 대칭이고 $x=0$일 때 최댓값 $-1$을 가진다.

함수 $f(x)=-2^{|x-a|}+a$의 그래프는 $y=-2^{|x|}$의 그래프를 $x$축의 방향으로 $a$만큼, $y$축의 방향으로 $a$만큼 평행이동한 함수이므로 $x$축과의 교점의 중점은 $(a, 0)$이다.

함수 $y=-2^{|x-a|}+a$의 그래프와 $x$축과의 교점의 $x$좌표를 $\alpha$, $\beta$ $(\alpha<\beta)$라 하면

$\overline{AB}=6$에서 $\beta-\alpha=6$

$\frac{\alpha+\beta}{2}=a$이므로 위의 식과 연립하면 $\beta=a+3$

$f(\beta)=-2^{|a+3-a|}+a=-8+a=0$

즉, $a=8$

함수 $f(x)=-2^{|x-8|}+8$은 $x=8$에서 최댓값 $f(8)=7$을 가지므로

$p=8$, $q=7$

따라서 $p+q=15$

답 ②

## 15

$B\left(-\frac{2}{m}, 0\right)$, $C(0, 2)$에 대하여

점 A는 선분 BC를 $2:1$로 내분하는 점이므로

$\left(\frac{2\times0+1\times\left(-\frac{2}{m}\right)}{2+1}, \frac{2\times2+1\times0}{2+1}\right)$, 즉 $\left(-\frac{2}{3m}, \frac{4}{3}\right)$

점 A는 곡선 $y=\frac{1}{3}\left(\frac{1}{2}\right)^{x-1}$ 위의 점이므로

$\frac{4}{3}=\frac{1}{3}\left(\frac{1}{2}\right)^{-\frac{2}{3m}-1}$

$2^{\frac{2}{3m}+1}=2^2$

$\frac{2}{3m}+1=2$, $\frac{2}{3m}=1$

따라서 $m=\frac{2}{3}$

답 ③

## 16

$\sqrt{3^x}+\sqrt{3^{-x}}=3^{\frac{x}{2}}+3^{-\frac{x}{2}}=t$로 놓으면

모든 실수 $x$에 대하여 $3^{\frac{x}{2}}>0$, $3^{-\frac{x}{2}}>0$이므로

$3^{\frac{x}{2}}+3^{-\frac{x}{2}}\geq2\sqrt{3^{\frac{x}{2}}\times3^{-\frac{x}{2}}}=2$

(단, 등호는 $3^{\frac{x}{2}}=3^{-\frac{x}{2}}$, 즉 $x=0$일 때 성립한다.)

따라서 $t\geq2$ …… ㉠

$3^x+3^{-x}=\left(3^{\frac{x}{2}}+3^{-\frac{x}{2}}\right)^2-2=t^2-2$

이므로 주어진 방정식은

$(t^2-2)-2t-|k-2|+7=0$

$t^2-2t+5=|k-2|$ …… ㉡

방정식 ㉡이 $t\geq2$에서 실근을 갖지 않으려면 그림에서

$|k-2|<5$, 즉 $-3<k<7$

따라서 정수 $k$의 개수는

$7-(-3)-1=9$

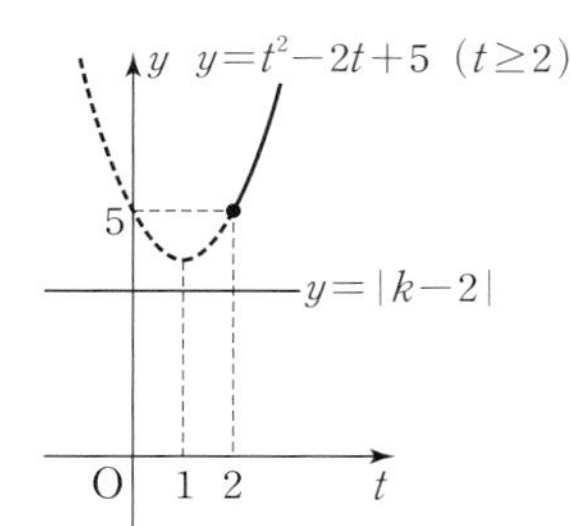


답 9

## 17

ㄱ. $y=|a^{-x-1}-1|$에 $x=-1$, $y=0$을 대입하면 성립하므로 곡선 $y=|a^{-x-1}-1|$은 점 $(-1, 0)$을 지난다. (참)

ㄴ. (i) $x<-1$일 때,

$y=|a^{-x-1}-1|=a^{-x-1}-1$

이므로 곡선 $y=|a^{-x-1}-1|$은 곡선 $y=a^x$과 $x<-1$에서 한 점에서 만난다.

(ii) $x\geq-1$일 때,

$y=|a^{-x-1}-1|=-a^{-x-1}+1$

$y=a^x$과 연립하여 풀면

$a^x=-a^{-x-1}+1$

$a^{2x}=-a^{-1}+a^x$

$a^x=t$로 놓으면 $t>0$이고

$t^2-t+\frac{1}{a}=0$ …… ㉠

이 이차방정식의 판별식을 $D$라 하면

$D=(-1)^2-4\times\frac{1}{a}=1-\frac{4}{a}$

이때 $1-\frac{4}{a}\geq0$, 즉 $a\geq4$이면 ㉠은 실근을 갖고, 이차방정식의 근과 계수의 관계에 의해 두 근의 합과 곱이 모두 양수이므로 ㉠이 실근을 가지면 양의 실근만을 갖는다.

따라서 $a=4$이면 ㉠은 중근을 갖고 하나의 양의 실근을 가지므로 두 곡선 $y=a^x$, $y=|a^{-x-1}-1|$은 $x\geq-1$의 범위에서는 한 점에서만 만난다.

따라서 $a=4$이면 두 곡선 $y=a^x$, $y=|a^{-x-1}-1|$의 교점의 개수는 2이다. (참)

ㄷ. $a>4$일 때 두 곡선 $y=a^x$, $y=|a^{-x-1}-1|$은 $x\geq-1$의 범위에서 서로 다른 두 점에서 만난다.

두 점의 $x$좌표를 $\alpha$, $\beta$ $(\alpha<\beta)$라 하면 이차방정식 ㉠의 근은

$t=a^\alpha$ 또는 $t=a^\beta$

이고 이차방정식의 근과 계수의 관계에 의해

$a^\alpha\times a^\beta=a^{\alpha+\beta}=\frac{1}{a}=a^{-1}$

$\alpha+\beta=-1$

즉, $a>4$이면 두 곡선 $y=a^x$, $y=|a^{-x-1}-1|$은 $x<-1$의 범위에서 한 점에서 만나고, $x\geq-1$의 범위에서 서로 다른 두 점에서 만나므로 $\alpha$, $\beta$가 아닌 다른 한 근을 $\gamma$라 하면

$\gamma<-1<\alpha<\beta$

이고 실수 $a$의 값에 관계없이 $\alpha+\beta=-1$이므로

$\gamma+\alpha+\beta=\gamma+(-1)<-1+(-1)=-2$ (거짓)

따라서 옳은 것은 ㄱ, ㄴ이다.

답 ②

## 18

$f(x)=4^x$, $g(x)=\frac{1}{2^a}\times4^x-a=4^{x-\frac{a}{2}}-a$

로 놓자.

곡선 $y=g(x)$는 곡선 $y=f(x)$를 $x$축의 방향으로 $\frac{a}{2}$만큼, $y$축의 방향으로 $-a$만큼 평행이동한 것이다.

곡선 $y=f(x)$가 두 직선 $y=-2x-\log b$, $y=-2x+\log c$와 만나는 점을 각각 A, B라 하고,
곡선 $y=g(x)$가 두 직선 $y=-2x-\log b$, $y=-2x+\log c$와 만나는 점을 각각 C, D라 하자.
두 직선 $y=-2x-\log b$, $y=-2x+\log c$의 기울기가 $-2$이므로 두 점 A, B를 $x$축의 방향으로 $\frac{a}{2}$만큼, $y$축의 방향으로 $-a$만큼 평행이동한 점은 각각 C, D이다.

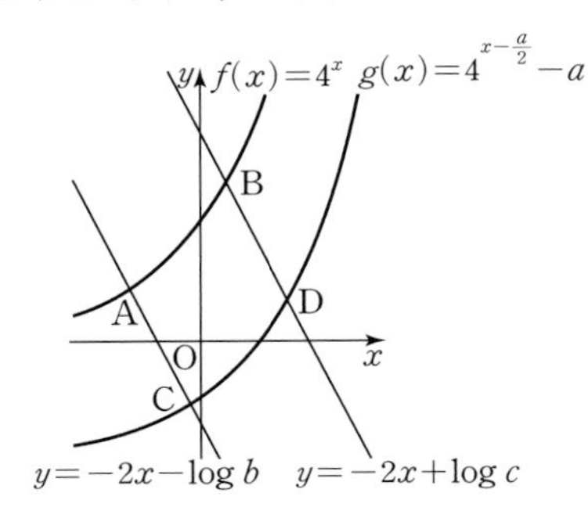


이때 곡선 $y=f(x)$와 직선 AB로 둘러싸인 부분의 넓이는 곡선 $y=g(x)$와 직선 CD로 둘러싸인 부분의 넓이와 같다.
두 직선 $y=-2x-\log b$, $y=-2x+\log c$ 사이의 거리는
점 $(0, \log c)$와 직선 $2x+y+\log b=0$ 사이의 거리와 같으므로

$\frac{|\log c+\log b|}{\sqrt{2^2+1^2}}=\frac{\log bc}{\sqrt{5}}$

$\overline{\text{AC}}=\sqrt{\left(\frac{a}{2}\right)^2+(-a)^2}=\frac{\sqrt{5}}{2}a$

구하는 도형의 넓이는 평행사변형 ACDB의 넓이와 같으므로

$\frac{\sqrt{5}}{2}a\times\frac{\log bc}{\sqrt{5}}=3$에서

$(bc)^a=10^6$

(i) $a=1$일 때, $bc=2^6\times5^6$
  $b$, $c$는 $2^6\times5^6$의 양의 약수이므로 순서쌍 $(b, c)$의 개수는
  $(6+1)\times(6+1)=49$
(ii) $a=2$일 때, $(bc)^2=10^6$에서 $bc=2^3\times5^3$
  $b$, $c$는 $2^3\times5^3$의 양의 약수이므로 순서쌍 $(b, c)$의 개수는
  $(3+1)\times(3+1)=16$
(iii) $a=3$일 때, $(bc)^3=10^6$에서 $bc=2^2\times5^2$
  $b$, $c$는 $2^2\times5^2$의 양의 약수이므로 순서쌍 $(b, c)$의 개수는
  $(2+1)\times(2+1)=9$
(iv) $a=6$일 때, $(bc)^6=10^6$에서 $bc=2\times5$
  $b$, $c$는 $2\times5$의 양의 약수이므로 순서쌍 $(b, c)$의 개수는
  $(1+1)\times(1+1)=4$

위의 (i)~(iv)에서 구하는 자연수 $a$, $b$, $c$의 모든 순서쌍의 개수는
$49+16+9+4=78$

답 78

## 유형 5 로그함수의 뜻과 그래프

### 19

곡선 $y=f(x)$와 직선 $y=x$가 두 점에서 만나므로 $k>0$
두 점 A, B가 직선 $y=x$ 위의 점이므로 좌표를 각각
$\text{A}(a, a)$, $\text{B}(b, b)$
라 하면 $\overline{\text{OA}}=\overline{\text{AB}}$에서
$b=2a$ …… ㉠
곡선 $y=\log_2 kx$가 두 점 $\text{A}(a, a)$, $\text{B}(b, b)$를 지나므로
$a=\log_2 ka$, $b=\log_2 kb$ …… ㉡
㉠을 ㉡에 대입하면
$2a=\log_2(k\times2a)=\log_2(ka\times2)$
$=\log_2 ka+1=a+1$
즉, $2a=a+1$에서
$a=1$, $b=2$
㉡에서
$1=\log_2 k$에서 $k=2$
따라서 $f(x)=\log_2 2x$이므로 $g(5)=p$라 하면
$f(x)$와 $g(x)$는 역함수 관계이므로
$f(p)=5$
$5=f(p)=\log_2 2p$
$2p=2^5=32$, $p=16$
따라서 $g(5)=p=16$

답 16

### 20

$f(x)=\begin{cases}\log_4(-x) & (x<0)\\ 2-\log_2 x & (x>0)\end{cases}$에서

$\log_4(-x_1)=2-\log_2 x_2=a$이므로
$\log_4(-x_1)+\log_4(x_2)^2=\log_4(-x_1\times x_2^2)=2$
즉, $-x_1\times x_2^2=16$
$\left|\frac{x_2}{x_1}\right|=\frac{1}{2}$에서 $|x_2|=\frac{1}{2}|x_1|$
$-x_1\times\left(\frac{1}{2}|x_1|\right)^2=-\frac{1}{4}x_1^3=16$
즉, $x_1^3=-64$
따라서 $x_1=-4$, $x_2=2$
직선 AC와 BD가 평행하고, 직선 $y=a$와 $y=b$가 평행하므로
사각형 ACDB는 평행사변형이고 $\overline{\text{AB}}=\overline{\text{CD}}$
즉, $x_4=x_3+6$
$\log_4(-x_3)=2-\log_2(x_3+6)=b$이므로
$\log_4(-x_3)+\log_4(x_3+6)^2=\log_4\{-x_3(x_3+6)^2\}=2$
즉, $-x_3(x_3+6)^2=16$
$x_3^3+12x_3^2+36x_3+16=(x_3+4)(x_3^2+8x_3+4)=0$

$a\neq b$이므로 $x_3\neq -4$

즉, $x_3=-4+2\sqrt{3}$ 또는 $x_3=-4-2\sqrt{3}$

$x_4=x_3+6>0$이므로

$x_3=-4+2\sqrt{3}$, $x_4=2+2\sqrt{3}$

따라서

$$\left|\frac{x_4}{x_3}\right|=\left|\frac{2+2\sqrt{3}}{-4+2\sqrt{3}}\right|=\left|\frac{(2+2\sqrt{3})(-4-2\sqrt{3})}{(-4+2\sqrt{3})(-4-2\sqrt{3})}\right|$$
$$=\left|\frac{-20-12\sqrt{3}}{4}\right|=5+3\sqrt{3}$$

답 ⑤

## 21

$y=|\log_2(-x)|$를 $y$축에 대하여 대칭이동한 후 $x$축의 방향으로 $k$만큼 평행이동한 곡선을 $y=f(x)$라 하면 $f(x)=|\log_2(x-k)|$이다.

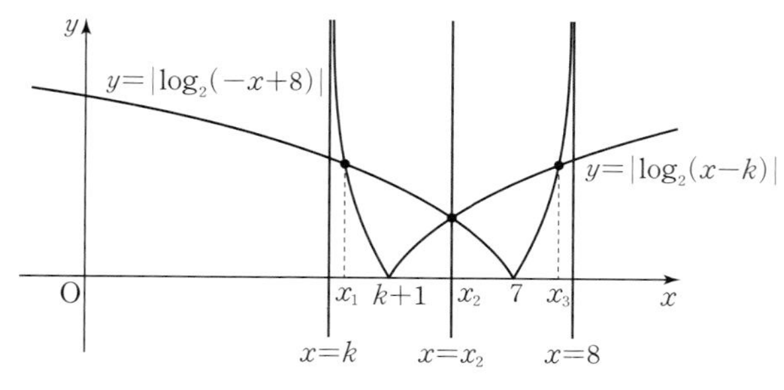


곡선 $y=f(x)$와 곡선 $y=|\log_2(-x+8)|$이 만나는 세 교점의 $x$좌표를 $x_1$, $x_2$, $x_3$ ($x_1<x_2<x_3$)이라 하면

$x_1+x_3=2x_2$

문제의 조건에서 $x_1+x_2+x_3=18$이므로

$x_2=6$

곡선 $f(x)=|\log_2(x-k)|$의 점근선인 직선 $x=k$와

곡선 $y=|\log_2(-x+8)|$의 점근선인 직선 $x=8$에 대하여

$k+8=2x_2=12$

이므로 $k=4$

답 ④

## 22

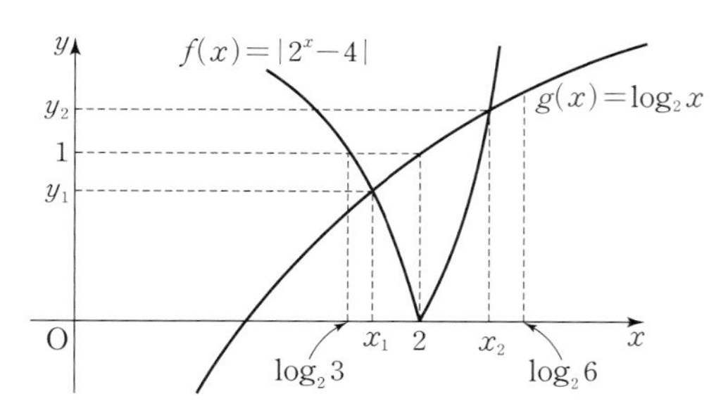


$f(x)=|2^x-4|$, $g(x)=\log_2 x$, $f(x_1)=g(x_1)=y_1$, $f(x_2)=g(x_2)=y_2$라 하자.

ㄱ. $f(\log_2 3)=1$, $f(\log_2 6)=2$이므로

$y_1<1<y_2<2$이고 $\log_2 3<x_1<x_2<\log_2 6$ (참)

ㄴ. ㄱ에 의해 $x_2-x_1<\log_2 6-\log_2 3=1$이고,

$2^{x_2}-2^{x_1}<2^{\log_2 6}-2^{\log_2 3}=3$이므로

$(x_2-x_1)(2^{x_2}-2^{x_1})<3$ (참)

ㄷ. $y_1=|2^{x_1}-4|=4-2^{x_1}$,

$y_2=|2^{x_2}-4|=2^{x_2}-4$에서

$y_2-y_1=2^{x_1}+2^{x_2}-8$

이때 $y_2<g(\log_2 6)=\log_2(\log_2 6)$,

$y_1>g(\log_2 3)=\log_2(\log_2 3)$에서

$$y_2-y_1<\log_2(\log_2 6)-\log_2(\log_2 3)$$
$$=\log_2\left(\frac{\log_2 6}{\log_2 3}\right)$$
$$=\log_2(\log_3 6)$$

이므로

$2^{x_1}+2^{x_2}-8<\log_2(\log_3 6)$

즉, $2^{x_1}+2^{x_2}<8+\log_2(\log_3 6)$ (거짓)

그러므로 옳은 것은 ㄱ, ㄴ이다.

답 ②

## 유형 6 방정식에의 활용

## 23

$\log_a b=\dfrac{1}{\log_b a}$이므로

$$\log_b a+\log_a b=\log_b a+\frac{1}{\log_b a}=\frac{26}{5}$$

$5(\log_b a)^2-26\log_b a+5=0$

$(5\log_b a-1)(\log_b a-5)=0$

$\log_b a=\dfrac{1}{5}$ 또는 $\log_b a=5$

$a=b^{\frac{1}{5}}$ 또는 $a=b^5$

즉, $b=a^5$ 또는 $a=b^5$

(i) $b=a^5$일 때,

$ab=27$에서 $a^6=27$이므로

$a=27^{\frac{1}{6}}=(3^3)^{\frac{1}{6}}=3^{\frac{1}{2}}$

$b=a^5=3^{\frac{5}{2}}$

(ii) $a=b^5$일 때

$ab=27$에서 $b^6=27$이므로

$b=27^{\frac{1}{6}}=(3^3)^{\frac{1}{6}}=3^{\frac{1}{2}}$

$a=b^5=3^{\frac{5}{2}}$

따라서 (i), (ii)에서

$a^2+b^2=\left(3^{\frac{1}{2}}\right)^2+\left(3^{\frac{5}{2}}\right)^2=3+3^5=246$

답 ④

## 24

$\log_2(x+4)+\log_{\frac{1}{2}}(x-4)=1$에서

$\log_2(x+4)-\log_2(x-4)=1$

$\log_2 \frac{x+4}{x-4}=1$, $\frac{x+4}{x-4}=2$

즉, $x+4=2(x-4)$에서 $x=12$

답 12

### 유형 7 부등식에의 활용

## 25

로그의 진수의 조건에 의하여 $x>0$

$\log_{\frac{1}{2}} x=-\log_2 x$, $\log_{\frac{1}{4}} x=-\frac{1}{2}\log_2 x$이므로

$(\log_{\frac{1}{2}} x-2)\log_{\frac{1}{4}} x<4$에서

$(-\log_2 x-2)\left(-\frac{1}{2}\log_2 x\right)<4$

$(\log_2 x)^2+2\log_2 x-8<0$

$(\log_2 x+4)(\log_2 x-2)<0$

$-4<\log_2 x<2$, $2^{-4}<x<2^2$, $\frac{1}{16}<x<4$

따라서 부등식을 만족시키는 자연수 $x$의 개수는 1, 2, 3으로 3이다.

답 ②

## 26

$2+\log_{\frac{1}{3}}(2x-5)>0$에서 $2-\log_3(2x-5)>0$

$\log_3(2x-5)<\log_3 3^2$, $2x-5<9$, $x<7$

로그의 진수 조건에 의해 $2x-5>0$, $x>\frac{5}{2}$

따라서 $\frac{5}{2}<x<7$이고 이를 만족시키는 모든 정수 $x$는 3, 4, 5, 6 이므로 그 개수는 4이다.

답 4

## 27

$\left(\frac{1}{2}\right)^{1-x}\geq\left(\frac{1}{16}\right)^{x-1}$에서

$1-x\leq 4x-4$, $x\geq 1$ ······ ㉠

$\log_2 4x<\log_2(x+k)$에서

$0<4x<x+k$, $0<x<\frac{k}{3}$ ······ ㉡

이때 주어진 연립부등식의 해가 존재하지 않으려면

$\frac{k}{3}\leq 1$, 즉 $0<k\leq 3$이어야 한다.

따라서 양수 $k$의 최댓값은 3이다.

답 ①

# Ⅱ 삼각함수

본문 99~104쪽

| | | | | |
|---|---|---|---|---|
| 01 ① | 02 ① | 03 ① | 04 ④ | 05 ⑤ |
| 06 ② | 07 ⑤ | 08 12 | 09 ③ | 10 14 |
| 11 ⑤ | 12 ① | 13 29 | 14 ① | 15 ② |
| 16 ② | 17 ③ | 18 ③ | 19 ④ | 20 ⑤ |
| 21 ⑤ | 22 ④ | 23 27 | | |

### 유형 1 삼각함수의 정의

## 01

이차방정식 $5x^2-x+a=0$의 두 근이 $\sin\theta$, $\cos\theta$이므로

이차방정식의 근과 계수의 관계에 의하여

$\sin\theta+\cos\theta=\frac{1}{5}$, $\sin\theta\cos\theta=\frac{a}{5}$

$(\sin\theta+\cos\theta)^2=1+2\sin\theta\cos\theta$이므로

$\left(\frac{1}{5}\right)^2=1+2\times\frac{a}{5}$

따라서 $a=-\frac{12}{5}$

답 ①

## 02

$3\theta$가 제1사분면의 각이므로 정수 $k$에 대하여

$2k\pi<3\theta<2k\pi+\frac{\pi}{2}$ ······ ㉠

$4\theta$가 제2사분면의 각이므로 정수 $l$에 대하여

$2l\pi+\frac{\pi}{2}<4\theta<2l\pi+\pi$ ······ ㉡

㉠, ㉡에서

$2l\pi+\frac{\pi}{2}-\left(2k\pi+\frac{\pi}{2}\right)<4\theta-3\theta<2l\pi+\pi-2k\pi$

$2(l-k)\pi<\theta<2(l-k)\pi+\pi$

$l-k$는 정수이므로 $\theta$는 제1사분면 또는 제2사분면의 각이다.

즉, $m=1$, $n=2$ 또는 $m=2$, $n=1$이므로

$m+n=3$

답 ①

## 03

$\sin\left(\theta-\frac{\pi}{2}\right)=-\sin\left(\frac{\pi}{2}-\theta\right)=-\cos\theta=-\frac{2}{5}$

이므로 $\cos\theta=\frac{2}{5}$

$\sin^2\theta=1-\cos^2\theta=1-\left(\frac{2}{5}\right)^2=\frac{21}{25}$

$\sin\theta<0$이므로 $\sin\theta=-\frac{\sqrt{21}}{5}$

따라서 $\tan\theta=\frac{\sin\theta}{\cos\theta}=-\frac{\sqrt{21}}{2}$

답 ①

## 유형 2 삼각함수의 그래프

### 04

$f(x)=\cos^2 x-4\cos\left(x+\frac{\pi}{2}\right)+3=\cos^2 x+4\sin x+3$

$=1-\sin^2 x+4\sin x+3=-\sin^2 x+4\sin x+4$

$=-(\sin x-2)^2+8$

이때 $-1\le\sin x\le1$이므로 $\sin x=1$일 때 최댓값은

$-(1-2)^2+8=7$

답 ④

### 05

ㄱ. 함수 $y=\tan\frac{3\pi}{2}x$의 주기는 $\frac{\pi}{\frac{3\pi}{2}}=\frac{2}{3}$이고,

함수 $y=\sin 2\pi x$의 주기는 $\frac{2\pi}{2\pi}=1$이다.

이때 $\frac{2}{3}m=n$, 즉 $2m=3n$을 만족시키는 최소의 자연수 $m$, $n$의 값은 $m=3$, $n=2$

따라서 함수 $y=\tan\frac{3\pi}{2}x-\sin 2\pi x$의 주기는 2이다. (참)

ㄴ. 함수 $y=\cos 2\pi x$의 주기는 $\frac{2\pi}{2\pi}=1$이고,

함수 $y=\sin\frac{4\pi}{3}x$의 주기는 $\frac{2\pi}{\frac{4\pi}{3}}=\frac{3}{2}$이다.

이때 $m=\frac{3}{2}n$, 즉 $2m=3n$을 만족시키는 최소의 자연수 $m$, $n$의 값은 $m=3$, $n=2$

따라서 함수 $y=2\pi+\cos 2\pi x\sin\frac{4\pi}{3}x$의 주기는 3이다. (참)

ㄷ. 함수 $y=\sin\pi x$의 주기는 $\frac{2\pi}{\pi}=2$이고,

함수 $y=\cos\frac{3\pi}{2}x$의 주기는 $\frac{2\pi}{\frac{3\pi}{2}}=\frac{4}{3}$이므로

함수 $y=\left|\cos\frac{3\pi}{2}x\right|$의 주기는 $\frac{1}{2}\times\frac{4}{3}=\frac{2}{3}$이다.

이때 $2m=\frac{2}{3}n$, 즉 $3m=n$을 만족시키는 최소의 자연수 $m$, $n$의 값은 $m=1$, $n=3$

따라서 함수 $y=\sin\pi x-\left|\cos\frac{3}{2}\pi x\right|$의 주기는 2이다. (참)

이상에서 옳은 것은 ㄱ, ㄴ, ㄷ이다.

답 ⑤

### 06

$0\le x\le\frac{\pi}{4}$에서 $\cos x\ge\sin x$이므로 $f(x)=\cos x$

함수 $g(x)=\cos ax$의 주기는 $\frac{2\pi}{a}$이므로 두 곡선 $y=f(x)$, $y=g(x)$의 교점의 개수가 3이 되려면

$\frac{2\pi}{a}<\frac{\pi}{4}<\frac{4\pi}{a}$, 즉 $8<a<16$

이고 $g\left(\frac{\pi}{4}\right)=\cos\frac{a}{4}\pi\le\cos\frac{\pi}{4}$이어야 한다.

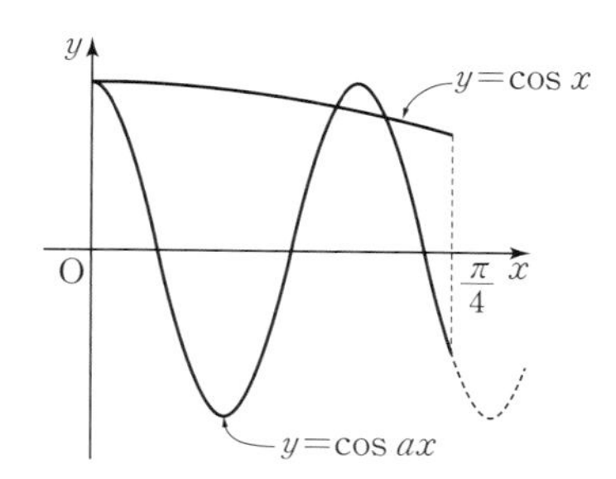


$2\pi+\frac{\pi}{4}\le\frac{a}{4}\pi\le4\pi-\frac{\pi}{4}$, 즉 $9\le a\le15$에서 $a$의 최솟값은 9이므로 $p=9$

$\frac{\pi}{4}<x\le\frac{11}{12}\pi$에서 $\cos x<\sin x$이므로 $f(x)=\sin x$

함수 $y=\cos px=\cos 9x$의 주기는 $\frac{2\pi}{9}$이고

$\frac{11}{12}\pi=\frac{2\pi}{9}\times\left(4+\frac{1}{8}\right)$

$\cos\left(9\times\frac{11}{12}\pi\right)=\cos\frac{33}{4}\pi=\cos\left(8\pi+\frac{\pi}{4}\right)=\cos\frac{\pi}{4}$,

$\sin\frac{11}{12}\pi=\sin\left(\pi-\frac{\pi}{12}\right)=\sin\frac{\pi}{12}$

에서 $\sin\frac{11}{12}\pi<\cos\left(9\times\frac{11}{12}\pi\right)$

$\frac{\pi}{4}<x\le\frac{11}{12}\pi$에서 두 곡선 $y=f(x)=\sin x$, $y=\cos 9x$의 교점의 개수는 5이므로 닫힌구간 $\left[0,\ \frac{11}{12}\pi\right]$에서 두 곡선 $y=f(x)$, $y=\cos 9x$의 교점의 개수는 $3+5=8$이다.

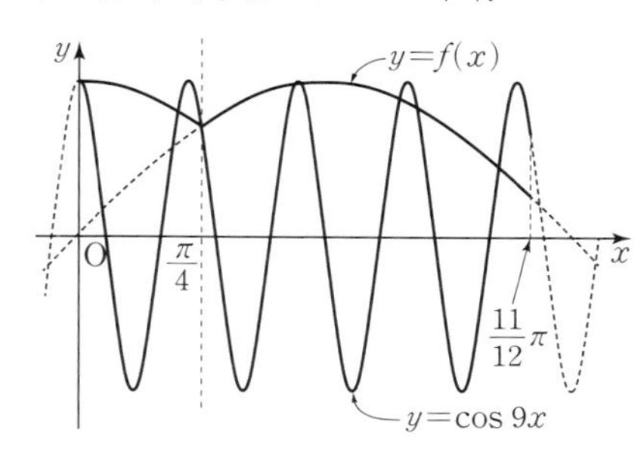


따라서 $q=8$이므로 $p+q=9+8=17$

답 ②

## 07

함수 $f(x)=\left|2a\cos\frac{b}{2}x-(a-2)(b-2)\right|$는

$(a-2)(b-2)=0$일 때 주기가 $\frac{2\pi}{b}$이고

$(a-2)(b-2)\neq0$일 때 주기가 $\frac{4\pi}{b}$이므로

$b=2$이거나 $b=4$일 때 조건 (가)를 만족시킨다.

(i) $b=2$인 경우

$f(x)=|2a\cos x|$이므로 조건 (가)와 (나)를 항상 만족시킨다.

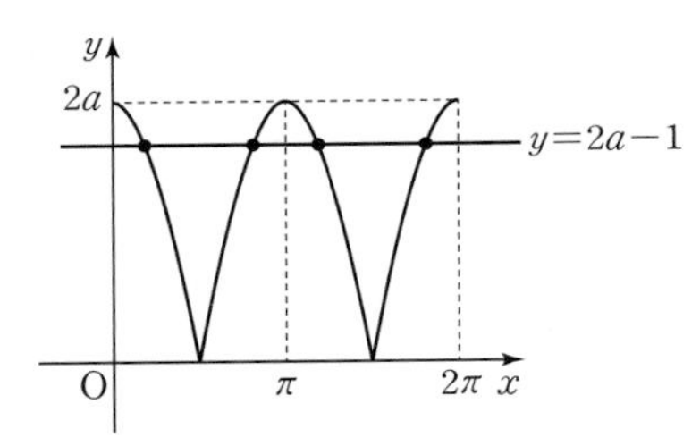


그러므로 함수 $f(x)$의 주기는 $\pi$이고, $0\le x\le2\pi$에서 함수 $y=f(x)$의 그래프와 직선 $y=2a-1$의 교점의 개수가 4가 되도록 하는 순서쌍 $(a, b)$는 $(1, 2)$, $(2, 2)$, $(3, 2)$, $(4, 2)$, $(5, 2)$, $(6, 2)$, $(7, 2)$, $(8, 2)$, $(9, 2)$, $(10, 2)$로 개수는 10이다.

(ii) $b=4$인 경우

① $a=1$일 때

$f(x)=|2\cos2x+2|$이므로 조건 (가)와 (나)를 만족시킨다.

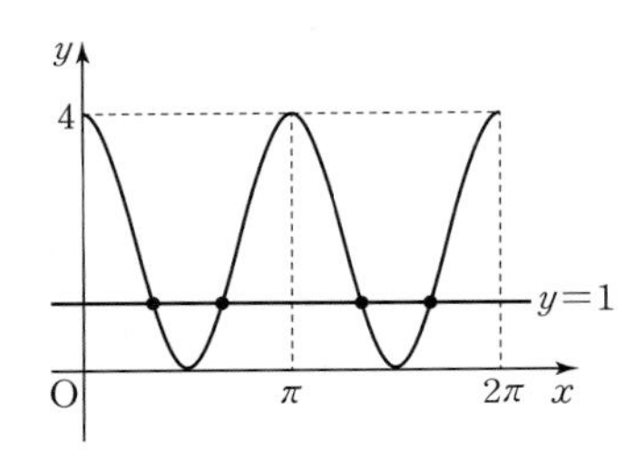


② $a=2$일 때

$f(x)=|4\cos2x|$이므로 함수 $f(x)$의 주기는 $\frac{\pi}{2}$이고, $0\le x\le2\pi$에서 함수 $y=f(x)$의 그래프와 직선 $y=2a-1$의 교점의 개수는 8이다.

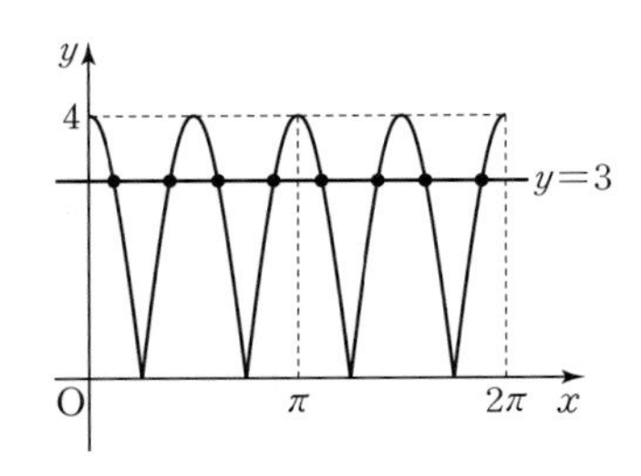


따라서 조건 (가)와 (나)를 만족시키지 않는다.

③ $a\ge3$일 때

$f(x)=|2a\cos2x-2a+4|$에서

$f(0)=4$, $f\left(\frac{\pi}{2}\right)=4a-4$, $y=2a-1$에 대하여

$4<2a-1<4a-4$이므로 조건 (가)와 (나)를 만족시킨다.

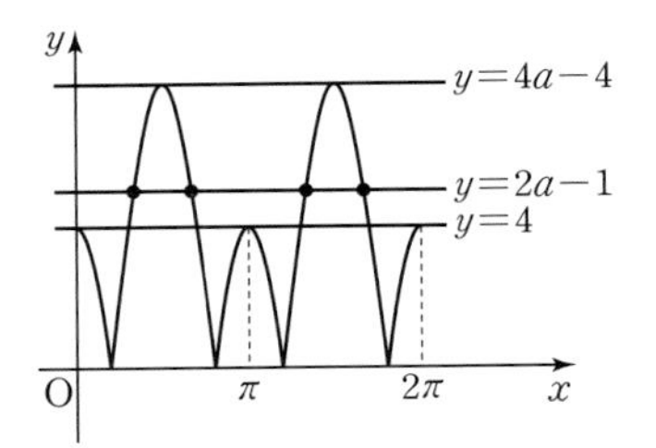


그러므로 함수 $f(x)$의 주기는 $\pi$이고, $0\le x\le2\pi$에서 함수 $y=f(x)$의 그래프와 직선 $y=2a-1$의 교점의 개수가 4가 되도록 하는 순서쌍 $(a, b)$는

$(1, 4)$, $(3, 4)$, $(4, 4)$, $(5, 4)$, $(6, 4)$, $(7, 4)$, $(8, 4)$, $(9, 4)$, $(10, 4)$로 개수는 9이다.

(i), (ii)에서 모든 순서쌍 $(a, b)$의 개수는 19이다.

답 ⑤

## 유형 3 삼각함수의 방정식, 부등식에의 활용

## 08

함수 $y=\sin\frac{\pi x}{2}$의 주기는

$$\frac{2\pi}{\frac{\pi}{2}}=4$$

$0\le x<8$일 때, 방정식 $\sin\frac{\pi x}{2}=\frac{3}{4}$은 서로 다른 4개의 실근을 갖고, 작은 수부터 크기순으로 $\alpha_1$, $\alpha_2$, $\alpha_3$, $\alpha_4$라 하면 함수 $y=\sin\frac{\pi x}{2}$의 그래프의 대칭성에 의하여

$\frac{\alpha_1+\alpha_2}{2}=1$, $\frac{\alpha_3+\alpha_4}{2}=5$

따라서 $\alpha_1+\alpha_2+\alpha_3+\alpha_4=2+10=12$

답 12

## 09

$\cos\frac{(a-b)\pi}{2}=0$에서

$\frac{(a-b)\pi}{2}=n\pi+\frac{\pi}{2}$

즉, $a-b=2n+1$ ($n$은 정수)

이때 $a-b$의 값을 2로 나눈 나머지가 1이므로 두 정수 $a$, $b$ 중 하나만 2로 나눈 나머지가 1이어야 한다.

$a^2+b^2\le 13$에서 $a^2$의 값은 0, 1, 4, 9 중 하나이다.

(i) $a^2=0$일 때 $b^2\le 13$에서 $b^2$의 값은 0, 1, 4, 9 중 하나이다.
이때 $a-b=2n+1$ ($n$은 정수)를 만족시키는 순서쌍 $(a, b)$는
$(0, -3)$, $(0, -1)$, $(0, 1)$, $(0, 3)$
으로 4개이다.

(ii) $a^2=1$일 때
$b^2\le 12$에서 $b^2$의 값은 0, 1, 4, 9 중 하나이다.
이때 $a-b=2n+1$ ($n$은 정수)를 만족시키는 순서쌍 $(a, b)$는
$(-1, -2)$, $(-1, 0)$, $(-1, 2)$, $(1, -2)$, $(1, 0)$, $(1, 2)$
로 6개이다.

(iii) $a^2=4$일 때
$b^2\le 9$에서 $b^2$의 값은 0, 1, 4, 9 중 하나이다.
이때 $a-b=2n+1$ ($n$은 정수)를 만족시키는 순서쌍 $(a, b)$는
$(-2, -3)$, $(-2, -1)$, $(-2, 1)$, $(-2, 3)$,
$(2, -3)$, $(2, -1)$, $(2, 1)$, $(2, 3)$
으로 8개이다.

(iv) $a^2=9$일 때
$b^2\le 4$에서 $b^2$의 값은 0, 1, 4 중 하나이다.
이때 $a-b=2n+1$ ($n$은 정수)를 만족시키는 순서쌍 $(a, b)$는
$(-3, -2)$, $(-3, 0)$, $(-3, 2)$, $(3, -2)$, $(3, 0)$, $(3, 2)$
로 6개이다.

따라서 (i)~(iv)에서 조건을 만족시키는 모든 순서쌍 $(a, b)$의 개수는
$4+6+8+6=24$

답 ③

# 10

$\sin^2 x=1-\cos^2 x$이므로
$(a-a\cos^2 x-4)\cos x+4\ge 0$
$a\cos^3 x+(4-a)\cos x-4\le 0$
$\cos x=t$ $(-1\le t\le 1)$로 놓으면
$at^3+(4-a)t-4\le 0$
$(t-1)(at^2+at+4)\le 0$
$-1\le t\le 1$에서 $t-1\le 0$이므로
$f(t)=at^2+at+4=a\left(t+\frac{1}{2}\right)^2-\frac{a}{4}+4$
라 하면 함수 $f(t)$는 $-1\le t\le 1$에서 $f(t)\ge 0$이어야 한다.

(i) $a=0$일 때,
$f(t)=4>0$이므로 조건을 만족시킨다.

(ii) $a>0$일 때,
함수 $f(t)$는 $t=-\frac{1}{2}$에서 최소이므로
$f\left(-\frac{1}{2}\right)=-\frac{a}{4}+4\ge 0$에서 $0<a\le 16$

(iii) $a<0$일 때,
함수 $f(t)$는 $t=1$에서 최소이므로
$f(1)=a+a+4\ge 0$에서 $-2\le a<0$

위의 (i), (ii), (iii)에서 조건을 만족시키는 실수 $a$의 값의 범위는
$-2\le a\le 16$
따라서 실수 $a$의 최댓값과 최솟값의 합은
$16+(-2)=14$

답 14

# 11

$1+2\sin x=0$에서 $\sin x=-\frac{1}{2}$

$0\le x<2\pi$에서 $x=\frac{7}{6}\pi$또는 $x=\frac{11}{6}\pi$

(i) $0\le x\le \pi$일 때
$0\le \sin x\le 1$이므로
$f(x)=2\cos^2 x-(1+2\sin x)-2\sin x+2$
$=-2\sin^2 x-4\sin x+3$
$=-2(\sin x+1)^2+5$
$0\le x\le \pi$에서 $-3\le f(x)\le 3$이므로 집합 $A$의 원소는 $f(x)$의 값이 0, $-1$, $-2$, $-3$이 되도록 하는 $x$의 값이다.
$g(t)=-2(t+1)^2+5$ $(0\le t\le 1)$로 놓으면
$g(1)=-3$이고
$g(t_1)=0$, $g(t_2)=-1$, $g(t_3)=-2$를 만족시키는 세 실수
$t_1$, $t_2$, $t_3$ $(0<t_1<t_2<t_3<1)$에 대하여
$0\le x\le \pi$에서 4개의 방정식
$\sin x=t_1$, $\sin x=t_2$, $\sin x=t_3$, $\sin x=1$
의 서로 다른 실근의 개수는 각각 2, 2, 2, 1이다.

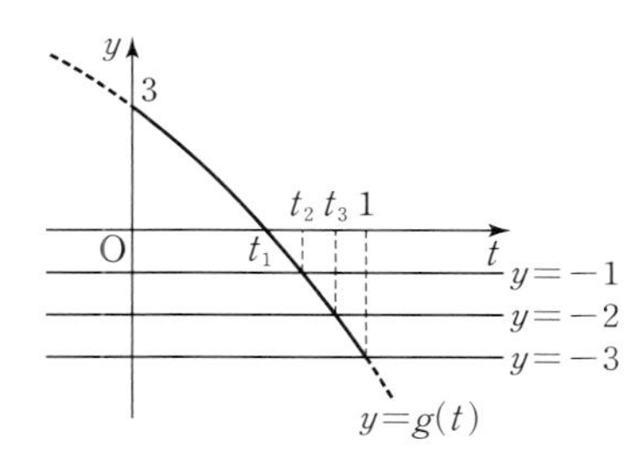


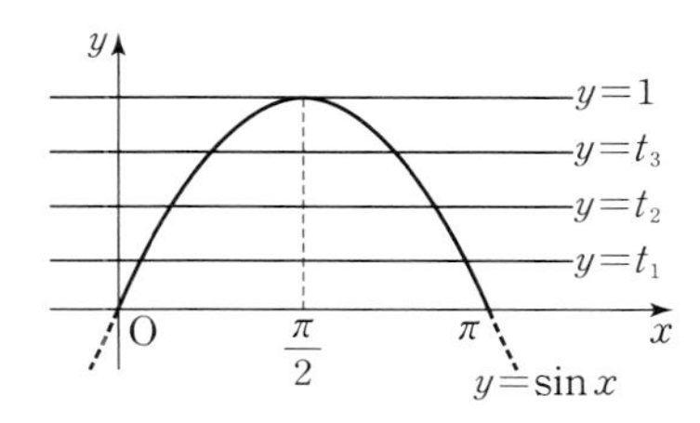


(ii) $\pi<x\le \frac{7}{6}\pi$ 또는 $\frac{11}{6}\pi\le x<2\pi$일 때
$-\frac{1}{2}\le \sin x<0$이므로

경찰대학·사관학교 기출 문제

$f(x)=2\cos^2 x-(1+2\sin x)+2\sin x+2$

$=-2\sin^2 x+3$

$\pi<x\le\frac{7}{6}\pi$에서 $\frac{5}{2}\le f(x)<3$이므로 집합 $A$의 원소인 $x$는 없다.

(iii) $\frac{7}{6}\pi<x<\frac{11}{6}\pi$일 때

$-1\le\sin x<-\frac{1}{2}$이므로

$f(x)=2\cos^2 x+(1+2\sin x)+2\sin x+2$

$=-2\sin^2 x+4\sin x+5$

$=-2(\sin x-1)^2+7$

$\frac{7}{6}\pi<x<\frac{11}{6}\pi$에서 $-1\le f(x)<\frac{5}{2}$이므로

집합 $A$의 원소는 $f(x)$의 값이 0, $-1$이 되도록 하는 $x$의 값이다.

$h(t)=-2(t-1)^2+7\left(-1\le t<-\frac{1}{2}\right)$로 놓으면

$h(-1)=-1$이고

$h(t_4)=0$을 만족시키는 실수 $t_4\left(-1<t_4<-\frac{1}{2}\right)$에 대하여

$\frac{7}{6}\pi<x\le\frac{11}{6}\pi$에서 2개의 방정식

$\sin x=-1$, $\sin x=t_4$의 서로 다른 실근의 개수는 각각 1, 2이다.

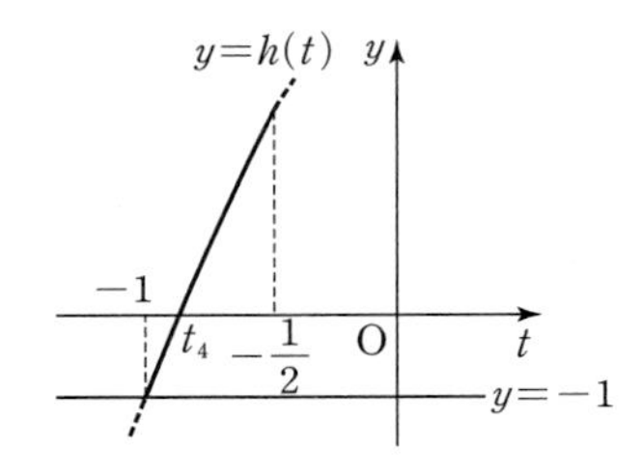


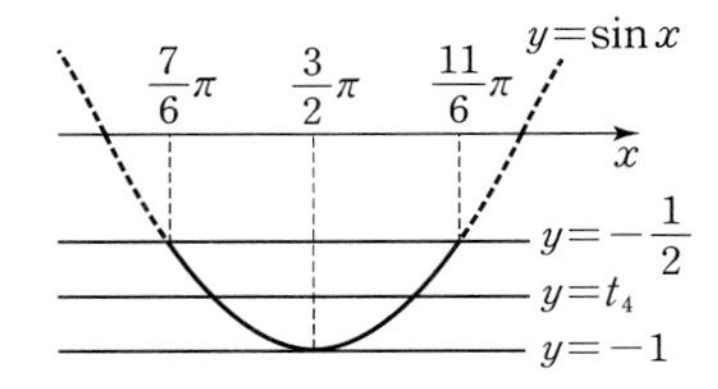


위의 (i)~(iii)에서 구한 $x$의 값은 서로 다르므로 집합 $A$의 원소의 개수는

$2+2+2+1+1+2=10$

답 ⑤

# 12

함수 $y=\sin(a\pi x)$의 주기는 $\frac{2\pi}{a\pi}=\frac{2}{a}$이다.

$a=1$일 때, $0\le x\le 1$에서 $0\le\sin(\pi x)\le 1$이므로

$2b\le\sin(\pi x)+2b\le 2b+1$

이때 $\log_2 f(x)$의 값이 정수이려면

$f(x)=2^k$ ($k$는 음이 아닌 정수)이어야 하므로

$\sin(\pi x)=0$, $b=2^{k-1}$

이때 $0\le x\le 1$에서 방정식 $\sin(\pi x)=0$의 실근은 0, 1뿐이므로 조건을 만족시키지 않는다.

따라서 $a\ge 2$이고, $0\le x\le 1$에서

$-1\le\sin(a\pi x)\le 1$이다.

(i) $b=1$일 때

$0\le x\le 1$에서 $1\le f(x)\le 3$이므로 $\log_2 f(x)$의 값이 정수이려면

$f(x)=1$ 또는 $f(x)=2$

즉, $\sin(a\pi x)=-1$ …… ㉠

또는 $\sin(a\pi x)=0$ …… ㉡

따라서 집합 $\{x\,|\,\log_2 f(x)$는 정수$\}$의 원소의 개수는 두 방정식 ㉠, ㉡의 서로 다른 실근의 개수의 합과 같다.

$0\le x\le 1$에서 방정식 $\sin(a\pi x)=0$의 실근은

$a\pi x=n\pi$, $x=\frac{n}{a}$ ($n$은 음이 아닌 정수)

$0\le\frac{n}{a}\le 1$에서 $0\le n\le a$

따라서 방정식 ㉡의 서로 다른 실근의 개수는 $a+1$이다.

한편, 방정식 $\sin(a\pi x)=-1$의 실근의 개수는 자연수 $a'$에 대하여 $a=2a'$ 또는 $a=2a'+1$일 때, $a'$이므로

집합 $\{x\,|\,\log_2 f(x)$는 정수$\}$의 원소의 개수는

$a=2a'$일 때, $(2a'+1)+a'=3a'+1$

$a=2a'+1$일 때, $(2a'+2)+a'=3a'+2$

$3a'+2=8$에서 $a'=2$, 즉 $a=5$이다.

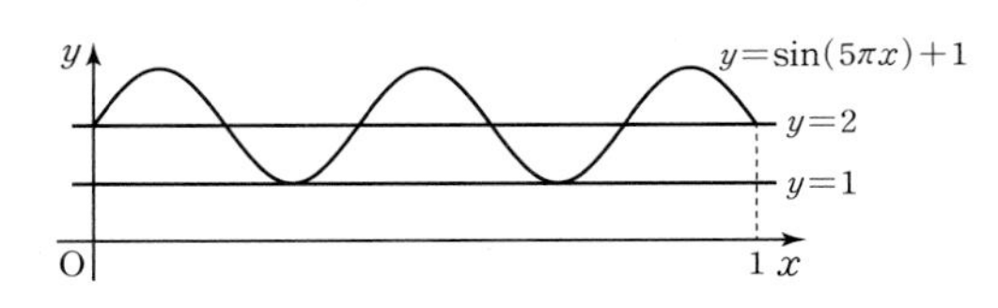


(ii) $b\ge 2$일 때

$0\le x\le 1$에서 $3\le 2b-1\le f(x)\le 2b+1$이므로

$\log_2 f(x)$의 값이 정수이려면 $f(x)=2^k$ ($k$는 자연수)이어야 하므로

$\sin(a\pi x)=0$, $b=2^{k-1}$

$0\le x\le 1$에서 방정식 $\sin(a\pi x)=0$의 실근의 개수는 위의 (i)에 의하여 $a+1$이다.

따라서 집합 $\{x\,|\,\log_2 f(x)$는 정수$\}$의 원소의 개수가 8이려면

$a+1=8$에서 $a=7$

위의 (i), (ii)에서 조건을 만족시키는 모든 자연수 $a$의 값의 합은

$5+7=12$

답 ①

## 13

$a>0$, $b>0$이고

함수 $y=3a\tan bx$의 주기는 $\frac{\pi}{b}$이고,

함수 $y=2a\cos bx$의 주기는 $\frac{2\pi}{b}$이므로

두 곡선 $y=3a\tan bx$, $y=2a\cos bx$와 세 점 $A_1$, $A_2$, $A_3$은 그림과 같다.

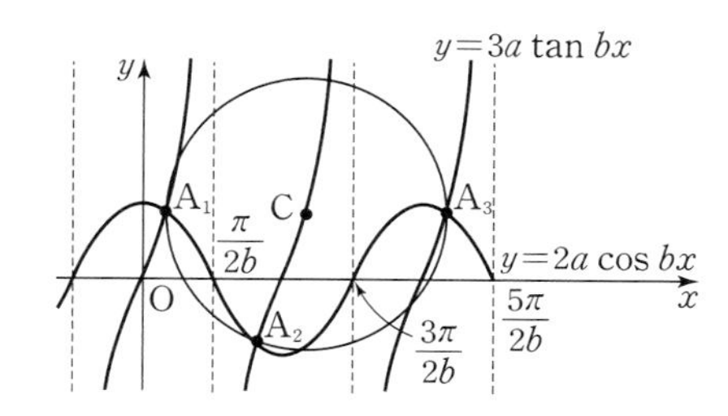


$3a\tan bx=2a\cos bx$에서 $\tan bx=\frac{\sin bx}{\cos bx}$이므로

$3a\sin bx=2a\cos^2 bx=2a(1-\sin^2 bx)$

$2\sin^2 bx+3\sin bx-2=0$

$(2\sin bx-1)(\sin bx+2)=0$

$\sin bx=\frac{1}{2}$이므로

$bx=\frac{\pi}{6}, \frac{5\pi}{6}, \frac{13\pi}{6}$

즉, $x=\frac{\pi}{6b}, \frac{5\pi}{6b}, \frac{13\pi}{6b}$

이므로 세 점 $A_1$, $A_2$, $A_3$의 $x$좌표는 각각

$\frac{\pi}{6b}, \frac{5\pi}{6b}, \frac{13\pi}{6b}$이다.

이때 $2a\cos\frac{\pi}{6}=2a\cos\frac{13\pi}{6}=\sqrt{3}a$

이므로 두 점 $A_1$, $A_3$의 $y$좌표는 같고

$\overline{A_1A_3}=\left|\frac{13\pi}{6b}-\frac{\pi}{6b}\right|=\frac{2\pi}{b}$

이다. 이때 선분 $A_1A_3$을 지름으로 하는 원의 넓이가 $\pi$이므로 $\overline{A_1A_3}=2$에서

$\frac{2\pi}{b}=2$, $b=\pi$

즉, 두 점 $A_1$, $A_3$의 좌표는 각각

$A_1\left(\frac{1}{6}, \sqrt{3}a\right)$, $A_3\left(\frac{13}{6}, \sqrt{3}a\right)$이다.

이때 원의 중심을 C라 하면 점 C는 선분 $A_1A_3$의 중점과 같으므로 점 C의 좌표는

$\left(\frac{1}{2}\times\left(\frac{1}{6}+\frac{13}{6}\right), \sqrt{3}a\right)$, 즉 $\left(\frac{7}{6}, \sqrt{3}a\right)$

또, 점 $A_2$의 좌표는

$\left(\frac{5\pi}{6b}, 2a\cos\frac{5\pi}{6}\right)$, 즉 $\left(\frac{5}{6}, -\sqrt{3}a\right)$

이고 점 $A_2$가 이 원 위의 점이므로 $\overline{CA_2}=1$에서

$\overline{CA_2}=\sqrt{\left(\frac{7}{6}-\frac{5}{6}\right)^2+\{\sqrt{3}a-(-\sqrt{3}a)\}^2}=\sqrt{\frac{1}{9}+12a^2}=1$

즉, $12a^2=\frac{8}{9}$에서 $a^2=\frac{2}{27}$

따라서 $\left(\frac{a}{b}\pi\right)^2=a^2=\frac{2}{27}$에서 $p=27$, $q=2$이므로

$p+q=27+2=29$

답 29

# 유형 4 사인법칙과 코사인법칙

## 14

$\angle BAC=\theta\left(0<\theta<\frac{\pi}{2}\right)$로 놓자.

삼각형 ABC의 넓이가 $5\sqrt{2}$이므로

$\frac{1}{2}\times3\times5\times\sin\theta=5\sqrt{2}$

$\sin\theta=\frac{2\sqrt{2}}{3}$에서 $\cos\theta=\sqrt{1-\left(\frac{2\sqrt{2}}{3}\right)^2}=\frac{1}{3}$

코사인법칙에 의하여

$\overline{BC}^2=3^2+5^2-2\times3\times5\times\cos\theta=34-30\times\frac{1}{3}=24$

$\overline{BC}=\sqrt{24}=2\sqrt{6}$

삼각형 ABC의 외접원의 반지름의 길이를 $R$라 하면 사인법칙에 의하여 $2R=\frac{\overline{BC}}{\sin\theta}=\frac{2\sqrt{6}}{\frac{2\sqrt{2}}{3}}=3\sqrt{3}$

따라서 $R=\frac{3\sqrt{3}}{2}$

답 ①

## 15

$\cos^2 A=1-\sin^2 A$이므로

$4\cos^2 A-5\sin A+2=0$에서

$4(1-\sin^2 A)-5\sin A+2=0$

$4\sin^2 A+5\sin A-6=0$

$(4\sin A-3)(\sin A+2)=0$

$-1\le\sin A\le1$이므로 $\sin A=\frac{3}{4}$

$\overline{BC}=3$이므로 삼각형 ABC의 외접원의 반지름의 길이를 $R$라 하면

사인법칙에 의하여 $\frac{\overline{BC}}{\sin A}=2R$

따라서 $R=\frac{3}{2\times\frac{3}{4}}=2$

답 ②

경찰대학·사관학교 기출 문제

## 16

$\overline{AB}=2$, $\overline{AG}=\sqrt{5}$, $\angle BAG=\frac{\pi}{2}$이므로

피타고라스 정리에 의하여 $\overline{BG}=3$

$\cos(\angle GBA)=\frac{2}{3}$

삼각형 BGH가 정삼각형이므로 $\overline{BH}=3$

$\overline{BC}=2$이고

$\angle CBH=2\pi-\frac{2}{3}\pi-\frac{1}{3}\pi-\angle GBA=\pi-\angle GBA$

따라서 코사인법칙에 의하여

$\overline{CH}=\sqrt{2^2+3^2-2\times2\times3\times\cos(\angle CBH)}$

$=\sqrt{13-12\cos(\pi-\angle GBA)}$

$=\sqrt{13+12\cos(\angle GBA)}$

$=\sqrt{13+12\times\frac{2}{3}}=\sqrt{21}$

답 ②

## 17

삼각형 ABC의 외접원의 반지름의 길이가 3이므로 사인법칙에 의하여

$\frac{a}{\sin A}=\frac{b}{\sin B}=\frac{c}{\sin C}=6$

$\sin A=\frac{a}{6}$, $\sin B=\frac{b}{6}$, $\sin C=\frac{c}{6}$

조건 (가)에서

$(1-\sin^2 A)+(1-\sin^2 B)-(1-\sin^2 C)=1$

$\sin^2 A+\sin^2 B=\sin^2 C$

즉, $\left(\frac{a}{6}\right)^2+\left(\frac{b}{6}\right)^2=\left(\frac{c}{6}\right)^2$에서

$a^2+b^2=c^2$

따라서 삼각형 ABC는 $\angle C=90°$인 직각삼각형이므로 선분 AB의 길이, 즉 $c$의 값은 외접원의 지름의 길이와 같다.

즉, $a^2+b^2=6^2=36$ …… ㉠

$\cos A=\frac{b}{6}$, $\cos B=\frac{a}{6}$, $\cos C=0$

이므로 조건 (나)에서

$2\sqrt{2}\times\frac{b}{6}+2\times\frac{a}{6}+0=2\sqrt{3}$

$a+\sqrt{2}b=6\sqrt{3}$ …… ㉡

㉠, ㉡을 연립하면

$(6\sqrt{3}-\sqrt{2}b)^2+b^2=36$, $3b^2-12\sqrt{6}b+72=0$

$b^2-4\sqrt{6}b+24=0$, $(b-2\sqrt{6})^2=0$

즉, $b=2\sqrt{6}$, $a=2\sqrt{3}$이므로 삼각형 ABC의 넓이는

$\frac{1}{2}\times a\times b=\frac{1}{2}\times2\sqrt{3}\times2\sqrt{6}=6\sqrt{2}$

답 ③

## 18

삼각형 ABC에서 사인법칙에 의하여

$\frac{\overline{BC}}{\sin A}=\frac{\overline{AB}}{\sin C}$

이므로

$\frac{\sin C}{\sin A}=\frac{\overline{AB}}{\overline{BC}}$

한편, $2\sin(\angle ABD)=5\sin(\angle DBC)$에서

$\sin(\angle ABD)=\frac{5}{2}\sin(\angle DBC)$이다.

점 D는 선분 AC를 5 : 3로 내분하는 점이므로 삼각형 ABD의 넓이를 $S_1$, 삼각형 DBC의 넓이를 $S_2$라 하면

$S_1:S_2=5:3$이고

$S_1=\frac{1}{2}\times\overline{AB}\times\overline{BD}\times\sin(\angle ABD)$

$S_2=\frac{1}{2}\times\overline{BC}\times\overline{BD}\times\sin(\angle DBC)$에서

$3\times\frac{1}{2}\times\overline{AB}\times\overline{BD}\times\sin(\angle ABD)$

$=5\times\frac{1}{2}\times\overline{BC}\times\overline{BD}\times\sin(\angle DBC)$

$\overline{AB}\times\sin(\angle ABD)=\frac{5}{3}\times\overline{BC}\times\sin(\angle DBC)$

$\overline{AB}\times\frac{5}{2}\sin(\angle DBC)=\frac{5}{3}\times\overline{BC}\times\sin(\angle DBC)$

$\frac{\overline{AB}}{\overline{BC}}=\frac{2}{3}$

따라서 $\frac{\sin C}{\sin A}=\frac{\overline{AB}}{\overline{BC}}=\frac{2}{3}$

답 ③

## 19

삼각형 ABC에서 $\overline{BC}=a$, $\overline{AC}=b$, $\overline{AB}=c$라 하면

$A=\frac{2\pi}{3}$, $c=6$이고, $b+a=24$

이므로 코사인법칙에 의하여

$a^2=b^2+c^2-2bc\cos A$

$a^2=(24-a)^2+6^2-2\times(24-a)\times6\times\left(-\frac{1}{2}\right)$

$54a=756$

즉, $a=14$이고 $b=24-14=10$

따라서

$\cos B=\frac{c^2+a^2-b^2}{2ca}$

$=\frac{6^2+14^2-10^2}{2\times6\times14}$

$=\frac{11}{14}$

답 ④

## 20

원의 중심을 O라 하고, 반지름의 길이를 $R$라 하자.

호 AB, 호 BC, 호 CA의 길이가 각각 3, 4, 5이므로 원의 둘레의 길이는

$3+4+5=12$

이고,

$2\pi R=12$에서 $R=\dfrac{6}{\pi}$ …… ㉠

호 AB, 호 BC, 호 CA의 중심각의 크기는 각각 $2C$, $2A$, $2B$이고 부채꼴의 호의 길이는 중심각의 크기에 비례하므로

$2C : 2A : 2B=3 : 4 : 5$

즉, $A : B : C=4 : 5 : 3$

$A+B+C=\pi$에서

$A=\dfrac{4}{12}\pi=\dfrac{\pi}{3}$, $B=\dfrac{5}{12}\pi$, $C=\dfrac{3}{12}\pi=\dfrac{\pi}{4}$

사인법칙에 의하여

$$\frac{\overline{BC}}{\sin A}=\frac{\overline{CA}}{\sin B}=\frac{\overline{AB}}{\sin C}=2R$$

이므로 ㉠에 의하여

$$\overline{AB}=2R\times\sin C=2\times\frac{6}{\pi}\times\sin\frac{\pi}{4}=\frac{6\sqrt{2}}{\pi}$$

$$\overline{BC}=2R\times\sin A=2\times\frac{6}{\pi}\times\sin\frac{\pi}{3}=\frac{6\sqrt{3}}{\pi}$$

오른쪽 그림과 같이 삼각형 ABC의 한 꼭짓점 B에서 선분 CA에 내린 수선의 발을 H라 하면

$$\overline{CH}=\overline{BH}=\overline{BC}\sin\frac{\pi}{4}=\frac{6\sqrt{3}}{\pi}\times\frac{\sqrt{2}}{2}=\frac{3\sqrt{6}}{\pi}$$

$$\overline{HA}=\overline{AB}\cos\frac{\pi}{3}=\frac{6\sqrt{2}}{\pi}\times\frac{1}{2}=\frac{3\sqrt{2}}{\pi}$$

따라서 삼각형 ABC의 넓이 $S$는

$$S=\frac{1}{2}\times\overline{CA}\times\overline{BH}=\frac{1}{2}\times\left(\frac{3\sqrt{6}}{\pi}+\frac{3\sqrt{2}}{\pi}\right)\times\frac{3\sqrt{6}}{\pi}=\frac{9(3+\sqrt{3})}{\pi^2}$$

따라서

$$\frac{\pi^2 S}{9}=\frac{\pi^2}{9}\times\frac{9(3+\sqrt{3})}{\pi^2}=3+\sqrt{3}$$

답 ⑤

## 21

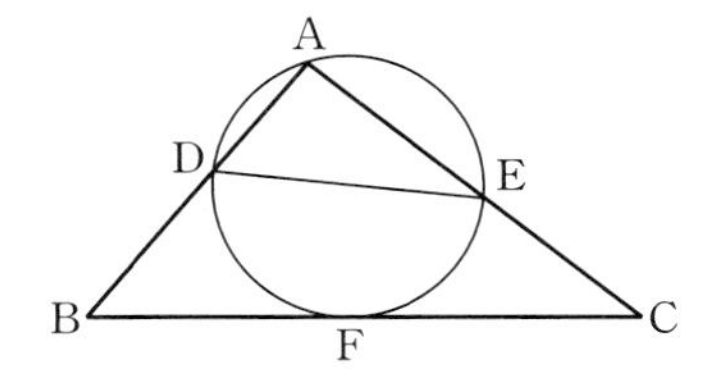


$\angle BAC=\theta$로 놓으면 $\overline{AB}=5$, $\overline{BC}=7$, $\overline{AC}=6$이므로 코사인법칙에 의하여

$$\cos\theta=\frac{5^2+6^2-7^2}{2\times5\times6}=\frac{1}{5}$$

$$\sin\theta=\sqrt{1-\left(\frac{1}{5}\right)^2}=\frac{2\sqrt{6}}{5}$$

이때 원에 내접하는 삼각형 ADE의 외접원의 반지름의 길이를 $R$라 하면 사인법칙에 의하여

$$\frac{\overline{DE}}{\sin\theta}=2R$$

$$\overline{DE}=2R\sin\theta=\frac{4\sqrt{6}R}{5}$$

점 A에서 선분 BC에 내린 수선의 길이를 $h$라 하면 삼각형 ABC의 넓이에서

$$\frac{1}{2}\times7\times h=\frac{1}{2}\times5\times6\times\sin\theta$$

$$\frac{1}{2}\times7\times h=\frac{1}{2}\times5\times6\times\frac{2\sqrt{6}}{5}$$

$$h=\frac{12\sqrt{6}}{7}$$

이때 $h\le 2R$에서 $R\ge\dfrac{6\sqrt{6}}{7}$

따라서

$$\overline{DE}=\frac{4\sqrt{6}R}{5}\ge\frac{144}{35}$$

즉, 선분 DE의 길이의 최솟값은 $\dfrac{144}{35}$이다.

답 ⑤

## 22

삼각형 ADB에서 사인법칙에 의하여

$$\frac{\overline{BD}}{\sin A}=\boxed{2r}$$

이므로 $\overline{BD}$가 최대이려면 직선 AD가 원 $C_2$와 점 C에서 접해야 한다.

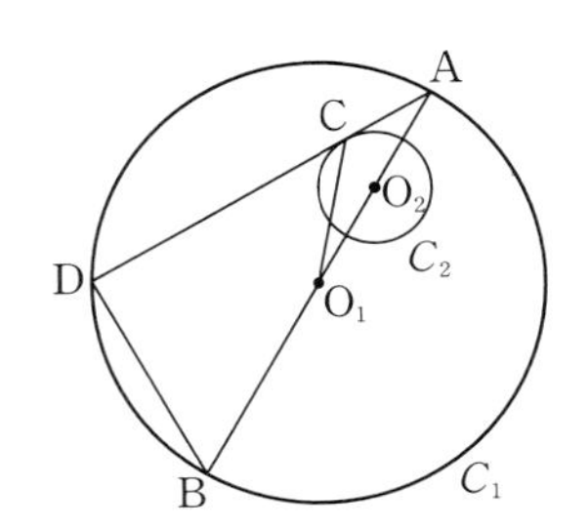

이때 직각삼각형 $ACO_2$에서 $\sin A=\dfrac{1}{\overline{AO_2}}$이므로

$\overline{BD}=\dfrac{1}{\overline{AO_2}}\times\boxed{2r}$

이다.

그러므로 직선 AD가 원 $C_2$와 점 C에서 접하고 $\overline{AO_2}$가 최소일 때 $\overline{BD}$는 최대이다.

$\overline{AO_2}$의 최솟값은 $\boxed{r-2}$, $\overline{CO_2}=1$,

$\overline{AC}=\sqrt{\overline{AO_2}^2-\overline{CO_2}^2}=\sqrt{(r-2)^2-1^2}=\sqrt{r^2-4r+3}$이고

$\cos A=\dfrac{\overline{AC}}{\overline{AO_2}}=\dfrac{\sqrt{r^2-4r+3}}{r-2}$

이므로 삼각형 $ACO_1$에서 코사인법칙에 의하여

$\overline{O_1C}^2$

$=\overline{AC}^2+\overline{AO_1}^2-2\times\overline{AC}\times\overline{AO_1}\times\cos A$

$=(r^2-4r+3)+r^2-2\times\sqrt{r^2-4r+3}\times r\times\dfrac{\sqrt{r^2-4r+3}}{r-2}$

$=\boxed{\dfrac{5r-6}{r-2}}$

이다.

$f(r)=2r$, $g(r)=r-2$, $h(r)=\dfrac{5r-6}{r-2}$이므로

$f(4)\times g(5)\times h(6)=8\times3\times\dfrac{24}{4}=144$

답 ④

## 23

삼각형 ABC의 외접원의 반지름의 길이를 $R$라 하면 사인법칙에 의하여

$\dfrac{\overline{BC}}{\sin\theta}=2R$

세 점 B, O, C를 지나는 원의 반지름의 길이를 $r$라 하자. 선분 O′O는 선분 BC를 수직이등분하므로 이 두 선분의 교점을 M이라 하면

$\overline{O'M}=r-\overline{OM}=r-|R\cos\theta|$

이때 $\cos\theta<0$이므로

$\overline{O'M}=r+R\cos\theta$

직각삼각형 O′BM에서

$\overline{O'B}^2=\overline{BM}^2+\overline{O'M}^2$

$r^2=(R\sin\theta)^2+(r+R\cos\theta)^2$

$R^2=-2Rr\cos\theta$

$R=\boxed{-2\cos\theta}\times r$

즉, $\overline{O'M}=r-2r\cos^2\theta$

이므로

$\sin(\angle O'BM)=\dfrac{\overline{O'M}}{\overline{O'B}}=\boxed{1-2\cos^2\theta}$

따라서 삼각형 ABC에서 사인법칙에 의하여

$\dfrac{\overline{BC}}{\sin\theta}=\dfrac{\overline{AC}}{\sin(\angle ABC)}$

$\dfrac{\overline{BC}}{\overline{AC}}=\dfrac{\sin\theta}{\sin(\angle ABC)}=\boxed{\dfrac{\sin\theta}{1-2\cos^2\theta}}$

따라서

$f(\theta)=-2\cos\theta$, $g(\theta)=1-2\cos^2\theta$, $h(\theta)=\dfrac{\sin\theta}{1-2\cos^2\theta}$

이고 $\cos\alpha=-\dfrac{3}{5}$, $\cos\beta=-\dfrac{\sqrt{10}}{5}$이므로

$f(\alpha)=-2\times\left(-\dfrac{3}{5}\right)=\dfrac{6}{5}$

$g(\beta)=1-2\times\left(-\dfrac{\sqrt{10}}{5}\right)^2=\dfrac{1}{5}$

$h\left(\dfrac{2}{3}\pi\right)=\dfrac{\sin\frac{2}{3}\pi}{1-2\cos^2\frac{2}{3}\pi}=\dfrac{\frac{\sqrt{3}}{2}}{1-2\times\left(\frac{1}{2}\right)^2}=\sqrt{3}$

따라서

$f(\alpha)+g(\beta)+\left\{h\left(\dfrac{2}{3}\pi\right)\right\}^2=\dfrac{6}{5}+\dfrac{1}{5}+(\sqrt{3})^2=\dfrac{22}{5}$

이므로 $p=5$, $q=22$이고

$p+q=27$

답 27

# III 수열

본문 105~112쪽

| | | | | |
|---|---|---|---|---|
| 01 ④ | 02 10 | 03 35 | 04 ④ | 05 ④ |
| 06 ⑤ | 07 ② | 08 ② | 09 146 | 10 282 |
| 11 118 | 12 184 | 13 ④ | 14 ④ | 15 ③ |
| 16 ② | 17 ⑤ | 18 395 | 19 ⑤ | 20 ② |
| 21 ⑤ | 22 ① | 23 3 | 24 ① | 25 64 |
| 26 ⑤ | 27 ① | 28 ④ | 29 ⑤ | 30 ① |
| 31 ② | 32 217 | 33 ② | | |

## 유형 1 등차수열의 일반항과 합

### 01

유리수 $r$는 $1<\frac{(\text{홀수})}{7}<9$ 꼴이므로

분자의 합은 9 이상 61 이하의 홀수 중 7의 홀수 배를 제외하면 된다. 즉,

$\frac{9+11+13+\cdots+61}{7}-\frac{7(3+5+7)}{7}$

$=\frac{1}{7}\times\frac{27(9+61)}{2}-15=120$

답 ④

### 02

조건 (가)에서 등차수열의 합의 공식에 의하여 $(m+2)$개의 수의 합은

$\frac{(m+2)(a+b)}{2}=a+b+\sum_{k=1}^{m}\log_2 c_k$

이때 $a+b=1$이므로

$\frac{m+2}{2}=1+\sum_{k=1}^{m}\log_2 c_k$, 즉 $m=2\sum_{k=1}^{m}\log_2 c_k$

로그의 성질에 의하여

$\sum_{k=1}^{m}\log_2 c_k=\log_2(c_1\times c_2\times c_3\times\cdots\times c_m)$

이고 조건 (나)에서

$c_1\times c_2\times\cdots\times c_m=32$이므로

$m=2\log_2 32=2\log_2 2^5=10$

답 10

### 03

등차수열 $\{a_n\}$의 첫째항을 $a$, 공차를 $d$라 하자.

$a_l+a_m=1$이 되도록 하는 두 자연수 $l$, $m$ $(l<m)$의 모든 순서쌍 $(l, m)$의 개수가 6이기 위해서는

$a_1+a_{12}=1$이거나 $a_1+a_{13}=1$이어야 한다.

$a_1+a_{12}=1$이면

$a_1+a_{12}=a_2+a_{11}=\cdots=a_6+a_7=1$

이므로 조건 (가)를 만족시키지 않는다.

즉, $a_1+a_{13}=1$

$a_1+a_{13}=2a+12d=1$ ······ ㉠

$a_6+a_7=2a+11d=-\frac{1}{2}$ ······ ㉡

㉠과 ㉡을 연립하면

$a=-\frac{17}{2}$, $d=\frac{3}{2}$이므로

$a_n=\frac{3}{2}n-10$

$S$는 등차수열 $\{a_n\}$의 첫째항부터 제14항까지의 합이므로

$2S=2\times\frac{14\times\left\{2\times\left(-\frac{17}{2}\right)+13\times\frac{3}{2}\right\}}{2}=35$

답 35

## 유형 2 등비수열의 일반항과 합

### 04

등비수열 $\{a_n\}$의 공비를 $r$라 하면 $\frac{a_4+a_5}{a_2+a_3}=4$에서

$\frac{a_1r^3+a_1r^4}{a_1r+a_1r^2}=\frac{a_1r^3(1+r)}{a_1r(1+r)}=r^2=4$

따라서 $a_9=a_3r^6=1\times4^3=64$

답 ④

### 05

등비수열 $\{a_n\}$의 첫째항을 $a$, 공비를 $r$라 하면

$a_2=ar=4$이고

$\frac{(a_3)^2}{a_1\times a_7}=\frac{(ar^2)^2}{a\times ar^6}=\frac{a^2\times r^4}{a^2\times r^6}=\frac{1}{r^2}=2$

따라서 $a_4=ar^3=ar\times r^2=4\times\frac{1}{2}=2$

답 ④

### 06

등비수열 $\{a_n\}$의 첫째항을 $a$, 공비를 $r$라 하면 $r>0$이다.

$r=1$이면 조건을 만족시키지 않으므로 $r\neq1$

$S_6=21S_2$이므로

$\frac{a(r^6-1)}{r-1}=21\times\frac{a(r^2-1)}{r-1}$

$r^6-1=(r^2-1)(r^4+r^2+1)$이므로

$(r^2-1)(r^4+r^2+1)=21\times(r^2-1)$

$r^4+r^2+1=21$

$r^4+r^2-20=0$

$(r^2-4)(r^2+5)=0$, $r=2$

따라서

$a_6-a_2=ar^5-ar=ar(r^4-1)=30a=15$

즉, $a=\frac{1}{2}$이므로 $a_n=2^{n-2}$

따라서 $a_3=2$

답 ⑤

## 07

등비수열 $\{a_n\}$의 첫째항과 공비를 각각 $a$, $r$라 하면

$a>0$, $r>0$

$a_1=2a_4$에서 $a=2ar^3$, $r^3=2^{-1}$

$r=2^{-\frac{1}{3}}$ …… ㉠

$a_3^{\log_2 3}=27$에서 $3^{\log_2 a_3}=3^3$

$\log_2 a_3=3$, $a_3=2^3=8$

즉, $a_3=ar^2=8$이고 ㉠에 의하여

$a=\frac{8}{r^2}=\frac{2^3}{2^{-\frac{2}{3}}}=2^{\frac{11}{3}}$ …… ㉡

㉠, ㉡에서

$a_n=ar^{n-1}=2^{\frac{11}{3}}\times\left(2^{-\frac{1}{3}}\right)^{n-1}$

$=2^{\frac{11}{3}}\times2^{\frac{1-n}{3}}$

$=2^{\frac{12-n}{3}}$

$\log_4 a_n-\log_2\frac{1}{a_n}=\frac{1}{2}\log_2 a_n+\log_2 a_n$

$=\frac{3}{2}\log_2 a_n$

$=\frac{3}{2}\log_2 2^{\frac{12-n}{3}}$

$=\frac{3}{2}\times\frac{12-n}{3}$

$=\frac{12-n}{2}$ ……㉢

이때 $n$은 자연수이므로 ㉢의 값이 자연수이려면

$n=2, 4, 6, 8, 10$

따라서 집합 $\left\{n\,\middle|\,\log_4 a_n-\log_2\frac{1}{a_n}\text{은 자연수}\right\}$의 모든 원소의 개수는 5이다.

답 ②

## 08

$b_n=\frac{a_{n+1}}{a_n}$로 놓으면 $a_n>0$이고, 조건 (나)에서

$0<b_n=\frac{a_{n+1}}{a_n}<\frac{7}{5}\ (n\ge1)$ …… ㉠

조건 (다)에서

$2\sin^2 b_n-5\sin\left(\frac{\pi}{2}+b_n\right)+1=0$

$2(1-\cos^2 b_n)-5\cos b_n+1=0$

$2\cos^2 b_n+5\cos b_n-3=0$

$(2\cos b_n-1)(\cos b_n+3)=0$

이때 $\cos b_n+3>0$이므로

$\cos b_n=\frac{1}{2}$

㉠에 의하여 $b_n=\frac{\pi}{3}$

즉, $\frac{a_{n+1}}{a_n}=\frac{\pi}{3}$에서 수열 $\{a_n\}$은 공비가 $\frac{\pi}{3}$인 등비수열이다.

조건 (가)에서 $a_2=a_1\times\frac{\pi}{3}=\pi$이므로

$a_1=3$

따라서 $a_n=3\left(\frac{\pi}{3}\right)^{n-1}$이므로

$\frac{(a_4)^5}{(a_6)^3}=\frac{\left\{3\left(\frac{\pi}{3}\right)^3\right\}^5}{\left\{3\left(\frac{\pi}{3}\right)^5\right\}^3}=\frac{3^5}{3^3}=9$

답 ②

## 유형 3 수열의 합과 일반항의 관계

## 09

$S_n=\sum_{k=1}^{n}\frac{a_k}{2k-1}$로 놓으면

$S_n=2^n$

$S_1=\frac{a_1}{2-1}=2$에서 $a_1=2$

$n\ge2$일 때,

$S_n-S_{n-1}=\frac{a_n}{2n-1}=2^n-2^{n-1}=2^{n-1}$

$a_n=2^{n-1}(2n-1)$

따라서

$a_1+a_5=2+2^4\times(2\times5-1)=146$

답 146

## 10

$S_n - S_{n-1} = a_n$에서

$a_n = n^2 + cn - (n-1)^2 - c(n-1) = 2n + c - 1\ (n \ge 2)$이고

$a_1 = c+1$이므로 $a_n = 2n + c - 1\ (n \ge 1)$

(i) $a_1$이 3으로 나누어 떨어지는 경우

$\{a_n\}$ : $(a_1, b_1, b_2)$, $(a_4, b_3, b_4)$, $(a_7, b_5, b_6)$, $\cdots$, $(a_{28}, b_{19}, b_{20})$

따라서

$b_{20} = a_{30} = 2 \times 30 + c - 1 = 59 + c = 199$

그러므로 $c = 140$, $a_1 = c + 1 = 141$

이때 $a_1$이 3으로 나누어 떨어지므로 $c = 140$ …… ㉠

(ii) $a_1$을 3으로 나눈 나머지가 1인 경우

$\{a_n\}$ : $(b_1, a_2, b_2)$, $(b_3, a_5, b_4)$, $(b_5, a_8, b_6)$, $\cdots$, $(b_{19}, a_{29}, b_{20})$

따라서

$b_{20} = a_{30} = 2 \times 30 + c - 1 = 59 + c = 199$

그러므로 $c = 140$, $a_1 = c + 1 = 141$

이때 $a_1$을 3으로 나눈 나머지가 1이 아니므로 성립하지 않는다. …… ㉡

(iii) $a_1$을 3으로 나눈 나머지가 2인 경우

$\{a_n\}$ : $(b_1, b_2, a_3)$, $(b_3, b_4, a_6)$, $(b_5, b_6, a_9)$, $\cdots$, $(b_{19}, b_{20}, a_{30})$

따라서

$b_{20} = a_{29} = 2 \times 29 + c - 1 = 57 + c = 199$

그러므로 $c = 142$, $a_1 = c + 1 = 143$

이때 $a_1$을 3으로 나눈 나머지가 2이므로

$c = 142$ …… ㉢

㉠, ㉡, ㉢에서 구하는 모든 $c$의 값의 합은

$140 + 142 = 282$

답 282

## 11

$n(n+1)b_n = \sum_{k=1}^{n}(n-k+1)a_k$ …… ㉠

수열 $\{b_n\}$은 공차가 2인 등차수열이므로

$b_n = b_1 + 2(n-1)$

$n \ge 2$일 때 ㉠에서

$n(n+1)b_n - (n-1)nb_{n-1}$

$= \sum_{k=1}^{n}(n-k+1)a_k - \sum_{k=1}^{n-1}(n-k)a_k$

$2nb_n + n(n-1)(b_n - b_{n-1})$

$= \sum_{k=1}^{n}(n-k+1)a_k - \sum_{k=1}^{n}(n-k)a_k$

$2n(2n + b_1 - 2) + 2n(n-1) = \sum_{k=1}^{n}a_k$

$6n^2 + 2(b_1 - 3)n = \sum_{k=1}^{n}a_k\ (n \ge 2)$ …… ㉡

㉡에서 $n \ge 3$일 때

$a_n = \sum_{k=1}^{n}a_k - \sum_{k=1}^{n-1}a_k$

$= 6n^2 + 2(b_1 - 3)n - \{6(n-1)^2 + 2(b_1 - 3)(n-1)\}$

$= 12n - 6 + 2(b_1 - 3)$

$= 12n + 2b_1 - 12$

$a_5 = 58$에서

$60 + 2b_1 - 12 = 58$

즉, $b_1 = 5$이므로

$a_{10} = 120 + 2 \times 5 - 12 = 118$

답 118

### 유형 4 ∑의 성질과 여러 가지 수열의 합

## 12

$\sum_{k=1}^{7}(a_k + k) = \sum_{k=1}^{7}a_k + \sum_{k=1}^{7}k = \sum_{k=1}^{7}a_k + \frac{7 \times (7+1)}{2}$

$= \sum_{k=1}^{7}a_k + 28 = 50$

즉, $\sum_{k=1}^{7}a_k = 22$

$\sum_{k=1}^{7}(a_k + 2)^2 = \sum_{k=1}^{7}(a_k^2 + 4a_k + 4)$

$= \sum_{k=1}^{7}a_k^2 + 4\sum_{k=1}^{7}a_k + \sum_{k=1}^{7}4$

$= \sum_{k=1}^{7}a_k^2 + 4 \times 22 + 4 \times 7 = \sum_{k=1}^{7}a_k^2 + 116$

$= 300$

따라서 $\sum_{k=1}^{7}a_k^2 = 184$

답 184

## 13

$\sum_{k=1}^{9}k(2k+1) = \sum_{k=1}^{9}(2k^2 + k)$

$= 2 \times \frac{9 \times 10 \times 19}{6} + \frac{9 \times 10}{2}$

$= 570 + 45 = 615$

답 ④

## 14

$\frac{1}{2}\left(a_n-\frac{2}{a_n}\right)=\sqrt{n-1}$에서

$(a_n)^2-2\sqrt{n-1}a_n-2=0$

$a_n$은 $x$에 대한 이차방정식 $x^2-2\sqrt{n-1}x-2=0$의 음의 실근이므로

$a_n=\sqrt{n-1}-\sqrt{n+1}$

따라서

$$\sum_{n=1}^{99}a_n=\sum_{n=1}^{99}(\sqrt{n-1}-\sqrt{n+1})$$
$$=(0-\sqrt{2})+(\sqrt{1}-\sqrt{3})+(\sqrt{2}-\sqrt{4})+\cdots$$
$$+(\sqrt{96}-\sqrt{98})+(\sqrt{97}-\sqrt{99})+(\sqrt{98}-\sqrt{100})$$
$$=1-\sqrt{99}-\sqrt{100}$$
$$=-9-3\sqrt{11}$$

답 ④

## 15

등차수열 $\{a_n\}$의 공차를 $d$라 하면

$$T_{10}=-a_1+a_2-a_3+\cdots+a_{10}$$
$$=(-a_1+a_2)+(-a_3+a_4)+\cdots+(-a_9+a_{10})$$
$$=5d$$

$\frac{S_{10}}{T_{10}}=6$에서

$$\frac{\frac{10(2+9d)}{2}}{5d}=\frac{2+9d}{d}=6,\ d=-\frac{2}{3}$$

따라서

$$T_{37}=-a_1+(a_2-a_3)+(a_4-a_5)+\cdots+(a_{36}-a_{37})$$
$$=-a_1-18d=-1+12=11$$

답 ③

## 16

$$a_n=\frac{\sqrt{9n^2-3n-2}+6n-1}{\sqrt{3n+1}+\sqrt{3n-2}}$$
$$=\frac{\sqrt{(3n+1)(3n-2)}+(3n+1)+(3n-2)}{\sqrt{3n+1}+\sqrt{3n-2}}$$
$$=\frac{\sqrt{(3n+1)(3n-2)}+(\sqrt{3n+1})^2+(\sqrt{3n-2})^2}{\sqrt{3n+1}+\sqrt{3n-2}}$$

$\sqrt{3n+1}=A$, $\sqrt{3n-2}=B$로 놓으면

$A^2-B^2=(3n+1)-(3n-2)=3$

이므로

$$a_n=\frac{AB+A^2+B^2}{A+B}=\frac{(A-B)(A^2+AB+B^2)}{(A-B)(A+B)}$$
$$=\frac{A^3-B^3}{A^2-B^2}=\frac{1}{3}\{\sqrt{(3n+1)^3}-\sqrt{(3n-2)^3}\}$$

따라서

$$\sum_{n=1}^{16}a_n=\frac{1}{3}\sum_{n=1}^{16}\{\sqrt{(3n+1)^3}-\sqrt{(3n-2)^3}\}$$
$$=\frac{1}{3}\{(\sqrt{4^3}-\sqrt{1^3})+(\sqrt{7^3}-\sqrt{4^3})+\cdots+(\sqrt{49^3}-\sqrt{46^3})\}$$
$$=\frac{1}{3}(7^3-1)=\frac{342}{3}=114$$

답 ②

## 17

직선 $x=n$이 직선 $y=x$와 만나는 점이 $P_n(n,\ n)$,

곡선 $y=\frac{1}{20}x\left(x+\frac{1}{3}\right)$과 만나는 점이 $Q_n\left(n,\ \frac{1}{20}n\left(n+\frac{1}{3}\right)\right)$,

$x$축과 만나는 점이 $R_n(n,\ 0)$이므로

$\overline{P_nQ_n}=n-\frac{1}{20}n\left(n+\frac{1}{3}\right)=\frac{n(59-3n)}{60}$이고

$\overline{Q_nR_n}=\frac{1}{20}n\left(n+\frac{1}{3}\right)$이다.

두 선분 $P_nQ_n$, $Q_nR_n$의 길이 중 작은 값이 $a_n$이고,

$$\overline{P_nQ_n}-\overline{Q_nR_n}=\frac{n(59-3n)}{60}-\frac{1}{20}n\left(n+\frac{1}{3}\right)$$
$$=\frac{n(29-3n)}{30}$$

이므로

$$a_n=\begin{cases}\frac{1}{20}n\left(n+\frac{1}{3}\right) & (1\le n\le 9)\\ \frac{n(59-3n)}{60} & (n\ge 10)\end{cases}$$

따라서

$$\sum_{n=1}^{10}a_n=\sum_{n=1}^{9}\frac{1}{20}n\left(n+\frac{1}{3}\right)+\sum_{n=10}^{10}\frac{n(59-3n)}{60}$$
$$=\frac{1}{20}\left(\frac{9\times10\times19}{6}+\frac{1}{3}\times\frac{9\times10}{2}\right)+\frac{10\times29}{60}$$
$$=\frac{119}{6}$$

답 ⑤

## 18

$\overline{OA_n}=\overline{OB_n}=\sqrt{n^4+n^2}$이므로 $B_n(n,\ -n^2)$

직선 $OA_n$의 기울기는 $\frac{1}{n}$, 직선 $OB_n$의 기울기는 $-n$이고

두 직선의 기울기의 곱이 $-1$이므로 수직으로 만난다.

따라서 $S_n=\frac{1}{2}\times\sqrt{n^4+n^2}\times\sqrt{n^4+n^2}=\frac{n^4+n^2}{2}$이므로

$$\sum_{n=1}^{10}\frac{2S_n}{n^2}=\sum_{n=1}^{10}\frac{2\times\frac{n^4+n^2}{2}}{n^2}=\sum_{n=1}^{10}(n^2+1)$$
$$=\frac{10\times11\times21}{6}+10=395$$

답 395

## 19

$\log_a b \le 2$에서 $b \le a^2$

$a$, $b$는 자연수이고 $2 \le a \le k$이므로

조건을 만족시키는 순서쌍 $(a, b)$의 개수는 다음과 같다.

$a=2$일 때, $b \le 2^2$이므로

순서쌍 $(a, b)$의 개수는 $2^2$

$a=3$일 때, $b \le 3^2$이므로

순서쌍 $(a, b)$의 개수는 $3^2$

⋮

$a=k$일 때, $b \le k^2$이므로

순서쌍 $(a, b)$의 개수는 $k^2$

따라서 조건을 만족시키는 모든 순서쌍 $(a, b)$의 개수는

$\sum_{n=2}^{k} n^2 = \sum_{n=1}^{k} n^2 - 1^2 = \frac{k(k+1)(2k+1)}{6} - 1$

$\frac{k(k+1)(2k+1)}{6} - 1 = 54$에서

$k(k+1)(2k+1) = 55 \times 6 = 330$

$2k^3 + 3k^2 + k - 330 = 0$

$(k-5)(2k^2+13k+66) = 0$

$k>0$일 때 $2k^2+13k+66>0$이므로

$k=5$

조건을 만족시키는 순서쌍 $(a, b)$ 중 $a+b$의 값이 가장 큰 것은 $(5, 5^2)$이므로

$a+b+k$의 최댓값은

$5+5^2+5=35$

답 ⑤

## 20

함수 $y=2^x-\sqrt{2}$의 그래프 위의 점 $\mathrm{P}(t, 2^t-\sqrt{2})$를 지나고 기울기가 $-1$인 직선의 방정식은

$y-(2^t-\sqrt{2}) = -(x-t)$

즉, $y=-x+t+2^t-\sqrt{2}$ …… ㉠

직선 ㉠이 $x$축과 만나는 점 Q의 좌표는 $(t+2^t-\sqrt{2}, 0)$

$\overline{\mathrm{PQ}}=n$에서

$\sqrt{(2^t-\sqrt{2})^2+(2^t-\sqrt{2})^2} = \sqrt{2}|2^t-\sqrt{2}| = n$

이때 점 P는 제1사분면의 점이므로

$2^t-\sqrt{2}>0$, 즉 $t>\frac{1}{2}$

따라서 $\sqrt{2}(2^t-\sqrt{2})=n$에서 $2^t=\frac{n+2}{\sqrt{2}}$

$t=\log_2 \frac{n+2}{\sqrt{2}} = \log_2(n+2)-\frac{1}{2}$

$a_n=\log_2(n+2)-\frac{1}{2}$이므로

$\sum_{n=1}^{6} a_n = \sum_{n=1}^{6} \left\{\log_2(n+2)-\frac{1}{2}\right\}$

$=\log_2(3\times4\times5\times6\times7\times8)-3$

$=\log_2 2520$

이때 $\log_2 2^{11} < \log_2 2520 < \log_2 2^{12}$이므로

$11 < \sum_{n=1}^{6} a_n < 12$

따라서 $\sum_{n=1}^{6} a_n$의 정수 부분은 11이다.

답 ②

## 21

함수 $y=n\sin(n\pi x)$의 주기는 $\frac{2\pi}{n\pi}=\frac{2}{n}$

이때 $-n \le n\sin(n\pi x) \le n$이므로 자연수 $k$에 대하여

$\frac{2(k-1)}{n} \le x < \frac{2k}{n}$

일 때, 곡선 $y=n\sin(n\pi x)$ 위의 점 중 $y$좌표가 자연수인 점의 개수는

$2(n-1)+1=2n-1$

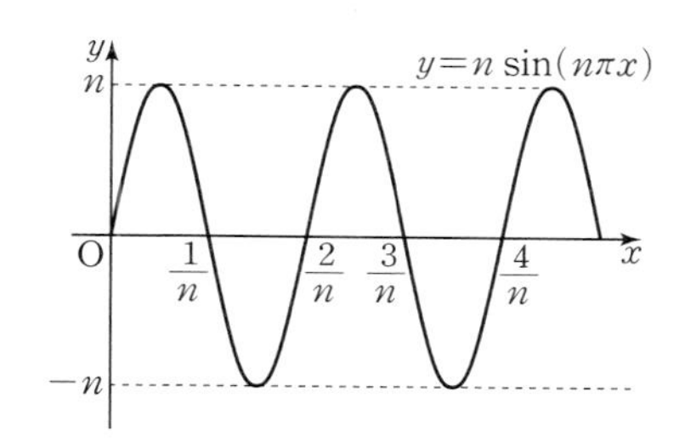


위의 그림에서

$a_1=2\times1-1$, $a_2=2\times2-1$

$a_3=2(2\times3-1)$, $a_4=2(2\times4-1)$

$a_5=3(2\times5-1)$, $a_6=3(2\times6-1)$

$a_7=4(2\times7-1)$, $a_8=4(2\times8-1)$

$a_9=5(2\times9-1)$, $a_{10}=5(2\times10-1)$

따라서

$\sum_{n=1}^{10} a_n = \sum_{n=1}^{5} n(4n-3) + \sum_{n=1}^{5} n(4n-1) = \sum_{n=1}^{5}(8n^2-4n)$

$=8\times\frac{5\times6\times11}{6} - 4\times\frac{5\times6}{2} = 380$

답 ⑤

## 22

조건 (가), (나)에 의하여 점 $(a, b)$가 집합 $X_n$의 원소이려면 중심이 $(a, b)$이고 반지름의 길이가 $\frac{1}{2^n}$인 원 위의 모든 점이 정사각형 ABCD의 둘레 또는 내부에 있고 이 원이 정사각형 ABCD의 어느 한 변에 접해야 한다.

경찰대학·사관학교 기출 문제

따라서 $a=\frac{1}{2^n}$ 또는 $b=\frac{1}{2^n}$

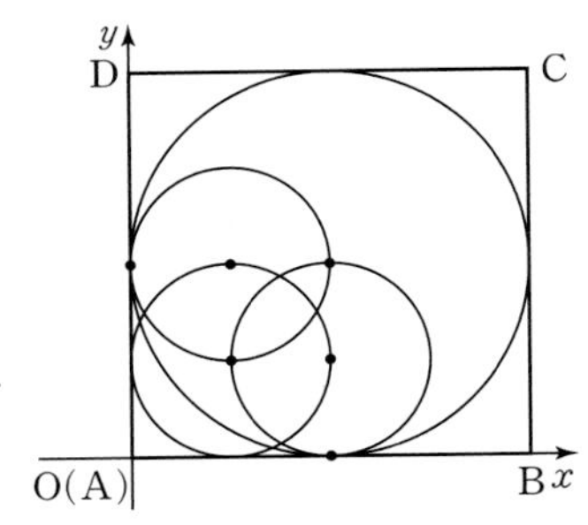


조건 (다)에서 두 수 $a$, $b$는 $\frac{1}{2^l}$ ($l$은 자연수) 꼴이므로 위의 그림에서

$X_1=\left\{\left(\frac{1}{2}, \frac{1}{2}\right)\right\}$, $X_2=\left\{\left(\frac{1}{2}, \frac{1}{4}\right), \left(\frac{1}{4}, \frac{1}{4}\right), \left(\frac{1}{4}, \frac{1}{2}\right)\right\}$

따라서 $a_1=1$, $a_2=3$

마찬가지의 방법으로 집합 $X_n$을 구하면

$$X_n=\left\{\left(\frac{1}{2}, \frac{1}{2^n}\right), \left(\frac{1}{2^2}, \frac{1}{2^n}\right), \left(\frac{1}{2^3}, \frac{1}{2^n}\right), \cdots, \left(\frac{1}{2^n}, \frac{1}{2^n}\right), \left(\frac{1}{2^n}, \frac{1}{2^{n-1}}\right), \cdots, \left(\frac{1}{2^n}, \frac{1}{2}\right)\right\}$$

이므로

$a_n=n+(n-1)=2n-1$

따라서

$$\sum_{n=1}^{10} a_n=\sum_{n=1}^{10}(2n-1)=2\times\frac{10\times 11}{2}-10=100$$

답 ①

# 23

$\sum_{i=1}^{5} x_i=(-2)+(-1)+0+1+2=0$

$\sum_{i=1}^{5} x_i^2=(-2)^2+(-1)^2+0^2+1^2+2^2=10$

$\sum_{i=1}^{5} y_i=1+2+3+2+4=12$

$\sum_{i=1}^{5} y_i^2=1^2+2^2+3^2+2^2+4^2=34$

$\sum_{i=1}^{5} x_i y_i=(-2)+(-2)+0+2+8=6$

이므로

$\sum_{i=1}^{5}(ax_i+b-y_i)^2$

$=a^2\sum_{i=1}^{5} x_i^2+\sum_{i=1}^{5} b^2+\sum_{i=1}^{5} y_i^2+2ab\sum_{i=1}^{5} x_i-2b\sum_{i=1}^{5} y_i-2a\sum_{i=1}^{5} x_i y_i$

$=10a^2+5b^2+34-24b-12a$

$=10\left(a-\frac{3}{5}\right)^2+5\left(b-\frac{12}{5}\right)^2+34-\frac{18}{5}-\frac{144}{5}$

$=10\left(a-\frac{3}{5}\right)^2+5\left(b-\frac{12}{5}\right)^2+\frac{8}{5}$ …… ㉠

㉠은 $a=\frac{3}{5}$, $b=\frac{12}{5}$일 때 최솟값을 가지므로

$a+b=\frac{15}{5}=3$

답 3

# 24

$y=\log_{\frac{1}{2}}(2x-m)=-\log_2(2x-m)$

함수 $y=\log_{\frac{1}{2}}(2x-m)$의 그래프의 점근선의 방정식은

$2x-m=0$에서 $x=\frac{m}{2}$

직선 $x=n$이 함수 $y=\log_{\frac{1}{2}}(2x-m)$의 그래프와 한 점에서 만나려면

$n>\frac{m}{2}$, 즉 $m<2n$ …… ㉠

함수 $y=2^{-x}-m=\left(\frac{1}{2}\right)^x-m$의 그래프의 점근선의 방정식은

$y=-m$

이므로 함수 $y=|2^{-x}-m|$의 그래프의 점근선의 방정식은

$y=m$

직선 $y=n$이 함수 $y=|2^{-x}-m|$의 그래프와 두 점에서 만나려면

$2\le n<m$ …… ㉡

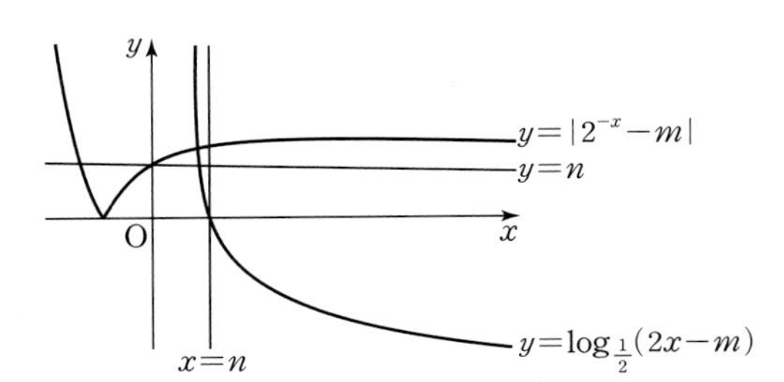


㉠, ㉡에서 $n<m<2n$ …… ㉢

부등식 ㉢을 만족시키는 모든 자연수 $m$의 값의 합 $a_n$은

$a_n=(n+1)+(n+2)+\cdots+(2n-1)$

$=\sum_{k=1}^{n-1}(n+k)$

$=n(n-1)+\frac{n(n-1)}{2}=\frac{3n(n-1)}{2}$ $(n\ge 2)$

따라서

$\sum_{n=5}^{10}\frac{1}{a_n}=\sum_{n=5}^{10}\frac{2}{3n(n-1)}$

$=\frac{2}{3}\sum_{n=5}^{10}\left(\frac{1}{n-1}-\frac{1}{n}\right)$

$=\frac{2}{3}\times\left(\frac{1}{4}-\frac{1}{10}\right)$

$=\frac{2}{3}\times\frac{3}{20}=\frac{1}{10}$

답 ①

## 유형 5 수열의 귀납적 정의

### 25

$a_1=1$, $a_2=2a_1=2$, $a_3=3a_1=3$, $a_4=2a_2=2^2$,

$a_5=3a_2=3\times2$, $a_6=2a_3=2\times3$, $a_7=3a_3=3^2$,

$a_8=2a_4=2^3$, $\cdots$

에서 $a_7=9$이므로 $a_k=73-9=64$

$a_2=2a_1=2$, $a_4=2a_2=4$, $a_8=2a_4=8$,

$a_{16}=2a_8=16$, $a_{32}=2a_{16}=32$, $a_{64}=2a_{32}=64$

이므로 $k=64$

답 64

### 26

$\sum_{k=1}^{n}a_k=a_{n-1}$에서 $a_1+a_2+a_3=a_2$

즉, $a_3=-a_1=3$

$n\ge3$에서 $\sum_{k=1}^{n}a_k=a_{n-1}$ …… ㉠

이므로 $\sum_{k=1}^{n+1}a_k=a_n$ …… ㉡

㉡$-$㉠을 하면

$a_{n+1}=a_n-a_{n-1}$ $(n\ge3)$

$n=3$일 때, $a_4=a_3-a_2$

$n=4$일 때, $a_5=a_4-a_3=-a_2$

$n=5$일 때, $a_6=a_5-a_4=-a_3$

$n=6$일 때, $a_7=a_6-a_5=-a_4=a_2-a_3$

$n=7$일 때, $a_8=a_7-a_6=-a_5=a_2$

$n=8$일 때, $a_9=a_8-a_7=-a_6=a_3$

$n=9$일 때, $a_{10}=a_9-a_8=-a_7=a_3-a_2$

따라서 $n\ge2$일 때, $a_n=a_{n+6}$이 성립하고 $a_{20}=a_2=1$

순환하는 6개 항의 합이 $a_2+a_3+a_4+a_5+a_6+a_7=0$이므로

$$\sum_{n=1}^{50}a_n=a_1+8(a_2+a_3+a_4+a_5+a_6+a_7)+a_{50}$$
$$=a_1+a_2=-3+1=-2$$

답 ⑤

### 27

조건 (가), (나)의 식을 변끼리 더하면

$a_{2n+1}+a_{2n+2}=2a_{n+1}$이므로

$$\sum_{n=1}^{16}a_n=a_1+a_2+2\sum_{n=2}^{8}a_n=3+2\sum_{n=1}^{8}a_n-2$$
$$=1+2\sum_{n=1}^{8}a_n=1+2\left(a_1+a_2+2\sum_{n=2}^{4}a_n\right)$$
$$=7+4\sum_{n=1}^{4}a_n-4=3+4\sum_{n=1}^{4}a_n$$
$$=3+4(a_1+a_2+2a_2)=31$$

답 ①

### 28

$a_n=\sum_{k=1}^{n}k=\frac{n(n+1)}{2}$에서

$$\frac{a_n}{a_n-1}=\frac{\frac{n(n+1)}{2}}{\frac{n(n+1)}{2}-1}=\frac{n(n+1)}{n(n+1)-2}=\frac{n(n+1)}{(n-1)(n+2)}$$

$$b_n=b_{n-1}\times\frac{a_n}{a_n-1}=b_{n-1}\times\frac{n(n+1)}{(n-1)(n+2)}\ (n\ge2)$$

이므로

$$b_{100}=b_{99}\times\frac{100\times101}{99\times102}$$
$$=b_{98}\times\frac{99\times100}{98\times101}\times\frac{100\times101}{99\times102}$$
$$=b_{97}\times\frac{98\times99}{97\times100}\times\frac{99\times100}{98\times101}\times\frac{100\times101}{99\times102}$$
$$\vdots$$
$$=b_1\times\frac{2\times3}{1\times4}\times\frac{3\times4}{2\times5}\times\cdots\times\frac{99\times100}{98\times101}\times\frac{100\times101}{99\times102}$$
$$=b_1\times\frac{(2\times3\times\cdots\times99\times100)\times(3\times4\times\cdots\times100\times101)}{(1\times2\times\cdots\times98\times99)\times(4\times5\times\cdots\times101\times102)}$$
$$=b_1\times\frac{100\times3}{1\times102}=\frac{50}{17}b_1$$

$b_1=1$이므로 $b_{100}=\frac{50}{17}$

답 ④

### 29

$k=0$일 때, 모든 자연수 $m$에 대하여

$a_1+2a_m=g(m)$, 즉 $g(m)=2a_m+1$

$m=1$일 때, 음이 아닌 모든 정수 $k$에 대하여

$a_{2k+1}+2a_1=g(k+1)=2a_{k+1}+1$

즉, $a_{2k+1}=2a_{k+1}-1$ …… ㉠

$m=2$일 때, 음이 아닌 모든 정수 $k$에 대하여

$a_{2k+1}+2a_2=g(k+2)=2a_{k+2}+1$

즉, $a_{2k+1}=2a_{k+2}-5$ …… ㉡

㉠, ㉡에서 음이 아닌 모든 정수 $k$에 대하여

$2a_{k+1}-1=2a_{k+2}-5$, 즉 $a_{k+2}=a_{k+1}+2$

가 성립하므로 수열 $\{a_n\}$은 첫째항이 1이고 공차가 2인 등차수열이다.

따라서 $a_n=2n-1$이므로

$$\sum_{k=1}^{10}g(k)=\sum_{k=1}^{10}(2a_k+1)=\sum_{k=1}^{10}(4k-1)$$
$$=2\times10\times11-10=210$$

답 ⑤

## 30

조건 (나)에서 양변에 $n=1$을 대입하면

$a_2=a_3\times a_1+1$ …… ㉠

$a_3=2a_1-a_2$에서 $a_2=2a_1-a_3$ …… ㉡

㉡을 ㉠에 대입하면

$2a_1-a_3=a_1a_3+1$

$a_1a_3-2a_1+a_3+1=0$

$(a_3-2)(a_1+1)+3=0$

$(2-a_3)(1+a_1)=3$ …… ㉢

㉢에서 정수 $a_1$의 값이 최소가 되려면

$(-1)\times(-3)=3$이 되는 경우이므로

$a_3=3$, $a_1=-4$

이 값을 ㉠에 대입하면 $a_2=-11$

따라서

$a_4=a_3\times a_2+1=3\times(-11)+1=-32$

이므로

$a_9=2a_4-a_2=2\times(-32)-(-11)=-53$

답 ①

## 31

자연수 $k$ $(k=1, 2, 3, \cdots, n)$에 대하여

직선 $y=\frac{x}{n}$가 두 직선 $y=-x+k$, $x=k$와 만나는 점을 각각

$\mathrm{D}_k$, $\mathrm{E}_k$라 하면

$\mathrm{D}_k\left(\frac{kn}{n+1}, \frac{k}{n+1}\right)$, $\mathrm{E}_k\left(k, \frac{k}{n}\right)$

두 삼각형 $\mathrm{D}_k\mathrm{B}_k\mathrm{E}_k$, $\mathrm{D}_n\mathrm{B}_n\mathrm{E}_n$은 닮은 도형이고 닮음비는

$\overline{\mathrm{E}_k\mathrm{B}_k} : \overline{\mathrm{E}_n\mathrm{B}_n}=\frac{k}{n} : 1=k : n$

삼각형 $\mathrm{D}_k\mathrm{B}_k\mathrm{E}_k$의 넓이를 $b_k$라 하면

$$b_k=\left(\frac{k}{n}\right)^2 b_n=\frac{k^2}{n^2}\times\frac{1}{2}\times\left(n-\frac{n^2}{n+1}\right)\times 1=\frac{k^2}{2n(n+1)}$$

따라서

$$a_{50}=\sum_{k=1}^{50} b_k$$
$$=\sum_{k=1}^{50}\frac{k^2}{2\times 50\times 51}$$
$$=\frac{1}{2\times 50\times 51}\times\frac{50\times 51\times 101}{6}=\frac{101}{12}$$

답 ②

## 32

$\log a_n+\log a_{n+1}=2n$에서

$\log a_na_{n+1}=2n$, $a_na_{n+1}=10^{2n}$

$a_1a_2=10^2$, $a_2a_3=10^4$에서

$$\frac{a_2a_3}{a_1a_2}=\frac{a_3}{a_1}=10^2$$

$a_2a_3=10^4$, $a_3a_4=10^6$에서

$$\frac{a_3a_4}{a_2a_3}=\frac{a_4}{a_2}=10^2 \quad \cdots\cdots ㉠$$

$a_1a_2=10^2=2^2\times 5^2$이므로 $a_2$는 100의 양의 약수이다.

따라서 가능한 $a_2$의 값의 합은

$(1+2^1+2^2)(1+5^1+5^2)=7\times 31=217$

㉠에서 $a_4=100a_2$이므로 집합 $Y$의 모든 원소의 합은

$100\times 217$

따라서 $p=217$

답 217

# 유형 6 수학적 귀납법

## 33

(i) $n=1$일 때,

(좌변)$=\frac{{}_2\mathrm{P}_1}{2^1}=1$이고 (우변)$=\frac{2!}{2^1}=\boxed{1}$이므로 ( * )이 성립한다.

(ii) $n=m$일 때, ( * )이 성립한다고 가정하면

$$\sum_{k=1}^{m}\frac{{}_{2k}\mathrm{P}_k}{2^k}\le\frac{(2m)!}{2^m}$$

이다. $n=m+1$일 때,

$$\sum_{k=1}^{m+1}\frac{{}_{2k}\mathrm{P}_k}{2^k}=\sum_{k=1}^{m}\frac{{}_{2k}\mathrm{P}_k}{2^k}+\frac{{}_{2m+2}\mathrm{P}_{m+1}}{2^{m+1}}$$
$$=\sum_{k=1}^{m}\frac{{}_{2k}\mathrm{P}_k}{2^k}+\frac{\boxed{(2m+2)!}}{2^{m+1}\times(m+1)!}$$
$$\le\frac{(2m)!}{2^m}+\frac{\boxed{(2m+2)!}}{2^{m+1}\times(m+1)!}$$
$$=\frac{(2m)!}{2^{m+1}}\times\left\{2+\frac{(2m+2)(2m+1)}{(m+1)!}\right\}$$
$$=\frac{\boxed{(2m+2)!}}{2^{m+1}}\times\left\{\frac{1}{\boxed{(m+1)(2m+1)}}+\frac{1}{(m+1)!}\right\}$$
$$<\frac{(2m+2)!}{2^{m+1}}$$

이다. 따라서 $n=m+1$일 때도 ( * )이 성립한다.

$p=1$, $f(m)=(2m+2)!$, $g(m)=(m+1)(2m+1)$이므로

$$p+\frac{f(2)}{g(4)}=1+\frac{6!}{5\times 9}=17$$

답 ②

# 한눈에 보는 정답

## Ⅰ 지수함수와 로그함수

### 수능 유형별 기출 문제

본문 8~31쪽

| 01 ④ | 02 ① | 03 ⑤ | 04 ③ | 05 ③ | 06 ④ |
|---|---|---|---|---|---|
| 07 ③ | 08 ⑤ | 09 ④ | 10 ① | 11 ① | 12 ⑤ |
| 13 ② | 14 ③ | 15 ⑤ | 16 ⑤ | 17 ④ | 18 ② |
| 19 ① | 20 ② | 21 ⑤ | 22 ③ | 23 ② | 24 ⑤ |
| 25 ① | 26 ② | 27 ③ | 28 17 | 29 ② | 30 ④ |
| 31 ② | 32 ③ | 33 ② | 34 ① | 35 2 | 36 2 |
| 37 ① | 38 2 | 39 2 | 40 4 | 41 3 | 42 5 |
| 43 ③ | 44 ② | 45 ④ | 46 ④ | 47 ② | 48 ② |
| 49 5 | 50 22 | 51 ② | 52 ⑤ | 53 ② | 54 426 |
| 55 4 | 56 ① | 57 ② | 58 ① | 59 ② | 60 ③ |
| 61 21 | 62 ① | 63 ② | 64 ③ | 65 ⑤ | 66 ② |
| 67 18 | 68 ④ | 69 ② | 70 ③ | 71 ⑤ | 72 ③ |
| 73 ④ | 74 ⑤ | 75 54 | 76 ⑤ | 77 ③ | 78 ⑤ |
| 79 ⑤ | 80 ⑤ | 81 ⑤ | 82 12 | 83 ④ | 84 12 |
| 85 10 | 86 6 | 87 10 | 88 6 | 89 7 | 90 2 |
| 91 ④ | 92 ④ | 93 ④ | 94 ② | 95 ⑤ | 96 ③ |
| 97 ⑤ | 98 6 | 99 ④ | 100 3 | 101 15 | 102 ② |

### 도전 1등급 문제

본문 32~35쪽

| 01 9 | 02 13 | 03 10 | 04 10 | 05 12 | 06 33 |
|---|---|---|---|---|---|
| 07 8 | 08 75 | 09 192 | 10 24 | 11 220 | 12 78 |

## Ⅱ 삼각함수

### 수능 유형별 기출 문제

본문 38~55쪽

| 01 ① | 02 ④ | 03 ① | 04 ② | 05 ② | 06 ⑤ |
|---|---|---|---|---|---|
| 07 ② | 08 ④ | 09 48 | 10 ① | 11 ⑤ | 12 ④ |
| 13 ① | 14 ② | 15 ⑤ | 16 ① | 17 32 | 18 ④ |
| 19 80 | 20 ② | 21 ③ | 22 6 | 23 ④ | 24 ④ |
| 25 ③ | 26 ③ | 27 ② | 28 ③ | 29 ③ | 30 ③ |
| 31 ④ | 32 ① | 33 ④ | 34 ④ | 35 ④ | 36 8 |
| 37 ④ | 38 ④ | 39 ② | 40 ⑤ | 41 ② | 42 ① |
| 43 ③ | 44 32 | 45 ② | 46 ② | 47 ⑤ | 48 ③ |
| 49 21 | 50 ③ | 51 ① | 52 ③ | 53 ② | 54 ① |
| 55 ③ | 56 ③ | 57 ② | 58 ① | 59 98 | 60 ④ |
| 61 ① | 62 ② | 63 ① | 64 ⑤ | 65 ② | 66 ① |

### 도전 1등급 문제

본문 56~57쪽

| 01 ② | 02 10 | 03 40 | 04 84 | 05 6 | 06 15 |
|---|---|---|---|---|---|
| 07 63 | | | | | |

# III 수열

## 수능 유형별 기출 문제

본문 60~88쪽

| | | | | | |
|---|---|---|---|---|---|
| 01 ② | 02 ① | 03 ① | 04 ④ | 05 ⑤ | 06 ⑤ |
| 07 ③ | 08 ② | 09 ③ | 10 ④ | 11 ② | 12 ④ |
| 13 ② | 14 ② | 15 ⑤ | 16 ⑤ | 17 ③ | 18 ⑤ |
| 19 7 | 20 ① | 21 ③ | 22 ④ | 23 ③ | 24 ③ |
| 25 ④ | 26 ③ | 27 ⑤ | 28 ① | 29 ② | 30 ① |
| 31 ⑤ | 32 4 | 33 ② | 34 9 | 35 36 | 36 257 |
| 37 ① | 38 678 | 39 ① | 40 12 | 41 64 | 42 ② |
| 43 ② | 44 ② | 45 ④ | 46 10 | 47 ⑤ | 48 ② |
| 49 110 | 50 22 | 51 3 | 52 ⑤ | 53 109 | 54 ⑤ |
| 55 160 | 56 13 | 57 ② | 58 ④ | 59 24 | 60 ④ |
| 61 ⑤ | 62 80 | 63 12 | 64 ① | 65 9 | 66 427 |
| 67 55 | 68 ② | 69 9 | 70 ⑤ | 71 ⑤ | 72 ③ |
| 73 ① | 74 ① | 75 ① | 76 ① | 77 91 | 78 ④ |
| 79 ③ | 80 105 | 81 9 | 82 ⑤ | 83 ① | 84 ② |
| 85 ⑤ | 86 ① | 87 ④ | 88 ⑤ | 89 ④ | 90 8 |
| 91 ④ | 92 ③ | 93 ⑤ | 94 ① | 95 ② | 96 15 |
| 97 33 | 98 ④ | 99 7 | 100 ③ | 101 ③ | 102 ① |
| 103 162 | 104 ③ | 105 ⑤ | 106 ③ | 107 70 | 108 ② |
| 109 ② | 110 ② | 111 ② | 112 162 | 113 ④ | 114 ③ |
| 115 ③ | | | | | |

## 도전 1등급 문제

본문 89~92쪽

| | | | | | |
|---|---|---|---|---|---|
| 01 ① | 02 ④ | 03 58 | 04 ④ | 05 ② | 06 ① |
| 07 142 | 08 477 | 09 19 | 10 164 | | |

# 부록 경찰대학, 사관학교 기출 문제

## I 지수함수와 로그함수

본문 94~99쪽

| | | | | |
|---|---|---|---|---|
| 01 ③ | 02 ③ | 03 ③ | 04 62 | 05 ⑤ |
| 06 ④ | 07 8 | 08 ② | 09 250 | 10 ⑤ |
| 11 ① | 12 ⑤ | 13 ③ | 14 ② | 15 ③ |
| 16 9 | 17 ② | 18 78 | 19 16 | 20 ⑤ |
| 21 ④ | 22 ② | 23 ④ | 24 12 | 25 ② |
| 26 4 | 27 ① | | | |

## II 삼각함수

본문 99~104쪽

| | | | | |
|---|---|---|---|---|
| 01 ① | 02 ① | 03 ① | 04 ④ | 05 ⑤ |
| 06 ② | 07 ⑤ | 08 12 | 09 ③ | 10 14 |
| 11 ⑤ | 12 ① | 13 29 | 14 ① | 15 ② |
| 16 ② | 17 ③ | 18 ③ | 19 ④ | 20 ⑤ |
| 21 ⑤ | 22 ④ | 23 27 | | |

## III 수열

본문 105~112쪽

| | | | | |
|---|---|---|---|---|
| 01 ④ | 02 10 | 03 35 | 04 ④ | 05 ④ |
| 06 ⑤ | 07 ② | 08 ② | 09 146 | 10 282 |
| 11 118 | 12 184 | 13 ④ | 14 ④ | 15 ③ |
| 16 ② | 17 ⑤ | 18 395 | 19 ⑤ | 20 ② |
| 21 ⑤ | 22 ① | 23 3 | 24 ① | 25 64 |
| 26 ⑤ | 27 ① | 28 ④ | 29 ⑤ | 30 ① |
| 31 ② | 32 217 | 33 ② | | |

스스로 성장하는 힘,
나는 덕성이다
차미리사 선생님의 창학이념과
덕성의 자유전공제가 만나
더욱 단단하고 밝은
'나'의 미래를 만듭니다
자생 自生
자각 自覺
자립 自立
살되, 네 생명을 살아라
Live, but live your own life.
알되, 네가 깨달아 알아라
Learn, but learn your own lesson.
생각하되, 네 생각으로 하여라
Think, but think for yourself.

1일 1독해

# 세상을 바꾼 인물 100

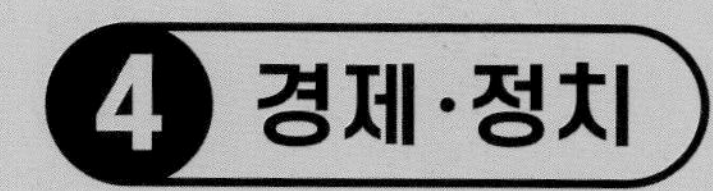


## 정답과 해설

초등 전학년

인문교양

메가스터디BOOKS

1일 1독해

# 세상을 바꾼
# 인물 100

**4** 경제·정치

## 정답과 해설

# 1주

마르코 폴로

## 미지의 세계로 떠나다

8~9쪽

**1** 1, 4, 3, 2 **2** 동방견문록 **3** ④ **4** ③

**1** 마르코 폴로는 원나라의 황제 쿠빌라이 칸을 만나 원나라 여기저기를 여행했고, 24년 만에 고향에 돌아와 《동방견문록》이라는 책을 썼어요.

**2** 4문단을 보면 마르코 폴로가 원나라에 다녀와 쓴 책의 이름이 《동방견문록》이라는 것을 알 수 있어요.

**3** 4문단에 《동방견문록》에 담긴 내용이 나와 있어요. 마르코 폴로는 서양 사람들에게 동양의 식물과 동물, 그들이 사는 집과 음식에 대해 알려 주고 싶어 책을 썼어요.

**4** 5문단에 사람들은 동양의 낯선 문물을 재미있게 묘사한 《동방견문록》을 무척 좋아했다고 나와 있어요.

영조

## 당파 싸움을 없애다

10~11쪽

**1** ④ **2** 신문고 **3** ④ **4** 지훈

**1** 3~4문단에 영조가 왕이 된 뒤 백성들을 위해 펼친 정책들이 나와 있어요. 영조는 백성들이 내야 하는 세금을 줄였다고 했어요.

**2** 2문단에 영조는 백성들이 억울한 일을 직접 고발할 수 있게 신문고 제도를 되살렸다고 나와 있어요.

**3** 탕평책에 대한 설명은 3문단에 나와 있어요. 탕평책은 신하를 뽑을 때 노론인지 소론인지 가리지 않고 능력과 인성만 보고 뽑는 정책이에요.

**4** 영조는 백성의 생활을 늘 돌보았고, 밥상에 오르는 반찬의 수도 줄일만큼 스스로 검소한 생활에 앞장섰어요.

에이브러햄 링컨

## 노예 해방을 선언하다

12~13쪽

**1** ① **2** (1) ○ (2) × (3) × **3** 국민 **4** 2, 3, 1, 4

**1** 2~4문단을 보면 당시 미국에는 노예 제도가 있었는데, 남부는 노예 제도에 찬성하고, 북부는 반대했다는 것을 알 수 있어요. 노예 제도 폐지에 반대한 남부가 전쟁을 일으켰고, 링컨과 북부는 전쟁에서 승리했어요.

**2** 1~2문단을 보면 링컨은 주의원을 했고, 노예 제도에 반대했음을 알 수 있어요. 그리고 마지막 문단을 보면 링컨이 남부 출신 청년이 쏜 총에 맞아 숨졌다고 나와 있어요.

**3** 링컨의 연설은 3문단에 나와 있어요.

**4** 주의원 활동을 하고 변호사까지 된 링컨은 정치인으로 이름을 알리다가 대통령이 되었고, 남북 전쟁에 승리한 뒤 노예 해방 선언을 했어요.

조셉 퓰리처

## 언론의 아버지로 불리다

14~15쪽

**1** ① **2** 진실, 재미있는 **3** ④ **4** 퓰리처상

**1** 1문단 첫 번째 문장에서 퓰리처가 헝가리에서 미국으로 건너온 이민자라고 설명하고 있어요.

**2** 2~3문단에 퓰리처가 세웠던 두 가지 목표가 나와 있어요. 첫 번째 목표는 진실을 위해 싸우는 것이고, 두 번째 목표는 재미있는 신문을 만드는 것이에요.

**3** 퓰리처는 기자였고 뉴욕의 작은 신문사 사장이 되었어요. TV 방송국을 만들었다는 내용은 나와 있지 않아요.

**4** 5문단을 보면, 퓰리처가 죽은 뒤에 그의 유언에 따라 '퓰리처상'이 만들어졌고, 언론의 노벨상이라고 불린다고 했어요.

이태영

## 여성의 권리를 위해 싸우다

16~17쪽

1 ③ 2 호주제 3 ③
4 사법 시험 여성 최초 합격, 여성 법률 상담소, 호주제 폐지 운동

1 ①, ②는 1문단에, ④는 2문단에 나와 있어요. 3문단을 보면 1989년 가족법이 개정되었지만 이태영은 여기에 만족하지 않았다고 했어요.

2 2문단에 호주제에 대한 설명과 폐지해야 하는 이유가 나타나 있어요.

3 2문단을 보면 헌법에는 남녀가 평등하다고 되어 있었지만, 실제로 집행되는 법은 그렇지 않았다고 했어요. 이런 이유로 이태영은 호주제 폐지를 주장했어요.

4 1문단을 보면 이태영은 '최초의 여성 판사'가 아니라, 최초의 여성 변호사였음을 알 수 있어요. 당시에는 여성 판사를 인정하지 않아 변호사가 되었다고 했지요.

## 1주차 독해력 완성하기

18~19쪽

1 (1) ㉤, ㉥ (2) ㉠, ㉢ (3) ㉡, ㉣ 2 백성, 영조 3 ③
4 (순서대로) 영조 / 이태영 / 퓰리처 5 ③ 6 자유

1 마르코 폴로와 관련 있는 것은 《동방견문록》과 원나라, 퓰리처와 관련 있는 것은 미국 이민과 신문 발행, 링컨과 관련 있는 것은 노예 제도와 남북 전쟁이에요.

2 영조는 백성들을 위해 세금을 줄이고, 신문고 제도를 되살렸어요. 따라서 글의 중심 내용은 백성을 위한 영조의 정책이라고 할 수 있어요.

3 원나라를 직접 여행하고, 동양에 대한 정보를 알리는 책을 쓴 것으로 보아 마르코 폴로는 세상에 호기심이 많은 성격이라는 것을 알 수 있어요.

4 당파를 가리지 않고 인재를 뽑았던 사람은 영조이고, 호주제 폐지 운동을 한 사람은 이태영이에요. 기자들에게 주는 상을 만들도록 유언을 남긴 사람은 퓰리처예요.

5 '날개 돋치다'는 '상품이 빠른 속도로 팔려 나가다', '소문이 빨리 퍼져 가다'는 뜻의 관용구예요. ③은 관용구가 쓰이기에 자연스럽지 않은 문장이에요.

6 노예의 자유를 인정하자는 내용의 선언문으로, 빈칸에 알맞은 말은 '자유'예요.

전봉준

## 백성의 힘을 보여 주다

22~23쪽

**1** ④ **2** 동학, 백성, 전주성 **3** 평등, 동학 **4** 1, 4, 2, 3

**1** 1~3문단에서 조선 말기의 상황을 알 수 있어요. 4문단을 보면 조정에서 관리가 내려와 백성들의 어려움을 해결해 주겠다고 약속했지만, 약속과 반대로 민란에 가담했던 사람들을 감옥에 가두었다고 했어요.

**2** 전봉준은 '동학'을 믿었고, '백성'들을 모아 '전주성'을 점령했어요. 세금과 벼슬을 중요하게 생각한 것은 전봉준이 아니라 지주와 관리들이에요.

**3** 1문단을 보면, 전봉준은 '사람은 누구나 하늘같이 귀하고 평등하다'고 주장하는 동학을 믿었다고 했어요.

**4** 동학 교도인 전봉준은 사람들을 모아 부패한 군수 조병갑을 몰아냈고, 이후 전주성을 점령했지만 얼마 지나지 않아 일본군에게 잡혀 사형을 당했어요.

쑨원

## 새로운 중국을 세우다

24~25쪽

**1** ① **2** ④ **3** 민족, 민권, 민생 **4** 국부

**1** 19세기 청나라의 상황에 대한 설명은 1문단에 나와 있어요. 서양의 문물을 일찍 접한 사람은 쑨원이지, 중국이 아니에요.

**2** 민주주의를 이념으로 삼은 나라들의 발전을 확인한 쑨원은 황제를 바꾸는 것이 아니라 정치 제도를 바꿔야 백성들이 잘 살 수 있다고 주장했어요. ①, ②는 2문단에, ③은 마지막 문단에 나와 있어요.

**3** 3문단에서 삼민주의는 '민족', '민권', '민생'이라고 했어요.

**4** 마지막 문단에서 중국 사람들은 쑨원을 '나라의 아버지, 국부'라고 기억하고 있다고 설명하고 있어요.

마하트마 간디

## 비폭력으로 인도 독립을 이루다

26~27쪽

**1** ①, ④ **2** (1) × (2) ○ (3) × **3** ③ **4** 지훈

**1** 영국의 식민지 시절 인도에 대한 설명은 1~2문단에 나와 있어요. 간디가 영국인 학교에 다니지 말자는 불복종 운동을 한 것으로 보아, 인도인도 학교에 다닐 수는 있었음을 알 수 있어요. 그리고 영국이 인도를 독립시키려 했다는 내용은 나와 있지 않아요.

**2** 불복종 운동에 대한 내용은 3문단에 나와 있어요. 영국인을 위해 일하지도 말고, 영국 학교에 다니지도 말고, 영국 물건도 쓰지 말자는 운동이에요.

**3** '비폭력 운동'을 주장한 간디는 영국인들이 감옥에 넣어도 순순히 끌려갔어요.

**4** 마지막 문단에서 간디는 인도인들의 마음에 '위대한 영혼, 마하트마 간디'로 살아 있다고 했어요.

윈스턴 처칠

## 위대한 연설로 승리를 이끌다

28~29쪽

**1** ② **2** (1) × (2) ○ (3) ○ **3** 피, 땀, 눈물 **4** ①

**1** 3문단에서 처칠은 전쟁에 참여하기를 주저했던 미국을 설득했고, 미국과 함께 마침내 승리했다고 했어요.

**2** 마지막 문단을 보면 처칠이 수상한 것은 노벨 평화상이 아니라 '노벨 문학상'이라는 것을 알 수 있어요. 2문단에서 처칠은 사람들을 설득하고 토론하는 일을 잘했다고 했어요. 또한 1문단에 처칠이 종군 기자로 활동했다고 나와 있어요.

**3** 2문단에 처칠의 연설이 나와 있어요. 처칠은 자신감 있는 말투로 연설을 하며 영국인들을 격려했어요.

**4** '바람 앞의 등불'은 바람이 불어 곧 꺼질 것 같은 등불처럼 매우 위험한 상황을 비유적으로 나타낸 말이에요.

안창호

## 조직을 통해 독립을 꾀하다

30~31쪽

**1** 주인 **2** ②, ③ **3** 신민회, 한인 친목회 - 여러 사람의 힘을 모을 조직 만들기 / 흥사단, 점진학교 - 젊고 능력 있는 지도자 기르기 **4** ②

**1** 안창호는 스스로를 대한의 '주인'으로 여기는 사람들이 많아야 한다고 생각했어요.

**2** ②는 4문단에서, ③은 2문단에서 찾을 수 있어요. 안창호는 독립을 하려면 스스로를 대한의 주인으로 여기는 사람들이 많아야 한다고 생각했고, 젊고 능력 있는 지도자를 길러야 한다고 생각했어요.

**3** 안창호가 만든 각 단체의 이름과 목적은 2, 3문단에서 찾을 수 있어요.

**4** 안창호는 윤봉길 의사의 의거를 도운 혐의로 일본에 체포되었어요.

## 2주차 독해력 완성하기

32~33쪽

**1** (1) ㉢, ㉥ (2) ㉣, ㉤ (3) ㉠, ㉡ **2** ③ **3** 민족, 민권, 민생, 삼민주의 **4** ③ **5** ② **6** ③

**1** 동학을 믿었던 전봉준은 사람은 누구나 평등하다고 생각했어요. 전봉준의 정신은 의병 운동으로 이어졌어요. 민생주의를 주장한 쑨원은 중국 사람들에게 '나라의 아버지'라고 존경받았어요. 독립운동을 한 안창호는 1913년에 흥사단을 조직했어요.

**2** 영국 귀족 출신으로 사관 학교를 입학하고 종군 기자로 활동한 윈스턴 처칠은 하원 의원을 거쳐 영국의 총리에 올라 제2차 세계 대전을 승리로 이끌었어요.

**3** 삼민주의는 민족, 민권, 민생 3가지를 의미해요.

**4** '손수'는 '남의 힘을 빌리지 아니하고 제 손으로 직접'이라는 뜻을 가지고 있어요.

**5** "부패한 관리들에게 우리의 힘을 보여 줍시다."는 전봉준이 농민들을 설득하기 위해 한 말이에요.

**6** 신문 기사의 내용 중 원고는 우편이 아니라 '이메일'로 접수하라고 했어요.

엘리너 루스벨트

## 여성과 약자를 위해 헌신하다

36~37쪽

**1** ③ **2** 세계 인권 선언 **3** 대통령 부인, 무료 급식소, 흑인 가수의 공연 **4** ②

**1** 3문단을 보면 당시 흑인은 링컨 기념관에서 공연하기 어려웠음을 알 수 있어요.

**2** 마지막 문단에 엘리너가 간디와 함께 1948년 발표한 세계 인권 선언의 기틀을 마련했다고 나와 있어요.

**3** 엘리너는 프랭클린 루스벨트 대통령의 부인이에요. 2문단을 보면 무료 급식소에서 손수 음식을 나눠 주었다고 했어요. 3문단에는 흑인 오페라 가수의 공연을 위해 후원금을 직접 모았다고 나와 있어요. 엘리너는 인종 차별에 반대했어요.

**4** 2문단에서 엘리너는 라디오에 나가 국민들을 격려하는 말을 전했다고 했지만, 몇 년간 라디오를 진행한 것은 아니에요.

호찌민

## 베트남의 독립을 이끌다

38~39쪽

**1** ③ **2** 베트남 **3** 서영 **4** ④

**1** 베트남은 독립했지만 남과 북으로 나뉘면서 혼란에 빠졌어요. 베트남은 통일을 원했지만 여러 나라가 베트남을 떠나지 않았고, 미국과 전쟁이 일어났어요. 이 전쟁은 호찌민이 일으킨 것은 아니에요.

**2** 2문단을 보면 호찌민은 '이제 베트남은 온전히 베트남 사람들의 것이 되었습니다.' 라고 말했어요.

**3** 4문단에 호찌민이 자신의 재를 베트남 곳곳에 뿌려 달라고 했던 이유가 나와 있어요. 호찌민은 죽어서도 베트남의 통일을 원했기 때문이에요.

**4** 3문단에 베트남 독립 후에도 프랑스를 비롯한 세계 여러 나라는 베트남을 떠나지 않고 다시 지배하려고 했다고 나와 있어요.

워런 버핏

## 남다른 투자 방식을 만들어 내다

40~41쪽

**1** ④ **2** 미래에 성공할 가능성이 높은 **3** ① **4** 될성부른 나무는 떡잎부터 다르다.

**1** 1문단을 보면 워런 버핏이 거리의 병뚜껑을 주워서 조사한 이유는 어떤 음료수가 잘 팔리는지 알기 위해서임을 알 수 있어요.

**2** 워런 버핏은 미래에 성공할 가능성이 높은 제품이나 회사에 투자했어요.

**3** 워런 버핏은 세계 최고의 부자지만 비싼 예술품이나 자동차를 소유하지 않고 값싼 햄버거를 즐겨 먹었다는 데서 검소한 성격임을 알 수 있어요.

**4** 워런 버핏이 6살에 껌과 콜라를 팔아 이익을 남겼고, 11살 때부터 주식 투자를 했다는 내용에 어울리는 속담은 '될성부른 나무는 떡잎부터 알아본다'예요.

로자 파크스

## 흑인의 인권을 되찾다

42~43쪽

**1** ④ **2** 인종 분리법 **3** ① **4** ③

**1** 마지막 문단에서 흑인과 백인을 분리하여 버스를 이용하게 하는 것이 헌법 위반이라고 판결했다고 한 것을 보면, ④의 내용이 틀렸음을 알 수 있어요.

**2** 로자 파크스는 인종 분리법 위반으로 체포되었어요. 백인과 흑인을 차별하는 법은 '인종 분리법'이에요.

**3** 인종 분리법에 대한 설명은 2문단에 나와 있어요. 흑인은 백인과 화장실도 따로 쓰고, 물도 따로 마셔야 하고, 버스 좌석도 분리되어 있었어요. 하지만 흑인의 옷 색깔은 정해져 있지 않았어요.

**4** 로자 파크스는 여성에 대한 차별에 반대한 것이 아니라, 흑인에 대한 차별에 반대했어요.

넬슨 만델라

## 첫 흑인 대통령이 되다

44~45쪽

**1** 폭력, 무력, 화합 **2** 재원 **3** 아파르트헤이트 **4** ②

**1** 2문단을 보면 처음에는 만델라가 '폭력'을 쓸 생각이 없었다가 경찰에 의해 많은 흑인들이 죽자 '무력'이 있어야 한다고 생각하게 되었음을 알 수 있어요. 그러나 감옥 생활을 마친 후에는 싸움보다 '화합'이 중요하다고 말하고 있어요.

**2** 만델라는 흑인과 백인이 함께 화합해야 한다고 생각했어요.

**3** 1문단을 보면 남아프리카공화국의 엄격한 인종 분리 정책은 '아파르트헤이트'라고 했어요.

**4** 만델라가 비밀 군대를 조직했지만, 활동을 시작하기도 전에 체포되고 말았어요.

## 3주차 독해력 완성하기

46~47쪽

**1** (순서대로) 호찌민 / 엘리너 루스벨트 / 워런 버핏 **2** ② **3** 인종 **4** ① **5** ③
**6** 이지연

**1** 프랑스의 식민지였던 베트남의 독립을 이끈 사람은 호찌민이고, 루스벨트 대통령의 부인은 엘리너 루스벨트예요. 그리고 재산의 85%를 기부하기로 약속한 사람은 워런 버핏이에요.

**2** 호찌민이 가짜 이름을 쓰고 변장을 한 이유는 프랑스에 잡히지 않고 베트남의 독립 운동을 하기 위해서였어요.

**3** 로자 파크스는 미국에서 백인과 흑인의 버스 좌석을 분리하는 정책에 항의했고, 넬슨 만델라는 남아프리카공화국의 인종 차별 문제를 널리 알린 정치가예요.

**4** '코뿔소 가죽처럼 두꺼운 피부를 갖고 있어야 한답니다.'라는 표현은 어떤 일이 있어도 부딪혀 나가는 용기가 있어야 한다는 뜻이에요.

**5** 워런 버핏은 세계 최고의 부자이지만, 고가의 예술품이나 호화로운 자동차에는 관심을 갖지 않고, 늘 값싼 햄버거를 먹었다고 해요.

**6** 버스에서 노인에게 자리를 양보하는 것은 인종 차별 문제와 아무런 관련이 없어요.

고트프레드 크리스티안센

## 덴마크 대표 장난감을 만들다

50~51쪽

**1** ④ **2** 레고 **3** 상상력, 창의력 **4** ③

**1** 1문단을 보면 아버지는 고트프레드에게 가볍고 한꺼번에 많이 생산할 수 있는 '플라스틱'으로 장난감을 만들어 보자고 했어요.

**2** 2문단의 고트프레드의 말에서 '레고'가 재미있게 놀라는 뜻의 덴마크 말 '레그 고트'에서 비롯된 이름이라는 것을 알 수 있어요.

**3** 고트프레드는 레고의 장난감이 아이들의 '상상력'과 '창의력'을 자극해야 한다고 말하고 있어요.

**4** 1문단을 보면 고트프레드는 아버지의 격려에 힘입어 플라스틱 장난감을 만들기 시작했다고 나와 있어요.

체 게바라

## 세상을 바꾸기 위해 노력하다

52~53쪽

**1** 4, 3, 1, 2 **2** 민중 **3** (1) 사람들을 돕기 위해 (2) 혁명가 **4** ③

**1** 체 게바라는 의대에 입학하기 전 친구와 라틴 아메리카로 오토바이 여행을 했고, 이후 의사가 되어 다시 떠난 여행에서 카스트로를 만났어요. 그리고 쿠바 혁명에 성공한 후에 쿠바 정부의 중요한 일을 맡게 되었어요.

**2** 3문단에 체 게바라가 쿠바 정부의 중요한 일을 맡아 '민중'들을 위한 정책을 폈다고 나와 있어요.

**3** (1) 1문단을 보면 체 게바라가 '사람들을 돕기 위해' 의사가 되려고 했음을 알 수 있어요. (2) 2문단에서 체 게바라가 밤에는 자신과 생각이 같은 '혁명가'들과 이야기를 나누었다고 했어요.

**4** 쿠바와 볼리비아는 독재에 시달리고 있었고, 체 게바라는 이들의 혁명을 위해 노력했어요. 카스트로는 독재에 시달리던 쿠바를 바꾸려고 애쓰던 사람이에요.

마틴 루터 킹

## 인종 차별에 맞서 싸우다

54~55쪽

**1** ① **2** ④ **3** ①, ③ **4** 피부색, 인격

**1** 1문단을 보면, 링컨이 노예 해방을 선언한 지 100년이 되었다고 했어요.

**2** 마틴 루터 킹이 흑인 인권 운동의 지도자로 알려지기 시작한 이유는 2문단에 나와 있어요. 마틴 루터 킹은 몽고메리 시의 버스 승차 거부 운동 때문에 흑인 인권 운동 지도자로 알려지기 시작했어요.

**3** 마틴 루터 킹에게 협박 전화와 편지가 빗발쳤고, 버스에서 자리를 양보하지 않은 사람은 로자 파크스예요.

**4** 1문단을 보면, 마틴 루터 킹은 아이들이 피부색이 아닌 인격으로 사람을 평가하는 나라에 살게 되는 꿈이 있다고 했어요.

왕가리 마타이

## 아프리카의 밀림을 구하다

56~57쪽

**1** ③ **2** (1) ○ (2) ○ (3) × **3** 생명, 희망 **4** 나무 심기, 그린벨트 운동, 여성 인권

**1** ①은 1문단에서, ②는 2문단에서, ④는 마지막 문단에서 찾을 수 있어요. 아프리카 여성들이 환경 보호에 앞장섰다는 내용은 나와 있지 않아요.

**2** 4문단을 보면 왕가리 마타이의 노력으로 아프리카 여성의 인권이 많이 높아졌음을 알 수 있어요. 그리고 5문단을 보면, 왕가리 마타이를 사람들이 나무 어머니라는 뜻의 '마마 미티'라고 불렀음을 알 수 있어요. 그녀는 건물과 농지로 변해 버린 케냐를 보호하기 위해 힘쓴 인물이에요.

**3** 나무 어머니라는 뜻의 '마마 미티'라는 별명이 있는 왕가리 마타이는 '나무는 생명과 희망입니다.'라고 말했어요.

**4** 왕가리 마타이는 환경과 여성 인권을 위해 '그린벨트 운동'이라는 단체를 만들어, 나무를 심고 여성들을 교육했어요.

무함마드 유누스

## 가난한 이들에게 돈을 빌려주다

58~59쪽

**1** 사회, 가난 **2** ③ **3** ④ **4** 3, 2, 4, 1

**1** 마지막 문단을 보면, 유누스는 "사회가 잘못되었기에 가난이 생기는 겁니다."라고 말했어요.

**2** 3문단을 보면, 유누스는 꼭 필요한 적은 액수의 돈을 이자 없이 필요한 사람에게 빌려주었어요.

**3** 그라민 은행은 가난한 이들에게 소액으로 돈을 빌려주는 은행이에요. 따라서 집을 사서 투자를 하려는 사람은 돈을 빌리기 어려워요.

**4** 유누스는 처음에는 주변 사람에게 자기 돈을 빌려주다가 은행에서 대출을 받아 빌려주었어요. 그리고 그라민 은행을 세웠고, 노벨 평화상까지 받게 되었어요.

## 독해력 완성하기

60~61쪽

**1** (1) ⓒ, ⓡ (2) ⓛ, ⓜ (3) ⓖ, ⓑ **2** ① **3** 행진, 연설 **4** ② **5** ① **6** ④

**1** 체 게바라는 쿠바의 독재에 맞서 혁명을 일으킨 인물이에요. 왕가리 마타이는 아프리카의 자연을 지키기 위해 그린벨트 운동을 펼친 환경 운동가예요. 경제학을 공부한 무함마드 유누스는 방글라데시의 빈곤 문제를 해결하기 위해 그라민 은행을 만들었어요.

**2** 고트프레드가 아버지와 '레고'에 대해 나누는 대화예요.

**3** 노예 해방 선언 100주년을 기념하여 흑인들은 거리를 행진했고, 마틴 루터 킹은 그 앞에서 연설을 했어요.

**4** '밀림'은 '나무들이 빽빽하게 들어찬 숲'이에요. '빌딩'은 밀림과 관련이 없어요.

**5** 방글라데시의 빈곤 문제를 해결하기 위해 무함마드 유누스는 은행을 세워 가난한 사람들에게도 대출을 해주었어요.

**6** 고트프레드는 새로운 장난감에 대한 원칙을 설명하고 있고, 나머지 사람들은 가난하고 소외당하는 사람들을 돕고 싶다는 의도를 보이고 있어요.

## 5주

캐서린 스위처

### 여성 최초로 마라톤 대회에 나가다

64~65쪽

**1** 마라톤 대회, 여자 **2** 조직 위원장 **3** 조지, 테리 **4** ②

**1** 1문단을 보면 캐서린 스위처는 마라톤 대회에 나가고 싶어 했지만 여자라는 이유로 거절당해 왔음을 알 수 있어요.

**2** 캐서린 스위처를 끌어내려고 한 사람은 조직 위원장이에요. 조직 위원장은 캐서린 스위처가 여자라는 걸 알고 끌어내려고 한 거예요.

**3** 마지막 문단을 보면 캐서린 스위처는 2017년의 보스턴 마라톤 대회에 70세의 나이로 참가해서 4시간 44분 51초의 기록으로 완주했어요.

**4** 캐서린 스위처는 "여자도 달릴 수 있다는 걸 꼭 보여 주고 말겠어."라고 다짐하며 보스턴 마라톤 대회에 참가했어요.

전태일

### 노동자를 위해 목숨을 바치다

66~67쪽

**1** ④ **2** ① **3** 근로 기준법 **4** 근로 기준법, 노동자, 바보회

**1** 1문단에 당시 평화 시장의 환경이 설명되어 있어요. 그곳은 최소한의 휴식 시간도 없는 곳으로, 인간적인 대우를 받을 수 없는 환경이었어요.

**2** 1~3문단에 전태일이 노동자를 위해 한 일이 나타나 있어요. 1문단을 보면 전태일은 사장에게 최소한의 휴식 시간을 보장해 달라고 요구했어요. 하지만 사장은 들은 체도 하지 않았어요.

**3** 전태일은 마지막으로 "근로 기준법을 지켜라, 우리는 기계가 아니다!"라고 외쳤어요.

**4** 전태일은 '노동자'를 위한 '근로 기준법'을 중요하게 생각했고, '바보회'를 만들어 동료들과 근로 기준법을 함께 공부했어요.

빌 게이츠

## 컴퓨터에 창을 달다

68~69쪽

**1** ④ **2** 도서관 **3** 윈도즈 **4** 4, 2, 3, 1

**1** ①은 1문단에, ②, ③은 2문단에 나와요. 빌 게이츠는 학교에서 쫓겨난 것이 아니라, 21살에 학교를 스스로 그만두었어요.

**2** 첫 문장을 보면, 어린 시절 독서광이었던 빌 게이츠는 "오늘의 나를 만든 것은 동네 도서관이다."라고 말했어요.

**3** 빌 게이츠는 마이크로소프트를 설립하고, 사람들이 편리하게 컴퓨터를 사용할 수 있게 '윈도즈'라는 프로그램을 만들었어요.

**4** 빌 게이츠는 하버드 대학을 그만두고 친구와 함께 마이크로소프트라는 회사를 차려 윈도즈라는 프로그램을 개발했어요. 이후 세계적인 자선 재단을 설립했어요.

스티브 잡스

## 혁신의 상징이 되다

70~71쪽

**1** ③ **2** 애플 **3** 아이폰, 아이팟, 애플 **4** ④

**1** 1문단에 스티브 잡스가 학교를 한 학기만에 그만두었다고 나와요. 그리고 스티브 잡스는 스탠퍼드 대학 졸업식에서 연설을 한 것이지 스탠퍼드 대학을 다니지는 않았어요.

**2** 1문단에서 스티브 잡스가 친구와 함께 세운 회사의 이름이 '애플'이라는 것을 알 수 있어요.

**3** 스티브 잡스는 애플이라는 회사를 세운 후, 아이팟과 아이폰을 개발했어요. '윈도즈'는 빌 게이츠가 개발한 프로그램으로, 스티브 잡스와는 관련이 없어요.

**4** 당시 사람들은 각각의 제품 개발에 집중하고 있었어요. 이와 달리 스티브 잡스는 이 세 개의 제품을 하나로 합친 아이폰을 개발했어요.

리고베르타 멘추

## 원주민들의 참상을 세계에 알리다

72~73쪽

1 ① 2 ④ 3 언어 4 ③

1 2문단을 보면, 과테말라 군부에 대항할 때 원주민들의 언어가 달라 의견을 나눌 수 없었다고 했어요.

2 멘추는 마야 원주민들의 상황을 세상에 알리기 위해 스페인어를 배웠다고 했어요.

3 2문단 마지막 줄에 멘추의 말이 나와 있어요. 빈칸에 들어갈 말은 '언어'예요.

4 멘추는 마야 원주민들의 편에서 과테말라 군부에 저항했어요. 2문단을 보면 농민 운동을 이끌다 감옥에 갇힌 사람은 멘추의 아버지예요.

## 5주차 독해력 완성하기

74~75쪽

1 (순서대로) 스티브 잡스 / 빌 게이츠 / 전태일 2 (1) 여성 (2) 언어 3 ① 4 ㉢
5 독서광 6 전화기

1 애플 컴퓨터를 만들고 아이폰을 개발한 사람은 스티브 잡스, 마이크로소프트를 설립해 윈도즈 프로그램을 개발한 사람은 빌 게이츠, 노동자를 위해 근로 기준법을 지키라는 시위를 벌인 사람은 전태일이에요.

2 캐서린 스위처는 여성이라는 이유로 마라톤 대회에 참가할 수 없었지만 결국 여성 최초로 보스턴 대회를 완주했어요. 멘추는 원주민들끼리 말이 통하지 않는 문제를 해결하기 위해서 원주민들의 언어를 배웠어요.

3 '들통나다'는 '비밀이나 잘못된 일 따위가 드러나다'라는 뜻으로, '들키다', '밝혀지다', '드러나다' 등과 의미가 비슷해요.

4 이 글에서 ㉢은 여자아이들이 한 일이에요.

5 이 글에서 '책을 많이 읽는 사람'을 뜻하는 말은 '독서광'이에요.

6 스티브 잡스는 전화기, 노트북, MP3 플레이어 3가지 기능을 모두 합쳐 아이폰을 만들었어요.

1일 1독해

세상을 바꾼

# 인물 100

4 경제·정치

## 정답과 해설

메가스터디BOOKS

www.megastudybooks.com

내용 문의 | 02-6984-6927 구입 문의 | 02-6984-6868,9 *파본은 구입처에서 교환해 드립니다.